Hanns Benninghoff

Index of Chemicals
Chemikalien-Index
Index des Produits Chimiques

Hanns Benninghoff

Index of Chemicals

used for the treatment of metal surfaces

Chemikalien-Index

für die Oberflächentechnik der Metalle

Index des Produits Chimiques

pour le traitement des surfaces métalliques

in cooperation with
Dr.-Ing. Hans-Peter Mundt

Elsevier Scientific Publishing Company
Amsterdam/Oxford/New York 1974

Library of Congress Card Number: 7281297
ISBN: 0-444-41075-9

Distribution:

Carl Hanser Verlag, Munich, Vienna – for Germany, Austria and Switzerland

American Elsevier Publishing Company, Inc., 52 Vanderbilt Avenue,
New York, N. Y., 10017 – for the U.S.A. and Canada

Technique et Documentation, 11, Rue Lavoisier, 75 008 Paris – for France

Elsevier Scientific Publishing Company, 335 Jan van Galenstraat, P. O. Box 1270, Amsterdam – for all other parts of the world

Typesetting: Hagendorn-Satz, Berlin

Printing: Georg Appl, Wemding

Printed in Germany

Geleitwort

Das Ergebnis der chemischen bzw. der elektrochemischen Oberflächenbehandlung der Metalle wird weitgehend durch die für diese Zwecke benutzten Chemikalien bestimmt. Ihre eindeutige Bezeichnung sowie die Kenntnis ihrer Daten und Eigenschaften sind für einen zweckentsprechenden Einsatz unbedingt erforderlich. Derartige Angaben sind im Schrifttum weit zerstreut und waren bisher nur in geringem Umfang für wenige Chemikalien gesammelt.
Das vorliegende Buch zeichnet sich nun u. a. dadurch aus, daß von 1034 Chemikalien – und zwar für jeden Stoff auf einer halben Druckseite in gleicher und damit sehr übersichtlicher Anordnung – die Bezeichnungen der Produkte in deutscher, englischer und französischer Sprache in Anlehnung an die Empfehlungen der IUPAC (International Union of Pure and Applied Chemistry), ihre Summen- und gegebenenfalls ihre Strukturformel, ihre markanten Eigenschaften durch übliche bzw. selbstentworfene Symbole, ihre Löslichkeiten in Wasser, Säuren u.a., ihre Reaktionen, ihre MAK-Werte und ihre Gefahrenklassen beim Transport aufgeführt sind. Die mitgeteilten Werte wurden durchweg auf ihre Zuverlässigkeit hin überprüft. In Zweifelsfällen wurde auf einzelne Angaben lieber verzichtet.
Mit dem Registerteil dieses Werkes in deutscher, englischer und französischer Sprache, in dem auch die falschen, volkstümlichen und irreführenden Chemikaliennamen nachgewiesen werden, wurde gleichzeitig ein Fachwörterbuch für Chemikalien geschaffen. Ein alphabetisches Register der Chemikalienformeln vervollständigt das Werk.
Das Buch füllt eine Lücke aus. Chemiker und Techniker, die sich mit der chemischen und elektrochemischen Behandlung von Metalloberflächen praktisch und theoretisch beschäftigen, werden aus diesem Daten- und Nachschlagewerk großen Nutzen ziehen.

Dr. phil. Wilhelm Wiederholt

Preface

The results obtained through the chemical or electrochemical treatment of metal surfaces are largely determined by the chemicals used. To ensure that they are used correctly it is absolutely essential however, to give them clear names and to know their properties and physical constants. This kind of information is widely dispersed throughout the technical literature and has so far been available only to a limited extent for a few chemicals.
One of the features of the present book is that it contains the names of 1034 chemicals and chemical products, in German, English and French, in accordance with the recommendations made by the International Union of Pure and Applied Chemistry (IUPAC), together with their empirical and, where appropriate, their structural formula, their characteristics indicated by standard or specially designed symbols, their solubility in water, acids etc., their reactions, MAC values and hazard classification for transport purposes. Half a page has been devoted to each substance and the lay-out is identical throughout, so that the reader can quickly and easily obtain the information he requires. All the figures and other data given have been checked for accuracy and where there was any doubt the information was omitted.
The index is given in German, English and French and also contains incorrect, popular and misleading names for chemicals so that it can also be regarded as a technical dictionary for chemicals. The work is completed by an alphabetical index of formulae of the chemicals listed.
This book fills a gap and chemists as well as technologists concerned with the chemical and electrochemical treatment of metal surfaces either from the practical or theoretical point of view will derive considerable benefits from this new reference work.

Dr. phil. Wilhelm Wiederholt

Préface

Le résultat du traitement chimique ou électrochimique des surfaces métalliques est, dans une large mesure, déterminé par les produits chimiques employés à cet effet. Pour leur emploi adéquat, il importe tout particulièrement que leurs appellations soient sans équivoque, leurs caractéristiques et propriétés parfaitement connues. Ces indications se trouvent éparpillées dans la littérature scientifique et n'ont été, jusqu'à présent, rassemblées que pour un nombre restreint de produits chimiques.

Le présent ouvrage est caractérisé, entre autres, par l'énumération, pour 1034 produits chimiques et ceci pour chaque substance de façon identique et synoptique sur une demi-page imprimée, de leurs appellations en allemand, anglais et français, en suivant l'exemple des recommandations de l'IUPAC (International Union of Pure and Applied Chemistry), leurs formules brutes et, le cas échéant, développées, leurs propriétés caractéristiques, par des symbols normalisés ou créés pour l'occasion, leurs solubilités dans l'eau, les acides et autres, leurs réactions, leurs concentrations maximales admises sur le lieu du travail ainsi que leurs catégories de risque pour le transport. Les valeurs communiquées ont été généralement vérifiées quant à leur fiabilité. En cas de doute, on a préféré renoncer aux indications détaillées.

Les registres alphabétiques en allemand, anglais et français, comprenant également les appellations incorrectes, populaires ou pouvant induire en erreur, constituent simultanément un dictionnaire des produits chimiques. Finalement, un registre alphabétique des formules de ces produits complète l'ouvrage.

Celui-ci comble une lacune. Les chimistes et techniciens s'occupant du traitement chimique ou électrochimique des surfaces métalliques, que ce soit théoriquement ou dans la pratique, pourront mettre à grand profit cet ouvrage de référence.

Dr. phil. Wilhelm Wiederholt

Inhaltsverzeichnis – Contents – Table des Matières

Zur Benutzung des Index

Auf dem weitverzweigten Gebiet der Metalloberflächenbehandlung und -bearbeitung werden für die verschiedenen Prozesse Chemikalien in reiner Form, oder zu Behandlungsmitteln formuliert, eingesetzt.

Bei allen Anwendungen von Chemikalien ist es wichtig, deren Kenndaten, ihr Verhalten untereinander, Löslichkeit u.a. zu wissen, ferner interessiert die chemische Formel.

In den vorliegenden Index wurden für 1034 Chemikalien die Daten aufgenommen. Die Bezeichnung der Produkte erfolgte in Anlehnung an die Empfehlungen der *IUPAC, International Union of Pure and Applied Chemistry,* in deutscher, englischer und französischer Sprache, wobei der Einordnungsfolge die deutsche Schreibweise in alphabetischer Anordnung zugrunde liegt. Für die Auswahl von Chemikalien nach ihrer englischen oder französischen Bezeichnung sind dem Index entsprechende englische und französische Register beigefügt worden. Im Hauptteil des Index und in diesen Registern werden Präfixe, soweit diese durch *IUPAC*-Empfehlung vorgesehen sind, kursiv angezeigt; sie sind beim Nachschlagen als nicht existent zu betrachten. Um den Benutzern des Index zu ermöglichen, auch solche Bezeichnungen nachzuschlagen, die im Sinne der *IUPAC*-Empfehlungen nicht mehr angewendet werden sollten, wurden diese Synonyme mitaufgenommen, jedoch mit einem Leitvermerk (→), so daß der Leser stets zum richtig geschriebenen Chemikaliennamen findet. Mit diesem Leitvermerk sind auch solche Chemikalien versehen, die selbst heute noch unter volkstümlichen Bezeichnungen in der Fachliteratur anzutreffen sind.

Bei den Formeln für die besprochenen organischen Verbindungen wurde so verfahren, daß neben die Summenformel meist zusätzlich die Strukturformel gesetzt ist. Für die Summenformeln aller im Index behandelten Verbindungen ist ein alphabetisches Formelregister beigefügt.

Für eine Anzahl markanter Eigenschaften der besprochenen Chemikalien sind Symbole gesetzt. Soweit solche Symbole bereits eingeführt waren, wurden sie übernommen, sonst speziell für diesen Index entworfen.

Der MAK-Wert stellt die *M*aximale *A*rbeitsplatz-*K*onzentration dar. Die Grenzwerte werden ständig von der *Kommission zur Prüfung gesundheitsschädlicher Arbeitsstoffe* der *Deutschen Forschungsgemeinschaft* überprüft. Alle MAK-Werte der Mitteilung IX vom 28. Juni 1973 sind im vorliegenden Buch berücksichtigt. Der Text dieser Mitteilung ist im Anhang in vollem Wortlaut wiedergegeben.

RID (Règlement international concernant le transport des marchandises dangereuses) sieht die folgenden Klassen vor:

Klasse Ia	Explosive Stoffe und Gegenstände
Klasse Ib	Mit explosiven Stoffen geladene Gegenstände
Klasse Ic	Zündwaren, Feuerwerkskörper und ähnliche Güter
Klasse Id	Verdichtete, verflüssigte oder unter Druck gelöste Gase
Klasse Ie	Stoffe, die in Berührung mit Wasser entzündliche Gase entwickeln
Klasse II	Selbstentzündliche Stoffe
Klasse IIIa	Entzündbare flüssige Stoffe
Klasse IIIb	Entzündbare feste Stoffe
Klasse IIIc	Entzündend (oxydierend) wirkende Stoffe
Klasse IVa	Giftige Stoffe
Klasse IVb	Radioaktive Stoffe
Klasse V	Ätzende Stoffe
Klasse VI	Ekelerregende oder ansteckungsgefährliche Stoffe
Klasse VII	Organische Peroxide

Die RID-Angaben im vorliegenden Buch entsprechen denen der *DEGT, Teil I, Abteilung A, Anlage C und RID,* Ausgabe vom 1.4.1967; alle Ergänzungen und Korrekturen bis einschließlich Juni 1972 sind berücksichtigt worden.

Auf dem Hafensicherheitstag in Rotterdam wurde 1968 von amerikanischen Vertretern in Aussicht gestellt, daß die Kennzeichnung gefährlicher Güter durch einen Gefahrendiamanten über die Vereinten Nationen als verbindlich eingeführt werden soll.

Soweit bereits konkrete Angaben vorlagen, wurden diese in den Index übertragen. Dabei mußte aus drucktechnischen Gründen eine vereinfachte Darstellung des Gefahrendiamanten gewählt werden (×). Die Felder des auf Verpackungen anzuwendenden Originals sind links – blau, oben – rot, rechts – gelb, unten – weiß. Es bedeuten:

linkes Feld: *Gesundheitsgefahr*	4 Äußerst gefährlich! Jeden Kontakt mit Dämpfen oder Flüssigkeiten ohne speziellen Schutz vermeiden. 3 Sehr gefährlich! Aufenthalt im Gefahrenbereich nur mit voller Schutzkleidung und Atemgerät. 2 Gefährlich! Aufenthalt im Gefahrenbereich nur mit Atemgerät und einfacher Schutzkleidung. 1 Geringe Gefahren. Atemgerät wird empfohlen. 0 Ohne besondere Gefahr.
oberes Feld: *Brandgefahr*	4 Extrem leicht entzündlich bei allen Temperaturen! 3 Entzündungsgefahr bei normalen Temperaturen! 2 Entzündungsgefahr bei Erwärmung. 1 Entzündungsgefahr nur bei Erhitzung. 0 Keine Entzündungsgefahr unter üblichen Bedingungen.
rechtes Feld: *Explosionsgefahr*	4 Große Explosionsgefahr! Sicherheitszone bilden. Bei Brand gefährdetes Gebiet sofort räumen. 3 Explosionsgefahr bei Hitzeeinwirkung oder starker Erschütterung durch Schlag u.a. Sicherheitszone bilden. Löschangriffe nur aus sicherer Deckung. 2 Heftige chemische Reaktion möglich. Verstärkte Schutzmaßnahmen. Löschangriff nur aus sicherem Abstand. 1 Wird bei Erhitzung unstabil. Schutzmaßnahmen erforderlich. 0 Unter normalen Bedingungen keine Gefahr.
unteres Feld: *Besondere* *Anweisungen:*	Leeres Feld: Wasser als Löschmittel. ~~W~~ : Kein Wasser zum Löschen verwenden. ☢ : Bei Freiwerden des Stoffes Gefahr der radioaktiven Strahlung.

Die Verordnung über gefährliche Arbeitsstoffe (VgA) vom 17. September 1971, die insbesondere den Umgang mit diesen Materialien regelt, enthält im Anhang I Hinweise auf deren besondere Gefahren. Sofern die im Index genannten Chemikalien davon betroffen werden, sind unter „Diverses" Kennziffern angegeben, die folgende Bedeutung besitzen:

E	explosionsgefährlich
O	brandfördernd
F	leicht entzündlich
I	Gift
C	ätzend
Xn	gesundheitsschädlich
Xi	Reizstoff

R 1 In trockenem Zustand explosionsfähig.
R 2 Durch Schlag, Reibung, Feuer oder andere Zündquellen explosionsfähig.
R 3 Durch Schlag, Reibung, Feuer oder andere Zündquellen leicht explosionsfähig.
R 4 Bildet hochempfindliche explosionsfähige Metallsalze.
R 5 Beim Erwärmen explosionsfähig.
R 11 Kann Brand verursachen.
R 12 Feuergefahr bei Berührung mit brennbaren Stoffen.
R 13 Explosionsgefahr bei Mischung mit brennbaren Stoffen.
R 21 Brennbar.
R 22 Leicht entzündlich.
R 23 Hochentzündlich.
R 24 Brennbares Flüssiggas.
R 25 Leicht entzündliches Flüssiggas.
R 26 Hochentzündliches Flüssiggas.
R 27 Brennbare Flüssigkeit mischbar mit Wasser.
R 28 Brennbare Flüssigkeit nicht mit Wasser mischbar.
R 29 Reagiert heftig mit Wasser unter Bildung brennbarer Gase.
R 30 Explosionsfähig in Mischung mit brandfördernden Stoffen.
R 31 Selbstentzündlich an der Luft.
R 32 Mit und ohne Luft explosionsfähig.
R 33 Dampf-Luftgemisch explosionsfähig.
R 34 Gas-Luftgemisch explosionsfähig.
R 35 Kann explosionsfähige Peroxide bilden.
R 51 Gesundheitsschädlicher Staub.[1])
R 52 Giftiger Staub.[1])
R 53 Giftig bei Berührung mit der Haut.
R 54 Gesundheitsschädlich, besonders beim Verschlucken.
R 55 Ernste Vergiftungsgefahr beim Verschlucken.
R 56 Ernste Vergiftungsgefahr beim Einatmen oder Verschlucken.
R 57 Gesundheitsschädlich, besonders beim Verschlucken und bei Berührung mit der Haut.
R 58 Ernste Vergiftungsgefahr beim Einatmen, Verschlucken oder bei Berührung mit der Haut.
R 59 Gesundheitsschädliches Gas.
R 60 Giftiges Gas.
R 61 Hochgiftiges Gas.
R 62 Gesundheitsschädliches geruchloses Gas.
R 63 Hochgiftiges geruchloses Gas.
R 64 Gesundheitsschädliche Dämpfe.
R 65 Gesundheitsschädlicher Dampf und Staub.[1])
R 66 Giftige Dämpfe.
R 67 Hochgiftige Dämpfe.
R 68 Entwickelt in Berührung mit Wasser giftige Gase.
R 69 Entwickelt in Berührung mit Wasser hochgiftige Gase.
R 70 Entwickelt in Berührung mit Säure giftige Gase.
R 71 Entwickelt in Berührung mit Säure hochgiftige Gase.
R 81 Verursacht Verbrennungen/Verätzungen.
R 82 Verursacht schwere Verbrennungen/Verätzungen.
R 83 Reizt Haut und Augen.
R 84 Reizt Haut, Augen und Atemwege.

Aufbewahrung

S 1 Unter Verschluß aufbewahren.
S 2 Darf nicht in die Hände von Kindern gelangen.

---

[1]) Diese Gefahr muß nur dann bezeichnet werden, wenn der Stoff zum Verstäuben neigt.

S 3 Unter Verschluß aufbewahren und nicht in die Hände von Kindern gelangen lassen.
S 4 Entzündet sich an der Luft, deshalb unter Wasser aufbewahren.
S 5 Kühl aufbewahren.
S 6 Von Wohnplätzen fernhalten.
S 7 Inhalt unter Wasser aufbewahren.
S 8 Temperaturerhöhung vermeiden.

Behälter

S 11 Behälter dicht geschlossen halten.
S 12 Behälter trocken und dicht geschlossen halten.
S 13 Behälter dicht geschlossen und kühl halten.
S 14 Behälter dicht geschlossen halten und kühl und fern von Wohnplätzen aufbewahren.
S 15 Behälter dicht geschlossen halten und an einem kühlen, gut gelüfteten Ort aufbewahren.
S 16 Behälter dicht geschlossen halten und an einem gut gelüfteten Ort aufbewahren.
S 17 Behälter dicht geschlossen, Behälterinhalt feucht und kühl halten.
S 18 Zutritt von Luft und Feuchtigkeit verhindern.
S 19 Behälter nicht gasdicht verschließen.

Vorsichtsmaßnahmen

S 21 Bei der Arbeit nicht essen oder rauchen.
S 22 Bei der Arbeit nicht rauchen.
S 23 Nicht in das Abwasser gelangen lassen.
S 24 Niemals Wasser hinzugießen.
S 25 Von anderen Explosivstoffen fernhalten.
S 26 Von Zündsprengstoffen fernhalten.
S 27 Maßnahmen gegen elektrostatische Aufladungen treffen.
S 28 Schlag und Reibung vermeiden.
S 29 Inhalt zerstörter Packungen sorgfältig beseitigen.
S 30 Abfälle fern von Nutzpflanzen vergraben.

Lagerung

S 31 Von Nahrungsmitteln fernhalten.
S 32 Behälter vorsichtig behandeln.
S 33 Ventil nicht mit Gewalt öffnen.
S 34 Flasche aufrecht halten und vorsichtig öffnen.
S 35 Nicht mit Säuren zusammenbringen.
S 36 Von offenen Flammen, Wärmequellen und Funken fernhalten.
S 37 Von offenen Flammen und Funken fernhalten.
S 38 Von brennbaren Stoffen fernhalten.
S 39 Von brandfördernden Stoffen fernhalten.
S 40 Im Winter Einfrieren des Wassers im Behälter verhüten.
S 41 Behälter mit äußerster Vorsicht behandeln.
S 42 Von Metall und Metallsalzen fernhalten.

Atemschutz

S 51 Staub nicht einatmen.
S 52 Staub und Dämpfe nicht einatmen.

S 53 Dämpfe nicht einatmen.
S 54 Gas nicht einatmen.
S 55 Dämpfe nicht einatmen, auch wenn kein Geruch wahrnehmbar.
S 56 Gas nicht einatmen auch wenn kein Geruch wahrnehmbar.
S 57 Staub und Sprühnebel nicht einatmen.
S 58 Beim Versprühen (Vernebeln) die Dämpfe (Nebel) nicht einatmen.
S 59 Nach einer Explosion Schwaden nicht einatmen.

Berührung

S 61 Berührung mit der Haut vermeiden.
S 62 Berührung mit den Augen vermeiden.
S 63 Berührung mit Haut und Augen vermeiden.
S 64 Berührung mit Haut und Augen vermeiden, besonders bei Verwendung ölhaltiger Lösungen.
S 65 Berührung mit Haut, Augen und Kleidung vermeiden.
S 66 Bei Berührung mit der Haut: mit Wasser oder Kupfersulfatlösung spülen und feste Teilchen entfernen.
S 67 Spritzer auf die Haut oder in die Augen gründlich mit Wasser abspülen.
S 68 Berührung mit Metallen oder anorganischen Salzen vermeiden.

Persönliche Schutzmaßnahmen

S 71 Beschmutzte Kleidung sofort ausziehen.
S 72 Bei der Arbeit Schutzkleidung tragen.
S 73 Bei der Arbeit Schutzkleidung und undurchlässige Handschuhe tragen.
S 74 Bei der Arbeit wirksames Atemschutzgerät tragen.
S 75 Bei der Arbeit wirksames Atemschutzgerät und undurchlässige Handschuhe tragen.
S 76 Ausreichende Lüftung anwenden oder wirksames Atemschutzgerät tragen.
S 77 Schutzbrille tragen.
S 78 Bei Staubentwicklung wirksames Atemschutzgerät tragen.

Reinigung

S 91 Nach der Arbeit sofort Hände waschen.
S 92 Nach der Arbeit sofort Gesicht und Hände mit Seife waschen.
S 93 Verschmutzte Gegenstände und Fußboden gründlich mit Wasser abwaschen.
S 94 Fußboden und verschmutzte Gegenstände mit den vorgesehenen Mitteln reinigen.

Verhalten bei Bränden

S 101 Im Brandfall keinen Rauch einatmen.
S 102 Brennenden Phosphor mit Wasser löschen, die Dämpfe nicht einatmen; nach dem Löschen des Feuers mit feuchtem Sand oder feuchter Erde abdecken.
S 103 Im Brandfall mit dem dafür vorgesehenen Feuerlöscher löschen. Kein Wasser verwenden.
S 104 Im Brandfall mit den dafür vorgesehenen Feuerlöschmitteln löschen.

Ärztliche Maßnahmen

S 108 Bei Unwohlsein den Arzt aufsuchen und ihm diesen Warnzettel zeigen.
S 109 Bei Unfällen sofort den Arzt rufen und ihm diesen Warnzettel zeigen.

How to Use the Index

The different processes used in the extensive field of metal surface treatment employ pure chemicals or preparations based on such chemicals.

Wherever chemicals are used it is vital to know their constants, their behaviour in each other's presence, solubility etc. as well as their chemical formula.

The present index gives this information for 1034 chemicals. The names given to the various chemicals are based on the recommendations of the International *Union of Pure and Applied Chemistry (IUPAC),* in German, English and French. The alphabetical listing is in accordance with the German names. English and French indexes are also given to facilitate reference to chemicals according to their English or French names. In the main index as well as in the English and French indexes, prefixes based on IUPAC recommendations have been printed in italics. When chemicals are looked up in the indexes these prefixes should be disregarded.

To enable users of the index to find names whose use is no longer recommended by the IUPAC, these synonyms have been included but with the sign (→) so that the reader will always be able to find the correct chemical name. The same sign has also been used for chemicals which even today are still employed in the technical literature by their popular name.

In the case of formulae for the organic compounds listed, the structural formula has in most cases been given in addition to the empirical one. The empirical formulae of all the compounds listed in the index are contained in an alphabetical formula index.

Symbols have been used for a number of special characteristics. Some of these are standard symbols, whilst others have been specially designed for this index.

The MAK value corresponds to the *M*aximum *A*llowable *C*oncentration at places of work. MAK values are being constantly examined by the Commission for the Examination of Substances representing a Health Hazard (Kommission zur Prüfung gesundheitsschädlicher Arbeitsstoffe), which is part of the German Research Association (Deutsche Forschungsgemeinschaft). In this book, all the MAK values of notice IX of 28 June 1973, have been taken into account. The text of this note is fully quoted in the appendix.

RID (the international regulations concerned with the transport of dangerous goods) gives the following classification:

Group I a	Explosive substances and articles
Group I b	Articles containing explosive substances
Group I c	Flammable goods, fireworks and similar articles
Group I d	Compressed and liquified gases and gases dissolved under pressure
Group I e	Substances which develop flammable gases on contact with water
Group II	Self-igniting substances
Group III a	Flammable liquid substances
Group III b	Flammable solid substances
Group III c	Substances causing ignition or oxidation
Group IV a	Poisonous substances
Group IV b	Radioactive substances
Group V	Corrosive substances
Group VI	Substances which cause nausea or are infectious
Group VII	Organic peroxides

The RID data in this book correspond to those given in DEGT part 1, Section A, Appendix C and RID edition of 1. April 1967. All supplementary information and corrections up to and including June 1972 have been taken into account.

At the Conference on Harbour Safety in Rotterdam in 1968 the American delagates suggested that dangerous goods should be marked with a special sign, shown below, and that this should be made compulsory by the United Nations.

Where concrete information was available, this was included in the index. For technical reasons a simplified form of the above sign had to be used (×). The colours for the four sections are as follows: left: blue, top: red, right: yellow, bottom: white.

These sections have the following significance:

Left hand section *Health hazard*	4 Extremely dangerous – avoid any contact with vapours or liquids without special protection. 3 Very dangerous – personnel should remain in danger zone only if wearing complete protective clothing and gas mask 2 Dangerous – personnel should remain in danger zone only if wearing gas mask and simple protective clothing 1 Low risk – gas mask advisable 0 No special risk
Top section *Danger of fire*	4 Extremely flammable at all temperatures 3 Flammable at normal temperatures 2 Flammable when warmed 1 Flammable only when heated 0 Non-flammable under normal conditions
Right hand section *Risk of explosion*	4 High explosive risk – form safety zone. In case of fire immediately evacuate endangered area. 3 Explosive risk if subjected to heat or heavy impact etc. Form safety zone. Fire should be fought only from a safe place. 2 Violent chemical reaction possible. Increased safety precautions. Fire should be fought only from a safe place. 1 Becomes unstable if heated. Safety precautions necessary. 0 No risk under normal conditions.
Bottom section *Special instructions*	Blank: use water to extinguish fire. ~~W~~ : do not use water to extinguish fire.  : Risk of radioactive radiation if substance escapes.

The order regarding dangerous substances dated September 17 1971, which covers the handling of these substances in particular, contains information on the special hazards they present, given in Appendix I. Where the chemicals named in the index are affected by this, code numbers have been included under "Miscellaneous".

Appendix I of the above order has been published only in French, German, Italian and Dutch. A legally binding English version is, unfortunately, not yet available.

Comment utiliser l'Index

Dans le domaine très étendu des traitements de surfaces métalliques, de nombreux produits chimiques sont employés sous forme pure ou de mélangée.

Pour l'utilisation de produits chimiques, il est important de connaître leurs caractéristiques, leur comportement, leurs réactions lorsqu'on les mélange, leur solubilité et finalement leur formule chimique.

Le présent index contient ces caractéristiques pour 1034 produits chimiques.
La dénomination des produits a été faite en prenant comme base les recommandations de l'*IUPAC, International Union of Pure and Applied Chemistry* en allemand, anglais et français et ceci dans l'ordre alphabétique allemand.
Pour retrouver les termes anglais et français, un registre dans ces deux langues a été ajouté.
Les préfixes, dans la mesure où s'ils sont prévus par les recommandations de l'*IUPAC* sont imprimés en italiques dans la partie principale et dans les registres. Il ne faut pas en tenir compte en cherchant.
Pour donner à l'utilisateur la possibilité de retrouver également des termes qui, selon les indications *IUPAC,* ne devraient plus être employés, leurs synonymes sont compris dans le registre, mais pourvus du signe (→) renvoyant le lecteur au terme exact.

Les formules chimiques des liaisons organiques comportent la formule brute et la formule développée. Pour toutes les formules brutes traitées dans l'ouvrage, un registre alphabétique de formules brutes a été ajouté.

Un certain nombre de propriétés marquantes des produits chimiques est désigné par des symboles. Dans la mesure où ces symboles étaient déjà existants, ils ont été conservés, si non, ils ont été spécialement créés pour ce livre.

Le facteur de sécurité MAK correspond à la concentration maximal aux postes de travail (*M*aximale *A*rbeitsplatz-*K*onzentration). Les valeurs limités sont constamment mises à jour par la «*Commission pour l'examen des matières nocives de la communauté allemande de la recherche*» (Kommission zur Prüfung gesundheitsschädlicher Arbeitsstoffe der Deutschen Forschungsgemeinschaft). Le présent ouvrage tient compte de tous les facteurs de la publication IX de 28 juin 1973. Le texte integral de cette publication se trouve dans l'appendice.

Le RID (Réglement international concernant le transport des marchandises dangereuses) distingue les catégories suivantes:

Cat. I a	Matières et objets explosifs
Cat. I b	Objets chargés de matières explosives
Cat. I c	Détonateurs, articles pyrotechniques et marchandises analogues
Cat. I d	Gaz comprimés, liquéfiés ou dissous sous pression
Cat. I e	Matières qui développent des gaz inflammables au contact de l'eau
Cat. II	Matières à inflammation spontanée
Cat. III a	Matières liquides inflammables
Cat. III b	Matières solides inflammables
Cat. III c	Matières ayant une action inflammable (oxydante)
Cat. IV a	Matières toxiques
Cat. IV b	Matières radioactives
Cat. V	Matières corrosives
Cat. VI	Matières nauséabondes ou infectieuses
Cat. VII	Peroxydes organiques

Les références RID contenues dans le présent ouvrage correspondent à celles du *DEGT, Partie I, Section A, Annexe C et RID,* édition du 1.4.1967. Toutes les corrections et compléments apportés jusqu'en juin 1972 ont été pris en considération.

Lors du congrès pour la protection des ports qui s'est tenu en 1968 à Rotterdam, les représentants américains ont annoncé que les Nations Unies allaient introduire en lui donnant force obligatoire une marque distinctive de danger (diamant de danger) destinée à être appliquée sur toutes les marchandises dangereuses.

Cette marque a été reprise dans l'index, dans la mesure où des indications concrètes étaient disponibles. Pour des raisons d'impression, la représentation graphique de la marque (diamant) de danger a été simplifiée (×). Le signe original à appliquer sur les emballages comporte quatre champs, soit bleu à gauche, rouge en haut, jaune à droite et blanc en bas.

Leur signification est la suivante:

Champ de gauche *Danger pour la santé*	4 Extrêmement dangereux! En l'absence de protection spéciale, éviter tout contact avec des vapeurs ou des liquides. 3 Très dangereux! Séjour dans la zone dangereuse uniquement avec vêtement de protection intégrale et masque respiratoire. 2 Dangereux! Séjour dans la zone dangereuse uniquement avec vêtement protecteur simple et masque respiratoire. 1 Danger minime. Le masque respiratoire est recommandé. 0 Sans danger spécial.
Champ supérieur: *Danger d'incendie*	4 Très facilement inflammable à toutes les températures! 3 Danger d'inflammation à la température normale! 2 Danger d'inflammation en cas d'échauffement. 1 Danger d'inflammation uniquement en cas d'échauffement excessif. 0 Aucun danger d'inflammation dans des conditions normales.
Champ de droite: *Danger d'explosion*	4 Grand danger d'explosion! Créer une zone de sécurité. Evacuer immédiatement le secteur en cas d'incendie. 3 Danger d'explosion sous l'action de la chaleur ou d'une forte secousse due à un choc p.ex. Créer une zone de sécurité. Manœuvres d'extinction uniquement sous la couverture d'un abri sûr. 2 Violente réaction chimique possible. Mesures de protection renforcées. Manœuvres d'extinction uniquement à bonne distance. 1 Devient instable en cas d'échauffement. Mesures de protection indispensables. 0 Aucun danger dans des conditions normales.
Champ inférieur: *Prescriptions spéciales*	Champ vide: Utiliser de l'eau comme moyen d'extinction. ~~W~~ : Ne pas utiliser de l'eau comme moyen d'extinction.  : Danger de radiation radioactive (si la matière est à l'air libre).

En RFA, l'ordonnance sur les matières dangereuses (VgA) du 17 septembre 1971, règlementant en particulier le maniement de ces matières, donne, dans son annexe I, des indications quant à leurs dangers spécifiques. Dans la mesure où des produits chimiques cités dans l'Index sont concernés, la rubrique «Divers» indique des chiffres dont la signification est comme suit:

E explosif
O comburant
F facilement inflammable
T toxique
C corrosif
Xn nocif
Xi irritant

R 1 Explosif à l'état sec.
R 2 Risque d'explosion par le choc, la friction, le feu ou autres sources d'ignition.
R 3 Grand risque d'explosion par le choc, la friction, le feu ou autres sources d'ignition.
R 4 Forme des sels métalliques explosifs très sensibles.
R 5 Danger d'explosion sous l'action de la chaleur.
R 11 Peut provoquer un incendie.
R 12 Favorise l'inflammation des matières combustibles.
R 13 Explosif en mélange avec des matières combustibles.
R 21 Inflammable.
R 22 Très inflammable.
R 23 Extrêmement inflammable.
R 24 Gaz liquéfié inflammable.
R 25 Gaz liquéfié très inflammable.
R 26 Gaz liquéfié extrêmement inflammable.
R 27 Liquide inflammable miscible avec l'eau.
R 28 Liquide inflammable non miscible avec l'eau.
R 29 Réagit violemment en contact avec l'eau en dégageant des gaz inflammables.
R 30 Peut exploser en mélange avec des substances comburantes.
R 31 Spontanément inflammable dans l'air.
R 32 Explosif en contact ou sans contact avec l'air.
R 33 Mélange vapeur-air explosif.
R 34 Mélange gaz-air explosif.
R 35 Susceptible de former des peroxides explosifs.
R 51 Poussières nocives.[1])
R 52 Poussières toxiques.[1])
R 53 Toxique par contact avec la peau.
R 54 Substance nocive par ingestion.
R 55 Risque d'empoisonnement grave en cas d'ingestion.
R 56 Risque d'empoisonnement grave par inhalation ou ingestion.
R 57 Substance nocive par ingestion et par contact avec la peau.
R 58 Risque d'empoisonnement grave par inhalation, par ingestion ou par contact avec la peau.
R 59 Gaz nocif.
R 60 Gaz toxique.
R 61 Gaz très toxique.
R 62 Gaz inodore nocif.
R 63 Gas inodore très toxique.
R 64 Vapeurs nocives.
R 65 Vapeurs et poussières nocives.[1])
R 66 Émet des vapeurs toxiques.
R 67 Émet des vapeurs très toxiques.
R 68 En contact avec l'eau, dégage un gaz toxique.
R 69 En contact avec l'eau, dégage un gaz très toxique.

---

[1]) Ce risque ne doit être indiqué qu'au cas où l'état physique de la substance peut donner lieu à des émanations de poussières.

R 70 En contact avec un acide, dégage un gaz toxique.
R 71 En contact avec un acide dégage un gaz très toxiques.
R 81 Provoque des brûlures.
R 82 Provoque de graves brûlures.
R 83 Irritant pour la peau et les yeux.
R 84 Irritant pour la peau, les yeux et les voies respiratoires.

Conservation

S 1 Conserver ce produit sous clé.
S 2 Conserver ce produit hors de la portée des enfants.
S 3 Conserver ce produit sous clé, hors de la protée des enfants.
S 4 Conserver ce produit sous l'eau; il s'enflamme immédiatement à l'air.
S 5 Conserver dans un endroit frais.
S 6 Tenir à l'écart de tout local d'habitation.
S 7 Conserver ce produit sous l'eau.
S 8 Éviter toute élévation de température.

Récipients

S 11 Tenir l'emballage bien fermé.
S 12 Tenir l'emballage bien fermé et dans un endroit sec.
S 13 Tenir l'emballage bien fermé et dans un endroit frais.
S 14 Tenir le récipient hermétiquement fermé, dans un endroit frais et à l'écart de tout local d'habitation.
S 15 Tenir le récipient hermétiquement fermé et dans un endroit frais et bien ventilé.
S 16 Tenir le récipient hermétiquement fermé et dans un endroit bien ventilé.
S 17 Maintenir le produit humide, dans un endroit frais et tenir l'emballage bien fermé.
S 18 Éviter l'accès de l'air et de l'humidité.
S 19 Ne pas fermer hermétiquement le récipient.

Précautions

S 21 Ne pas manger et ne pas fumer pendant l'utilisation.
S 22 Ne pas fumer pendant l'utilisation.
S 23 Ne pas rejeter les résidus à l'égout.
S 24 Ne jamais verser de l'eau sur ce produit.
S 25 Ne pas conserver ni transporter avec d'autres explosifs.
S 26 Ne pas conserver ni transporter avec des explosifs d'amorçage.
S 27 Pendre des mesures contre les décharges électrostatiques.
S 28 Éviter le choc et le frottement.
S 29 Enlever avec précaution le contenu d'emballages endommagés.
S 30 Évacuer soigneusement les résidus à l'écart des plantations.

Emmagasinage

S 31 Tenir à l'écart des aliments et des boissons.
S 32 Manipuler le récipient avec prudence.
S 33 Ne pas forcer la soupape.
S 34 Placer la bouteille debout et l'ouvrir avec prudence.

S 35 Tenir à l'écart des acides.
S 36 Tenir à l'abri de la chaleur, des flammes et des étincelles.
S 37 Tenir à l'écart des flammes et des étincelles.
S 38 Tenir à l'écart des matières combustibles.
S 39 Tenir à l'écart des matières comburantes.
S 40 En hiver, éviter que l'eau récipients ne gèle.
S 41 Manipuler le récipient avec extrême prudence.
S 42 Tenir à l'écart des métaux et des sels métalliques.

Inhalation

S 51 Éviter de respirer les poussières.
S 52 Éviter de respirer les poussières et les émanations.
S 53 Éviter de respirer les émanations.
S 54 Éviter de respirer les gaz.
S 55 Éviter de respirer les vapeurs, même si l'odeur n'en est pas perceptible.
S 56 Éviter de respirer les gaz même si l'odeur n'en est pas perceptible.
S 57 Éviter de respirer les poussières et les brouillards de pulvérisation.
S 58 Pendant les fumigations, éviter de respirer les fumées.
S 59 En cas d'explosion, éviter de respirer les fumées.

Contact

S 61 Éviter le contact avec la peau.
S 62 Éviter le contact avec les yeux.
S 63 Éviter le contact avec la peau et les yeux.
S 64 Éviter le contact avec la peau et les yeux surtout lorsqu'il s'agit de solutions huileuses.
S 65 Éviter le contact avec la peau, les yeux et les vêtements.
S 66 En cas de contact avec le peau, arroser avec de l'eau et de préférence avec une solution de sulfate de cuivre et enlever les particules solides.
S 67 En cas de contact avec la peau ou les yeux, arroser abondamment avec de l'eau.
S 68 Éviter le contact avec les métaux ou les sels minéraux.

Protection individuelle

S 71 Enlever immédiatement tout vêtement souillé.
S 72 Lors de l'utilisation, porter un vêtement de protection.
S 73 Lors de l'utilisation, porter un vêtement de protection et des gants imperméables.
S 74 Lors de l'utilisation, se protéger au moyen d'un masque efficace.
S 75 Lors de l'utilisation, porter un masque efficace et des gants imperméables.
S 76 Lors de l'utilisation bien ventiler le local ou se protéger au moyen d'un masque efficace.
S 77 Lors de l'utilisation, porter des lunettes de protection.
S 78 En cas de dégagement de poussière, se protéger au moyen d'un masque efficace.

Nettoyage

S 91 Se laver immédiatement les mains après manipulation.
S 92 Se laver immédiatement les mains et le visage à l'eau savonneuse après manipulation.
S 93 Laver abondamment à l'eau le sol et les objects souillés par ce produit.
S 94 Employer les moyens prescrits pour nettoyer le sol et les objets souillés par ce produit.

Incendie

S 101 En cas d'incendie, éviter d'inhaler les fumées.
S 102 Si le phosphore brûle, arroser avec de l'eau et éviter de respirer les fumées. Une fois le feu éteint, couvrir de sable ou de terre mouillés.
S 103 En cas d'incendie, éteindre avec les moyens appropriés. Ne jamais utiliser de l'eau.
S 104 En cas d'incendie, éteindre avec les moyens appropriés.

Secours médical

S 108 En cas de malaise faire appel au médecin et lui montrer cette étiquette.
S 109 En cas d'accident faire appel d'urgence au médecin et lui montrer cette étiquette.

Symbole – Symbols – Symboles

Eigenschaften – Properties – Propriétés

dünnflüssig
low viscosity
fluide

dickflüssig
viscous
visqueux

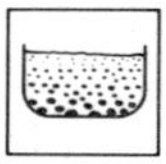
schlammig
sludge-like
boueux

breiig
pulp-like
pâte molle (liquide)

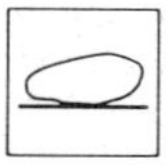
teigig
dough-like
pâte moyenne

pastig
paste-like
pâte consistante

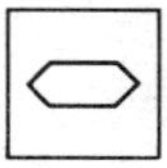
kristallin
crystalline
crystallin

pulverig
powdered
poudre, pulvérulent

körnig, krümelig
granular
granulé

brockig, klumpig
crumbly, lumpy
grumeleux

blätterig, schuppig
scale-like, flaky
feuilleté, écailleux

faserig, nadelförmig
fibrous
fibreux

pastillenförmig
pellets
en forme de pastilles

eiförmig
egg-shaped
en forme d'œuf

kugelförmig
spherical
sphérique

stangenförmig,
stäbchenförmig
rod shaped
en forme de baguette (tige)

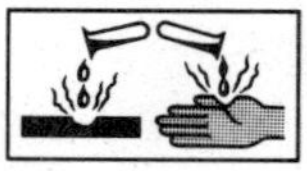
ätzend
corrosive
corrosif

flüchtig
volatile
volatil

es entweichen giftige/schädliche Dämpfe/Gase/Nebel
produces poisonous or dangerous vapour/gas/fumes
produit des vapeurs/gaz/brouillards toxiques ou dangereux

brennbar, entflammbar
combustible
flammable,
combustible,
inflammable

explosiv
explosive
explosif

wärmeempfindlich
affected by heat
sensible à la chaleur

kälteempfindlich
affected by cold
sensible au froid

giftig
poisonous
toxique

Verpackung – Packing – Emballage

Ampulle|Zylinder
Ampoule
ampoule

Glasflache
Glass bottle
flacon en verre

Plastikflasche
Plastic bottle
flacon plastique

Beutel
small bag
sachet

Sack, Papier-
Paper bag
sac de papier

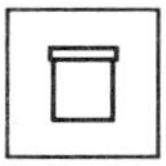
Blech
Tin
boîte en fer-blanc

Blechtrommel | Stahlfaß
Metal drum, steel keg
fut en tôle d'acier

Fibertrommel
Fibre drum
tambour en fibres

Blechflasche|Kanne
Metal flask,can
bidon en fer-blanc

Korbflasche
Carboy
tourie (dame-jeanne)

Abkürzungen – Abbreviations – Abréviations

MM	Molekularmasse (-gewicht)	molecular weight	poids moléculaire
D	Dichte	density	densité
Fp	Schmelzpunkt	melting point	point de fusion
Kp	Siedepunkt	boiling point	point d'ébullition
MAK	Maximale Arbeitsplatz-konzentration	Maximum Allowable Concentration (MAC)	concentration maximale admise sur le lieu du travail
RID	Internationales Übereinkommen über den Transport gefährlicher Güter	International regulations concerned with the transport of dangerous goods	Règlement international concernant le transport des marchandises dangereuses
→	siehe	see	voir

Leseranfragekarten sind am Schluß des Buches eingeheftet. Damit können Anfragen und Verbesserungsvorschläge an den Autor gerichtet werden.

Readers' inquiry cards can be found at the end of the book and may be used for sending questions to the author and/or for making suggestions and corrections.

A l'intention des lecteurs, des **cartes-réponses** ont été insérées à la fin du livre. Elles permettent d'adresser à l'auteur toutes questions et suggestions que les lecteurs voudront bien lui présenter.

Chemikalien-Index
Index of Chemicals
Index des Produits Chimiques

1

Abels **Reagenz**
Abel(s) **Reagent**
Réactif *d'Abel*

Eigenschaften – properties – propriétés

Gehalte – content – teneurs
10% CrO_3

Diverses – misc. – divers
MAK 0,1 mg CrO_3/m^3
RID III c

250 g
1 K
5 K

2

Acetaldehyd
Acetaldehyde
Acétaldéhyde

C_2H_4O

$H_3C—CHO$

Eigenschaften – properties – propriétés

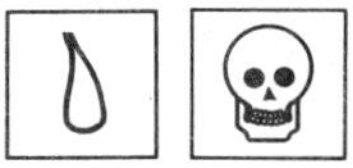

farblos
colourless
incolore

MM	44.05
D	0.7834
Fp	−123,4 °C
Kp	20,2 °C

Löslichkeiten – solubilities – solubilités
H_2O = ∞ löslich| ∞ soluble| ∞ soluble

Äthanol = löslich	Diäthyläther = löslich
ethanol = soluble	diethyl ether = soluble
éthanol = soluble	éther diéthylique = soluble

Reaktionen – reactions – réactions

Diverses – misc. – divers
MAK 200 ppm, 360 mg|m^3
RID III a

4
2 4

F R: 23-33-35
S: 15-22-36-71-104

3

Acetamid C_2H_5NO
Acetamide
Acétamide

$CH_3—CO—NH_2$

Eigenschaften – properties – propriétés

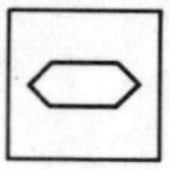

trigonal, farblos
trigonal, colourless
trigonale, incolore

MM 59.07
D 0.980
Fp 82,3 °C
Kp 221,2 °C

Löslichkeiten – solubilities – solubilités
H_2O = löslich|soluble|soluble
Äthanol|ethanol|éthanol = löslich|soluble|soluble
Diäthyläther|diethyl ether|éther diéthylique = sehr wenig löslich|very slightly soluble|très peu soluble

Diverses – misc. – divers

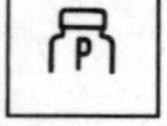

100 g
250 g
1 K

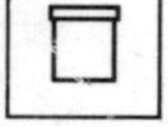

5 K

4

Acetessigsäureäthylester $C_6H_{10}O_3$
Acetoacetic acid ethylester
Ester éthylique de l'acide acétacétique

$CH_3—CO—CH_2—COO—C_2H_5$

Eigenschaften – properties – propriétés

farblos
colourless
incolore

MM 130,14
D 1,025
Fp −44 °C
Kp 181 °C

Gehalte – content – teneurs
98–99%

Löslichkeiten – solubilities – solubilités
H_2O wenig löslich|slightly soluble|peu soluble
Äthanol|ethanol|éthanol = ∞ löslich|∞ soluble|∞ soluble
Diäthyläther|diethyl ether|éther diéthylique = löslich|soluble|soluble
Chloroform|chloroform|chloroforme = löslich|soluble|soluble
Lösungsmittel|solvent|solvant = mischbar mit|miscible with|miscible avec

Reaktionen – reactions – réactions

84 °C→  > 120 °C→ 

Diverses – misc. – divers
MAK 400 ppm
RID IIIa

500 ml
1 L
5 L

25 K
50 K

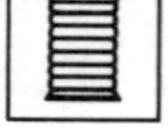

200 K

5

Aceton
Acetone
Acétone

C_3H_6O

$CH_3—CO—CH_3$

Eigenschaften – properties – propriétés

farblos
colourless
incolore

MM 58,08
D 0,7906
Fp −95,6 °C
Kp 56,2 . . . 56,3 °C

Gehalte – content – teneurs
→Tabelle|Table|Tableau 5.1

Löslichkeiten – solubilities – solubilités
H_2O = ∞ löslich|∞ soluble|∞ soluble
Äthanol|ethanol|éthanol = löslich|soluble|soluble
Diäthyläther|diethyl ether|éther diéthylique = löslich|soluble|soluble

Reaktionen – reactions – réactions

Diverses – misc. – divers
MAK 1000 ppm, 2400 mg/m^3
RID IIIa

3
1 0

F R: 22-33
S : 15-22-36-53-71-104

1 L
5 L

25 K

6

Acetylaceton
Acetylacetone
Acétylacétone

$C_5H_8O_2$

$CH_3—CO—CH_2—CO—CH_3$

Eigenschaften – properties – propriétés

MM 100,12
D 0,9721
Fp
Kp 137 . . . 138 °C

Löslichkeiten – solubilities – solubilités
H_2O = 12,5 g/100 ml
Diäthyläther|diethyl ether|éther diéthylique = löslich|soluble|soluble
Chloroform|chloroform|chloroforme = ∞ löslich|∞ soluble|∞soluble

Reaktionen – reactions – réactions

Diverses – misc. – divers
RID IIIa

7

Acetyl-salicylsäure
Acetylsalicylic acid
Acide acétylsalicylique

$C_9H_8O_4$

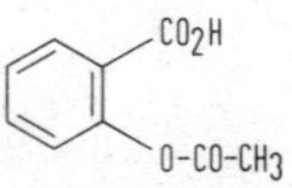

Eigenschaften – properties – propriétés

farblos
colourless
incolore

MM 180,16
D
Fp 135 °C
Kp

Löslichkeiten – solubilities – solubilités
$H_2O^{15\,°C} = 0{,}25$ g/100 ml
Diäthyläther$^{18\,°C}$|diethyl ether$^{18\,°C}$
éther diéthylique$^{18\,°C} = 5$ g/100 ml
Benzol|benzene|benzène = sehr wenig löslich|
very slightly soluble|très peu soluble

Diverses – misc. – divers

500 g
1 K
5 K

50 K

8

Adipinsäure
Adipic acid
Acide adipique

$C_6H_{10}O_4$

$HO_2C—[CH_2]_4—CO_2H$

Eigenschaften – properties – propriétés

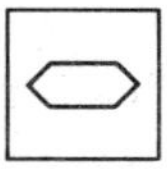

MM 146,14
D 1,360
Fp 153 °C
Kp 205,5 °C

Löslichkeiten – solubilities – solubilités
$H_2O^{15\,°C} = 1{,}4$ g/100 ml
Diäthyläther|diethyl ether|éther diéthylique =
0,6 g/100 ml
Äthanol|ethanol|éthanol =
leicht löslich|easily soluble|facilement soluble

Reaktionen – reactions – réactions
315. . .320 °C→Cyclopentanon|
cyclopentanone|cyclopentanone

Diverses – misc. – divers

500 g
1 K
5 K

25 K
50 K

9

Agar Agar
Agar agar
Agar-agar

$(C_{12}H_{18}O_9)_x$

Eigenschaften – properties – propriétés

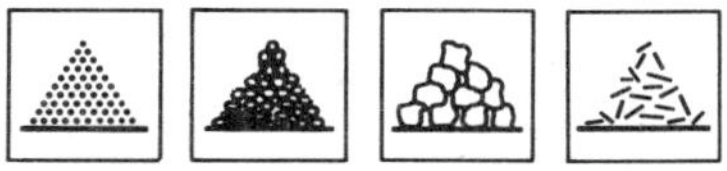

MM 3000...9000
D
Fp
Kp

Löslichkeiten – solubilities – solubilités
$H_2O^{siedend|boiling|bouillant}$ = 0,5 g/100 ml

Diverses – misc. – divers

100 g
250 g
1 K

25 K
50 K

10

Agaricinsäure
Agaric acid
Acide agarique

$C_{22}H_{40}O_7$

$$CH_3—[CH_2]_{15}—CH(CO_2H)—C(OH)(CO_2H)—CH_2—CO_2H$$

Eigenschaften – properties – propriétés

MM 416,56
D
Fp 141,5 °C
Kp

Löslichkeiten – solubilities – solubilités
$H_2O^{kalt|cold|froid}$ = (praktisch)unlöslich|(practically) insoluble|(pratiquement) insoluble

Diverses – misc. – divers

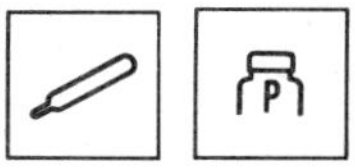

11

Aktivkohle
Activated carbon
Charbon actif

Eigenschaften – properties – propriétés

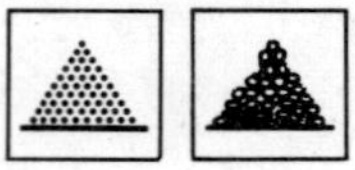

1,5 + 2,5 mm **schwarz** **black** **noir**

Diverses – misc. – divers

1 K
5 K

30 K

12

Aldol
Aldol
Aldole

$C_4H_8O_2$

$CH_3—CH(OH)—CH_2—CHO$

Eigenschaften – properties – propriétés

MM 88,11
D 1,1094
Fp
Kp 77 °C$^{16\ \mathrm{mm\ Hg}}$

Löslichkeiten – solubilities – solubilités
H_2O = ∞ löslich | ∞ soluble | ∞ soluble
Äthanol | ethanol | éthanol =
∞ löslich | ∞ soluble | ∞ soluble
Diäthyläther | diethyl ether | éther diéthylique =
löslich | soluble | soluble

13

Allylalkohol
Allyl alcohol
Alcool allylique

C_3H_6O

$CH_2{=}CH{-}CH_2OH$

Eigenschaften – properties – propriétés

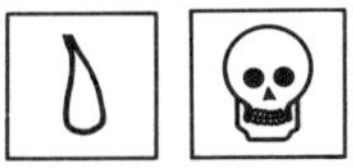

MM 58,08
D 0,8704
Fp –129 °C
Kp 96,95 °C

Löslichkeiten – solubilities – solubilités
H_2O = ∞ löslich|∞ soluble|∞ soluble
Äthanol|ethanol|éthanol =
löslich|soluble|soluble
Diäthyläther|diethyl ether|éther diéthylique =
löslich|soluble|soluble

Reaktionen – reactions – réactions

Diverses – misc. – divers
MAK 2 ppm, 5 mg/m^3
RID III a

F+T R: 22-33-67-84
S : 16-21-36-71-76-77-104-108

14

Allylbromid
Allyl bromide
Allyle bromure

C_3H_5Br

$CH_2{=}CH{-}CH_2Br$

Eigenschaften – properties – propriétés

MM 120,98
D 1,3980
Fp
Kp 70 °C

Gehalte – content – teneurs
66,05% Br

Löslichkeiten – solubilities – solubilités
H_2O = nicht löslich|insoluble|insoluble
Äthanol|ethanol|éthanol =
∞ löslich|∞ soluble|∞ soluble
Diäthyläther|diethyl ether|éther diéthylique =
∞ löslich|∞ soluble|∞ soluble

Reaktionen – reactions – réactions

Diverses – misc. – divers
RID IVa/IIIa

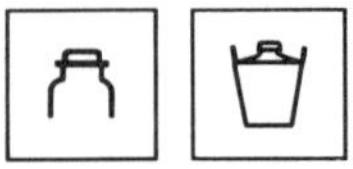

15

Allylthioharnstoff $C_4H_8N_2S$
Allyl thiourea
Allylthiourée

$CH_2=CH—CH_2—NH—CS—NH_2$

Eigenschaften – properties – propriétés

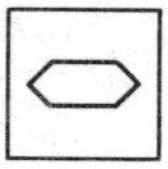

MM 116,19
D 1,219
Fp 76,8 °C
Kp

Löslichkeiten – solubilities – solubilités
$H_2O^{0\,°C}$ = 3 g/100 ml
$H_2O^{\text{heiß|hot|chaud}}$ = löslich|soluble|soluble
Äthanol|ethanol|éthanol =
löslich|soluble|soluble
Diäthyläther|diethyl ether|éther diéthylique =
sehr wenig löslich|very slightly soluble|très peu soluble
Benzol|benzene|benzène =
nicht löslich|insoluble|insoluble

Diverses – misc. – divers

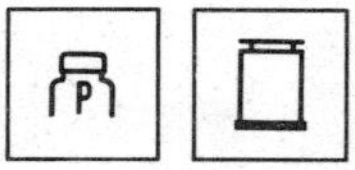

16

Aluminiumbromid $AlBr_3$
Aluminium bromide
Aluminium bromure

Eigenschaften – properties – propriétés

MM 266,72
D 3,20
Fp 97,5 °C
Kp 268 °C

Gehalte – content – teneurs
10,1% Al

Löslichkeiten – solubilities – solubilités
$H_2O^{\text{kalt|cold|froid}}$ = löslich|soluble|soluble
$H_2O^{\text{heiß|hot|chaud}}$ = ∞ löslich|∞ soluble|∞ soluble
Alkalilauge|caustic alkali solution|solution
caustique alcaline = löslich|soluble|soluble

Reaktionen – reactions – réactions

$+H_2O \rightarrow$ 

Diverses – misc. – divers
RID V

17

Aluminiumcarbid Al_4C_3
Aluminium carbide
Aluminium carbure

Eigenschaften – properties – propriétés

MM 143,91
D 2,36
Fp 2200 °C
Kp

Gehalte – content – teneurs
75% Al

Löslichkeiten – solubilities – solubilités
Säure(n)|acid(s)|acide(s) =
löslich|soluble|soluble

Reaktionen – reactions – réactions
$+ H_2O \rightarrow$ Zersetzung|decomposition|
dégradation $\rightarrow CH_4$

Diverses – misc. – divers
RID Ie

18

Aluminiumchlorid wasserfrei $AlCl_3$
Aluminium chloride anhydrous
Aluminium chlorure anhydre

Eigenschaften – properties – propriétés

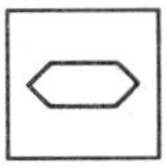 

hygroskopisch
hygroscopic
hygroscopique

MM 133,34
D 2,44
Fp 192 °C$^{1625\ mm\ Hg}$
Kp
180 °C→Sublimation|sublimation|sublimation

Gehalte – content – teneurs
20,2% Al

Löslichkeiten – solubilities – solubilités
$H_2O^{kalt|cold|froid}$ = 44,9 g/100 ml
$H_2O^{80\,°C}$ = 47,7 g/100 ml
Diäthyläther|diethyl ether|éther diéthylique =
löslich|soluble|soluble
Chloroform|chloroform|chloroforme =
löslich|soluble|soluble
CCl_4 = löslich|soluble|soluble
Benzol|benzene|benzène =
nicht löslich|insoluble|insoluble

Reaktionen – reactions – réactions

20 °C→ 

Diverses – misc. – divers Xi R: 84
RID V S : 12-23-52-63-67-91-94

19

Aluminiumchlorid-6-hydrat $AlCl_3 \cdot 6\,H_2O$
Aluminium chloride 6-hydrate
Aluminium chlorure 6-eau

Eigenschaften – properties – propriétés

farblos, hygroskopisch
colourless, hygroscopic
incolore, hygroscopique

MM 241,44
D 2,4
Fp
Kp

Gehalte – content – teneurs
11,2% Al

Löslichkeiten – solubilities – solubilités
$H_2O^{kalt|cold|froid}$ =
sehr löslich|very soluble|très soluble
$H_2O^{heiß|hot|chaud}$ =
sehr löslich|very soluble|très soluble
Äthanol|ethanol|éthanol = 50 g/100 ml

Reaktionen – reactions – réactions
zerfließlich|deliquescent|liquéfiable

Diverses – misc. – divers
RID V

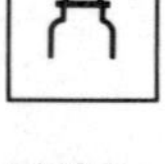

100 g
500 g
1 K
5 K

50 K
100 K

20

Aluminiumfluorid wasserfrei AlF_3
Aluminium fluoride anhydrous
Aluminium fluorure anhydre

Eigenschaften – properties – propriétés

farblos, durchsichtig
colourless, transparent
incolore, transparent

MM 83,97
D 3,07
Fp 1040 °C
Kp

Gehalte – content – teneurs
32,1% Al

Löslichkeiten – solubilities – solubilités
$H_2O^{25\,°C}$ = 0,56 g/100 ml
$H_2O^{heiß|hot|chaud}$ = löslich|soluble|soluble

Diverses – misc. – divers **T** R: 55
MAK 2,5 mgF/m^3 S: 3-11-21-31-51-
RID IVa 63-67-72-91-108

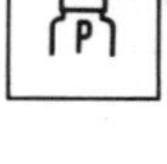

21

Aluminiumfluorid-1-hydrat $AlF_3 \cdot H_2O$
Aluminium fluoride 1-hydrate
Aluminium fluorure 1-eau

Eigenschaften – properties – propriétés

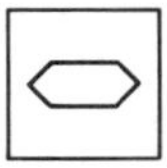

farblos, glänzend
colourless, bright
incolore, brillant

MM 101,99
D 2,17
Fp
Kp

Gehalte – content – teneurs
26,4% Al

Löslichkeiten – solubilities – solubilités
H_2O = wenig löslich|slightly soluble|peu soluble

Diverses – misc. – divers
MAK 2,5 mgF/m^3
RID IVa

T R: 55
S: 3-11-21-31-51-63-67-72-91-108

22

Aluminiumfluorid-9-hydrat $AlF_3 \cdot 9\ H_2O$
Aluminium fluoride 9-hydrate
Aluminium fluorure 9-eau

Eigenschaften – properties – propriétés

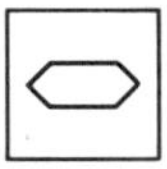

farblos, glänzend
colourless, bright
incolore, brillant

MM 246,12
D
Fp
Kp

Gehalte – content – teneurs
10,96% Al

Löslichkeiten – solubilities – solubilités
$H_2O^{kalt|cold|froid}$ =
nicht löslich|insoluble|insoluble
$H_2O^{heiß|hot|chaud}$ =
wenig löslich|slightly soluble|peu soluble

Diverses – misc. – divers
MAK 2,5 mgF/m^3
RID IVa

23

Aluminiumhydroxid $Al(OH)_3$
Aluminium hydroxide
Aluminium hydroxyde

Eigenschaften – properties – propriétés

monoklin, weiß
monoclinic, white
monoclinique, blanc

MM 77,99
D 2,42
Fp
Kp

Gehalte – content – teneurs
34,58% Al

Löslichkeiten – solubilities – solubilités
$H_2O^{kalt|cold|froid}$ =
0,000104 g/100 ml
$H_2O^{heiß|hot|chaud}$ =
nicht löslich|insoluble|insoluble
Säure(n)|acid(s)|acide(s) =
löslich|soluble|soluble
Alkalilauge|caustic alkali solution|solution caustique alcaline = löslich|soluble|soluble
Äthanol|ethanol|éthanol =
nicht löslich|insoluble|insoluble

Reaktionen – reactions – réactions
300 °C→ – H_2O

Diverses – misc. – divers

1 K
5 K

50 K

24

Aluminiumjodid AlJ_3 AlI_3
Aluminium iodide
Aluminium iodure

Eigenschaften – properties – propriétés

weiß, hygroskopisch
white, hygroscopic
blanc, hygroscopique

MM 407,73
D 3,98
Fp 191 °C
Kp 382 °C

braun, hygroskopisch
brown, hygroscopic
brun, hygroscopique

Gehalte – content – teneurs
6,6% Al

Löslichkeiten – solubilities – solubilités
$H_2O^{kalt|cold|froid}$ =
löslich|soluble|soluble
$H_2O^{heiß|hot|chaud}$ =
zersetzlich|decomposable|dégradable
Äthanol|ethanol|éthanol =
löslich|soluble|soluble
Diäthyläther|diethyl ether|éther diéthylique =
löslich|soluble|soluble
CS_2 = löslich|soluble|soluble

25

Aluminiumnatriumsulfat-12-hydrat
Aluminium sodium sulphate 12-hydrate
Aluminium et sodium sulfate 12-eau

$AlNa(SO_4)_2 \cdot 12\,H_2O$

Eigenschaften – properties – propriétés

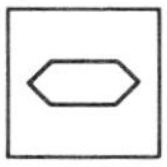

farblos
colourless
incolore

MM 458,29
D 1,675
Fp 61 °C
Kp

Gehalte – content – teneurs
5,9% Al

Löslichkeiten – solubilities – solubilités
$H_2O^{kalt|cold|froid}$ = 37,4 g/100 ml
$H_2O^{40\,°C}$ = 44,3 g/100 ml
Äthanol|ethanol|éthanol =
nicht löslich|insoluble|insoluble

Diverses – misc. – divers

26

Aluminiumnitrat-9-hydrat
Aluminium nitrate 9-hydrate
Aluminium nitrate 9-eau

$Al(NO_3)_3 \cdot 9\,H_2O$

Eigenschaften – properties – propriétés

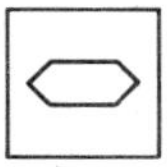

monoklin, weiß
monoclinic, white
monoclinique, blanc

MM 375,14
D
Fp 70 °C
Kp

Gehalte – content – teneurs
7,2% Al

Löslichkeiten – solubilities – solubilités
$H_2O^{0\,°C}$ = 61 g/100 ml, wasserfrei|anhydrous|anhydre
$H_2O^{70\,°C}$ = 120 g/100 ml, wasserfrei|anhydrous|anhydre
Äthanol = löslich CS_2 = löslich|soluble|soluble
ethanol = soluble
éthanol = soluble

Reaktionen – reactions – réactions
zerfließlich|deliquescent|liquéfiable
150 °C→Zersetzung|decomposition|dégradation

Diverses – misc. – divers

1 K
5 K

50 K
100 K

27

Aluminiumnitrid AlN
Aluminium nitride
Aluminium nitrure

Eigenschaften – properties – propriétés

weiß – dunkel
white – dark
blanc – foncé

MM 40,98
D 3,05
Fp $2200\,°C^{4\ \mathrm{atm}}$
Kp

Gehalte – content – teneurs
65,8% Al

Löslichkeiten – solubilities – solubilités
$H_2O^{kalt|cold|froid}$ =
Zersetzung|decomposition|dégradation
$H_2O^{heiß|hot|chaud}$ =
Zersetzung|decomposition|dégradation
$H_2O^{heiß|hot|chaud}$ =
Zersetzung|decomposition|dégradation
Säure(n) = Zersetzung
acid(s) = decomposition
acid(s) = dégradation
Äthanol = Zersetzung
ethanol = decomposition
éthanol = dégradation

Reaktionen – reactions – réactions
> 2200 °C→Zersetzung|decomposition|dégradation

28

Aluminiumoxid wasserfrei Al_2O_3
Aluminium oxide anhydrous
Aluminium oxyde anhydre

Eigenschaften – properties – propriétés

weiß
white
blanc

MM 101,94
D 3,9...4,0
Fp 2050 °C
Kp 2250 °C

Gehalte – content – teneurs
52,9% Al

Löslichkeiten – solubilities – solubilités
$H_2O^{kalt|cold|froid}$ =
nicht löslich|insoluble|insoluble
$H_2O^{heiß|hot|chaud}$ =
nicht löslich|insoluble|insoluble
Säure(n) = sehr wenig löslich
acid(s) = very slightly soluble
acide(s) = très peu soluble
Alkalilauge = löslich
caustic alkali solution = soluble
solution caustique alcaline = soluble

Diverses – misc. – divers

225 g
900 g
4,5 K

50 K

100 K

29

Aluminiumoxid-l-hydrat $Al_2O_3 \cdot H_2O$
Aluminium oxide l-hydrate
Aluminium oxyde l-eau

Eigenschaften – properties – propriétés

rhombisch
rhombic
rhombique

weiß
white
blanc

MM 119,96
D 3,41
Fp
Kp

Gehalte – content – teneurs
45,0% Al

Löslichkeiten – solubities – solubilités
$H_2O^{kalt|cold|froid}$ =
nicht löslich|insoluble|insoluble
$H_2O^{heiß|hot|chaud}$ =
nicht löslich|insoluble|insoluble
Säure(n) = sehr wenig löslich
acid(s) = very slightly soluble
acide(s) = très peu soluble
Alkalilauge = löslich
caustic alkali solution = soluble
solution caustique alcaline = soluble

Reaktionen – reactions – réactions
360 °C→Zersetzung|decomposition|dégradation

Diverses – misc. – divers

225 g
900 g
4,5 K

50 K

100 K

30

Aluminiumphosphat wasserfrei $AlPO_4$
Aluminium phosphate anhydrous
Aluminium phosphate anhydre

Eigenschaften – properties – propriétés

weiß, Prismen
white, prisms
blanc, prismes

MM 121,95
D 2,59
Fp > 1500 °C
Kp

Gehalte – content – teneurs
22,1% Al

Löslichkeiten – solubilities – solubilités
$H_2O^{kalt|cold|froid}$ =
nicht löslich|insoluble|insoluble
$H_2O^{heiß|hot|chaud}$ =
nicht löslich|insoluble|insoluble
Säure(n) = Zersetzung
acid(s) = decomposition
acide(s) = dégradation
Alkalilauge = löslich
caustic alkali solution = soluble
solution caustique alcaline = soluble

Diverses – misc. – divers

1 K
5 K

15 K

31

Aluminium*pyro*phosphat-10-hydrat
Aluminium *pyro*phosphate 10-hydrate
Aluminium *pyro*phosphate 10-eau

$Al_4(P_2O_7)_3 \cdot 10\ H_2O$

Eigenschaften – properties – propriétés

weiß
white
blanc

MM 807,40
D
Fp
Kp

Gehalte – content – teneurs
13,11% Al

Löslichkeiten – solubilities – solubilités
Alkalilauge = löslich
caustic alkali solution = soluble
solution caustique alcaline = soluble
Säure(n) = löslich
acid(s) = soluble
acide(s) = soluble

32

Aluminiumsilicat
Aluminium silicate
Aluminium silicate

$Al_2O_3 \cdot SiO_2$

Eigenschaften – properties – propriétés

weiß, rhombisch, glänzend
white, rhombic, bright
blanc, rhombique, brillant

MM 162,00
D 3,23
Fp 1860 °C
Kp

Gehalte – content – teneurs
33,33% Al
~ 62,9% Al_2O_3

Löslichkeiten – solubilities – solubilités
$H_2O^{kalt|cold|froid}$ =
nicht löslich|insoluble|insoluble
$H_2O^{heiß|hot|chaud}$ =
nicht löslich|insoluble|insoluble
Säure(n) = nicht löslich
acid(s) = insoluble
acide(s) = insoluble

33

Aluminiumsulfat-18-hydrat $Al_2(SO_4)_3 \cdot 18\ H_2O$
Aluminium sulphate 18-hydrate
Aluminium sulfate 18-eau

Eigenschaften – properties – propriétés

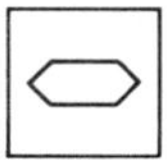
weiß
white
blanc

weiß
white
blanc

MM 666,43
D $1{,}69^{17\,°C}$
Fp
Kp

Gehalte – content – teneurs
8,1% Al

Löslichkeiten – solubilities – solubilités
$H_2O^{0\,°C}$ = 86,9 g/100 ml
$H_2O^{100\,°C}$ = 1104 g/100 ml
Äthanol = nicht löslich
ethanol = insoluble
éthanol = insoluble

Reaktionen – reactions – réactions
86,5 °C→Zersetzung|decomposition|dégradation

Diverses – misc. – divers

1 K
2,5 K
5 K

50 K
100 K

34

Aluminiumsulfid Al_2S_3
Aluminium sulphide
Aluminium sulfure

Eigenschaften – properties – propriétés

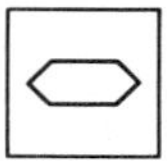
gelb
yellow
jaune

gelb
yellow
jaune

MM 150,14
D 2,02
Fp 1118 °C
Kp
1550 °C in|in|dans N_2 →
sublimiert|sublimed|sublimé

Gehalte – content – teneurs
35,9% Al

Löslichkeiten – solubilities – solubilités
$H_2O^{kalt|cold|froid}$ =
Zersetzung|decomposition|dégradation
Säure(n) = löslich
acid(s) = soluble
acide(s) = soluble
Alkalilauge = nicht löslich
caustic alkali solution = insoluble
solution caustique alcaline = insoluble

35

Ameisensäure CH_2O_2
Formic acid
Acide formique

H—CO_2H

Eigenschaften – properties – propriétés

farblos
colourless
incolore

MM 46,03
D 1,22026
Fp 8,4 °C
Kp 100,75 °C

Gehalte – content – teneurs
Tabelle|Table|Tableau 35.1

Löslichkeiten – solubilities – solubilités
H_2O = ∞ löslich|∞ soluble|∞ soluble
Äthanol = löslich
ethanol = soluble
éthanol = soluble
Diäthyläther = löslich
diethyl ether = soluble
éther diéthylique = soluble

Reaktionen – reactions – réactions

Diverses – misc. – divers
MAK 5 ppm, 9 mg/m³
RID V

2
3 0

> 25% H – CO_2H → **C** R: 81
S : 11-32-53-65
67-94-109

 1 L
5 L

 25 K
50 K

36

4-Aminobenzolsulfonamid $C_6H_8N_2O_2S$
4-Aminobenzene sulphonamide
Amino-4-benzènesulfonamide

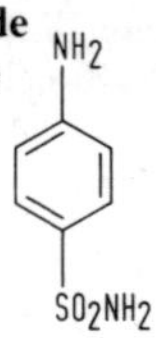

Eigenschaften – properties – propriétés

MM 172
D
Fp > 160 °C
Kp

Löslichkeiten – solubilities – solubilités
HCl = löslich|soluble|soluble
Äthanol = löslich
ethanol = soluble
éthanol = soluble
Chloroform = löslich
chloroform = soluble
chloroforme = soluble
Benzol = löslich
benzene = soluble
benzène = soluble
Diäthyläther = löslich
diethyl ether = soluble
éther diéthylique = soluble

Diverses – misc. – divers

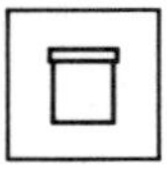 1 K
5 K

37

Aminosulfonsäure HSO_3NH_2
Aminosulphonic acid NH_2SO_3H
Acide aminosulfonique

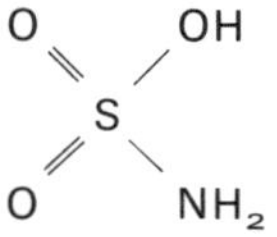

Eigenschaften – properties – propriétés

farblos, orthorhombisch
colourless, orthorhombic
incolore, orthorhombique

MM 97,10
D 2,03
Fp
Kp

Löslichkeiten – solubilities – solubilités
$H_2O^{0\,°C}$ = 20 g/100 ml
$H_2O^{70\,°C}$ = 40 g/100 ml
Äthanol = wenig löslich
ethanol = slightly soluble
éthanol = peu soluble
Diäthyläther = nicht löslich
diethyl ether = insoluble
éther diéthylique = insoluble

Reaktionen – reactions – réactions
205 °C→Zersetzung|decomposition|dégradation

Diverses – misc. – divers

25 g
100 g
250 g

25 K
50 K
100 K

38

Aminosulfonsäure, Ammoniumsalz $NH_4SO_3NH_2$
Aminosulphonic acid ammonium salt $NH_2SO_3NH_4$
Acide aminosulfonique, sel d'ammoniaque

NH_4—SO_3—NH_2

Eigenschaften – properties – propriétés

farblos
colourless
incolore

MM 114,12
D
Fp 130 °C
Kp

Löslichkeiten – solubilities – solubilités
H_2O = löslich|soluble|soluble

Reaktionen – reactions – réactions
160 °C→Zersetzung|decomposition|dégradation

Diverses – misc. – divers
MAK 15 mg/m^3

25 g
100 g
250 g

25 K
50 K
100 K

39

_tetr_Amminkupfer(II)-sulfat-l-hydrat
Copper(II) _tetr_ammine sulphate l-hydrate
tétr-Ammine et cuivre(II) sulfate l-eau

$[Cu(NH_3)_4]SO_4 \cdot H_2O$

Eigenschaften – properties – propriétés

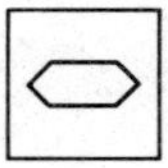

dunkelblau, orthorhombisch
dark blue, orthorhombic
bleu foncé, orthorhombique

blau
blue
bleu

MM 245,74
D 1,81
Fp
Kp

Gehalte – content – teneurs
25,86% Cu

Löslichkeiten – solubilities – solubilités
$H_2O^{21.5\,°C}$ = 18,5 g/100 ml
$H_2O^{heiß|hot|chaud}$ =
Zersetzung|decomposition|dégradation
Äthanol = nicht löslich
ethanol = insoluble
éthanol = insoluble

Reaktionen – reactions – réactions
150 °C→Zersetzung|decomposition|dégradation

40

Ammoniak(lösung) NH_3
Ammonia(solution)
Ammoniaque (en solution)

Eigenschaften – properties – propriétés

farblos
colourless
incolore

MM 17,03
D Tabelle|Table|Tableau 40.1
Fp −77,7 °C
Kp −33,4 °C

Gehalte – content – teneurs
Tabelle|Table|Tableau 40.1

Löslichkeiten – solubilities – solubilités
$H_2O^{0\,°C}$ = 89,9 g/100 ml
$H_2O^{96\,°C}$ = 7,4 g/100 ml
$Äthanol^{20\,°C}$ = 14,8 g/100 ml
$ethanol^{20\,°C}$ = 14,8 g/100 ml
$éthanol^{20\,°C}$ = 14,8 g/100 ml
Diäthyläther = löslich
diethyl ether = soluble
éther diéthylique = soluble

Diverses – misc. – divers
MAK 50 ppm NH_3, 35 mg NH_3/m^3
RID Id

10–35% NH_3→ **Xi** R: 84
S: 2-11-35-53-63-67
> 35% NH_3→ **C** R: 81-84
S: 11-35-53-65-67

1 L
2,5 L
5 L

30 K
50 K

41

Ammoniumacetat
Ammonium acetate
Ammonium acétate

$NH_4C_2H_3O_2$

$CH_3—CO_2—NH_4$

Eigenschaften – properties – propriétés

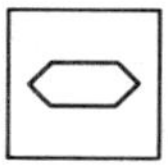

weiß
white
blanc

MM 77,08
D 1,073
Fp 114 °C
Kp

Löslichkeiten – solubilities – solubilités
$H_2O^{4\,°C}$ = 148 g/100 ml
Äthanol = löslich
ethanol = soluble
éthanol = soluble

Reaktionen – reactions – réactions
zerfließlich|deliquescent|liquéfiable
zersetzlich|decomposable|dégradable

Diverses – misc. – divers

1 K

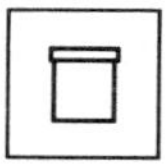

5 K

50 K
100 K

42

Ammoniumaluminiumsulfat-12-hydrat
Ammonium aluminium sulphate 12-hydrate
Ammonium et aluminium sulfate 12-eau

$AlNH_4(SO_4)_2 \cdot 12\,H_2O$

Eigenschaften – properties – propriétés

weiß
white
blanc

MM 453,33
D 1,64
Fp 93,5 °C
Kp

Gehalte – content – teneurs
16,8% Al

Löslichkeiten – solubilities – solubilités
$H_2O^{0\,°C}$ = 2,6 g, wasserfrei|anhydrous|anhydre|100 ml
$H_2O^{80\,°C}$ = 35,2 g, wasserfrei|anhydrous|anhydre 100 ml
Äthanol = nicht löslich
ethanol = insoluble
éthanol = insoluble

Reaktionen – reactions – réactions
100 °C → $-\,H_2O$
120 °C → $-\,10\,H_2O$
190 °C → $-\,11{,}5\,H_2O, —NH_3$
200 °C → $-\,12\,H_2O$

Diverses – misc. – divers

2,5 K
5 K

50 K

43

Ammonium*penta*borat-4-hydrat $NH_4B_5O_8 \cdot 4\ H_2O$
Ammonium *penta*borate 4-hydrate
Ammonium *penta*borate 4-eau

Eigenschaften – properties – propriétés

MM 272,15
D
Fp
Kp

Löslichkeiten – solubilities – solubilités
$H_2O^{18\,°C} = 7{,}03$ g/100 ml

44

Ammoniumbromid NH_4Br
Ammonium bromide
Ammonium bromure

Eigenschaften – properties – propriétés

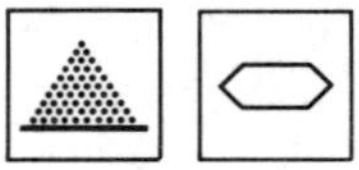

weiß, kubisch, hygroskopisch
white, cubic, hygroscopic
blanc, cubique, hygroscopique

MM 97,96
D 2,429 $\frac{15\,°C}{4}$
Fp
Kp
542 °C→sublimiert|sublimed|sublimé

Gehalte – content – teneurs
81,58% Br

Löslichkeiten – solubilities – solubilités
$H_2O^{0\,°C} = 60$ g/100 ml
$H_2O^{100\,°C} = 127{,}8$ g/100 ml
Äthanol = löslich
ethanol = soluble
éthanol = soluble
Diäthyläther = löslich
diethyl ether = soluble
éther diéthylique = soluble

Diverses – misc. – divers

500 g
1 K
5 K

50 K

45

Ammoniumcarbamat $NH_4CO_2NH_2$
Ammonium carbamate
Ammonium carbaminate

Eigenschaften – properties – propriétés

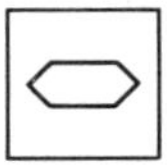

weiß
white
blanc

MM 78,07
D
Fp
Kp

Löslichkeiten – solubilities – solubilités
H_2O = leicht löslich|easily soluble|facilement soluble

Reaktionen – reactions – réactions

20 °C→  NH_3

~ 59. . . 60 °C→Zersetzung|decomposition|
dégradation

Diverses – misc. – divers

 5 K  100 K

46

Ammonium*hydrogen*carbonat NH_4HCO_3
Ammonium *hydrogen*carbonate
Ammonium *hydrogéno*carbonate

Eigenschaften – properties – propriétés

 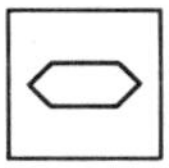

weiß
white
blanc

MM 79,06
D 1,573
Fp
Kp

Löslichkeiten – solubilities – solubilités
$H_2O^{0\,°C}$ = 11,9 g/100 ml
$H_2O^{30\,°C}$ = 27 g/100 ml
Äthanol = nicht löslich
ethanol = insoluble
éthanol = insoluble

Reaktionen – reactions – réactions
35. . . 60 °C→Zersetzung|decomposition|
dégradation

Diverses – misc. – divers

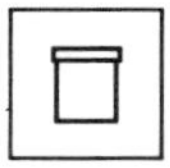 2,5 K
5 K  50 K

47

Ammoniumcer(IV)-nitrat $(NH_4)_2Ce(NO_3)_6$
Ammonium cerium(IV) nitrate
Ammonium et cérium(IV) nitrate

Eigenschaften – properties – propriétés

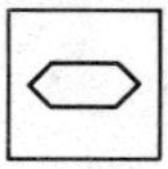

monoklin
monoclinic
monoclinique

MM 548,23
D
Fp
Kp

Gehalte – content – teneurs
25,56% Ce

Löslichkeiten – solubilities – solubilités
$H_2O^{25\,°C} = 141$ g/100 ml
$H_2O^{80\,°C} = 227$ g/100 ml
HNO_3 = sehr löslich|very soluble|très soluble

Diverses – misc. – divers
RID IIIc

48

Ammoniumcer(IV)-sulfat-4-hydrat
Ammonium cerium(IV) sulphate 4-hydrate
Ammonium et cérium(IV) sulfate 4-eau
$Ce(SO_4)_2 \cdot 2(NH_4)_2SO_4 \cdot 4\,H_2O$

Eigenschaften – properties – propriétés

monoklin
monoclinic
monoclinique

MM 668,62
D
Fp
Kp

Gehalte – content – teneurs
23,49% Ce

Löslichkeiten – solubilities – solubilités
$H_2O^{49\,°C} = 3{,}29$ g/100 ml

Diverses – misc. – divers

49

Ammonium*per*chlorat NH_4ClO_4
Ammonium *per*chlorate
Ammonium *per*chlorate

Eigenschaften – properties – propriétés

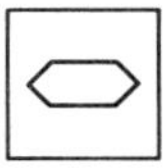

farblos
colourless
incolore

MM 117,50
D 1,95
Fp
Kp

Löslichkeiten – solubilities – solubilités
$H_2O^{0\,°C}$ = 10,9 g/100 ml
$H_2O^{100\,°C}$ = 46,9 g/100 ml
Äthanol$^{25\,°C}$ = 2 g/100 ml
ethanol$^{25\,°C}$ = 2 g/100 ml
éthanol$^{25\,°C}$ = 2 g/100 ml

Reaktionen – reactions – réactions
zersetzlich|decomposable|dégradable

Diverses – misc. – divers
RID Ia

E R: 1-13
S: 6-11-22-28-29-35-36-38-41

50

Ammoniumchlorid NH_4Cl
Ammonium chloride
Ammonium chlorure

Eigenschaften – properties – propriétés

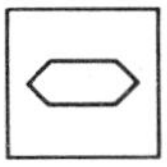

weiß – farblos
white – colourless
blanc – incolore

MM 53,50
D 1,53$^{17\,°C}$
Fp
Kp
350 °C→sublimiert|sublimed|sublimé

Löslichkeiten – solubilities – solubilités
$H_2O^{0\,°C}$ = 29,7 g/100 ml
$H_2O^{100\,°C}$ = 77,3 g/100 ml
NH_3 = löslich|soluble|soluble
Methanol = wenig löslich
methanol = slightly soluble
méthanol = peu soluble

Diverses – misc. – divers

2,5 K
5 K

50 K

51

Ammonium*tetra* chlorocuprat(II)-2-hydrat
Ammonium *tetra*chlorocuprate(II) 2-hydrate
Ammonium *tétra*chlorocuprate(II) 2-eau

$(NH_4)_2[CuCl_4] \cdot 2\,H_2O$

Eigenschaften – properties – propriétés

blaugrün
blue green
bleu vert

MM 277,48
D 1,99
Fp
Kp

Gehalte – content – teneurs
26,32% Cu

Löslichkeiten – solubilities – solubilités
$H_2O^{0\,°C}$ = 33,8 g/100 ml
$H_2O^{80\,°C}$ = 99,3 g/100 ml
Säure(n) = löslich
acid(s) = soluble
acide(s) = soluble

Reaktionen – reactions – réactions
110°C→Zersetzung|decomposition|dégradation
120°C→ $-2\,H_2O$

Diverses – misc. – divers

250 g
1 K

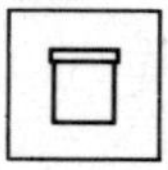

5 K

>5 K

52

Ammonium *hexa*chloroiridat(III)-1-hydrat
Ammonium *hexa*chloroiridate(III) 1-hydrate
Ammonium *hexa*chloroiridate(III) 1-eau

$(NH_4)_3[IrCl_6] \cdot H_2O$

Eigenschaften – properties – propriétés

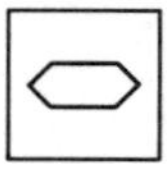

grün
green
vert

MM 477,98
D
Fp
Kp

Gehalte – content – teneurs
40,4% Ir

Löslichkeiten – solubilities – solubilités
$H_2O^{19\,°C}$ = 9,2 g/100 ml

Reaktionen – reactions – réactions
zersetzlich|decomposable|dégradable

Diverses – misc. – divers

53

Ammonium*hexa*chloroiridat(IV) $(NH_4)_2[IrCl_6]$
Ammonium *hexa*chloroiridate(IV)
Ammonium *hexa*chloroiridate(IV)

Eigenschaften – properties – propriétés

schwarz – rot
black – red
noir – rouge

MM 441,10
D
Fp
Kp

Gehalte – content – teneurs
~ 43,5% Ir

Löslichkeiten – solubilities – solubilités
$H_2O^{20\,°C} = 0{,}8$ g/100 ml

Diverses – misc. – divers

54

Ammonium*hexa*chloroplatinat(IV) $(NH_4)_2[PtCl_6]$
Ammonium *hexa*chloroplatinate(IV)
Ammonium *hexa*chloroplatinate(IV)

Eigenschaften – properties – propriétés

gelb, kubisch
yellow, cubic
jaune, cubique

MM 443,91
D 3,065
Fp
Kp

Gehalte – content – teneurs
43,97% Pt

Löslichkeiten – solubilities – solubilités
$H_2O^{15\,°C} = 0{,}7$ g/100 ml
$H_2O^{100\,°C} = 1{,}25$ g/100 ml
Äthanol = 0,005 g/100 ml
ethanol = 0,005 g/100 ml
éthanol = 0,005 g/100 ml

Reaktionen – reactions – réactions
zersetzlich|decomposable|dégradable

Diverses – misc. – divers

55

Ammonium*hexa*chlorostannat $(NH_4)_2[SnCl_6]$
Ammonium *hexa*chlorostannate(IV)
Ammonium *hexa*chlorostannate(IV)

Eigenschaften – properties – propriétés

rot, kubisch
red, cubic
rouge, cubique

MM 367,52
D 2,4
Fp
Kp

Gehalte – content – teneurs
32,3% Sn

Löslichkeiten – solubilities – solubilités
$H_2O^{15\,°C}$ = 33,3 g/100 ml

Reaktionen – reactions – réactions
zersetzlich|decomposable|dégradable

Diverses – misc. – divers
RID IVa

56

Ammoniumchromat $(NH_4)_2CrO_4$
Ammonium chromate
Ammonium chromate

Eigenschaften – properties – propriétés

gelb
yellow
jaune

MM 152,09
D $1{,}917^{12\,°C}$
Fp
Kp

Gehalte – content – teneurs
34,20% Cr

Löslichkeiten – solubilities – solubilités
$H_2O^{30\,°C}$ = 40,5 g/100 ml
$H_2O^{heiß|hot|chaud}$ =
Zersetzung|decomposition|dégradation

Reaktionen – reactions – réactions
180 °C→Zersetzung|decomposition|dégradation

Diverses – misc. – divers

57

Ammonium*di*chromat $(NH_4)_2Cr_2O_7$
Ammonium *di*chromate
Ammonium *di*chromate

Eigenschaften – properties – propriétés

orange, monoklin
orange, monoclinic
orange, monoclinique

MM 252,10
D 2,15
Fp
Kp

Gehalte – content – teneurs
41,26% Cr

Löslichkeiten – solubilities – solubilités
$H_2O^{30\,°C}$ = 47,2 g/100 ml
$H_2O^{\text{heiß|hot|chaud}}$ =
sehr löslich|very soluble|très soluble
Äthanol = löslich
ethanol = soluble
éthanol = soluble

Reaktionen – reactions – réactions
185 °C→Zersetzung|decomposition|dégradation

Diverses – misc. – divers **E + Xi** R: 1-12-54
S: 6-11-21-28-29-36-41-51-65

1 K
5 K

50 K

58

***di*Ammonium*hydrogen*citrat** $C_6H_{14}N_2O_7$
Ammonium *di*citrate, *sec.*
***di*Ammonium *hydrogéno*citrate**

$(NH_4)_2HC_6H_5O_7$

Eigenschaften – properties – propriétés

weiß
white
blanc

MM 226,19
D
Fp
Kp

Löslichkeiten – solubilities – solubilités
H_2O = leicht löslich|easily soluble|facilement soluble

Diverses – misc. – divers

250 g
1 K
5 K

25 K

50 K
100 K

59

Ammoniumcyanid NH_4CN
Ammonium cyanide
Ammonium cyanure

Eigenschaften – properties – propriétés

farblos
colourless
incolore

MM 44,06
D $0{,}79^{100\,°C}$
Fp
Kp

Löslichkeiten – solubilities – solubilités

$H_2O^{kalt|cold|froid}$ =
löslich|soluble|soluble
$H_2O^{heiß|hot|chaud}$ =
sehr löslich|very soluble|très soluble
Äthanol = löslich
ethanol = soluble
éthanol = soluble

Reaktionen – reactions – réactionés

36 °C→Zersetzung|decomposition|dégradation

Diverses – misc. – divers
MAK 5 mg CN/m^3

T R: 58-71
S: 3-12-21-31-35-52-63-91-93-108

60

Ammoniumeisen(III)-citrat
Ammonium iron(III) citrate
Ammonium et fer(III) citrate

Eigenschaften – properties – propriétés

1. **rot-braun, hygroskopisch**
red-brown, hygroscopic
rouge-brun, hygroscopique

2. **gelb-grün, hygroskopisch**
yellow-green, hygroscopic
jaune-vert, hygroscopique

Gehalte – content – teneurs
1. ~ 30% Fe
2. > 12,85% Fe

Löslichkeiten – solubilities – solubilités

H_2O = sehr leicht löslich
H_2O = extremely soluble
H_2O = très facilement soluble

Diverses – misc. – divers

500 g 1 K 5 K >5 K

61

Ammoniumeisen(III)-oxalat-4-hydrat
Ammonium iron(III) oxalate 4-hydrate
Ammonium et fer(III) oxalate 4-eau

$(NH_4)_3[Fe(C_2O_4)_3] \cdot 4\ H_2O$

Eigenschaften – properties – propriétés

hellgrün
light green
vert clair

MM 428,08
D $1{,}779^{17\,°C}$
Fp $-3\ H_2O$, 100 °C
Kp

Gehalte – content – teneurs
13,05% Fe

Löslichkeiten – solubilities – solubilités
$H_2O^{8\,°C}$ = 42,8 g/100 ml
$H_2O^{100\,°C}$ = 345 g/100 ml
Säure(n) = löslich
acid(s) = soluble
acide(s) = soluble
Äthanol = nicht löslich
ethanol = insoluble
éthanol = insoluble

Reaktionen – reactions – réactions
165 °C→Zersetzung|decomposition|dégradation

Diverses – misc. – divers

500 g
1 K
5 K

>5 K

62

Ammoniumeisen(II)-sulfat-6-hydrat
Ammonium iron(II) sulphate 6-hydrate
Ammonium et fer(II) sulfate 6-eau

$(NH_4)_2Fe(SO_4)_2 \cdot 6\ H_2O$

Eigenschaften – properties – propriétés

blau – grün, monoklin
blue – green, monoclinic
bleu – vert, monoclinique

MM 392,16
D 1,864
Fp
Kp

Gehalte – content – teneurs
14,24% Fe
38,74% $FeSO_4$

Löslichkeiten – solubilities – solubilités
$H_2O^{0\,°C}$ = 12,5 g, wasserfrei|anhydrous|anhydre|100 ml
$H_2O^{70\,°C}$ = 52 g, wasserfrei|anhydrous|anhydre|100 ml
Äthanol = nicht löslich
ethanol = insoluble
éthanol = insoluble

Reaktionen – reactions – réactions
zersetzlich|decomposable|dégradable

Diverses – misc. – divers

1 K
5 K
50 K

Ammoniumeisen(III)-sulfat-12-hydrat
Ammonium iron(III) sulphate 12-hydrate
Ammonium et fer(III) sulfate 12-eau

$NH_4Fe(SO_4)_2 \cdot 12\ H_2O$

Eigenschaften – properties – propriétés

MM 482,21
D
Fp
Kp

Gehalte – content – teneurs
11,58% Fe

Löslichkeiten – solubilities – solubilités
$H_2O^{25\,°C}$ = 124 g/100 ml
$H_2O^{100\,°C}$ = 400 g/100 ml
Äthanol = nicht löslich
ethanol = insoluble
éthanol = insoluble

Reaktionen – reactions – réactions
230 °C→Zersetzung|decomposition|dégradation

Diverses – misc. – divers

1 K
5 K
50 K

Ammoniumfluorid
Ammonium fluoride
Ammonium fluorure

NH_4F

Eigenschaften – properties – propriétés

weiß
white
blanc

MM 37,04
D 1,315
Fp
Kp
sublimierbar|sublimable|sublimable

Löslichkeiten – solubilities – solubilités
$H_2O^{kalt|cold|froid}$ =
sehr löslich|very soluble|très soluble
$H_2O^{heiß|hot|chaud}$ =
Zersetzung|decomposition|dégradation
NH_3 = nicht löslich|insoluble|insoluble
Äthanol = löslich
ethanol = soluble
éthanol = soluble

Diverses – misc. – divers **T** R: 55
MAK 2,5 mgF/m³
RID IV a
S : 3-11-21-31-51-63-67-72-91-108

100 g 1 K
250 g 2,5 K
5 K

65

Ammonium*hydrogendi*fluorid $(NH_4)HF_2$
Ammonium *hydrogendi*fluoride
Ammonium *hydrogénodi*fluorure

Eigenschaften – properties – propriétés

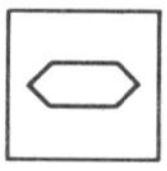

weiß
white
blanc

MM 57,05
D $1{,}21\frac{12\,°C}{12}$
Fp
Kp
sublimierbar|sublimable|sublimable

Löslichkeiten – solubilities – solubilités
H_2O = sehr löslich|very soluble|très soluble

Diverses – misc. – divers **T** R : 55
MAK 2,5 mgF/m^3 S : 3-11-21-31-51-63-
RID V 67-72-91-108

 5 K  50 K

66

Ammonium*tetra*fluoroborat $NH_4[BF_4]$
Ammonium fluoroborate
Ammonium fluoroborate

Eigenschaften – properties – propriétés

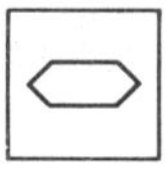

farblos
colourless
incolore

MM 104,86
D $1{,}851^{17\,°C}$
Fp
Kp

Gehalte – content – teneurs
99% $NH_4[BF_4]$

Löslichkeiten – solubilities – solubilités
$H_2O^{20\,°C}$ = 20 g/100 ml
$H_2O^{100\,°C}$ = 97 g/100 ml
Äthanol$^{20\,°C}$ = 0,7 g/100 ml
ethanol$^{20\,°C}$ = 0,7 g/100 ml
éthanol$^{20\,°C}$ = 0,7 g/100 ml

Reaktionen – reactions – réactions
~ 236 °C: rhombische Kristalle|rhombic crystals|cristaux rhombiques →kubische Kristalle|cubic crystals|cristaux cubiques→sublimiert|sublimed|sublimé

Diverses – misc. – divers
RID IVa

 1 K 5 K  50 K

67

Ammoniumhydroxid NH_4OH
Ammonium hydroxide
Ammonium hydroxyde

Eigenschaften – properties – propriétés

MM 35,05
D
Fp
Kp

Löslichkeiten – solubilities – solubilités
H_2O = löslich|soluble|soluble

Diverses – misc. – divers
MAK 50 ppm NH_3, 35 mg NH_3/m^3
RID Id

68

Ammoniumjodid NH_4J NH_4I
Ammonium iodide
Ammonium iodure

Eigenschaften – properties – propriétés

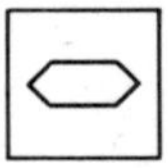 

weiß, hygroskopisch
white, hygroscopic
blanc, hygroscopique

MM 144,96
D 2,511
Fp
Kp
551 °C→sublimiert|sublimed|sublimé

Löslichkeiten – solubilities – solubilités
$H_2O^{0\,°C}$ = 154,2 g/100 ml
$H_2O^{100\,°C}$ = 250,3 g/100 ml
Äthanol = sehr löslich
ethanol = very soluble
éthanol = très soluble
Diäthyläther = sehr wenig löslich
diethyl ether = very slightly soluble
éther diéthylique = très peu soluble

Reaktionen – reactions – réactions
235 °C→Zersetzung|decomposition|dégradation

Diverses – misc. – divers

69

Ammoniumlactat $NH_4C_3H_5O_3$
Ammonium lactate
Ammonium lactate

$CH_3—CH(OH)—COONH_4$

Eigenschaften – properties – propriétés

farblos – gelb
colourless – yellow
incolore – jaune

MM 107,11
D 1,19...1,21
Fp
Kp

Löslichkeiten – solubilities – solubilités
$H_2O = \infty$ löslich | ∞ soluble | ∞ soluble

70

Ammoniumnickelsulfat-6-hydrat
Ammonium nickel sulphate 6-hydrate
Ammonium et nickel sulfate 6-eau

$(NH_4)_2Ni(SO_4)_2 \cdot 6\ H_2O$

Eigenschaften – properties – propriétés

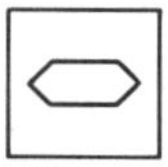

blau – grün
blue – green
bleu – vert

MM 394,99
D 1,923
Fp
Kp

Gehalte – content – teneurs
$-6\ H_2O \rightarrow 19{,}99\%$ Ni
$53{,}94\%$ $NiSO_4$

Löslichkeiten – solubilities – solubilités
$H_2O^{3,5\,°C} = 2{,}5$ g/100 ml
$H_2O^{85\,°C} = 39{,}2$ g/100 ml
$(NH_4)_2SO_4$ wässerig = löslich
$(NH_4)_2SO_4$ aqueous = soluble
$(NH_4)_2SO_4$ aqueux = soluble

Diverses – misc. – divers

5 K

>5 K

71

Ammoniumnitrat
Ammonium nitrate
Ammonium nitrate

NH_4NO_3

Eigenschaften – properties – propriétés

farblos
colourless
incolore

MM 80,05
D 1,725
Fp
Kp

Löslichkeiten – solubilities – solubilités
$H_2O^{0\,°C}$ = 122 g/100 ml
$H_2O^{80\,°C}$ = 600 g/100 ml
$H_2O^{40\,°C}$ = 294 g/100 ml
$Äthanol^{20\,°C}$ = 3,8 g/100 ml
$ethanol^{20\,.C}$ = 3,8 g/100 ml
$éthanol^{20\,°C}$ = 3,8 g/100 ml
$Methanol^{20\,°C}$ = 17,1 g/100 ml
$methanol^{20\,°C}$ = 17,1 g/100 ml
$méthanol^{20\,°C}$ = 17,1 g/100 ml

Reaktionen – reactions – réactions
zerfließlich|deliquescent|liquéfiable
210 °C→Zersetzung|decomposition|dégradation

Diverses – misc. – divers
RID IIIc

1 K
5 K

50 K
100 K

72

Ammonium*hepta*molybdat-4-hydrat
Ammonium *para*molybdate 4-hydrate
Ammonium *hepta*molybdate 4-eau

$(NH_4)_6Mo_7O_{24} \cdot 4H_2O$

Eigenschafen – properties – propriétés

monoklin
monoclinic
monoclinique

MM 1235,86
D 2,498
Fp $-H_2O$, 90 °C
Kp

Gehalte – content – teneurs
~ 54% Mo

Löslichkeiten – solubilities – solubilités
$H_2O^{kalt|cold|froid}$ = 43 g/100 ml

Diverses – misc. – divers
MAK 5 mg Mo/m^3

100 g
250 g
500 g
1 K

5 K

25 K
50 K

73

Ammoniumoxalat-l-hydrat $(NH_4)_2C_2O_4 \cdot H_2O$
Ammonium oxalate l-hydrate
Ammonium oxalate l-eau

Eigenschaften – properties – propriétés

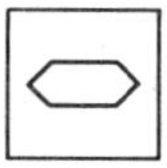

farblos, rhombisch
colourless, rhombic
incolore, rhombique

MM 142,12
D 1,501
Fp
Kp

Löslichkeiten – solubilities – solubilités
$H_2O^{0\,°C}$ = 2,5 g/100 ml
$H_2O^{50\,°C}$ = 11,8 g/100 ml
NH_3 = nicht löslich|insoluble|insoluble
Äthanol = wenig löslich
ethanol = slightly soluble
éthanol = peu soluble

Diverses – misc. – divers

1 K
5 K

25 K
50 K

74

Ammonium*per*oxo*di*sulfat $(NH_4)_2S_2O_8$
Ammonium *per*oxy*di*sulphate
Ammonium *per*oxo*di*sulfate

Eigenschaften – properties – propriétés

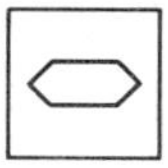

farblos
colourless
incolore

–
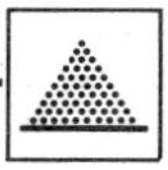

farblos
colourless
incolore

MM 228,21
D 1,98
Fp
Kp

Löslichkeiten – solubilities – solubilités
H_2O = Zersetzung|decomposition|dégradation

Reaktionen – reactions – réactions
160...180 °C → Zersetzung|decomposition|dégradation

160...180 °C →  O_2

Diverses – misc. – divers

1 K
5 K

50 K
100 K

75

*di*Ammonium*hydrogen*phosphat $(NH_4)_2HPO_4$
*di*Ammonium *hydrogen*phosphate, *ortho*
*di*Ammonium *hydrogéno*phosphate

Eigenschaften – properties – propriétés

farblos, hygroskopisch
colourless, hygroscopic
incolore, hygroscopique

MM 132,07
D 1,619
Fp
Kp

Löslichkeiten – solubilities – solubilités
$H_2O^{20\,°C} = 68{,}6$ g/100 ml
$H_2O^{60\,°C} = 97{,}6$ g/100 ml

Reaktionen – reactions – réactions
zersetzlich|decomposable|dégradable

siedend
boiling → NH_3
bouillant

Diverses – misc. – divers

250 g
1 K
5 K

1 K
5 K

25 K
50 K

76

Ammonium*dihydrogen*phosphat $NH_4H_2PO_4$
Ammonium *dihydrogen*phosphate
Ammonium *dihydrogéno*phosphate

Eigenschaften – properties – propriétés

weiß, glänzend, hygroskopisch
white, bright, hygroscopic
blanc, brillant, hygroscopique

MM 115,04
D 1,803
Fp
Kp

Löslichkeiten – solubilities – solubilités
$H_2O^{0\,°C} = 22{,}7$ g/100 ml
$H_2O^{100\,°C} = 174$ g/100 ml

Diverses – misc. – divers

1 K
5 K

50 K

77

Ammoniumsulfat wasserfrei $(NH_4)_2SO_4$
Ammonium sulphate anhydrous
Ammonium sulfate anhydre

Eigenschaften – properties – propriétés

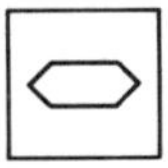

farblos
colourless
incolore

MM 132,15
D $1{,}769\frac{20\,°C}{4}$
Fp
Kp

Löslichkeiten – solubilities – solubilités
$H_2O^{0\,°C}$ = 70,4 g/100 ml
$H_2O^{100\,°C}$ = 102 g/100 ml

Reaktionen – reactions – réactions
zerfließlich|deliquescent|liquéfiable
100 °C → Zersetzung|decomposition|dégradation

Diverses – misc. – divers

1 K
2,5 K
5 K

50 K

78

Ammonium*hydrogen*sulfat NH_4HSO_4
Ammonium *hydrogen*sulphate
Ammonium *hydrogéno*sulfate

Eigenschaften – properties – propriétés

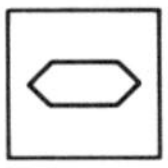

farblos, rhombisch
colourless, rhombic
incolore, rhombique

MM 115,11
D 1,78
Fp 146,9 °C
Kp 490 °C

Löslichkeiten – solubilities – solubilités
$H_2O^{kalt|cold|froid}$ = 100 g/100 ml
Äthanol = sehr wenig löslich
ethanol = very slightly soluble
éthanol = très peu soluble

79

Ammoniumsulfid $(NH_4)_2S$
Ammonium *mono*sulphide
Ammonium sulfure

Eigenschaften – properties – propriétés

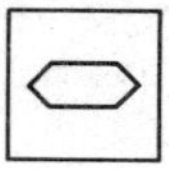

farblos
colourless
incolore

MM 68,15
D
Fp
Kp

Löslichkeiten – solubilities – solubilités
$NH_3^{25\,°C} = 120$ g/100 ml

Reaktionen – reactions – réactions
beständig → 18 °C; flüchtig → > 18 °C, zersetzt
stable → 18 °C; volatile → > 18 °C, decomposed
stable → 18 °C; volatil → > 18 °C, dégradé

80

Ammonium*hydrogen*sulfid NH_4HS
Ammonium *hydrogen*sulphide
Ammonium *hydrogéno*sulfure

Eigenschaften – properties – propriétés

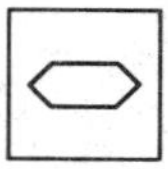

farblos, hygroskopisch
colourless, hygroscopic
incolore, hygroscopique

MM 51,11
D
Fp
Kp
20 °C → sublimiert | sublimed | sublimé

Löslichkeiten – solubilities – solubilités
H_2O = sehr löslich | very soluble | très soluble

Reaktionen – reactions – réactions
zersetzlich | decomposable | dégradable

81

Ammoniumsulfit-l-hydrat $(NH_4)_2SO_3 \cdot H_2O$
Ammonium sulphite l-hydrat
Ammonium sulfite l-eau

Eigenschaften – properties – propriétés

farblos, monoklin
colourless, monoclinic ;
incolore, monoclinique

MM 134,17
D 1,41
Fp
Kp

Gehalte – content – teneurs

35% $(NH_4)_2SO_3 \cdot H_2O$

Löslichkeiten – solubilities – solubilités
$H_2O^{12\,°C}$ = 100 g/100 ml
Äthanol = nicht löslich
ethanol = insoluble
éthanol = insoluble

Reaktionen – reactions – réactions
zersetzlich|decomposable|dégradable

Diverses – misc. – divers

35% = 1,17...1,19

50 K

82

*di*Ammoniumtartrat $(NH_4)_2 \cdot C_4H_4O_6$
*di*Ammonium tartrate
*di*Ammonium tartrate

Eigenschaften – properties – propriétés

farblos, monoklin
colourless, monoclinic
incolore, monoclinique

MM 184,15
D 1,60
Fp
Kp

Löslichkeiten – solubilities – solubilités
$H_2O^{0\,°C}$ = 45 g/100 ml
$H_2O^{60\,°C}$ = 87 g/100 ml
Äthanol = wenig löslich
ethanol = slightly soluble
éthanol = peu soluble

Reaktionen – reactions – réactions
zersetzlich|decomposable|dégradable

Diverses – misc. – divers

250 g
1 K
5 K

25 K
50 K

83

Ammoniumthiocyanat NH_4CNS
Ammonium thiocyanate
Ammonium thiocyanate

Eigenschaften – properties – propriétés

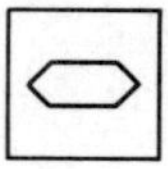

farblos, monoklin
colourless, monoclinic
incolore, monoclinique

MM 76,13
D 1,305
Fp 149,6 °C
Kp

Löslichkeiten – solubilities – solubilités

$H_2O^{0\,°C}$ = 115 g/100 ml
$H_2O^{60\,°C}$ = 347 g/100 ml

Reaktionen – reactions – réactions

170 °C→  CS_2, H_2S, NH_3

Diverses – misc. – divers

 250 g 1 K
500 g 5 K

 50 K

84

Ammoniumthiosulfat $(NH_4)_2S_2O_3$
Ammonium thiosulphate
Ammonium thiosulfate

Eigenschaften – properties – propriétés

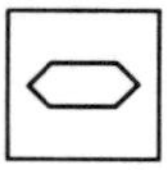

farblos
colourless
incolore

MM 148,21
D
Fp
Kp

Löslichkeiten – solubilities – solubilités

$H_2O^{kalt|cold|froid}$ = löslich|soluble|soluble
$H_2O^{100\,°C}$ = 103,3 g/100 ml
Äthanol = nicht löslich
ethanol = insoluble
éthanol = insoluble

Reaktionen – reactions – réactions

150 °C→ Zersetzung, sublimiert
decomposition, sublimed
dégradation, sublimé

Diverses – misc. – divers

85

Ammonium*meta*vanadat NH_4VO_3
Ammonium *meta*vanadate
Ammonium *méta*vanadate

Eigenschaften – properties – propriétés

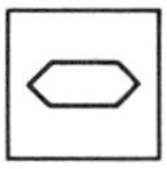  **weiß white blanc** 

MM 116,99
D 2,326
Fp
Kp

Gehalte – content – teneurs
43,55% V
77,74% V_2O_5

Löslichkeiten – solubilities – solubilités
$H_2O^{18\,°C}$ = 0,44 g/100 ml
$H_2O^{70\,°C}$ = 3,05 g/100 ml
Äthanol = nicht löslich
ethanol = insoluble
éthanol = insoluble

Reaktionen – reactions – réactions
zersetzlich|decomposable|dégradable

Diverses – misc. – divers
RID IVa

86

Amylalkohol $C_5H_{12}O$
Amyl alcohol
Alcool amylique

$CH_3—[CH_2]_3—CH_2OH$

Eigenschaften – properties – propriétés

MM 88,15
D 0,82438
Fp
Kp 138 °C

Löslichkeiten – solubilities – solubilités
$H_2O^{22\,°C}$ = 2,7 g/100 ml
Äthanol = ∞ löslich
ethanol = ∞ soluble
éthanol = ∞ soluble
Diäthyläther = löslich
diethyl ether = soluble
éther diéthylique = soluble

Reaktionen – reactions réactions

Diverses – misc. – divers
RID IIIa

 250 ml 1 L
500 ml 5 L  25 K

87

Anilin C_6H_7N
Aniline
Aniline

C_6H_5—NH_2

Eigenschaften – properties – propriétés

farblos, gelb
colourless, yellow
incolore, jaune

MM 93,12
D $1{,}022\frac{20\,°C}{4}$
Fp −6,2 °C
Kp 184,4 °C

Löslichkeiten – solubilities – solubilités
$H_2O^{18\,°C}$ = 3,6 g/100 ml
Äthanol = ∞ löslich
ethanol = ∞ soluble
éthanol = ∞ soluble
Diäthyläther = löslich
diethyl ether = soluble
éther diéthylique = soluble

Reaktionen – reactions – réactions
>190 °C → Zersetzung|decomposition|dégradation

Diverses – misc. – divers
MAK 5 ppm, 19 mg/m^3
RID IVa

2 / 3 / 0

T R: 53-66
S: 11-21-31-53-63-71-72-91-93-108

1 L 5 L 25 K 50 K

88

Anilinöl C_6H_7N
Aniline oil
Huile d'Aniline

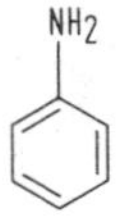

Eigenschaften – properties – propriétés

farblos, gelb, braun
colourless, yellow, brown
incolor, jaune, brun

MM 93
D 1,026 . . . 1,028$^{15\,°C}$
Fp −6,2 . . . 6,3 °C
Kp 183,5 °C

Gehalte – content – teneurs
>99,5% Anilin, Aniline, Aniline
< 0,1% H_2O

Löslichkeiten – solubilities – solubilités
$H_2O^{20\,°C}$ = 3,5 g/100 ml

Reaktionen – reactions – réactions

76 °C →

>190 °C → Zersetzung|decomposition|dégradation

Diverses – misc. – divers
MAK 5 ppm, 19 mg/m^3
RID IIIa/IVa

2 / 3 / 0

T R: 53-66
S: 11-21-31-53-63-71-72-91-93-108

210 K

89

Anilinsalz C_6H_8NCl
Aniline salt
Sel d'Aniline

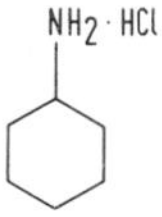

Eigenschaften – properties – propriétés

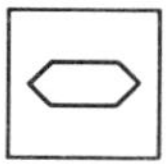
weiß
white
blanc

MM 129,5
D $1{,}23^{15\,°C}$
Fp 196 °C
Kp

Gehalte – content – teneurs
99,8% C_6H_8NCl

Löslichkeiten – solubilities – solubilités
H_2O = leicht löslich|easily soluble|facilement soluble
Äthanol = leicht löslich
ethanol = easily soluble
éthanol = facilement soluble

Diverses – misc. – divers
RID V

 50 K  100 K

90

Anisaldehyd $C_8H_8O_2$
Anisaldehyde
Anisaldéhyde

Eigenschaften – properties – propriétés

MM 136,15
D 1,1192
Fp
Kp 248 °C

Löslichkeiten – solubilities – solubilités
H_2O = sehr wenig löslich|very slightly soluble|
très peu soluble
Äthanol = ∞ löslich
ethanol = ∞ soluble
éthanol = ∞ soluble
Diäthyläther = löslich
diethyl ether = soluble
éther diéthylique = soluble

Diverses – misc. – divers

 250 ml
1 L  25 K

91

Anisol
Anisole
Anisol

C_7H_8O

C_6H_5—OCH_3

Eigenschaften – properties – propriétés

MM 108,14
D 0,9956
Fp
Kp 153,85 °C

Löslichkeiten – solubilities – solubilités
H_2O = nicht löslich|insoluble|insoluble
Äthanol = löslich
ethanol = soluble
éthanol = soluble
Diäthyläther = löslich
diethyl ether = soluble
éther diéthylique = soluble

Diverses – misc. – divers
RID IIIa

 250 ml 1 L  20 K

92

Anthracen
Anthracene
Anthracène

$C_{14}H_{10}$

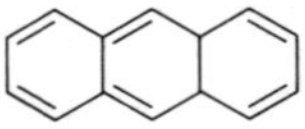

Eigenschaften – properties – propriétés

MM 178,24
D 1,252
Fp 218 °C
Kp 342 °C

Löslichkeiten – solubilities – solubilités
H_2O = nicht löslich|insoluble|insoluble
Äthanol$^{16\,°C}$ = 0,076 g/100 ml
ethanol$^{16\,°C}$ = 0,076 g/100 ml
éthanol$^{16\,°C}$ = 0,076 g/100 ml
Äthanol$^{78\,°C}$ = 0,83 g/100 ml
ethanol$^{78\,°C}$ = 0,83 g/100 ml
éthanol$^{78\,°C}$ = 0,83 g/100 ml
Diäthyläther = 1,189 g/100 ml
diethyl ether = 1,189 g/100 ml
éther diéthylique = 1,189 g/100 ml
Chloroform = 1,767 g/100 ml
chloroform = 1,767 g/100 ml
chloroforme = 1,767 g/100 ml

Diverses – misc. – divers

93

Anthrachinon $C_{14}H_8O_2$
Anthraquinone
Anthraquinone

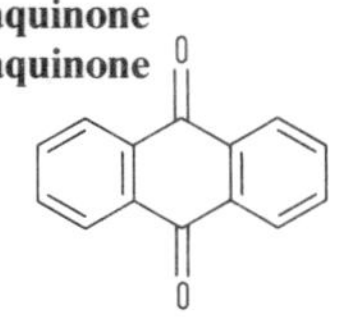

Eigenschaften – properties – propriétés

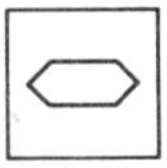

gelb
yellow
jaune

MM 208,22
D 1,419
Fp 285...286 °C
Kp 379,8 °C

Gehalte – content – teneurs
99... 99,5% $C_{14}H_8O_2$

Löslichkeiten – solubilities – solubilités
Lösungsmittel = sehr wenig löslich
solvent = very slightly soluble
solvant = très peu soluble

Reaktionen – reactions – réactions

185 °C→ 

94

Antimon(III)-bromid $SbBr_3$
Antimony(III) bromide
Antimoine(III) bromure

Eigenschaften – properties – propriétés

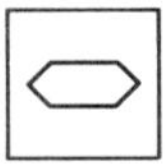

weiß, glänzend, hygroskopisch
white, bright, hygroscopic
blanc, brillant, hygroscopique

MM 361,51
D 4,148
Fp 96,6 °C
Kp 280 °C

Gehalte – content – teneurs
33,7% Sb

Löslichkeiten – solubilities – solubilités
$H_2O^{kalt|cold|froid}$ =
Zersetzung|decomposition|dégradation
$H_2O^{heiß|hot|chaud}$ =
Zersetzung|decomposition|dégradation
CS_2 = löslich|soluble|soluble
NH_3 = löslich|soluble|soluble

Antimon(III)-chlorid $SbCl_3$
Antimony(III) chloride
Antimoine(III) chlorure

Eigenschaften – properties – propriétés

farblos
colourless
incolore

MM 228,11
D 3,14 $\frac{20\,°C}{4}$
Fp 73,4 °C
Kp 223 °C

Gehalte – content – teneurs
53,4% Sb

Löslichkeiten – solubilities – solubilités
$H_2O^{0\,°C}$ = 601,6 g/100 ml
$H_2O^{72\,°C}$ = ∞ löslich | ∞ soluble | ∞ soluble
HCl = löslich | soluble | soluble
HBr = löslich | soluble | soluble
Äthanol = löslich
ethanol = soluble
éthanol = soluble

Reaktionen – reactions – réactions
zerfließlich | deliquescent | liquéfiable

Diverses – misc. – divers **Xi** R: 84
RID V S: 15-52-63-67-91-94

Antimon(V)-chlorid $SbCl_5$
Antimony(V) chloride
Antimoine(V) chlorure

Eigenschaften – properties – propriétés

farblos – gelb
colourless – yellow
incolore – jaune

MM 299,02
D 2,33
Fp 2,8 °C
Kp 92 °C$^{30\ mm\ Hg}$

Gehalte – content – teneurs
40,7% Sb

Löslichkeiten – solubilities – solubilités
$H_2O^{kalt|cold|froid}$ =
Zersetzung | decomposition | dégradation
$H_2O^{heiß|hot|chaud}$ =
Zersetzung | decomposition | dégradation
HCl = löslich | soluble | soluble
Chloroform = löslich
chloroform = soluble
chloroforme = soluble

Diverses – misc. – divers **C** R: 81-84
RID V S: 15-24-32-53-63-67-91-94

97

Antimon(III)-fluorid SbF_3
Antimony(III) fluoride
Antimoine(III) fluorure

Eigenschaften – properties – propriétés

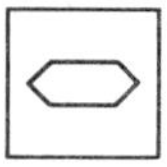

weiß
white
blanc

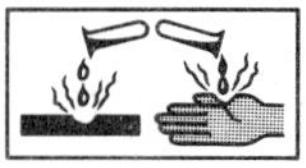

MM 178,75
D $4{,}379^{20{,}9\,°C}$
Fp 292 °C
Kp 376 °C

Gehalte – content – teneurs
68,1% Sb

Löslichkeiten – solubilities – solubilités
$H_2O^{0\,°C}$ = 384,7 g/100 ml
$H_2O^{30\,°C}$ = 563,6 g/100 ml
NH_3 = nicht löslich|insoluble|insoluble

Reaktionen – reactions – réactions

Kristalle zerfließlich + zersetzlich
crystals deliquescent + decomposable →
cristaux liquéfiables + dégradables

HF

Diverses – misc. – divers T
MAK 2,5 mg F/m^3
RID V

R : 55
S : 3-11-21-31-51-63-67-72-91-108

98

Antimon(V)-fluorid SbF_5
Antimony(V) fluoride
Antimoine(V) fluorure

Eigenschaften – properties – propriétés

hygroskopisch
hygroscopic
hygroscopique

MM 216,74
D $2{,}99^{23\,°C}$
Fp 7 °C
Kp 149,5 °C

Gehalte – content – teneurs
56,2% Sb

Löslichkeiten – solubilities – solubilités
H_2O = löslich|soluble|soluble
KF, wässerig = löslich
KF, aqueous = soluble
KF, aqueux = soluble

Diverses – misc. – divers T
MAK 2,5 mg F/m^3
RID V

R : 55
S : 3-11-21-31-51-63-67-72-91-108

99

Antimonfluoroborat $Sb[BF_4]_3$
Antimony fluoroborate
Antimoine fluoroborate

Eigenschaften – properties – propriétés

MM 227,98
D
Fp
Kp

Gehalte – content – teneurs
~ 53,3% Sb

Löslichkeiten – solubilities – solubilités
H_2O = ∞ löslich | ∞ soluble | ∞ soluble

Diverses – misc. – divers
RID V

100

Antimonige Säure H_3SbO_3
Antimonous acid
Acide antimonieux

Eigenschaften – properties – propriétés

weiß, amorph
white, amorphous
blanc, amorphe

MM 172,78
D
Fp
Kp

Gehalte – content – teneurs
70,5% Sb

Löslichkeiten – solubilities – solubilités
$H_2O^{kalt|cold|froid}$ =
nicht löslich | insoluble | insoluble
$H_2O^{heiß|hot|chaud}$ =
nicht löslich | insoluble | insoluble
Äthanol = nicht löslich
ethanol = insoluble
éthanol = insoluble

Reaktionen – reactions – réactions
zersetzlich | decomposable | dégradable

101

Antimon(III)-jodid SbJ_3 SbI_3
Antimony(III) iodide
Antimoine(III) iodure

Eigenschaften – properties – propriétés

rot
red
rouge

MM 502,46
D $4{,}768^{22\,°C}$
Fp 167 °C
Kp 401 °C

Gehalte – content – teneurs
24,2% Sb

Löslichkeiten – solubilities – solubilités
$H_2O^{kalt|cold|froid}$ =
Zersetzung|decomposition|dégradation
$H_2O^{heiß|hot|chaud}$ =
Zersetzung|decomposition|dégradation
CS_2 = löslich|soluble|soluble
HCl = löslich|soluble|soluble
HJ = löslich|soluble|soluble
$KJ^{wässrig|aqueous|aqueux}$ = löslich|soluble|soluble
Äthanol = löslich
ethanol = soluble
éthanol = soluble

102

Antimon(III)-oxid weiß Sb_2O_3
Antimony(III) oxide white
Antimoine(III) oxyde blanc

Eigenschaften – properties – propriétés

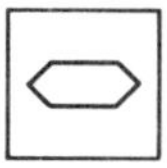

kubisch
cubic
cubique

MM 291,52
D 5,2
Fp 652 °C
Kp

Gehalte – content – teneurs
83,5% Sb

Löslichkeiten – solubilities – solubilités
H_2O = (praktisch) unlöslich|
(practically) insoluble| (pratiquement) insoluble
HCl = löslich|soluble|soluble
H_2SO_4 = löslich|soluble|soluble
HNO_3 verdünnt = löslich
HNO_3 diluted = soluble
HNO_3 dilué = soluble
Alkalilauge = löslich
caustic alkali solution = soluble
solution caustique alcaline = soluble

Diverses – misc. – divers
RID IVa

500 g
1 K
5 K

50 K

103

Antimon(V)-oxid Sb_2O_5
Antimony(V) oxide
Antimoine(V) oxyde

Eigenschaften – properties – propriétés

gelb
yellow
jaune

MM 323,50
D 3,78
Fp
Kp

Gehalte – content – teneurs
60,3% Sb

Löslichkeiten – solubilities – solubilités
$H_2O^{kalt|cold|froid}$ = 0,3 g/100 ml
HCl = löslich|soluble|soluble
HJ = löslich|soluble|soluble
KOH wässerig = löslich
KOH aqueous = soluble
KOH aqueux = soluble

Reaktionen – reactions – réactions
$>300\,°C \rightarrow Sb_2O_3 + O_2$

Diverses – misc. – divers
RID IVa

500 g
1 K
5 K

50 K

104

Antimon(III)-oxidchlorid SbOCl
Antimony(III) *oxy***chloride**
Antimoine(III) *oxyde***chlorure**

Eigenschaften – properties – propriétés

farblos
colourless
incolore

farblos
colourless
incolore

MM 173,20
D
Fp
Kp

Gehalte – content – teneurs
70,4% Sb

Löslichkeiten – solubilities – solubilités
$H_2O^{kalt|cold|froid}$ =
nicht löslich|insoluble|insoluble
$H_2O^{heiß|hot|chaud}$ =
nicht löslich|insoluble|insoluble
HCl = löslich|soluble|soluble
CS_2 = löslich|soluble|soluble
NH_3 = nicht löslich|insoluble|insoluble
Chloroform = nicht löslich
chloroform = insoluble
chloroforme = insoluble

Reaktionen – reactions – réactions
$170\,°C \rightarrow$ Zersetzung|decomposition|dégradation

105

Antimon(III)-sulfid Sb_2S_3
Antimony(III) sulphide
Antimoine(III) sulfure

Eigenschaften – properties – propriétés

dunkel, glänzend
dark, lustrous
foncé, brillant

MM 339,69
D 4,64
Fp 550 °C
Kp

Gehalte – content – teneurs
71,7% Sb

Löslichkeiten – solubilities – solubilités
$H_2O^{18\,°C}$ = 0,00017 g/100 ml
$H_2O^{heiß|hot|chaud}$ =
Zersetzung|decomposition|dégradation
HCl = löslich|soluble|soluble
Alkalilauge = löslich
caustic alkali solution = soluble
solution caustique alcaline = soluble
NH_4HS wässerig = löslich
NH_4HS aqueous = soluble
NH_4HS aqueux = soluble
K_2S wässerig = löslich
K_2S aqueous = soluble
K_2S aqueux = soluble

Diverses – misc. – divers

250 g
1 K
5 K

25 K
50 K

106

Antimon(V)-sulfid Sb_2S_5
Antimony(V) sulphide
Antimoine(V) sulfure

Eigenschaften – properties – propriétés

orange – gelb
orange – yellow
orange – jaune

MM 403,82
D $4{,}120^{0\,°C}$
Fp −2 S, 135 °C
Kp

Gehalte – content – teneurs
60,3% Sb

Löslichkeiten – solubilities – solubilités
$H_2O^{kalt|cold|froid}$ =
nicht löslich|insoluble|insoluble
$H_2O^{heiß|hot|chaud}$ =
nicht löslich|insoluble|insoluble
HCl = löslich|soluble|soluble
Alkalilauge = löslich
caustic alkali solution = soluble
solution caustique alcaline = soluble
NH_4HS wässerig = löslich
NH_4HS aqueous = soluble
NH_4HS aqueux = soluble

Reaktionen – reactions – réactions

+HCl→ H_2S

Diverses – misc. – divers

250 g
1 K
5 K

25 K
50 K

107

Antipyrin
Antipyrine
Antipyrine

$C_{11}H_{12}N_2O$

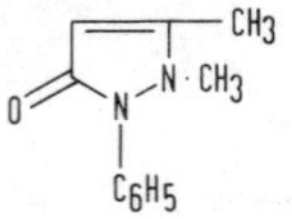

Eigenschaften – properties – propriétés

MM 188,23
D 1,0879
Fp 112,8 °C
Kp 319 °C

Löslichkeiten – solubilities – solubilités

H_2O = 100 g/100 ml
Äthanol = 100 g/100 ml
ethanol = 100 g/100 ml
éthanol = 100 g/100 ml
Diäthyläther = wenig löslich
diethyl ether = slightly soluble
éther diéthylique = peu soluble

108

Antipyrin, mandelsaures Salz
Antipyrine, mandelic acid salt
Antipyrine, sel d'acide mandélique

$C_{11}H_{12}N_2O \cdot C_6H_5$—CH(OH)—COOH

Eigenschaften – properties – propriétés

MM 310,37
D
Fp 52. . . 55 °C
Kp

Löslichkeiten – solubilities – solubilités

H_2O = 6,6 g/100 ml
Äthanol = 30 g/100 ml
ethanol = 30 g/100 ml
éthanol = 30 g/100 ml
Diäthyläther = 5 g/100 ml
diethyl ether = 5 g/100 ml
éther diéthylique = 5 g/100 ml

109

Antipyrinsalicylat
Antipyrine salicylate
Antipyrine salicylate

$C_{11}H_{12}N_2O \cdot C_7H_6O_3$

Eigenschaften – properties – propriétés

MM 326,34
D
Fp 91...92 °C
Kp

Löslichkeiten – solubilities – solubilités
$H_2O^{100\,°C}$ = 4 g/100 ml
$H_2O^{15\,°C}$ = 0,5 g/100 ml
Chloroform = leicht löslich
chloroform = easily soluble
chloroforme = facilement soluble
Diäthyläther = wenig löslich
diethyl ether = slightly soluble
éther diéthylique = peu soluble

110

Antipyrinchloralhydrat
Antipyrine chloral hydrate
Antipyrine chloral hydrate

$Cl_3C—CH(OH)_2 \cdot C_{11}H_{12}N_2O$

Eigenschaften – properties – propriétés

MM 353,64
D
Fp 67,8 °C
Kp

Löslichkeiten – solubilities – solubilités
$H_2O^{14\,°C}$ = 7,9 g/100 ml
Äthanol = 33 g/100 ml
ethanol = 33 g/100 ml
éthanol = 33 g/100 ml
Diäthyläther = wenig löslich
diethyl ether = slightly soluble
éther diéthylique = peu soluble

111

*dl*Äpfelsäure $C_4H_6O_5$
*dl*Malic acid
Acide malique

$HO_2C—CH_2—CH(OH)—CO_2H$

Eigenschaften – properties – propriétés

MM 134,09
D $1{,}601\frac{20\,°C}{4}$
Fp 130 °C
Kp

Löslichkeiten – solubilities – solubilités
$H_2O^{26\,°C}$ = 144 g/100 ml
$H_2O^{79\,°C}$ = 411 g/100 ml
Äthanol = leicht löslich
ethanol = easily soluble
éthanol = facilement soluble
Diäthyläther = leicht löslich
diethyl ether = easily soluble
éther diéthylique = facilement soluble

Reaktionen – reactions – réactions
zerfließlich|deliquescent|liquéfiable
zersetzlich|decomposable|dégradable

Diverses – misc. – divers

1 K
5 K

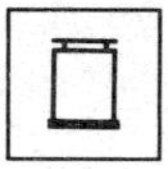

25 K

112

Arndt's Legierung
Arndt's alloy
Alliage d'*Arndt*

Eigenschaften – properties – propriétés

Gehalte – content – teneurs
~ 40% Mg
~ 60% Cu

Diverses – misc. – divers

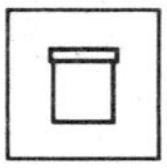

250 g
1 K
5 K

113

Arsen(III)-chlorid $AsCl_3$
Arsenic(III) chloride
Arsenic(III) chlorure

Eigenschaften – properties – propriétés

farblos
colourless
incolore

MM 181,28
D 2,163
Fp −18 °C
Kp 130 °C

Gehalte – content – teneurs
41,32% As

Löslichkeiten – solubilities – solubilités
$H_2O^{kalt|cold|froid}$ = Zersetzung|decomposition|dégradation
$H_2O^{heiß|hot|chaud}$ = Zersetzung|decomposition|dégradation
HCl = löslich|soluble|soluble
HBr = löslich|soluble|soluble
BCl_3 = löslich|soluble|soluble

Reaktionen – reactions – réactions
$+H_2O \rightarrow HCl + As_2O_3$

Diverses – misc. – divers
RID IVa

T R: 56-84
S: 3-12-21-31-53-63-72-91-108

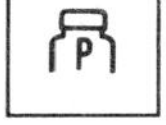

114

***di*Arsen*tri*oxid** As_2O_3
***di*Arsenic *tri*oxide**
***di*Arsenic *tri*oxyde**

Eigenschaften – properties – propriétés

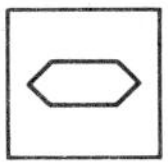

farblos
colourless
incolore

MM 197,82
D 3,738
Fp 315 °C
Kp

Gehalte – content – teneurs
75,75% As

Löslichkeiten – solubilities – solubilités
$H_2O^{0\,°C}$ = 1,21 g/100 ml
$H_2O^{100\,°C}$ = 10,14 g/100 ml
Alkalilauge = löslich
caustic alkali solution = soluble
solution caustique alcaline = soluble
Na_2CO_3 wässerig = löslich
Na_2CO_3, aqueous = soluble
Na_2CO_3, aqueux = soluble
Äthanol = nicht löslich
ethanol = insoluble
éthanol = insoluble
Diäthyläther = nicht löslich
diethyl ether = insoluble
éther diéthylique = insoluble

Diverses – misc. – divers
RID IVa

T R: 56-84
S: 3-12-21-31-53-63-72-91-108

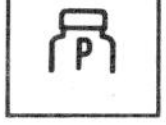

500 g
1 K

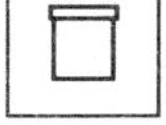

5 K

115

*di*Arsen*pent*oxid As_2O_5
*di*Arsenic*pent*oxide
*di*Arsenic*pent*oxyde

Eigenschaften – properties – propriétés

weiß, amorph
white, amorphous
blanc, amorphe

MM 229,82
D 4,1
Fp
Kp

Gehalte – content – teneurs
65,2% As

Löslichkeiten – solubilities – solubilités
H_2O = leicht löslich|easily soluble|facilement soluble
Äthanol = leicht löslich
ethanol = easily soluble
éthanol = facilement soluble
Diäthyläther = leicht löslich
diethyl ether = easily soluble
éther diéthylique = facilement soluble

Diverses – misc. – divers **T** R: 56-84
RID IVa S : 3-12-21-31-53-63-72-91-108

116

Arsen(III)-sulfid As_2S_3
Arsenic(III) sulfide
Arsenic(III) sulfure

Eigenschaften – properties – propriétés

gelb
yellow
jaune

gelb
yellow
jaune

MM 246,02
D 3,43
Fp 300 °C
Kp 707 °C

Gehalte – content – teneurs
60,90% As

Löslichkeiten – solubilities – solubilités
$H_2O^{18\,°C}$ = 0,00005 g/100 ml
$H_2O^{\text{heiß|hot|chaud}}$ =
wenig löslich|slightly soluble|peu soluble
Alkalilauge = löslich
caustic alkali solution = soluble
solution caustique alcaline = soluble
Na_2CO_3, wässerig = löslich
Na_2CO_3, aqueous = soluble
Na_2CO_3, aqueux = soluble

Diverses – misc. – divers **T** R: 56-84
RID IVa S : 3-12-21-31-53-63-72-91-108

117

Asbest
Asbestos
Asbeste

$Mg_3[Si_4O_{11}] \cdot 3\,Mg(OH)_2 \cdot H_2O$

Eigenschaften – properties – propriétés

MM
D
Fp 1100...1500 °C
Kp

Diverses – misc. – divers

MAK 170 Tle. ~ 1 μm/m³ } > → Asbestose
30 Tle. > 10 μm/m³ } Asbestosis
Asbestosis

25 g
100 g
250 g
1 K

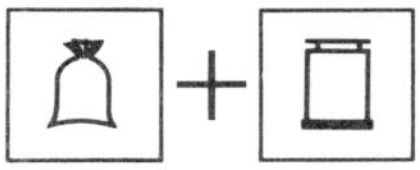
> 1 K

118

Asphalt
Asphalt
Asphalte

Eigenschaften – properties – propriétés

MM
D 1...1,2
Fp 70...150 °C
Kp

Löslichkeiten – solubilities – solubilités
Äthanol = löslich
ethanol = soluble
éthanol = soluble
Diäthyläther = löslich
diethyl ether = soluble
éther diéthylique = soluble
Benzol = löslich
benzene = soluble
benzène = soluble
Chloroform = löslich
chloroform = soluble
chloroforme = soluble
Petroläther = löslich
petroleum ether = soluble
benzine de pétrole = soluble

Reaktionen – reactions – réactions

Diverses – misc. – divers
RID IIIb

2
0 X 0

Äthanol absolut
Ethanol absolute
Ethanol absolu

C_2H_6O

$CH_3—CH_2OH$

Eigenschaften – properties – propriétés

MM 46,07
D 0,79367
Fp −114,5 °C
Kp 78,32 °C
→Tabelle|Table|Tableau 119.1

Gehalte – content – teneurs
→Tabelle|Table|Tableau 119.2
→Tabelle|Table|Tableau 119.3

Löslichkeiten – solubilities – solubilités
H_2O = ∞ löslich|∞ soluble|∞ soluble
Lösungsmittel = löslich
solvent = soluble
solvant = soluble

Reaktionen – reactions – réactions

Diverses – misc. – divers
MAK 1000 ppm, 1900 mg/m^3
RID III a

3
0 0

F R: 22-33
S: 16-22-36-71-104

Äthanolamin
Ethanolamine
Ethanolamine

C_2H_7NO

$H_2NCH_2—CH_2OH$

Eigenschaften – properties – propriétés

MM 61,08
D 1,0111$^{27\,°C}$
Fp
Kp 168,5...168,7 °C

Löslichkeiten – solubilities – solubilités
H_2O = löslich|soluble|soluble
Äthanol = löslich
ethanol = soluble
éthanol = soluble
Diäthyläther = löslich
diethyl ether = soluble
éther diéthylique = soluble
Chloroform = löslich
chloroform = soluble
chloroforme = soluble

Diverses – misc. – divers
MAK 3 ppm, 6 mg/m^3

2
2 0

2,5 L

25 K
50 K

121

Äthylbenzol C_8H_{10}
Ethylbenzene
Ethyle benzène

$C_6H_5—C_2H_5$

Eigenschaften – properties – propriétés

MM 106,17
D $0{,}8672^{20\,°C}$
Fp
Kp 136,1 °C

Löslichkeiten – solubilities – solubilités
$H_2O^{15\,°C}$ = 0,01 g/100 ml
SO_2 = löslich|soluble|soluble
NH_3 = nicht löslich|insoluble|insoluble
NH_3 = nicht löslich|insoluble|insoluble
Äthanol = ∞ löslich
ethanol = ∞ soluble
éthanol = ∞ soluble
Diäthyläther = löslich
diethyl ether = soluble
éther diéthylique = soluble

Reaktionen – reactions – réactions

Diverses – misc. – divers
MAK 100 ppm, 435 mg/m³
RID III a

122

Äthylbromid C_2H_5Br
Ethyl bromide
Ethyle bromure

$CH_3—CH_2Br$

Eigenschaften – properties – propriétés

MM 108,97
D $1{,}4708^{15\,°C}$
Fp −119 °C
Kp 38,3 °C

Gehalte – content – teneurs
73,33% Br

Löslichkeiten – solubilities – solubilités
$H_2O^{0\,°C}$ = 1,06 g/100 ml
$H_2O^{30\,°C}$ = 0,9 g/100 ml

Reaktionen – reactions – réactions

Diverses – misc. – divers
MAK 200 ppm, 890 mg/m³
RID III a

123

α-Äthyl-crotonsäure $C_6H_{10}O_2$
α-Ethyl crotonic acid
α-Ethyl acide crotonique

$CH_3—CH=C(C_2H_5)—CO_2H$

Eigenschaften – properties – propriétés

MM 114,15
D $0{,}9578^{50\,°C}$
Fp $42^{°C}$
Kp 204...207 °C

Löslichkeiten – solubilities – solubilités
H_2O = sehr wenig löslich|very slightly soluble|très peu soluble
Äthanol = ∞ löslich
ethanol = ∞ soluble
éthanol = ∞ soluble
Diäthyläther = löslich
diethyl ether = soluble
éther diéthylique = soluble

Reaktionen – reactions – réactions
sublimierbar|sublimable|sublimable

124

β-Äthyl-crotonsäure $C_6H_{10}O_2$
β-Ethyl crotonic acid
β-Ethyl acide crotonique

$CH_3C(C_2H_5)=CH—CO_2H$

Eigenschaften – properties – propriétés

MM 114,14
D
Fp 48...49 °C
Kp $199\,°C^{750 mm\,Hg}$
$121\,°C^{22 mm\,Hg}$

Löslichkeiten – solubilities – solubilités
H_2O = nicht löslich|insoluble|insoluble
Äthanol = ∞ löslich
ethanol = ∞ soluble
éthanol = ∞ soluble
Diäthyläther = löslich
diethyl ether = soluble
éther diéthylique = soluble

125

Äthylendiamin
Ethylenediamine
Ethylènediamine

$C_2H_8N_2$

$H_2N—CH_2—CH_2—NH_2$

Eigenschaften – properties – propriétés

MM 60,10
D $0{,}8920^{25\,°C}$
Fp 8,5 °C
Kp 116,5 °C

Löslichkeiten – solubilities – solubilités
H_2O = ∞ löslich|∞ soluble|∞ soluble
Äthanol = löslich
ethanol = soluble
éthanol = soluble
Diäthyläther = 0,3 g/100 ml
diethyl ether = 0,3 g/100 ml
éther diéthylique = 0,3 g/100 ml
Benzol = nicht löslich
benzene = insoluble
benzène = insoluble

Reaktionen – reactions – réactions

Diverses – misc. – divers
MAK 10 ppm, 25 mg/m^3
RID V

126

Äthylendiamin*tetra*essigsäure
Ethylenediamine *tetra*acetic acid
Acide éthylènediamino*tétra*acétique

$C_{10}H_{16}N_2O_8$

$(HO_2C—CH_2)_2N—CH_2—CH_2—N(CH_2—CO_2H)_2$

Eigenschaften – properties – propriétés

MM 292,25
D
Fp
Kp

Löslichkeiten – solubilities – solubilités
$H_2O^{kalt|cold|froid}$ = sehr wenig löslich|
very slightly soluble|très peu soluble
NaOH = sehr leicht löslich|extremely soluble|
très facilement soluble

Diverses – misc. – divers

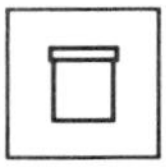
1 K

25 K
50 K

Äthylendiamin*tetra*essigsäure *tetra*Natriumsalz
Ethylenediamine *tetra*acetic acid *tetra*sodium salt
Acide éthylènediamino*tétra*acétique, sel *tétra*sodique

$C_{10}H_{12}N_2Na_4O_8 \cdot 2\,H_2O$

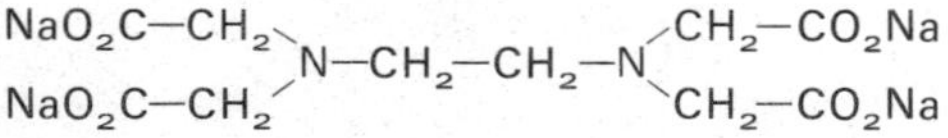

Eigenschaften – properties – propriétés

weiß
white
blanc

MM 380,17
D
Fp
Kp

Löslichkeiten – solubilities – solubilités
H_2O = leicht löslich|easily soluble|facilement soluble

Diverses – misc. – divers

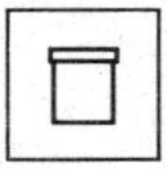

Äthylendiaminhydrat $C_2H_8N_2 \cdot H_2O$
Ethylenediamine hydrate
Ethylènediamine hydrate

$H_2N—CH_2—CH_2—NH_2 \cdot H_2O$

Eigenschaften – properties – propriétés

MM 78,12
D 0,97...0.98
Fp 10 °C
Kp 118,4 °C

Löslichkeiten – solubilities – solubilités
H_2O = ∞ löslich|∞ soluble|∞ soluble

Reaktionen – reactions – réactions

42 °C→ 

Diverses – misc. – divers
MAK 30 mg/m^3
RID V

129

Äthylenglykol*di*acetat
Ethyle glycol *di*acetate
Ethylèneglycol *di*acétate

$C_6H_{10}O_4$

$(CH_3—CO_2—CH_2-)_2$

Eigenschaften – properties – propriétés

MM 146,14
D $1{,}109^{14\,°C}$
Fp −31 °C
Kp 190,5 °C

Löslichkeiten – solubilities – solubilités

$H_2O^{22\,°C}$ = 14,3 g/100 ml
Äthanol = löslich
ethanol = soluble
éthanol = soluble
Diäthyläther = löslich
diethyl ether = soluble
éther diéthylique = soluble

130

Äthylenglykol*mono*acetat
Ethyle glycol *mono*acetate
Ethylèneglycol *mono*acétate

$C_4H_8O_3$

$HO—CH_2—CH_2—O—CO—CH_3$

Eigenschaften – properties – propriétés

MM 104,10
D 1,108
Fp
Kp 182 °C

Löslichkeiten – solubilities – solubilités

H_2O = ∞ löslich | ∞ soluble | ∞ soluble
Äthanol = löslich
ethanol = soluble
éthanol = soluble

131

Äthylenimin C_2H_5N
Ethylene imine
Ethylèneimine

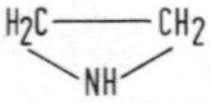

Eigenschaften – properties – propriétés

MM 43,07
D $0{,}8321^{24\,°C}$
Fp
Kp 55...56 °C

Löslichkeiten – solubilities – solubilités
H_2O = ∞ löslich | ∞ soluble | ∞ soluble

Reaktionen – reactions – réactions

 ; zersetzlich | decomposable | dégradable

Diverses – misc. – divers
MAK 0,5 ppm, 1 mg/m^3

F + T R: 22-33-58-67
S: 15-22-36-53-65-71-104-108

132

Äthylmethylketon C_4H_8O
Ethyl methyl ketone
Ethylméthylcétone

CH_3—CH_2—CO—CH_3

Eigenschaften – properties – propriétés

MM 72,11
D $0{,}81010^{15\,°C}$
Fp
Kp 79,6 °C

Löslichkeiten – solubilities – solubilités
$H_2O^{20\,°C}$ = 20,9 g/100 ml
$H_2O^{90\,°C}$ = 18 g/100 ml
Lösungsmittel = löslich
solvent = soluble
solvant = soluble

Reaktionen – reactions – réactions

Diverses – misc. – divers
MAK 200 ppm, 590 mg/m^3
RID III a

F R: 22-33
S: 16-22-36-53-71-104

 1 L  5 L
25 K

133

Äthylschwefelsäure
Ethyl sulphuric acid
Acide éthylène sulfurique

$C_2H_6O_3S$

$C_2H_5—O—SO_2—OH$

Eigenschaften – properties – propriétés

MM 126,13
D $1{,}316^{17\,°C}$
Fp
Kp

Löslichkeiten – solubilities – solubilités
H_2O = ∞ löslich | ∞ soluble | ∞ soluble
$H_2O^{heiß|hot|chaud}$ = Zersetzung | decomposition | dégradation
Äthanol = löslich
ethanol = soluble
éthanol = soluble
Diäthyläther = löslich
diethyl ether = soluble
éther diéthylique = soluble
$Äthanol^{heiß}$ = Zersetzung
$ethanol^{hot}$ = decomposition
$éthanol^{chaud}$ = dégradation

Reaktionen – reactions – réactions
zersetzlich | decomposable | dégradable

134

Barbitursäure
Barbituric acid
Acide barbiturique

$C_4H_4N_2O_3$

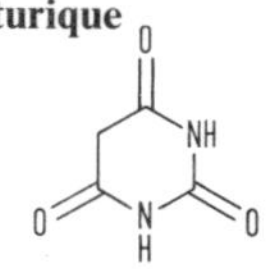

Eigenschaften – properties – propriétés

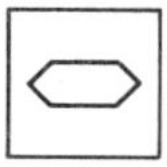

Prismen
prisms
prismes

MM 128,09
D
Fp
Kp

Löslichkeiten – solubilities – solubilités
$H_2O^{heiß|hot|chaud}$ = löslich | soluble | soluble
KCl = löslich | soluble | soluble
Äthanol = wenig löslich
ethanol = slightly soluble
éthanol = peu soluble
Diäthyläther = löslich
diethyl ether = soluble
éther diéthylique = soluble

Reaktionen – reactions – réactions
zersetzlich | decomposable | dégradable

Diverses – misc. – divers

135

Bariumacetat
Barium acetate
Baryum acétate

$Ba(C_2H_3O_2)_2$

Eigenschaften – properties – propriétés

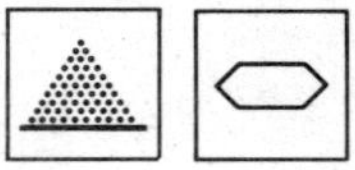

weiß, hygroskopisch
white, hygroscopic
blanc, hygroscopique

MM 255,45
D 2,468
Fp $-H_2O$, 41 °C
Kp

Gehalte – content – teneurs
53,77% Ba

Löslichkeiten – solubilities – solubilités
$H_2O^{0\,°C}$ = 58,8 g/100 ml
$H_2O^{100\,°C}$ = 75,0 g/100 ml

Diverses – misc. – divers
MAK 0,5 mg Ba/m^3
RID IVa

Xn R: 54
S : 21-31-51-91

1 K
5 K

50 K
100 K

136

Bariumcarbonat
Barium carbonate
Baryum carbonate

$BaCO_3$

Eigenschaften – properties – propriétés

weiß
white
blanc

MM 197,37
D
Fp $1740^{90\,atm}$
Kp

Gehalte – content – teneurs
69,60% Ba

Löslichkeiten – solubilities – solubilités
$H_2O^{18\,°C}$ = 0,0022 g/100 ml
$H_2O^{100\,°C}$ = 0,0065 g/100 ml
Säure(n) = löslich
acid(s) = soluble
acide(s) = soluble
Äthanol = nicht löslich
ethanol = insoluble
éthanol = insoluble

Diverses – misc. – divers
MAK 0,5 mg Ba/m^3
RID IVa

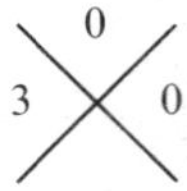

Xn R: 54
S : 21-31-51-91

1 K

1 K

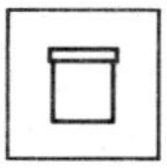

5 K

25 K
50 K

137

Bariumchlorat-l-hydrat $Ba(ClO_3)_2 \cdot H_2O$
Barium chlorate l-hydrate
Baryum chlorate l-eau

Eigenschaften – properties – propriétés

durchsichtig, farblos
transparent, colourless
transparent, incolore

MM 322,29
D 3,179
Fp
Kp

Gehalte – content – teneurs
$-H_2O \rightarrow 45{,}14\%$ Ba

Löslichkeiten – solubilities – solubilités
$H_2O^{kalt|cold|froid}$ = löslich|soluble|soluble
$H_2O^{heiß|hot|chaud}$ = löslich|soluble|soluble
Äthanol = wenig löslich
ethanol = slightly soluble
éthanol = peu soluble

Reaktionen – reactions – réactions
120 °C→Zersetzung|decomposition|dégradation

Diverses – misc. – divers
MAK 0,5 mg Ba/m³
RID IIIc

0 / 2 / 2

Xn R: 54
S : 21-31-51-91

1 K
50 K
100 K

138

Barium(II)-chlorid wasserfrei $BaCl_2$
Barium(II) chloride anhydrous
Baryum(II) chlorure anhydre

Eigenschaften – properties – propriétés

weiß
white
blanc

MM 208,27
D
Fp 962 °C
Kp 1560 °C

Gehalte – content – teneurs
65,95% Ba

Löslichkeiten – solubilities – solubilités
$H_2O^{0\,°C}$ = 31,6 g/100 ml
$H_2O^{100\,°C}$ = 58,7 g/100 ml
HCl = wenig löslich|slightly soluble|peu soluble
Äthanol = nicht löslich
ethanol = insoluble
éthanol = insoluble

Diverses – misc. – divers
MAK 0,5 mg Ba/m³
RID IVa

0 / 2 / 0

Xn R: 54
S : 21-31-51-91

500 g
1 K
5 K
1 K
5 K
50 K

139

Barium(II)-chlorid-2-hydrat $BaCl_2 \cdot 2\,H_2O$
Barium(II) chloride 2-hydrate
Baryum(II) chlorure 2-eau

Eigenschaften – properties – propriétés

farblos
colourless
incolore

MM 244,31
D 3,097
Fp $-2\,H_2O$, 113 °C
Kp

Gehalte – content – teneurs
56,23% Ba

Löslichkeiten – solubilities – solubilités
$H_2O^{0\,°C} = 39,3$ g/100 ml
$H_2O^{100\,°C} = 76,8$ g/100 ml
HCl = wenig löslich|slightly soluble|peu soluble
HCl = wenig löslich|slightly soluble|peu soluble
HNO_3 = wenig löslich|slightly soluble|peu soluble
Äthanol = nicht löslich
ethanol = insoluble
éthanol = insoluble

Diverses – misc. – divers 0 2 0
MAK 0,5 mg Ba/m^3
RID IVa

Xn R: 54
S: 21-31-51-91

1 K
5 K
50 K

140

Barium(II)-chromat $BaCrO_4$
Barium(II) chromate
Baryum(II) chromate

Eigenschaften – properties – propriétés

gelb, glänzend, durchsichtig
yellow, bright, transparent
jaune, brillant, transparent

MM 253,37
D $4,498^{15\,°C}$
Fp
Kp

Gehalte – content – teneurs
54,21% Ba
20,53% Cr

Löslichkeiten – solubilities – solubilités
$H_2O^{20\,°C} = 0,00037$ g/100 ml
$H_2O^{30\,°C} = 0,00046$ g/100 ml
HCl = löslich|soluble|soluble
HNO_3 = löslich|soluble|soluble
H_2SO_4 heiß, konzentriert = löslich
H_2SO_4 hot, concentrated = soluble
H_2SO_4 chaud, concentré = soluble

Diverses – misc. – divers
MAK 0,5 mg Ba/m^3
RID IVa

Xn R: 54
S: 21-31-51-91

141

Barium(II)-cyanid $Ba(CN)_2$
Barium(II) cyanide
Baryum(II) cyanure

Eigenschaften – properties – propriétés

weiß
white
blanc

MM 189,40
D
Fp
Kp

Gehalte – content – teneurs
72,52% Ba
27,48% CN

Löslichkeiten – solubilities – solubilités
$H_2O^{14\,°C}$ = 80 g/100 ml
Äthanol$^{14\,°C}$ 70% = 18 g/100 ml
ethanol$^{14\,°C}$ 70% = 18 g/100 ml
éthanol$^{14\,°C}$ 70% = 18 g/100 ml

Reaktionen – reactions – réactions
zerfließlich|deliquescent|liquéfiable

Diverses – misc. – divers **Xn** R: 54
MAK 0,5 mg Ba/m³, 5 mg CN/m³ S : 21-31-51-91
RID IVa

142

Barium(II)-fluorid BaF_2
Barium(II) fluoride
Baryum(II) fluorure

Eigenschaften – properties – propriétés

farblos, durchsichtig
colourless, transparent
incolore, transparent

MM 175,36
D 4,828
Fp 1280 °C
Kp 2137 °C

Gehalte – content – teneurs
78,3% Ba

Löslichkeiten – solubilities – solubilités
$H_2O^{0\,°C}$ = 0,159 g/100 ml
$H_2O^{30\,°C}$ = 0,162 g/100 ml
Säure(n) = löslich
acid(s) = soluble
acide(s) = soluble
NH_4Cl wässerig = löslich
NH_4Cl aqueous = soluble
NH_4Cl aqueux = soluble

Reaktionen – reactions – réactions
> 400 °C → Zersetzung|decomposition|dégradation

Diverses – misc. – divers **Xn** R: 54
MAK 0,5 mg Ba/m³, 2,5 mg F/m³ S : 21-31-51-91
RID IVa

143

Barium(II)-hydroxid-8-hydrat $Ba(OH)_2 \cdot 8\,H_2O$
Barium(II) hydroxide 8-hydrate
Baryum(II) hydroxyde 8-eau

Eigenschaften – properties – propriétés

glänzend, durchsichtig
bright, transparent
brillant, transparent

MM 315,56
D $2{,}188^{16\,°C}$
Fp 77,9 °C
Kp $-8\,H_2O$, 780 °C

Gehalte – content – teneurs
$-H_2O \rightarrow 80{,}15\%$ Ba

Löslichkeiten– solubilities – solubilités
$H_2O^{kalt|cold|froid}$ = löslich|soluble|soluble
$H_2O^{heiß|hot|chaud}$ = löslich|soluble|soluble
Äthanol = sehr wenig löslich
ethanol = very slightly soluble
éthanol = très peu soluble
Diäthyläther = nicht löslich
diethyl ether = insoluble
éther diéthylique = insoluble

Diverses – misc. – divers **Xn** R : 54
MAK 0,5 mg Ba/m³ S : 21-31-51-91
RID IVa

1 K

5 K

1 K
5 K

50 K

144

Barium(II)-nitrat $Ba(NO_3)_2$
Barium(II) nitrate
Baryum(II) nitrate

Eigenschaften – properties – propriétés

farblos
colourless
incolore

MM 261,38
D $3{,}244^{23\,°C}$
Fp 592 °C
Kp

Gehalte – content – teneurs
52,55% Ba

Löslichkeiten – solubilities – solubilités
$H_2O^{0\,°C}$ = 4,95 g/100 ml
$H_2O^{100\,°C}$ = 34,2 g/100 ml
Säure(n) = löslich
acid(s) = soluble
acide(s) = soluble
Äthanol = nicht löslich
ethanol = insoluble
éthanol = insoluble

Reaktionen – reactions – réactions
zersetzlich|decomposable|dégradable

Diverses – misc. – divers **Xn** R : 54
MAK 0,5 mg Ba/m³ S : 21-31-51-91
RID IVa

250 g 1 K
500 g 5 K

1 K
5 K

50 K

100 K

145

Barium(II)-oxid BaO
Barium(II) oxide
Baryum(II) oxyde

Eigenschaften – properties – propriétés

weiß – gelb
white – yellow
blanc – jaune

MM	153,36
D	5,72
Fp	1923 °C
Kp	~2000 °C

Gehalte – content – teneurs
89,57% Ba

Löslichkeiten – solubilities – solubilités
$H_2O^{0\,°C}$ = 1,5 g/100 ml
$H_2O^{80\,°C}$ = 90,8 g/100 ml
HCl = löslich|soluble|soluble
HNO_3 = löslich|soluble|soluble
NH_3 = nicht löslich|insoluble|insoluble
Äthanol = löslich
ethanol = soluble
éthanol = soluble

Diverses – misc. – divers **Xn** R: 54
MAK 0,5 mg Ba/m^3 S : 21-31-51-91
RID IVa

500 g
1 K
25 K

146

Barium*per*oxid BaO_2
Barium *per*oxide
Baryum *per*oxyde

Eigenschaften – properties – propriétés

weiß, hygroskopisch
white, hygroscopic
blanc, hygroscopique

MM	169,36
D	4,958
Fp	450 °C
Kp	

Gehalte – content – teneurs
81,11% Ba

Löslichkeiten – solubilities – solubilités
$H_2O^{kalt|cold|froid}$ = sehr wenig löslich|
very slightly soluble|très peu soluble
$H_2O^{heiß|hot|chaud}$ = Zersetzung|
decomposition|dégradation
Säure(n) = löslich
acid(s) = soluble
acide(s) = soluble

Reaktionen – reactions – réactions
800 °C → $-O_2$

Diverses – misc. – divers **O** R: 12
MAK 0,5 mg Ba/m^3 S : 11-22-29-38-65
RID IIIc

1 K
25 K
50 K

147

Barium(II)-stannat $BaSnO_3$
Barium(II) stannate
Baryum(II) stannate

Eigenschaften – properties – propriétés

weiß
white
blanc

MM 358,1
D
Fp
Kp

Gehalte – content – teneurs
~38% Ba
~33,2% Sn

Löslichkeiten – solubilities – solubilités
H_2O = löslich|soluble|soluble

Diverses – misc. – divers
MAK 0,5 mg Ba/m^3
RID IVa

Xn R: 54
S: 21-31-51-91

148

Barium(II)-sulfat $BaSO_4$
Barium(II) sulphate
Baryum(II) sulfate

Eigenschaften – properties – propriétés

weiß
white
blanc

weiß
white
blanc

weiß
white
blanc

MM 233,43
D 4,499$^{15\,°C}$
Fp 1580 °C
Kp 1149 °C

Gehalte – content – teneurs
58,85% Ba

Löslichkeiten – solubilities – solubilités
$H_2O^{0\,°C}$ = 0,000170 g/100 ml
$H_2O^{30\,°C}$ = 0,000285 g/100 ml
HCl 3% = 0,006 g/100 ml
H_2SO_4 konzentriert = löslich
H_2SO_4 concentrated = soluble
H_2SO_4 concentré = soluble

Reaktionen – reactions – réactions
> 1149 °C → Umwandlung: monoklin
transformation: monoclinic
transformation: monoclinique

Diverses – misc. – divers
MAK 0,5 mg Ba/m^3

149

Barium(II)-sulfid BaS
Barium(II) sulphide
Baryum(II) sulfure

Eigenschaften – properties – propriétés

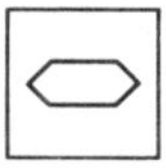  **weiß white blanc** 

MM 169,43
D $4{,}25^{15\,°C}$
Fp
Kp

Gehalte – content – teneurs
81,08% Ba

Löslichkeiten – solubilities – solubilités
$H_2O^{kalt|cold|froid}$ = Zersetzung|decomposition|dégradation
$H_2O^{heiß|hot|chaud}$ = Zersetzung|decomposition|dégradation
HCl = Zersetzung|decomposition|dégradation
Äthanol = nicht löslich
ethanol = insoluble
éthanol = insoluble

Reaktionen – reactions – réactions
zersetzlich|decomposable|dégradable

Diverses – misc. – divers
MAK 0,5 mg Ba/m^3
RID IVa

Xn R: 54
S: 21-31-51-91

150

Benzaldehyd C_7H_6O
Benzaldehyde
Benzaldéhyde

C_6H_5—CHO

Eigenschaften – properties – propriétés

MM 106,13
D 1,0492
Fp
Kp 178,1 °C

Löslichkeiten – solubilities – solubilités
H_2O = 0,3 g/100 ml
Äthanol = löslich
ethanol = soluble
éthanol = soluble
Diäthyläther = löslich
diethyl ether = soluble
éther diéthylique = soluble

Reaktionen – reactions – réactions

Diverses – misc. – divers
RID IIIa

151

Benzhydrol
Benzhydrol
Benzhydrol

$C_{13}H_{12}O$

$(C_6H_5)_2CHOH$

Eigenschaften – properties – propriétés

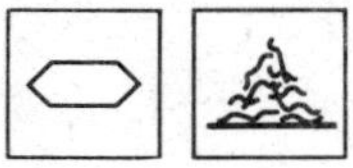

MM 184,24
D
Fp 68 °C
Kp 298 °C

Löslichkeiten – solubilities – solubilités
$H_2O^{20\,°C}$ = 0,05 g/100 ml
Äthanol = leicht löslich
ethanol = easily soluble
éthanol = facilement soluble
Diäthyläther = löslich
diethyl ether = soluble
éther diéthylique = soluble

Diverses – misc. – divers

152

Benzidin
Benzidine
Benzidine

$C_{12}H_{12}N_2$

$(4)H_2N—C_6H_4—C_6H_4—NH_2(4')$

Eigenschaften – properties – propriétés

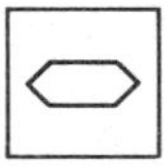

MM 184,24
D 1,251
Fp 127,5...127,8 °C
Kp 401 °C

Löslichkeiten – solubilities – solubilités
$H_2O^{heiß|hot|chaud}$ = löslich|soluble|soluble
Äthanol heiß = löslich
ethanol hot = soluble
éthanol chaud = soluble
Diäthyläther = 2,2 g/100 ml
diethyl ether = 2,2 g/100 ml
éther diéthylique = 2,2 g/100 ml

Diverses – misc. – divers T R: 52-53
S : 11-21-31-51-63-71-72-91-93-108

153

Benzilsäure $C_{14}H_{12}O_3$
Benzilic acid
Acide benzylique

$(C_6H_5)_2C(OH)—CO_2H$

Eigenschaften – properties – propriétés

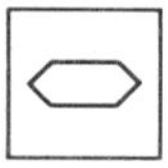 

MM 228,25
D
Fp 150 °C
Kp

Löslichkeiten – solubilities – solubilités
$H_2O^{heiß|hot|chaud}$ = löslich|soluble|soluble
H_2SO_4 = löslich|soluble|soluble
Äthanol = löslich
ethanol = soluble
éthanol = soluble
Diäthyläther = löslich
diethyl ether = soluble
éther diéthylique = soluble

Reaktionen – reactions – réactions
180 °C→Zersetzung|decomposition|dégradation

Diverses – misc. – divers

100 g

 1 K >1 K  

154

Benzoesäure $C_7H_6O_2$
Benzoic acid
Acide benzoique

$C_6H_5—CO_2H$

Eigenschaften – properties – propriétés

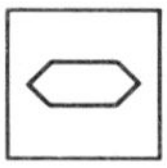 

glänzend – farblos
bright – colourless
brillant – incolore

MM 122,12
D $1{,}2659^{15\,°C}$
Fp 122,45 °C
Kp 250 °C

Löslichkeiten – solubilities – solubilités
$H_2O^{17,5\,°C}$ = 0,21 g/100 ml
$H_2O^{75\,°C}$ = 2,2 g/100 ml
$Äthanol^{15\,°C}$ = 46,6 g/100 ml
$ethanol^{15\,°C}$ = 46,6 g/100 ml
$éthanol^{15\,°C}$ = 46,6 g/100 ml
$Diäthyläther^{15\,°C}$ = 66 g/100 ml
$diethyl\ ether^{15\,°C}$ = 66 g/100 ml
$éther\ diéthylique^{15\,°C}$ = 66 g/100 ml

Diverses – misc. – divers

500 g
1 K
5 K

 25 K

155

Benzol C_6H_6
Benzene
Benzène

Eigenschaften – **properties** – **propriétés**

farblos
colourless
incolore

MM 78,11
D $0{,}8788^{29\,°C}$
Fp 5,49 °C
Kp 80,2 °C

Löslichkeiten – **solubilities** – **solubilités**
$H_2O^{22\,°C}$ = 0,07 g/100 ml
Äthanol = ∞ löslich
ethanol = ∞ soluble
éthanol = ∞ soluble
Diäthyläther = löslich
diethyl ether = soluble
éther diéthylique = soluble

Reaktionen – **reactions** – **réactions**

Diverses – **misc.** – **divers**

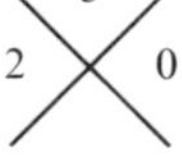

MAK 10 ppm
RID IIIa
F + T R: 22-33-67
S : 3-16-21-23-27-36-65-71-76-104-108

 1 L  5 L 25 K >25 K 

156

1,2,3-Benzotriazol $C_6H_5N_3$
1,2,3-Benzotriazole
Benzotriazole-1,2,3

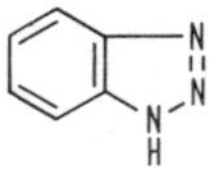

Eigenschaften – **properties** – **propriétés**

gelb – **weiß**
yellow – **white**
jaune – **blanc**

MM 119,12
D
Fp 98,5 °C
Kp

Gehalte – **contents** – **teneurs**
90...95% $C_6H_5N_3$

Löslichkeiten – **solubilities** – **solubilités**
H_2O = nicht löslich|insoluble|insoluble
Äthanol = löslich
ethanol = soluble
éthanol = soluble
Benzol = löslich
benzene = soluble
benzène = soluble

Diverses – **misc.** – **divers**

 100 g 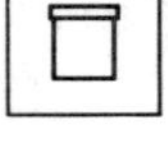 1 K 5 K

157

Benzoylchlorid C_7H_5ClO
Benzoyl chloride
Benzoyle chlorure

$C_6H_5—COCl$

Eigenschaften – properties – propriétés

MM 140,57
D 1,212
Fp −0,5 °C
Kp 197,2 °C

Löslichkeiten – solubilities – solubilités
H_2O = Zersetzung|decomposition|dégradation
Diäthyläther = löslich
diethyl ether = soluble
éther diéthylique = soluble
Benzol = löslich
benzene = soluble
benzène = soluble

Reaktionen – reactions – réactions

 88 °C→ 

Diverses – misc. – divers **C** R: 81
S: 11-32-53-63-93

 250 ml
1 L
 25 K
50 K

158

Benzylalkohol C_7H_8O
Benzyl alcohol
Alcool benzylique

$C_6H_5—CH_2—OH$

Eigenschaften – properties – propriétés

MM 108,13
D 1,043
Fp −15,3 °C
Kp 204,7 °C

Löslichkeiten – solubilities – solubilités
$H_2O^{17\,°C}$ = 4 g/100 ml
Äthanol = ∞ löslich
ethanol = ∞ soluble
éthanol = ∞ soluble
Chloroform = löslich
chloroform = soluble
chloroforme = soluble
Diäthyläther = löslich
diethyl ether = soluble
éther diéthylique = soluble

Diverses – misc. – divers
RID IIIa

 500 ml
1L
5 L
 25 K

Benzylchlorid C_7H_7Cl
Benzyl chloride
Benzyle chlorure

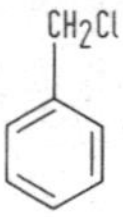

Eigenschaften – properties – propriétés

MM	126,58
D	$1{,}100\ \frac{20\,°C}{20}$
Fp	−39 °C
Kp	179,4 °C

Gehalte – content – teneurs
99% C_7H_7Cl

Löslichkeiten – solubilities – solubilités
H_2O = nicht löslich|insoluble|insoluble
Chloroform = ∞ löslich
chloroform = ∞ soluble
chloroforme = ∞ soluble
Äthanol = löslich
ethanol = soluble
éthanol = soluble
Diäthyläther = löslich
diethyl ether = soluble
éther diéthylique = soluble

Reaktionen – reactions – réactions

Diverses – misc. – divers **Xi** R: 84
MAK 1 ppm, 5 mg/m³ S: 16-21-53-65-77-91
RID III a

 1 L

Benzylcyanid C_8H_7N
Benzyl cyanide
Benzyle cyanure

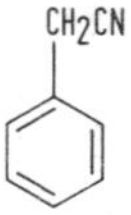

Eigenschaften – properties – propriétés

farblos – braun
colourless – brown
incolore – brun

MM	117,14
D	$1{,}018\ \frac{20\,°C}{4}$
Fp	−23,8 °C
Kp	233...234 °C

Löslichkeiten – solubilities – solubilités
H_2O = nicht löslich|insoluble|insoluble
Äthanol = löslich
ethanol = soluble
éthanol = soluble
Diäthyläther = löslich
diethyl ether = soluble
éther diéthylique = soluble

Reaktionen – reactions – réactions

Diverses – misc. – divers
RID IVa/V

161

Bernsteinsäure $C_4H_6O_4$
Succinic acid
Acide succinique

$HO_2C—CH_2—CH_2—CO_2H$

Eigenschaften – properties – propriétés

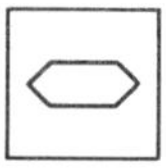

Prismen
prisms
prismes

MM 118,09
D $1{,}572^{25\,°C}$
Fp 182,7 °C
Kp 235 °C

Löslichkeiten – solubilities – solubilités
$H_2O^{20\,°C}$ = 6,8 g/100 ml
$H_2O^{100\,°C}$ = 121 g/100 ml
Äthanol$^{15\,°C}$ = 9,9 g/100 ml
ethanol$^{15\,°C}$ = 9,9 g/100 ml
éthanol$^{15\,°C}$ = 9,9 g/100 ml
Diäthyläther$^{15\,°C}$ = 1,2 g/100 ml
diethyl ether$^{15\,°C}$ = 1,2 g/100 ml
éther diéthylique$^{15\,°C}$ = 1,2 g/100 ml

Diverses – misc. – divers

100 g
250 g
1 K

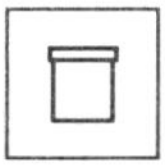

5 K

162

Berylliumnitrat-3-hydrat $Be(NO_3)_2 \cdot 3\ H_2O$
Beryllium nitrate 3-hydrate
Béryllium nitrate 3-eau

Eigenschaften – properties – propriétés

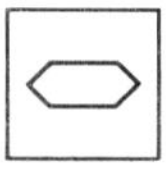

farblos
colourless
incolore

MM 187,08
D
Fp 60 °C
Kp

Gehalte – content – teneurs
4,82% Be

Löslichkeiten – solubilities – solubilités
$H_2O^{0\,°C}$ = 97,6 g/100 ml
$H_2O^{60\,°C}$ = 177,8 g/100 ml
Äthanol = löslich
ethanol = soluble
éthanol = soluble

Reaktionen – reactions – réactions
zerfließlich|deliquescent|liquéfiable
~ 100 °C → $-3\ H_2O$
~ 200 °C → Zersetzung|decomposition|dégradation

Diverses – misc. – divers T R: 52
S: 12-21-51-63-72-78-91-108

163

Berylliumoxid BeO
Beryllium oxide
Béryllium oxyde

Eigenschaften – properties – propriétés

weiß
white
blanc

MM 25,01
D $3{,}02^{0\,°C}$
Fp 2570 °C
Kp 3900 °C

Gehalte – content – teneurs
36,03% Be

Löslichkeiten – solubilities – solubilités
H_2O = nicht löslich|insoluble|insoluble
H_2SO_4 konzentriert = löslich
H_2SO_4 concentrated = soluble
H_2SO_4 concentré = soluble
Säure(n) verdünnt = wenig löslich
acid(s) diluted = slightly soluble
acide(s) dilué = peu soluble
Alkalilauge = nicht löslich
caustic alkali solution = insoluble
solution caustique alcaline = insoluble

Diverses – misc. – divers T R : 52
S : 12-21-51-63-72-78-91-108

164

Berylliumsulfat-4-hydrat $BeSO_4 \cdot 4\,H_2O$
Beryllium sulphate 4-hydrate
Béryllium sulfate 4-eau

Eigenschaften – properties – propriétés

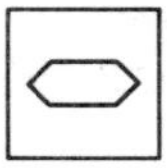

farblos
colourless
incolore

MM 177,15
D $1{,}713^{10.5\,°C}$
Fp $-4\,H_2O$, 250 °C
Kp

Gehalte – content – teneurs
5,09% Be

Löslichkeiten – solubilities – solubilités
$H_2O^{25\,°C}$ = 100,8 g/100 ml
$H_2O^{100\,°C}$ = 537 g/100 ml
Äthanol = nicht löslich
ethanol = insoluble
éthanol = insoluble

Diverses – misc. – divers T R : 52
S : 12-21-51-63-72-78-91-108

165

Bienenwachs
Beeswax
Cire d'abeilles

Eigenschaften – properties – propriétés

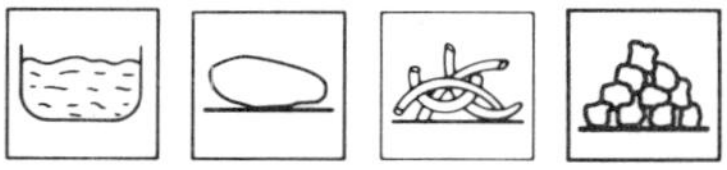

MM
D 0,961...0,968
Fp 60,5...62 °C
Kp

Löslichkeiten – solubilities – solubilités
H_2O = (praktisch) unlöslich|
(practically) insoluble|(pratiquement) insoluble
Äthanol = wenig löslich
ethanol = slightly soluble
éthanol = peu soluble
Diäthyläther = löslich
diethyl ether = soluble
éther diéthylique = soluble
Chloroform = löslich
chloroform = soluble
chloroforme = soluble
Benzol$^{30\,°C}$ = löslich
benzene$^{30\,°C}$ = soluble
benzène$^{30\,°C}$ = soluble

166

Bimsstein
Pumice
Pierre ponce

Eigenschaften – properties – propriétés

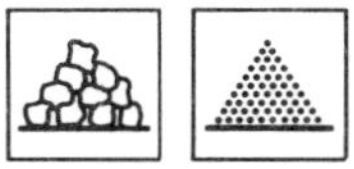

MM
D ~0,3
Fp
Kp

Diverses – misc. – divers

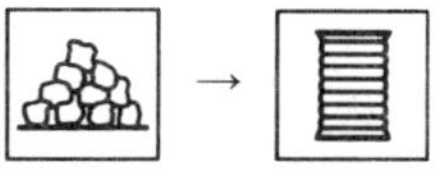

50 K

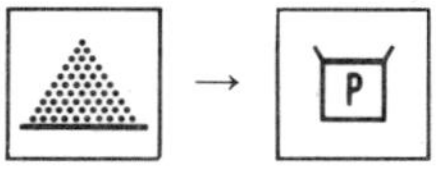

1 K
5 K

25 K
50 K

167

Blausäure HCN
Hydrocyanic acid
Acide cyanhydrique

Eigenschaften – properties – propriétés

MM	27,03
D	$0{,}6884^{20\,°C}$
Fp	−13,4 °C
Kp	25,7 °C

Gehalte – content – teneurs
96,27% CN

Löslichkeiten – solubilities – solubilités
H_2O = ∞ löslich | ∞ soluble | ∞ soluble

Reaktionen – reactions – réactions

HCN + Luft | air | air
(7...41 Vol.-% HCN;
79...460 mg HCN/m^3 Luft | air | air) → 

Diverses – misc. – divers
MAK 10 ppm, 11 mg/m^3
RID IVa

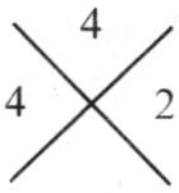

F + T R: 22-33-67
S : 15-21-31-32-36-65-74-104-108

168

Blei(II)-acetat wasserfrei $Pb(C_2H_3O_2)_2$
Lead(II) acetate anhydrous
Plomb(II) acétate anhydre

Eigenschaften – properties – propriétés

 **weiß white blanc** 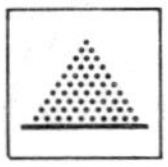 

MM	325,30
D	$3{,}251\frac{20\,°C}{4}$
Fp	280 °C
Kp	

Gehalte – content – teneurs
63,70% Pb

Löslichkeiten – solubilities – solubilités
$H_2O^{0\,°C}$ = 19,7 g/100 ml
$H_2O^{50\,°C}$ = 221 g/100 ml
Äthanol = sehr wenig löslich
ethanol = very slightly soluble
éthanol = très peu soluble

Diverses – misc. – divers
RID IVa

Xn R: 54
S : 11-21-31-51-91

1 K
5 K

50 K

169

Blei(II)-acetat-3-hydrat $Pb(C_2H_3O_2)_2 \cdot 3\ H_2O$
Lead(II) acetate 3-hydrate
Plomb(II) acétate 3-eau

Eigenschaften – properties – propriétés

weiß
white
blanc

MM 379,33
D 2,55
Fp $-3\ H_2O$, 75 °C
Kp

Gehalte – content – teneurs
54,6% Pb

Löslichkeiten – solubilities – solubilités
$H_2O^{15\,°C} = 45{,}64$ g/100 ml
$H_2O^{100\,°C} = 200$ g/100 ml
Äthanol = wenig löslich
ethanol = slightly soluble
éthanol = peu soluble

Diverses – misc. – divers **Xn** R: 54
RID IVa S : 11-21-31-51-91

1 K
5 K
50 K

170

Blei(IV)-acetat wasserfrei $Pb(CH_3COO)_4$
Lead(IV) acetate anhydrous
Plomb(IV) acétate anhydre

Eigenschaften – properties – propriétés

farblos, durchsichtig
colourless, transparent
incolore, transparent

MM 325,30
D $3{,}251\frac{20\,°C}{4}$
Fp 280 °C
Kp

Gehalte – content – teneurs
46,73% Pb

Löslichkeiten – solubilities – solubilités
$H_2O^{0\,°C} = 19{,}7$ g/100 ml
$H_2O^{50\,°C} = 221$ g/100 ml
Äthanol = sehr wenig löslich
ethanol = very slightly soluble
éthanol = très peu soluble

Reaktionen – reactions – réactions

$$+H_2O \rightarrow \begin{matrix}\text{Zersetzung}\\ \text{decomposition}\\ \text{dégradation}\end{matrix} \rightarrow PbO_2$$

Diverses – misc. – divers **Xn** R: 54
RID IVa S : 11-21-31-51-91

1 K
5 K
50 K

171

Blei(II)-bromid $PbBr_2$
Lead(II) bromide
Plomb(II) bromure

Eigenschaften – properties – propriétés

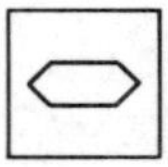
weiß, glänzend
white, bright
blanc, brillant

MM 367,05
D 6,66
Fp 373 °C
Kp 918 °C

Gehalte – content – teneurs
56,5% Pb

Löslichkeiten – solubilities – solubilités
$H_2O^{0\,°C}$ = 0,457 g/100 ml
$H_2O^{100\,°C}$ = 4,77 g/100 ml
NH_3 = wenig löslich | slightly soluble | peu soluble
Säure(n) = löslich
acid(s) = soluble
acide(s) = soluble
Äthanol = nicht löslich
ethanol = insoluble
éthanol = insoluble

Diverses – misc. – divers **Xn** R : 54
S : 11-21-31-51-91

172

Blei(II)-carbonat $PbCO_3$
Lead(II) carbonate
Plomb(II) carbonate

Eigenschaften – properties – propriétés

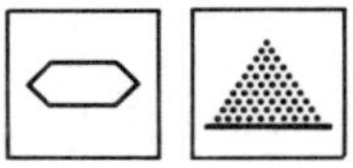
weiß
white
blanc

MM 267,22
D 6,6
Fp
Kp

Gehalte – content – teneurs
77,5% Pb

Löslichkeiten – solubilities – solubilités
$H_2O^{20\,°C}$ = 0,00011 g/100 ml
$H_2O^{heiß|hot|chaud}$ =
Zersetzung | decomposition | dégradation
NH_3 = nicht löslich | insoluble | insoluble
Säure(n) = löslich
acid(s) = soluble
acide(s) = soluble
Alkalilauge = löslich
caustic alkali solution = soluble
solution caustique alcaline = soluble
Äthanol = nicht löslich
ethanol = insoluble
éthanol = insoluble

Reaktionen – reactions – réactions
315 °C→Zersetzung | decomposition | dégradation

Diverses – misc. – divers **Xn** R : 54
RID IVa S : 11-21-31-51-91

1 K
5 K

50 K

173

Blei*per*chlorat-3-hydrat $Pb(ClO_4)_2 \cdot 3\ H_2O$
Lead *per*chlorate 3-hydrate
Plomb *per*chlorate 3-eau

Eigenschaften – properties – propriétés

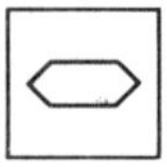

weiß, rhombisch
white, rhombic
blanc, rhombique

MM 460,17
D 2,6
Fp
Kp

Gehalte – content – teneurs
~45% Pb

Löslichkeiten – solubilities – solubilités
$H_2O^{25\,°C}$ = 499,7 g/100 ml
Äthanol = löslich
ethanol = soluble
éthanol = soluble

Reaktionen – reactions – réactions
100 °C→Zersetzung|decomposition|dégradation

Diverses – misc. – divers **Xn** R: 54
RID IIIc S : 11-21-31-51-91

174

Blei(II)-chlorid $PbCl_2$
Lead(II) chloride
Plomb(II) chlorure

Eigenschaften – properties – propriétés

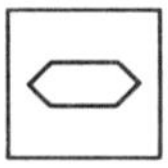

weiß, glänzend
white, bright
blanc, brillant

MM 298,12
D 5,85
Fp 501 °C
Kp 950 °C

Gehalte – content – teneurs
74,4% Pb

Löslichkeiten – solubilities – solubilités
$H_2O^{0\,°C}$ = 0,675 g/100 ml
$H_2O^{100\,°C}$ = 3,31 g/100 ml
HCl verdünnt = wenig löslich
HCl diluted = slightly soluble
HCl dilué = peu soluble
Äthanol = nicht löslich
ethanol = insoluble
éthanol = insoluble

Diverses – misc. – divers **Xn** R: 54
RID IVa S : 11-21-31-51-91

175

Blei(II)-chlorid basisch $PbCl_2 \cdot PbO$
Lead(II) chloride basic
Plomb(II) chlorure basique

Eigenschaften – properties – propriétés

gelb – grün, durchsichtig
yellow – green, transparent
jaune – vert, transparent

MM 501,33
D 7,21
Fp
Kp

Gehalte – content – teneurs
79,61% Pb

Löslichkeiten – solubilities – solubilités
$H_2O^{kalt|cold|froid}$ =
nicht löslich|insoluble|insoluble
$H_2O^{heiß|hot|chaud}$ =
nicht löslich|insoluble|insoluble
Alkalilauge = löslich
caustic alkali solution = soluble
solution caustique alcaline = soluble

Reaktionen – reactions – réactions
524 °C→Zersetzung|decomposition|dégradation

Diverses – misc. – divers **Xn** R: 54
RID IVa S: 11-21-31-51-91

176

Blei(IV)-chlorid $PbCl_4$
Lead(IV) chloride
Plomb(IV) chlorure

Eigenschaften – properties – propriétés

gelb
yellow
jaune

MM 349,04
D 3,18 $\frac{0\,°C}{4}$
Fp −15 °C
Kp

Gehalte – content – teneurs
59,4% Pb

Löslichkeiten – solubilities – solubilités
$H_2O^{kalt|cold|froid}$ =
Zersetzung|decomposition|dégradation
HCl konzentriert = löslich
HCl concentrated = soluble
HCl concentré = soluble

Reaktionen – reactions – réactions

105 °C→ 

Diverses – misc. – divers **Xn** R: 54
RID II/IVa S: 11-21-31-51-91

177

Blei(II)-chromat $PbCrO_4$
Lead(II) chromate
Plomb(II) chromate

Eigenschaften – properties – propriétés

gelb, monoklin
yellow, monoclinic
jaune, monoclinique

MM 323,22
D 6,12
Fp 844 °C
Kp

Gehalte – content – teneurs
64,1% Pb

Löslichkeiten – solubilities – solubilités
$H_2O^{kalt|cold|froid}$ =
nicht löslich|insoluble|insoluble
$H_2O^{heiß|hot|chaud}$ =
nicht löslich|insoluble|insoluble
NH_3 = nicht löslich|insoluble|insoluble
CH_3COOH = nicht löslich|insoluble|insoluble
Säure(n) = löslich
acid(s) = soluble
acide(s) = soluble
Alkalilauge = löslich
caustic alkali solution = soluble
solution caustique alcaline = soluble

Reaktionen – reactions – réactions
zersetzlich|decomposable|dégradable

Diverses – misc. – divers **Xn** R: 54
RID IVa S: 11-21-31-51-91

178

Blei(II)-chromat basisch $PbCrO_4 \cdot PbO$
Lead(II) chromate basic
Plomb(II) chromate basique

Eigenschaften – properties – propriétés

orange – gelb
orange – yellow
orange – jaune

MM 546,43
D
Fp
Kp

Gehalte – content – teneurs
82,7% Pb

Löslichkeiten – solubilities – solubilités
$H_2O^{kalt|cold|froid}$ =
nicht löslich|insoluble|insoluble
$H_2O^{heiß|hot|chaud}$ =
nicht löslich|insoluble|insoluble
Säure(n) = löslich
acid(s) = soluble
acide(s) = soluble
Alkalilauge = löslich
caustic alkali solution = soluble
solution caustique alcaline = soluble

Diverses – misc. – divers **Xn** R: 54
RID IVa S: 11-21-31-51-91

179

Bleicitrat-3-hydrat $Pb(C_6H_7O_7)_2 \cdot 3\,H_2O$
Lead citrate 3-hydrate
Plomb citrate 3-eau

Eigenschaften – properties – propriétés

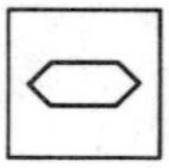

weiß
white
blanc

MM 1053,82
D
Fp
Kp

Gehalte – content – teneurs
58,98% Pb
$-3H_2O \rightarrow$ 62,17% Pb

Löslichkeiten – solubilities – solubilités
H_2O = löslich|soluble|soluble

Diverses – misc. – divers **Xn** R: 54
S: 11-21-31-51-91

180

Blei(II)-cyanid $Pb(CN)_2$
Lead(II) cyanide
Plomb(II) cyanure

Eigenschaften – properties – propriétés

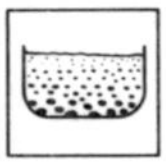

weiß
white
blanc

MM 259,25
D
Fp
Kp

Gehalte – content – teneurs
79,9% Pb

Löslichkeiten – solubilities – solubilités
$H_2O^{kalt|cold|froid}$ =
sehr wenig löslich|very slightly soluble|très peu soluble
$H_2O^{heiß|hot|chaud}$ =
wenig löslich|slightly soluble|peu soluble
KCN wässerig = löslich
KCN aqueous = soluble
KCN aqueux = soluble

Reaktionen – reactions réactions
zersetzlich|decomposable|dégradable

Diverses – misc. – divers **Xn** R: 54
MAK 5 mg CN/m^3 S: 11-21-31-51-91
RID IVa

181

Bleiessig (Bleiacetat, basisch) $Pb(CH_3COO)_2 \cdot 2Pb(OH)_2$
Basic acetate of lead Plomb(II)
Plomb(II) hydroxyacétate

Eigenschaften – properties – propriétés

MM 608,56
D
Fp
Kp

Gehalte – content – teneurs
10,21% Pb

Löslichkeiten – solubilities – solubilités
$H_2O^{20\,°C} = 10$ g/100 ml

Reaktionen – reactions – réactions

Diverses – misc. – divers Xn R: 54
RID IVa S : 11-21-31-51-91

5 L 70 K

182

Blei(II)-fluorid PbF_2
Lead(II) fluoride
Plomb(II) fluorure

Eigenschaften – properties – propriétés

weiß
white
blanc

MM 245,21
D 8,24
Fp 855 °C
Kp 1290 °C

Gehalte – content – teneurs
84,5% Pb

Löslichkeiten – solubilities – solubilités
$H_2O^{20\,°C} = 0{,}065$ g/100 ml
HNO_3 = löslich|soluble|soluble

Reaktionen – reactions – réactions
$+H_2SO_4 \rightarrow HF$

Diverses – misc. – divers Xn R: 54
MAK 2,5 mg F/m^3 S : 11-21-31-51-91
RID IVa

183

Bleifluoroborat $Pb[BF_4]_2$
Lead fluoroborate
Plomb fluoroborate

Eigenschaften – properties – propriétés

MM
D 1,73
Fp $< -17\,°C$
Kp

Gehalte – content – teneurs
27,2% Pb = 470 g Pb/l $Pb(BF_4)_2$

Löslichkeiten – solubilities – solubilités
H_2O = ∞ löslich | ∞ soluble | ∞ soluble

Diverses – misc. – divers **Xn** R : 54
RID IVa/V S : 11-21-31-51-91

 max. 45 K

184

Bleiformiat $Pb(HCO_2)_2$
Lead formate
Plomb formiate

Eigenschaften – properties – propriétés

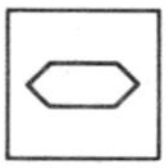

weiß, rhombisch
white, rhombic
blanc, rhombique

MM 297,25
D 4,63
Fp
Kp

Gehalte – content – teneurs
69,7% Pb

Löslichkeiten – solubilities – solubilités
$H_2O^{16\,°C}$ = 1,6 g/100 ml
$H_2O^{100\,°C}$ = 18 g/100 ml
Äthanol = nicht löslich
ethanol = insoluble
éthanol = insoluble

Reaktionen – reactions – réactions
190 °C → Zersetzung | decomposition | dégradation

Diverses – misc. – divers **Xn** R : 54
RID IVa S : 11-21-31-51-91

185

Blei(II)-hydroxidacetat-l-hydrat
Lead(II) hydroxide acetate l-hydrate
Plomb(II) hydroxyacétate l-eau

$Pb(C_2H_3O_2)_2 \cdot Pb(OH)_2 \cdot H_2O$

Eigenschaften – properties – propriétés

weiß
white
blanc

MM 584,54
D
Fp
Kp

Gehalte – content – teneurs
~70% Pb

Löslichkeiten – solubilities – solubilités
$H_2O^{kalt|cold|froid}$ =
sehr löslich|very soluble|très soluble
Äthanol = löslich
ethanol = soluble
éthanol = soluble

Diverses – misc. – divers **Xn** R: 54
RID IVa S: 11-21-31-51-91

186

Blei(II)-hydroxidcarbonat $2PbCO_3 \cdot Pb(OH)_2$
Lead(II) hydroxide carbonate
Plomb(II) hydroxycarbonate

Eigenschaften – properties – propriétés

farblos, glänzend
colourless, bright
incolore, brillant

weiß
white
blanc

MM 775,67
D 6,14
Fp
Kp

Gehalte – content – teneurs
80,55% Pb

Löslichkeiten – solubilities – solubilités
$H_2O^{kalt|cold|froid}$ =
nicht löslich|insoluble|insoluble
$H_2O^{heiß|hot|chaud}$ =
nicht löslich|insoluble|insoluble
CH_3COOH = wenig löslich|
slightly soluble|peu soluble
CO_2 wässerig = wenig löslich
CO_2 aqueous = slightly soluble
CO_2 aqueux = peu soluble

Reaktionen – reactions – réactions
400 °C → Zersetzung|decomposition|dégradation

Diverses – misc. – divers **Xn** R: 54
RID IVa S: 11-21-31-51-91

1 K
5 K

50 K

187

Blei(II)-jodid PbJ_2 PbI_2
Lead(II) iodide
Plomb(II) iodure

Eigenschaften – properties – propriétés

  **gelb yellow jaune** 

MM 461,05
D 6,16
Fp 402 °C
Kp 954 °C

Gehalte – content – teneurs
84,5% Pb

Löslichkeiten – solubilities – solubilités
$H_2O^{0\,°C}$ = 0,044 g/100 ml
$H_2O^{100\,°C}$ = 0,434 g/100 ml
KJ = löslich|soluble|soluble
Alkalilauge = löslich
caustic alkali solution = soluble
solution caustique alcaline = soluble
Äthanol = nicht löslich
ethanol = insoluble
éthanol = insoluble

Diverses – misc. – divers **Xn** R: 54
RID IVa S : 11-21-31-51-91

188

Bleimolybdat $PbMoO_4$
Lead molybdate
Plomb molybdate

Eigenschaften – properties – propriétés

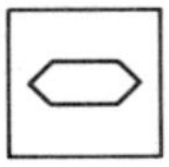  **gelb – weiß yellow – white jaune – blanc** 

MM 367,16
D $6{,}7^{17,5\,°C}$
Fp 1068 °C
Kp

Gehalte – content – teneurs
56,4% Pb
27,05% Mo

Löslichkeiten – solubilities – solubilités
$H_2O^{kalt|cold|froid}$ =
nicht löslich|insoluble|insoluble
Säure(n) = löslich
acid(s) = soluble
acide(s) = soluble

Reaktionen – reactions – réactions

Diverses – misc. – divers **Xn** R: 54
MAK 15 mg Mo/m³ S : 11-21-31-51-91
RID IVa

189

Blei(II)-natriumcyanid $Na_2Pb(CN)_4$
Lead(II) sodium cyanide
Plomb(II) et sodium cyanure

Eigenschaften – properties – propriétés

MM 357,3
D
Fp
Kp

Gehalte – content – teneurs
58% Pb

Löslichkeiten – solubilities – solubilités
H_2O = löslich|soluble|soluble
KCN wässerig = löslich
KCN aqueous = soluble
KCN aqueux = soluble

Diverses – misc. – divers **Xn** R: 54
MAK 5 mg CN/m^3 S: 11-21-31-51-91
RID IVa

190

Blei(II)-nitrat $Pb(NO_3)_2$
Lead(II) nitrate
Plomb(II) nitrate

Eigenschaften – properties – propriétés

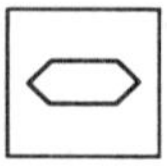

farblos, durchsichtig
colourless, transparent
incolore, transparent

MM 331,23
D 4,53
Fp
Kp

Gehalte – content – teneurs
62,5% Pb

Löslichkeiten – solubilities – solubilités
$H_2O^{0\,°C}$ = 36,4 g/100 ml
$H_2O^{100\,°C}$ = 127,3 g/100 ml
Äthanol$^{22\,°C}$ = 8,8 g/100 ml
ethanol$^{22\,°C}$ = 8,8 g/100 ml
éthanol$^{22\,°C}$ = 8,8 g/100 ml

Reaktionen – reactions – réactions
470 °C → Zersetzung|decomposition|dégradation

Diverses – misc. – divers **Xn** R: 54
RID IVa S: 11-21-31-51-91

500 g
1 K
5 K

25 K
50 K

191

Blei(II)-oxid PbO
Lead(II) oxide
Plomb(II) oxyde

Eigenschaften – properties – propriétés

rot
red
rouge

glänzend
bright
brillant

MM 223,21
D 9,53
Fp 888 °C
Kp

Gehalte – content – teneurs
92,8% Pb

Löslichkeiten – solubilities – solubilités
$H_2O^{18\,°C}$ = 0,0068 g/100 ml
Alkalilauge = löslich
caustic alkali solution = soluble
solution caustique alcaline = soluble
NH_4Cl wässerig = löslich
NH_4Cl aqueous = soluble
NH_4Cl aqueux = soluble
$CaCl_2$ wässerig = löslich
$CaCl_2$ aqueous = soluble
$CaCl_2$ aqueux = soluble

Diverses – misc. – divers **Xn** R : 54
RID IVa S : 11-21-31-51-91

1 K
5 K

50 K

192

Blei(II,IV)-oxid Pb_3O_4
Lead(II,IV) oxide
Plomb(II,IV) oxyde

Eigenschaften – properties – propriétés

rot
red
rouge

MM 685,63
D 9,1
Fp
Kp

Gehalte – content – teneurs
90,7% Pb

Löslichkeiten – solubilities – solubilités
$H_2O^{kalt|cold|froid}$ =
nicht löslich|insoluble|insoluble
$H_2O^{heiß|hot|chaud}$ =
nicht löslich|insoluble|insoluble
CH_3COOH = löslich|soluble|soluble
$HCl^{heiß|hot|chaud}$ = löslich|soluble|soluble

Reaktionen – reactions – réactions
500 °C → Zersetzung|decomposition|dégradation

Diverses – misc. – divers **Xn** R : 54
RID IVa S : 11-21-31-51-91

1 K
5 K

50 K

193

Blei(IV)-oxid PbO_2
Lead(IV) oxide
Plomb(IV) oxyde

Eigenschaften – properties – propriétés

braun
brown
brun

MM 239,21
D 9,375
Fp
Kp

Gehalte – content – teneurs
86,6% Pb

Löslichkeiten – solubilities – solubilités
$H_2O^{kalt|cold|froid}$ =
nicht löslich|insoluble|insoluble
$H_2O^{heiß|hot|chaud}$ =
nicht löslich|insoluble|insoluble
CH_3COOH = löslich|soluble|soluble
Alkalilauge, heiß = löslich
caustic alkali solution, hot = soluble
solution caustique alcaline, chaude = soluble
Äthanol = nicht löslich
ethanol = insoluble
éthanol = soluble

Reaktionen – reactions – réactions

+HCl→  Cl_2

290 °C → Zersetzung|decomposition|dégradation

Diverses – misc. – divers **Xn** R: 54
RID IVa S: 11-21-31-51-91

 500 g 1 K 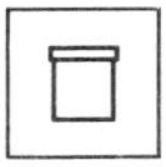 5 K  25 K 50 K

194

Blei(II)-*ortho*phosphat $Pb_3(PO_4)_2$
Lead(II) *ortho*phosphate
Plomb(II) *ortho*phosphate

Eigenschaften – properties – propriétés

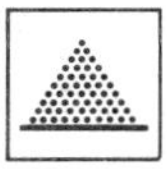
weiß
white
blanc

MM 811,59
D 6,9...7,3
Fp 1014 °C
Kp

Gehalte – content – teneurs
76,6% Pb

Löslichkeiten – solubilities – solubilités
$H_2O^{kalt|cold|froid}$ =
nicht löslich|insoluble|insoluble
$H_2O^{heiß|hot|chaud}$ =
nicht löslich|insoluble|insoluble
HNO_3 = löslich|soluble|soluble
Alkalilauge = löslich
caustic alkali solution = soluble
solution caustique alcaline = soluble
Äthanol = nicht löslich
ethanol = insoluble
éthanol = insoluble

Diverses – misc. – divers **Xn** R: 54
RID IVa S: 11-21-31-51-91

195

Blei(II)-sulfat $PbSO_4$
Lead(II) sulphate
Plomb(II) sulfate

Eigenschaften – properties – propriétés

weiß
white
blanc

MM 303,28
D 6,02
Fp
Kp

Gehalte – content – teneurs
68,3% Pb

Löslichkeiten – solubilities – solubilités
$H_2O^{0\,°C}$ = 0,0033 g/100 ml
$H_2O^{50\,°C}$ = 0,0058 g/100 ml
Säure(n), konzentriert = löslich
acid(s), concentrated = soluble
acide(s), concentré = soluble

Reaktionen – reactions – réactions
$+ HCl \rightarrow PbCl_2$
1000 °C → Zersetzung|decomposition|dégradation

Diverses – misc. – divers **Xn** R: 54
RID IVa S : 11-21-31-51-91

196

Blei(II)-sulfat basisch $PbSO_4 \cdot PbO$
Lead(II) sulphate basic
Plomb(II) sulfate basique

Eigenschaften – properties – propriétés

weiß
white
blanc

MM 526,49
D 6,92
Fp 977 °C
Kp

Gehalte – content – teneurs
78,7% Pb

Löslichkeiten – solubilities – solubilités
$H_2O^{18\,°C}$ = 0,0044 g/100 ml
H_2SO_4 = wenig löslich|slightly soluble|peu soluble

Diverses – misc. – divers **Xn** R: 54
RID IVa S : 11-21-31-51-91

197

Blei(IV)-sulfat $Pb(SO_4)_2$
Lead(IV) sulphate
Plomb(IV) sulfate

Eigenschaften – properties – propriétés

weiß
white
blanc

MM 399,31
D
Fp
Kp

Gehalte – content – teneurs
51,9% Pb

Löslichkeiten – solubilities – solubilités
H_2SO_4 konzentriert = wenig löslich
H_2SO_4 concentrated = slightly soluble
H_2SO_4 concentré = peu soluble
Alkalilauge = löslich
caustic alkali solution = soluble
solution caustique alcaline = soluble
HCl konzentriert = leicht löslich
HCl concentrated = easily soluble
HCl concentré = facilement soluble

Diverses – misc. – divers **Xn** R: 54
RID IVa S : 11-21-31-51-91

198

Blei(II)-sulfid PbS
Lead(II) sulphide
Plomb(II) sulfure

Eigenschaften – properties – propriétés

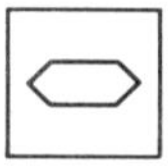

glänzend
bright
brillant

MM 239,28
D 7,5
Fp 1114 °C
Kp

Gehalte – content – teneurs
86,6% Pb

Löslichkeiten – solubilities – solubilités
$H_2O^{18\,°C}$ = 0,00009 g/100 ml
$H_2O^{heiß|hot|chaud}$ =
nicht löslich|insoluble|insoluble
Säure(n) = löslich
acid(s) = soluble
acide(s) = soluble
Alkalilauge = nicht löslich
caustic alkali solution = insoluble
solution caustique alcaline = insoluble

Diverses – misc. – divers **Xn** R: 54
RID IVa S : 11-21-31-51-91

199

Bleisulfochlorid $3PbS \cdot PbCl_2$
Lead chloride, sulphide
Plomb chlorure, sulfure

Eigenschaften – properties – propriétés

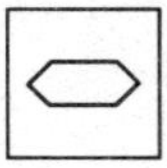

rot
red
rouge

MM 995,95
D
Fp
Kp

Gehalte – content – teneurs
83,2% Pb

Löslichkeiten – solubilities – solubilités
$H_2O^{kalt|cold|froid}$ =
nicht löslich|insoluble|insoluble
$H_2O^{heiß|hot|chaud}$ =
Zersetzung|decomposition|dégradation
Säure(n), verdünnt = nicht löslich
acid(s), diluted = insoluble
acide(s), dilué = insoluble

Diverses – misc. – divers **Xn** R: 54
RID IVa S: 11-21-31-51-91

200

Blei*di*thionat-4-hydrat $PbS_2O_6 \cdot 4\ H_2O$
Lead *di*thionate 4-hydrate
Plomb *di*thionate 4-eau

Eigenschaften – properties – propriétés

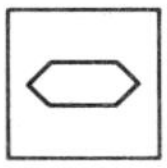

farblos
colourless
incolore

MM 439,40
D 3,24
Fp
Kp

Gehalte – content – teneurs
~39% Pb

Löslichkeiten – solubilities – solubilités
$H_2O^{20,5\,°C}$ = 115 g/100 ml
$H_2O^{heiß|hot|chaud}$ =
sehr löslich|very soluble|très soluble

Reaktionen – reactions – réactions
zersetzlich|decomposable|dégradable

Diverses – misc. – divers **Xn** R: 54
RID IVa S: 11-21-31-51-91

201

Blei(II)-thiosulfat PbS_2O_3
Lead(II) thiosulphate
Plomb(II) thiosulfate

Eigenschaften – **properties** – **propriétés**

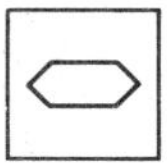  **weiß white blanc** 

MM 319,34
D 5,18
Fp
Kp

Gehalte – **content** – **teneurs**
64,9% Pb

Löslichkeiten – **solubilities** – **solubilités**
$H_2O^{kalt|cold|froid}$ = 0,03 g/100 ml
$Na_2S_2O_3$ wässerig = löslich
$Na_2S_2O_3$ aqueous = soluble
$Na_2S_2O_3$ aqueux = soluble

Reaktionen – **reactions** – **réactions**
120 °C → Zersetzung|decomposition|dégradation

Diverses – **misc.** – **divers** **Xn** R: 54
RID IVa S : 11-21-31-51-91

202

Blei*meta*vanadat Pb(VO$_3$)
Lead *meta*vanadate
Plomb *méta*vanadate

Eigenschaften – **properties** – **propriétés**

 **gelb yellow jaune** 

MM 405,07
D
Fp
Kp

Gehalte – **content** – **teneurs**
51,1% Pb
12,5% V

Löslichkeiten – **solubilities** – **solubilités**
H_2O = löslich|soluble|soluble

Diverses – **misc.** – **divers** **Xn** R: 54
RID IVa S : 11-21-31-51-91

203

Bleiwolframat $PbWO_4$
Lead tungstate
Plomb tungstate

Eigenschaften – properties – propriétés

farblos, tetragonal
colourless, tetragonal
incolore, tétragonale

MM 455,13
D 8,23
Fp
Kp

Gehalte – content – teneurs
45,4% Pb
40,4% W

Löslichkeiten – solubilities – solubilités
$H_2O^{kalt|cold|froid}$ =
nicht löslich|insoluble|insoluble
KOH = löslich|soluble|soluble
HNO_3 = nicht löslich|insoluble|insoluble

Diverses – misc. – divers **Xn** R : 54
RID IVa S : 11-21-31-51-91

204

Bolus weiß
Bole white
Bol blanc

Eigenschaften – properties – propriétés

weiß
white
blanc

Löslichkeiten – solubilities – solubilités
H_2O = (praktisch) unlöslich|
(practically) insoluble|(pratiquement) insoluble
Säure(n) verdünnt = (praktisch) unlöslich
acid(s) diluted = (practically) insoluble
acide(s) dilué = (pratiquement) insoluble

Diverses – misc. – divers

1 K
5 K

25 K

205

Borfluorwasserstoffsäure $H[BF_4]$
Fluoroboric acid
Acide borofluorhydrique

Eigenschaften – properties – propriétés

farblos
colourless
incolore

MM 87,83
D a) 1,21...1,238 = 33...35%
b) 1,33 = 42%
c) 1,77 = 78%
Fp
Kp

Gehalte – content – teneurs
12,32% B
a) 33...35% $H[BF_4]$
b) 42% $H[BF_4]$
c) 78% $H[BF_4]$

Löslichkeiten – solubilities – solubilités
$H_2O^{kalt|cold|froid}$ =
∞ löslich|∞ soluble|∞ soluble
$H_2O^{heiß|hot|chaud}$ =
∞ löslich|∞ soluble|∞ soluble
Äthanol = löslich
ethanol = soluble
éthanol = soluble

Reaktionen – reactions – réactions

130 °C → Zersetzung|decomposition|dégradation

Diverses – misc. – divers
RID IVa/V
> 25% $H[BF_4]$ → **C** R: 81
S: 11-32-53-65-67-94

 →  35 K
65 K

206

*di*Bor*tri*oxid B_2O_3
Boron oxide
*di*Bore *tri*oxyde

Eigenschaften – properties – propriétés

farblos, durchsichtig, hygroskopisch
colourless, transparent, hygroscopic
incolore, transparent, hygroscopique

MM 69,64
D 1,85
Fp 577 °C
Kp > 1500 °C

Gehalte – content – teneurs
31,07% B

Löslichkeiten – solubilities – solubilités
$H_2O^{0\,°C}$ = 1,1 g/100 ml
$H_2O^{100\,°C}$ = 15,7 g/100 ml
Säure(n) = löslich
acid(s) = soluble
acide(s) = soluble
Äthanol = löslich
ethanol = soluble
éthanol = soluble

Diverses – misc. – divers
MAK 15 mg/m³

207

Borsäure H_3BO_3
Boric acide
Acide borique

Eigenschaften – properties – propriétés

weiß, glänzend
white, bright
blanc, brillant

MM 61,84
D $1{,}435^{15\,°C}$
Fp
Kp −1,5 H_2O, 300 °C

Gehalte – content – teneurs
17,50% B

Löslichkeiten – solubilities – solubilités
$H_2O^{kalt|cold|froid}$ = 2,66 g/100 ml
$H_2O^{100\,°C}$ = 40,2 g/100 ml
Äthanol = löslich
ethanol = soluble
éthanol = soluble
Diäthyläther = wenig löslich
diethyl ether = slightly soluble
éther diéthylique = peu soluble

Reaktionen – reactions – réactions
185 °C → Zersetzung|decomposition|dégradation

Diverses – misc. – divers

1 K
5 K

50 K

208

Brom Br
Bromine
Brome

Eigenschaften – properties – propriétés

dunkelrot – braun
dark red – brown
rouge foncé – brun

Atomgewicht|atomic weight|poids atomique 79,916
D $3{,}12^{20\,°C}$
Fp −7,3 °C
Kp 58,78 °C

Löslichkeiten – solubilities – solubilités
$H_2O^{0\,°C}$ = 4,22 g/100 ml
$H_2O^{30\,°C}$ = 3,13 g/100 ml
CS_2 = löslich|soluble|soluble
Alkalilauge = löslich
caustic alkali solution = soluble
solution caustique alcaline = soluble
Äthanol = löslich
ethanol = soluble
éthanol = soluble
Diäthyläther = löslich
diethyl ether = soluble
éther diéthylique = soluble

Reaktionen – reactions – réactions

Diverses – misc. – divers **C** R: 67-82
MAK 0,1 ppm, 0,7 mg/m^3 S: 15-32-65-75-94-108
RID V

209

Brombenzol C_6H_5Br
Bromo-benzene
Bromebenzène

Eigenschaften – properties – propriétés

MM 157,02
D 1,5017$^{15\,°C}$
Fp
Kp 156,15$^{°C}$

Gehalte – content – teneurs
50,90% Br

Löslichkeiten – solubilities – solubilités
$H_2O^{30\,°C}$ = 0,045 g/100 ml
Äthanol = leicht löslich
ethanol = easily soluble
éthanol = très soluble
Diäthyläther = sehr leicht löslich
diethyl ether = extremely soluble
éther diéthylique = très facilement soluble

Diverses – misc. – divers
RID IIIa

250 ml
1 L

40 K

210

Bromsäure $HBrO_3$
Bromic acid
Acide bromique

Eigenschaften – properties – propriétés

farblos
colourless
incolore

MM 128,92
D 1,12
Fp
Kp

Gehalte – content – teneurs
61,99% Br

Löslichkeiten – solubilities – solubilités
$H_2O^{kalt|cold|froid}$ =
sehr löslich|very soluble|très soluble
$H_2O^{heiß|hot|chaud}$ =
Zersetzung|decomposition|dégradation

Reaktionen – reactions – réactions

100 °C → Zersetzung|decomposition|dégradation

Diverses – misc. – divers
RID V

211

Bromwasser
Bromine water
Eau de brome

Eigenschaften – properties – propriétés

braun
brown
brun

Gehalte – content – teneurs
3,2 g Br/100 g H_2O

Reaktionen – reactions – réactions

Diverses – misc. – divers
MAK 0,1 ppm Br, 0,7 mg Br/m^3

212

Bromwasserstoff HBr
Hydrogen bromide
Hydrogène bromure

Eigenschaften – properties – propriétés

Gas; farblos
Gas; colourless
Gaz; incolore

farblos
colourless
incolore

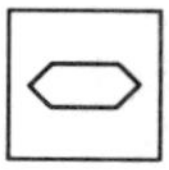

farblos, durchsichtig
colourless, transparent
incolore, transparent

MM 80,92
D 2,71. . .3,64
Fp −88,5 °C
Kp −67 °C

Gehalte – content – teneurs
98,76% Br

Löslichkeiten – solubilities – solubilités
$H_2O^{0\,°C}$ = 221 g/100 ml
$H_2O^{100\,°C}$ = 130 g/100 ml
Äthanol = löslich
ethanol = soluble
éthanol = soluble

Reaktionen – reactions – réactions

Diverses – misc. – divers **T** R: 60-84
MAK 5 ppm, 17 mg/m^3 S : 15-34-63-76-108
RID V

213

Bromwasserstoffsäure-l-hydrat $HBr \cdot H_2O$
Hydrobromic acid l-hydrate
Acide bromhydrique l-eau

Eigenschaften – properties – propriétés

farblos
colourless
incolore

MM 98,94
D →Tabelle|Table|Tableau 213.1
Fp
Kp

Gehalte – content – teneurs
→Tabelle|Table|Tableau 213.1

Diverses – misc. – divers
MAK 5 ppm HBr 17 mg HBr/m^3
RID V
> 40% HBr → **C** R : 81
S : 13-32-53-65-67-94-109

250 ml
500 ml
1 L

25 K
50 K

214

Bromwasserstoffsäure-2-hydrat $HBr \cdot 2\,H_2O$
Hydrobromic acid 2-hydrate
Acide bromhydrique 2-eau

Eigenschaften – properties – propriétés

farblos
colourless
incolore

MM 116,96
D →Tabelle|Table|Tableau 213.1
Fp
Kp

Gehalte – content – teneurs
→Tabelle|Table|Tableau 213.1

Diverses – misc. – divers
MAK 5 ppm HBr, 17 mg HBr/m^3
RID V

250 ml
500 ml
1 L

25 K
50 K

215

Butandiol-(1,4) $C_4H_{10}O_2$
Butane-1,4-diol
Butanediol-1,4

$HOCH_2—CH_2—CH_2—CH_2OH$

Eigenschaften – properties – propriétés

hygroskopisch
hygroscopic
hygroscopique

MM 90,12
D $1{,}0171^{20\,°C}$
Fp 19...19,5 °C
Kp 235 °C

Löslichkeiten – solubilities – solubilités
H_2O = ∞ löslich|∞ soluble|∞ soluble
Äthanol = löslich
ethanol = soluble
éthanol = soluble
Diäthyläther = wenig löslich
diethyl ether = slightly soluble
éther diéthylique = peu soluble

Reaktionen – reactions – réactions
< 19 °C → Umwandlung|transformation|transformation

216

Butanol-1 $C_4H_{10}O$
Butan-1-ol
Butanol-1

$CH_3—CH_2—CH_2—CH_2OH$

Eigenschaften – properties – propriétés

MM 74,12
D $0{,}8099^{20\,°C}$
Fp
Kp 117,5 °C

Löslichkeiten – solubilities – solubilités
$H_2O^{18\,°C}$ = 6,8 g/100 ml
Diäthyläther = ∞ löslich
diethyl ether = ∞ soluble
éther diéthylique = ∞ soluble
Äthanol = löslich
ethanol = soluble
éthanol = soluble
Lösungsmittel = löslich
solvent = soluble
solvant = soluble

Reaktionen – reactions – réactions

Diverses – misc. – divers
RID IIIa
MAK 100 ppm, 300 mg/m³

F R: 22-33-64
S: 16-21-36-53-62-71-104

217

*dl*Butanol-2 $C_4H_{10}O$
Butan-2-ol
Butanol-2

$CH_3—CH_2—CH(OH)—CH_3$

Eigenschaften – properties – propriétés

farblos
colourless
incolore

MM 74,12
D $0{,}80652^{20\,°C}$
Fp −100 °C
Kp 99,5 °C

Löslichkeiten – solubilities – solubilités
$H_2O^{20\,°C}$ = 12,5 g/100 ml
Äthanol = löslich
ethanol = soluble
éthanol = soluble

Reaktionen – reactions – réactions

Diverses – misc. – divers
MAK 100 ppm, 300 mg/m^3
RID IIIa

1 L
5 L >5 L→

218

*iso*Butanol $C_4H_{10}O$
*iso***Butanol**
*iso***Butanol**

$(CH_3)_2CH—CH_2OH$

Eigenschaften – properties – propriétés

MM 74,12
D $0{,}8027^{20\,°C}$
Fp −108 °C
Kp 107,7 °C

Löslichkeiten – solubilities – solubilités
$H_2O^{18\,°C}$ = 10 g/100 ml
Äthanol = ∞ löslich
ethanol = ∞ soluble
éthanol = ∞ soluble
Diäthyläther = ∞ löslich
diethyl ether = ∞ soluble
éther diéthylique = ∞ soluble
Lösungsmittel = löslich
solvent = soluble
solvant = soluble

Reaktionen – reactions – réactions

Diverses – misc. – divers
MAK 100 ppm, 300 mg/m^3
RID IIIa

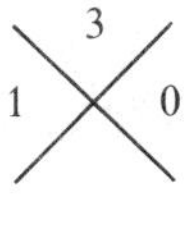

1 L
5 L

25 K

219

*tert.***Butanol** $C_4H_{10}O$
*tert.***Butanol**
*tert.***Butanol**

$(CH_3)_3COH$

Eigenschaften – properties – propriétés

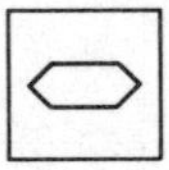 

MM 74,12
D $0{,}7804^{25\,°C}$
Fp 24,3 °C
Kp 82,55 °C

Löslichkeiten – solubilities – solubilités
H_2O = ∞ löslich | ∞ soluble | ∞ soluble
Äthanol = löslich
ethanol = soluble
éthanol = soluble
Diäthyläther = löslich
diethyl ether = soluble
éther diéthylique = soluble

Reaktionen – reactions – réactions

Diverses – misc. – divers
MAK 100 ppm, 300 mg/m^3
RID IIIa

 1 L
5 L

220

Butin-2-diol-1,4 rein krist. $C_4H_6O_2$
2-Butyne-1,4-diol pure cryst.
Butène-2-diol-1,4 pur cristallisé

$HO—CH_2—C \equiv C—CH_2—OH$

Eigenschaften – properties – propriétés

 **gelb, hygroskopisch**
yellow, hygroscopic
jaune, hygroscopique

MM 86
D $1{,}2^{20\,°C}$
Fp 54...56 °C
Kp $125\,°C^{2\,mm\,Hg}$

Gehalte – content – teneurs
98...99% $C_4H_6O_2$

Löslichkeiten – solubilities – solubilités
H_2O = sehr leicht löslich | extremely soluble | très facilement soluble

Reaktionen – reactions – réactions

Diverses – misc. – divers
RID IVa

221

n-**Butylchlorid** C_4H_9Cl
n-**Butyl chloride**
n-**Butyle chlorure**

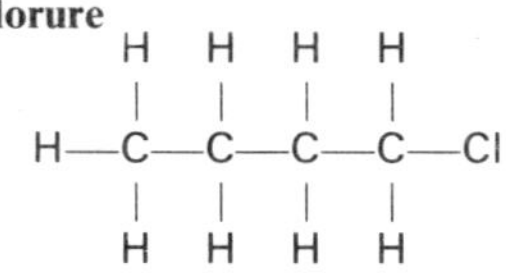

Eigenschaften – **properties** – **propriétés**

MM 92,57
D 0,88
Fp
Kp 78 °C$^{760\ \text{Torr}}$

Gehalte – **content** – **teneurs**
<90% C_4H_9Cl

Löslichkeiten – **solubilities** – **solubilités**
H_2O = (praktisch) unlöslich|
(practically) insoluble|(pratiquement) insoluble
Lösungsmittel = löslich
solvent = soluble
solvant = soluble

Reaktionen – **reactions** – **réactions**

Diverses – **misc.** – **divers**
RID IIIa

222

n-**Butylformiat** $C_5H_{10}O_2$
n-**Butyl formate**
n-**Butyle formiate**

H—COO—$(CH_2)_3$—CH_3

Eigenschaften – **properties** – **propriétés**

farblos
colourless
incolore

MM 102. ...130
D 0,911
Fp −90 °C
Kp 107 °C

Löslichkeiten – **solubilities** – **solubilités**
H_2O = sehr wenig löslich|very slightly soluble|
très peu soluble
Äthanol = löslich
ethanol = soluble
éthanol = soluble
Diäthyläther = löslich
diethyl ether = soluble
éther diéthylique = soluble

Reaktionen – **reactions** – **réactions**

Diverses – **misc.** – **divers**
RID IIIa

223

n-**Butyllactat** $C_7H_{14}O_3$
n-**Butyl lactate**
n-**Butyle lactate**

$CH_3CH(OH)COO(CH_2)_3CH_3$

Eigenschaften – properties – propriétés

MM 146,19
D 0,968
Fp −43 °C
Kp 160 . . . 190 °C

Löslichkeiten – solubilities – solubilités
H_2O = löslich|soluble|soluble

Reaktionen – reactions – réactions

Diverses – misc. – divers
RID IIIa

224

n-**Butylpropionat** $C_7H_{14}O_2$
n-**Butyl propionate**
n-**Butyle propionate**

$CH_3CH_2COO(CH_2)_3CH_3$

Eigenschaften – properties – propriétés

farblos
colourless
incolore

MM 146,182
D 0,968
Fp −43 °C
Kp 160 . . . 190 °C

Löslichkeiten – solubilities – solubilités
H_2O = sehr wenig löslich|very slightly soluble|
très peu soluble
Äthanol = löslich
ethanol = soluble
éthanol = soluble
Diäthyläther = löslich
diethyl ether = soluble
éther diéthylique = soluble

Reaktionen – reactions – réactions

Diverses – misc. – divers
RID IIIa

225

Cadmiumammoniumsulfat-6-hydrat
Cadmium ammonium sulphate 6-hydrate
Cadmium et ammonium sulfate 6-eau

$Cd(NH_4)_2(SO_4)_2 \cdot 6\ H_2O$

Eigenschaften – **properties** – **propriétés**

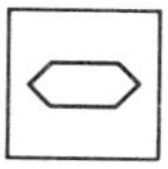

weiß
white
blanc

MM 448,7
D
Fp
Kp

Gehalte – **content** – **teneurs**
25% Cd

Löslichkeiten – **solubilities** – **solubilités**
H_2O = löslich|soluble|soluble

Diverses – **misc.** – **divers**
RID IVa

226

Cadmiumbromid wasserfrei
Cadmium bromide anhydrous
Cadmium bromure anhydre

$CdBr_2$

Eigenschaften – **properties** – **propriétés**

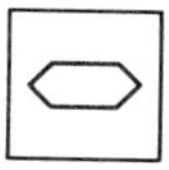

farblos, glänzend, hygroskopisch
colourless, bright, hygroscopic
incolore, brillant, hygroscopique

MM 272,24
D 5,192 $\frac{25\,°C}{4}$
Fp 567 °C
Kp 963 °C

Gehalte – **content** – **teneurs**
41,3% Cd

Löslichkeiten – **solubilities** – **solubilités**
$H_2O^{10\,°C}$ = 57 g/100 ml
$H_2O^{104\,°C}$ = 162 g/100 ml
Äthanol$^{15\,°C}$ = 26,6 g/100 ml
ethanol$^{15\,°C}$ = 26,6 g/100 ml
éthanol$^{15\,°C}$ = 26,6 g/100 ml

Diverses – **misc.** – **divers**
RID IVa

227

Cadmiumbromid-4-hydrat
Cadmium bromide 4-hydrate
Cadmium bromure 4-eau

$CdBr_2 \cdot 4\ H_2O$

Eigenschaften – properties – propriétés

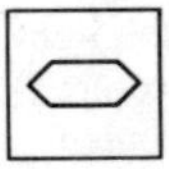

farblos
colourless
incolore

MM 344,30
D
Fp
Kp

Gehalte – content – teneurs
32,65% Cd
23,25% Br

Löslichkeiten – solubilities – solubilités
$H_2O^{10\,°C}$ = 121 g/100 ml
$H_2O^{heiß|hot|chaud}$ =
sehr löslich|very soluble|très soluble
Äthanol = löslich
ethanol = soluble
éthanol = soluble
Diäthyläther = wenig löslich
diethyl ether = slightly soluble
éther diéthylique = peu soluble

Diverses – misc. – divers
RID IVa

228

Cadmiumcarbonat
Cadmium carbonate
Cadmium carbonate

$CdCO_3$

Eigenschaften – properties – propriétés

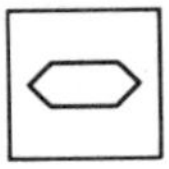

weiß
white
blanc

MM 172,42
D 4,258$^{4\,°C}$
Fp
Kp

Gehalte – content – teneurs
65,2% Cd

Löslichkeiten – solubilities – solubilités
$H_2O^{kalt|cold|froid}$ =
nicht löslich|insoluble|insoluble
$H_2O^{heiß|hot|chaud}$ =
nicht löslich|insoluble|insoluble
NH_3 = nicht löslich|insoluble|insoluble
Säure(n) = löslich
acid(s) = soluble
acide(s) = soluble
KCN wässerig = löslich
KCN aqueous = soluble
KCN aqueux = soluble

Reaktionen – reactions – réactions
> 500 °C→Zersetzung|decomposition|dégradation

Diverses – misc. – divers
RID IVa

250 g
1 K

229

Cadmiumchlorid wasserfrei $CdCl_2$
Cadmium chloride anhydrous
Cadmium chlorure anhydre

Eigenschaften – properties – propriétés

farblos, glänzend
colourless, bright
incolore, brillant

MM 183,32
D $4{,}047\frac{25\,°C}{4}$
Fp 568 °C
Kp 960 °C

Gehalte – content – teneurs
61,3% Cd

Löslichkeiten – solubilities – solubilités
$H_2O^{20\,°C}$ = 111,4 g/100 ml
$H_2O^{60\,°C}$ = 136,9 g/100 ml
Äthanol$^{15\,°C}$ = 1,52 g/100 ml
ethanol$^{15\,°C}$ = 1,52 g/100 ml
éthanol$^{15\,°C}$ = 1,52 g/100 ml
Diäthyläther = löslich
diethyl ether = soluble
éther diéthylique = soluble

Diverses – misc. – divers
RID IVa

250 g
1 K
5 K

25 K
50 K

230

Cadmiumchlorid-2,5-hydrat $CdCl_2 \cdot 2{,}5\ H_2O$
Cadmium chloride 2,5-hydrate
Cadmium chlorure 2,5-eau

Eigenschaften – properties – propriétés

farblos
colourless
incolore

MM 228,36
D 3,327
Fp
Kp

Gehalte – content – teneurs
49,22% Cd

Löslichkeiten – solubilities – solubilités
$H_2O^{kalt|cold|froid}$ =
sehr löslich|very soluble|très soluble
$H_2O^{heiß|hot|chaud}$ =
sehr löslich|very soluble|très soluble
Methanol$^{15\,°C}$ = 2,05 g/100 ml
methanol$^{15\,°C}$ = 2,05 g/100 ml
méthanol$^{15\,°C}$ = 2,05 g/100 ml

Reaktionen – reactions – réactions
34 °C → Umwandlung|transformation|transformation

Diverses – misc. – divers
RID IVa

250 g
1 K
5 K

25 K
50 K

231

Cadmiumcyanid
Cadmium cyanide
Cadmium cyanure

$Cd(CN)_2$

Eigenschaften – properties – propriétés

durchsichtig
transparent
transparent

weiß
white
blanc

MM 164,45
D
Fp
Kp

Löslichkeiten – solubilities – solubilités
$H_2O^{15\,°C}$ = 1,7 g/100 ml
Säure(n) = löslich
acid(s) = soluble
acide(s) = soluble
NH_4OH wässerig = löslich
NH_4OH aqueous = soluble
NH_4OH aqueux = soluble
KCN wässerig = löslich
KCN aqueous = soluble
KCN aqueux = soluble

Reaktionen – reactions – réactions
200 °C→Zersetzung|decomposition|dégradation

Diverses – misc. – divers
MAK 5 mg CN/m³
RID IVa

232

Cadmiumfluorid
Cadmium fluoride
Cadmium fluorure

CdF_2

Eigenschaften – properties – propriétés

farblos
colourless
incolore

MM 150,41
D 6,64
Fp 1100 °C
Kp 1758 °C

Gehalte – content – teneurs
74,7% Cd

Löslichkeiten – solubilities – solubilités
$H_2O^{25\,°C}$ = 4,35 g/100 ml
Säure(n) = löslich
acid(s) = soluble
acide(s) = soluble
Äthanol = nicht löslich
ethanol = insoluble
éthanol = insoluble

Diverses – misc. – divers **T**
MAK 2,5 mgF/m³
RID IVa

R: 55
S: 3-11-21-31-51-63-67-72-91-108

233

Cadmiumfluoroborat $Cd[BF_4]_2$
Cadmium fluoroborate
Cadmium fluoroborate

Eigenschaften – properties – propriétés

MM 286,01
D 1,6
Fp
Kp

Gehalte – content – teneurs
19,6% Cd

Löslichkeiten – solubilities – solubilités
$H_2O = \infty$ löslich | ∞ soluble | ∞ soluble

Diverses – misc. – divers
RID IVa/V

40 K

234

Cadmium(II)-hydroxid $Cd(OH)_2$
Cadmium(II) hydroxide
Cadmium(II) hydroxyde

Eigenschaften – properties – propriétés

glänzend
bright
brillant

MM 146,43
D $4{,}79\,\frac{15\,°C}{4}$
Fp
Kp

Gehalte – content – teneurs
76,78% Cd

Löslichkeiten – solubilities – solubilités
$H_2O^{25\,°C}$ = 0,00026 g/100 ml
Säure(n) = löslich
acid(s) = soluble
acide(s) = soluble
Alkalilauge = nicht löslich
caustic alkali solution = insoluble
solution caustique alcaline = insoluble

Reaktionen – reactions – réactions
300 °C → Zersetzung | decomposition | dégradation

Diverses – misc. – divers
RID IVa

235

Cadmiumjodid, α CdJ_2 CdI_2
Cadmium iodide, α
Cadmium iodure, α

Eigenschaften – properties – propriétés

farblos, glänzend
colourless, bright
incolore, brillant

MM 366,25

D $5{,}670\frac{30\,°C}{4}$
Fp 388 °C
Kp 713 °C

Gehalte – content – teneurs
30,69% Cd

Löslichkeiten – solubilities – solubilités
$H_2O^{0\,°C}$ = 79,8 g/100 ml
$H_2O^{100\,°C}$ = 127,6 g/100 ml
Säure(n) = löslich
acid(s) = soluble
acide(s) = soluble
Äthanol = löslich
ethanol = soluble
éthanol = soluble
Diäthyläther = löslich
diethyl ether = soluble
éther diéthylique = soluble
NH_4OH wässerig = löslich
NH_4OH aqueous = soluble
NH_4OH aqueux = soluble
NH_3 wässerig = löslich
NH_3 aqueous = soluble
NH_3 aqueux = soluble

Diverses – misc. – divers
RID IVa

236

Cadmiumnitrat-4-hydrat $Cd(NO_3)_2 \cdot 4\,H_2O$
Cadmium nitrate 4-hydrate
Cadmium nitrate 4-eau

Eigenschaften – properties – propriétés

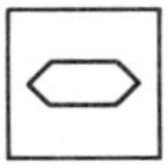

MM 308,49

D $2{,}455\frac{17\,°C}{4}$
Fp 100 °C
Kp 132 °C

Gehalte – content – teneurs
36,5% Cd

Löslichkeiten – solubilities – solubilités
$H_2O^{kalt|cold|froid}$ =
sehr löslich|very soluble|très soluble
Äthanol = löslich
ethanol = soluble
éthanol = soluble
NH_3 wässerig = löslich
NH_3 aqueous = soluble
NH_3 aqueux = soluble

Reaktionen – reactions – réactions
zerfließlich|deliquescent|liquéfiable

Diverses – misc. – divers
RID IVa

250 g
1 K
5 K

25 K

237

Cadmium(II)-oxalat-3-hydrat $Cd(COO)_2 \cdot 3\ H_2O$
Cadmium(II) oxalate 3-hydrate
Cadmium(II) oxalate 3-eau

Eigenschaften – properties – propriétés

weiß
white
blanc

MM 254,48
D
Fp
Kp

Gehalte – content – teneurs
$-3\ H_2O \rightarrow 56{,}08\%$ Cd

Löslichkeiten – solubilities – solubilités
$H_2O^{18\,°C}$ = 0,00337 g/100 ml
$H_2O^{heiß|hot|chaud}$ = 0,009 g/100 ml
Säure(n) = löslich
acid(s) = soluble
acide(s) = soluble
Äthanol = nicht löslich
ethanol = insoluble
éthanol = insoluble

Reaktionen – reactions – réactions
zersetzlich|decomposable|dégradable

Diverses – misc. – divers
RID IVa

238

Cadmiumoxid CdO
Cadmium oxide
Cadmium oxyde

Eigenschaften – properties – propriétés

schwarz
black
noir

MM 128,41
D 8,15
Fp
Kp

Gehalte – content – teneurs
87,54% Cd

Löslichkeiten – solubilities – solubilités
$H_2O^{kalt|cold|froid}$ =
nicht löslich|insoluble|insoluble
$H_2O^{heiß|hot|chaud}$ =
nicht löslich|insoluble|insoluble
Säure(n) = löslich
acid(s) = soluble
acide(s) = soluble

Reaktionen – reactions – réactions
900 °C→Zersetzung|decomposition|dégradation

Diverses – misc. – divers
MAK 0,1 mg/m^3

239

Cadmium(II)-sulfat wasserfrei $CdSO_4$
Cadmium(II) sulphate anhydrous
Cadmium(II) sulfate anhydre

Eigenschaften – properties – propriétés

farblos, Prismen
colourless, prisms
incolore, prismes

MM 208,48
D $4{,}691\frac{20\,°C}{4}$
Fp 1000 °C
Kp

Gehalte – content – teneurs
53,9% Cd

Löslichkeiten – solubilities – solubilités
$H_2O^{°C}$ = 75,75 g/100 ml
$H_2O^{100\,°C}$ = 58 g/100 ml
NH_3 wässerig = nicht löslich
NH_3 aqueous = insoluble
NH_3 aqueux = insoluble

Diverses – misc. – divers
RID IVa

240

Cadmium(II)-sulfat-8/3-hydrat $CdSO_4 \cdot 8/3\ H_2O$
Cadmium(II) sulphate 8/3-hydrate
Cadmium(II) sulfate 8/3-eau

Eigenschaften – properties – propriétés

durchsichtig
transparent
transparent

MM 256,52
D 3,09
Fp
Kp

Gehalte – content – teneurs
43,82% Cd

Löslichkeiten – solubilities – solubilités
$H_2O^{0\,°C}$ = 113 g/100 ml
$H_2O^{heiß|hot|chaud}$ = löslich|soluble|soluble

Reaktionen – reactions – réactions
+ Luft|air|air→Zersetzung|decomposition|dégradation
41,5 °C→Umwandlung|transformation|transformation

Diverses – misc. – divers
RID IVa

241

Cadmium(II)-sulfat-7-hydrat $CdSO_4 \cdot 7\ H_2O$
Cadmium(II) sulphate 7-hydrat
Cadmium(II) sulfate 7-eau

Eigenschaften – properties – propriétés

durchsichtig, monoklin
transparent, monoclinic
transparent, monoclinique

MM 334,59
D $2{,}48^{20\,°C}_{4}$
Fp
Kp

Gehalte – content – teneurs
$-7\ H_2O \rightarrow 50\%$ Cd

Löslichkeiten – solubilities – solubilités
H_2O = löslich|soluble|soluble
Äthanol = nicht löslich
ethanol = insoluble
éthanol = insoluble

Reaktionen – reactions – réactions
4 °C → Umwandlung|transformation|transformation

Diverses – misc. – divers
RID IVa

242

Cadmium(II)-sulfat-8-hydrat $3CdSO_4 \cdot 8\ H_2O$
Cadmium(II) sulphate 8-hydrate
Cadmium(II) sulfate 8-eau

Eigenschaften – properties – propriétés

farblos, monoklin
colourless, monoclinic
incolore, monoclinique

MM 769,53
D 3,09
Fp 41,5 °C
Kp

Gehalte – content – teneurs
43,82% Cd

Löslichkeiten – solubilities – solubilités
H_2O = 113 g/100 ml

Diverses – misc. – divers
RID IVa

243

Cadmiumsulfid CdS
Cadmium sulphide
Cadmium sulfure

Eigenschaften – properties – propriétés

gelb – braungelb
yellow – brown yellow
jaune – brun jaune

gelb – orangerot
yellow – orange red
jaune – orange rouge

MM 144,48
D 4,58
Fp $1750^{100\ \text{atm}}$
Kp

Gehalte – content – teneurs
77,8% Cd

Löslichkeiten – solubilities – solubilités
$H_2O^{\text{kalt|cold|froid}}$ = sehr wenig löslich|
very slightly soluble|très peu soluble
Säure(n) = löslich
acid(s) = soluble
acide(s) = soluble
Äthanol = nicht löslich
ethanol = insoluble
éthanol = insoluble
NH_4OH wässerig = sehr löslich
NH_4OH aqueous = very soluble
NH_4OH aqueux = très soluble

Reaktionen – reactions – réactions
980 °C→sublimiert|sublimed|sublimé

Diverses – misc. – divers
RID IVa

244

Calciumacetat $Ca(C_2H_3O_2)_2$
Calcium acetate
Calcium acétate

Eigenschaften – properties – propriétés

weiß
white
blanc

M 158,17
D 1,50
Fp
Kp

Gehalte – content – teneurs
25,34% Ca

Löslichkeiten – solubilities – solubilités
$H_2O^{0\,°C}$ = 30,4 g/100 ml
$H_2O^{100\,°C}$ = 22,9 g/100 ml
Alkalilauge = wenig löslich
caustic alkali solution = slightly soluble
solution caustique alcaline = peu soluble

Diverses – misc. – divers

500 g
1 K
5 K

25 K
50 K

245

Calcium(II)-carbid CaC_2
Calcium(II) carbide
Calcium(II) carbure

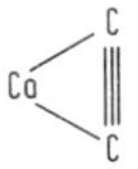

Eigenschaften – properties – propriétés

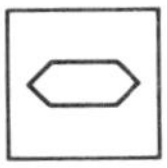

farblos, hygroskopisch
colourless, hygroscopic
incolore, hygroscopique

MM 64,10
D $2{,}22^{18\,°C}$
Fp 2300 °C
Kp

weißblau, hygroskopisch
white blue, hygroscopic
blanc bleu, hygroscopique

Gehalte – content – teneurs
62,53% Ca

Löslichkeiten – solubilities – solubilités
H_2O^{kalt} = Bildung von C_2H_2
H_2O^{cold} = forming of C_2H_2
H_2O^{froid} = formation de C_2H_2

Reaktionen – reactions – réactions
$+H_2O \rightarrow C_2H_2 + Ca(OH)_2$

Diverses – misc. – divers
RID Ie

F R: 29
S : 12-35-65-103

246

Calciumcarbonat $CaCO_3$
Calcium carbonate
Calcium carbonate

Eigenschaften – properties – propriétés

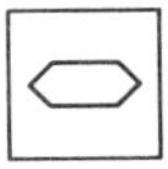

weiß; gelb; rot
white; yellow; red
blanc; jaune; rouge

MM 100,09
D 2,71 . . . 2,93
Fp $1339\,°C^{103\,atm}$
Kp

Gehalte – content – teneurs
40,04% Ca

Löslichkeiten – solubilities – solubilités
$H_2O^{20\,°C}$ = 0,0012 g/100 ml
$H_2O^{25\,°C}$ = 0,0014 g/100 ml
$H_2O^{100\,°C}$ = 0,002 g/100 ml
Säure(n) = löslich
acid(s) = soluble
acide(s) = soluble
NH_4Cl wässerig = löslich
NH_4Cl aqueous = soluble
NH_4Cl aqueux = soluble

Reaktionen – reactions – réactions

$+HCl \rightarrow CO_2$

825 °C → Zersetzung | decomposition | dégradation

Diverses – misc. – divers

5 K

1 K
5 K

25 K

100 K

247

Calciumchlorid wasserfrei $CaCl_2$
Calcium chloride anhydrous
Calcium chlorure anhydre

Eigenschaften – properties – propriétés

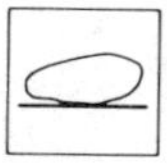

hygroskopisch
hygroscopic
hygroscopique

hygroskopisch
hygroscopic
hygroscopique

MM 110,99
D $2{,}512^{25\,°C}$
Fp 772 °C
Kp > 1600 °C

Gehalte – content – teneurs
36,11% Ca

Löslichkeiten – solubilities – solubilités
$H_2O^{0\,°C}$ = 59,5 g/100 ml
$H_2O^{100\,°C}$ = 159 g/100 ml
Äthanol = löslich
ethanol = soluble
éthanol = soluble

Diverses – misc. – divers

1 K
5 K

50 K
100 K

248

Calciumchlorid-2-hydrat $CaCl_2 \cdot 2\,H_2O$
Calcium chloride 2-hydrate
Calcium chlorure 2-eau

Eigenschaften – properties – propriétés

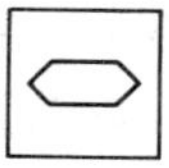

farblos, hygroskopisch
colourless, hygroscopic
incolore, hygroscopique

MM 147,03
D
Fp
Kp

Gehalte – content – teneurs
$-2\,H_2O \rightarrow$ 36,11% Ca

Löslichkeiten – solubilities – solubilités
$H_2O^{kalt|cold|froid}$ =
sehr löslich|very soluble|très soluble
$H_2O^{100\,°C}$ = 435 g/100 ml
$Äthanol^{15\,°C}$ = 10 g/100 ml
$ethanol^{15\,°C}$ = 10 g/100 ml
$éthanol^{15\,°C}$ = 10 g/100 ml
$Äthanol^{80\,°C}$ = 50 g/100 ml
$ethanol^{80\,°C}$ = 50 g/100 ml
$éthanol^{80\,°C}$ = 50 g/100 ml

Diverses – misc. – divers

1 K
5 K

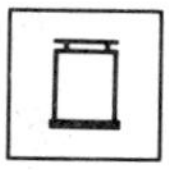

50 K
100 K

249

Calciumchlorid-6-hydrat $CaCl_2 \cdot 6\,H_2O$
Calcium chloride 6-hydrate
Calcium chlorure 6-eau

Eigenschaften – properties – propriétés

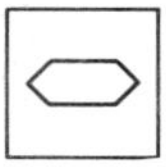

farblos, hygroskopisch
colourless, hygroscopic
incolore, hygroscopique

MM 219,09
D $1{,}68^{17\,°C}$
Fp 29,92 °C
Kp $-6\,H_2O$, 200 °C

Gehalte – content – teneurs
$-6\,H_2O \rightarrow 36{,}11\%$ Ca

Löslichkeiten – solubilities – solubilités
$H_2O^{kalt|cold|froid}$ =
sehr löslich|very soluble|très soluble
Äthanol = löslich
ethanol = soluble
éthanol = soluble

Diverses – misc. – divers

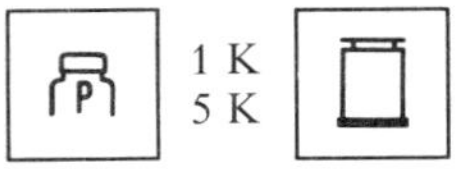

1 K 50 K
5 K 100 K

250

Calcium(II)-*hypo*chlorit-3-hydrat $Ca(ClO)_2 \cdot 3\,H_2O$
Calcium(II) *hypo*chlorite 3-hydrate
Calcium(II) *hypo*chlorite 3-eau

Eigenschaften – properties – propriétés

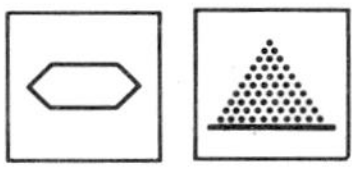

weiß
white
blanc

MM 197,04
D
Fp
Kp

Gehalte – content – teneurs
20,34% Ca

Löslichkeiten – solubilities – solubilités
$H_2O^{kalt|cold|froid}$ =
Zersetzung|decomposition|dégradation
$H_2O^{heiß|hot|chaud}$ =
Zersetzung|decomposition|dégradation
Säure(n) = Zersetzung
acid(s) = decomposition
acide(s) = dégradation

Reaktionen – reactions – réactions

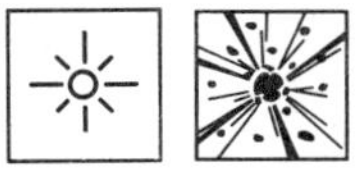

> 180 °C → Zersetzung|decomposition|dégradation

Diverses – misc. – divers
RID IIIc

251

*tri*Calcium*di*citrat-4-hydrat $Ca_3(C_6H_5O_7)_2 \cdot 4\ H_2O$
Calcium citrate 4-hydrate
***tri*Calcium *di*citrate 4-eau**

Eigenschaften – properties – propriétés

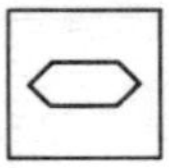

MM 570,50
D
Fp
Kp

Gehalte – content – teneurs
21,08% Ca

Löslichkeiten – solubilities – solubilités
$H_2O^{18\,°C}$ = 0,085 g/100 ml
$H_2O^{25\,°C}$ = 0,096 g/100 ml
$Äthanol^{18\,°C}$ = 0,0065 g/100 ml
$ethanol^{18\,°C}$ = 0,0065 g/100 ml
$éthanol^{18\,°C}$ = 0,0065 g/100 ml

Reaktionen – reactions – réactions
165 °C→braun|brown|brun
130 °C→ $-2\ H_2O$
185 °C→ $-4\ H_2O$

Diverses – misc. – divers

500 g
1 K
5 K

50 K

252

Calciumcyanid $Ca(CN)_2$
Calcium cyanide
Calcium cyanure

Eigenschaften – properties – propriétés

weiß
white
blanc

MM 92,12
D
Fp
Kp

Gehalte – content – teneurs
43,47% Ca

Löslichkeiten – solubilities – solubilités
H_2O = sehr löslich|very soluble|très soluble

Diverses – misc. – divers
MAK 5 mg CN/m^3
RID IVa

253

Calciumfluorid CaF_2
Calcium fluoride
Calcium fluorure

Eigenschaften – properties – propriétés

weiß, glänzend
white, bright
blanc, brillant

MM 78,08
D $3{,}180^{20\,°C}$
Fp 1360 °C
Kp

Gehalte – content – teneurs
51,33% Ca

Löslichkeiten – solubilities – solubilités
$H_2O^{18\,°C}$ = 0,0016 g/100 ml
$H_2O^{26\,°C}$ = 0,0017 g/100 ml
Säure(n) = wenig löslich
acid(s) = slightly soluble
acide(s) = peu soluble

Reaktionen – reactions – réactions
+ Säure(n)
+ acid(s) → HF
+ acide(s)

Diverses – misc. – divers **T** R: 55
MAK 2,5 mg F/m³ S: 3-11-21-31-51-63-67-72-91-108

250 g
1 K

5 K

50 K

254

Calciumformiat $Ca(HCO_2)_2$
Calcium formate
Calcium formiate

Eigenschaften – properties – propriétés

farblos
colourless
incolore

weiß
white
blanc

MM 130,12
D 2,015
Fp
Kp

Gehalte – content – teneurs
30,80% Ca

Löslichkeiten – solubilities – solubilités
$H_2O^{0\,°C}$ = 16,1 g/100 ml
$H_2O^{100\,°C}$ = 18,4 g/100 ml
Äthanol = nicht löslich
ethanol = insoluble
éthanol = insoluble
Diäthyläther = nicht löslich
diethyl ether = insoluble
éther diéthylique = insoluble

Reaktionen – reactions – réactions
zersetzlich | decomposable | dégradable

Diverses – misc. – divers

1 K
5 K

25 K
50 K

255

Calciumgluconat $Ca(C_6H_{11}O_7)_2 \cdot H_2O$
Calcium gluconate
Calcium gluconate

Eigenschaften – properties – propriétés

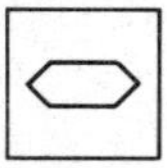

MM 448,40
D
Fp
Kp

Gehalte – content – teneurs
8,94% Ca

Löslichkeiten – solubilities – solubilités
$H_2O^{25\,°C}$ = löslich|soluble|soluble
$H_2O^{100\,°C}$ = löslich|soluble|soluble

Reaktionen – reactions – réactions
120 °C → braun|brown|brun

Diverses – misc. – divers

250 g
1 K

500 g
1 K
5 K

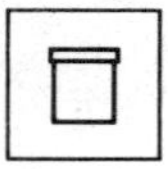
5 K

25 K

256

Calciumhydrid CaH_2
Calcium hydride
Calcium hydrure

Eigenschaften – properties – propriétés

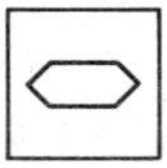

weiß
white
blanc

MM 42,10
D 1,7
Fp 816 °C
Kp

Gehalte – content – teneurs
95,21% Ca

Löslichkeiten – solubilities – solubilités
$H_2O^{kalt|cold|froid}$ =
Zersetzung|decomposition|dégradation
Säure(n) = Zersetzung
acid(s) = decomposition
acide(s) = dégradation
Benzol = nicht löslich
benzene = insoluble
benzène = insoluble

Reaktionen – reactions – réactions
zersetzlich|decomposable|dégradable
+ Säure(n) → H_2
+ acid(s) → H_2
+ acide(s) → H_2

Diverses – misc. – divers F R: 29
RID Ie S : 12-37-65-103

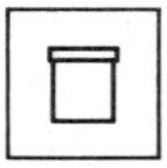
50 g
250 g
1 K

257

Calciumhydroxid
Calcium hydroxide
Calcium hydroxyde

$Ca(OH)_2$

Eigenschaften – properties – propriétés

weiß
white
blanc

MM 74,10
D 2,343
Fp $-H_2O$, 558 °C
Kp

Gehalte – content – teneurs
→Tabelle|Table|Tableau 257.1

Diverses – misc. – divers

40 K

258

Calciumlactat
Calcium lactate
Calcium lactate

$Ca(C_3H_5O_3)_2 \cdot 5\,H_2O$

Eigenschaften – properties – propriétés

weiß
white
blanc

MM 308,30
D
Fp
Kp

Gehalte – content – teneurs
13% Ca

Löslichkeiten – solubilities – solubilités
$H_2^{0\,°C}$ = 3,1 g/100 ml
$H_2O^{30\,°C}$ = 7,9 g/100 ml
Säure(n) = wenig löslich
acid(s) = slightly soluble
acide(s) = peu soluble
Äthanol = nicht löslich
ethanol = insoluble
éthanol = insoluble

Reaktionen – reactions – réactions
120 °C→ $-5\,H_2O$

Diverses – misc. – divers

500 g
1 K
5 K

25 K
50 K

Calciumnitrat-4-hydrat $Ca(NO_3)_2 \cdot 4\ H_2O$
Calcium nitrate 4-hydrate
Calcium nitrate 4-eau

Eigenschaften – properties – propriétés

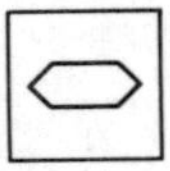

farblos
colourless
incolore

MM 236,16
D 1,82
Fp 42,7 °C
Kp

Gehalte – content – teneurs
$-4\ H_2O \rightarrow$ 24,42% Ca

Löslichkeiten – solubilities – solubilités
$H_2O^{0\,°C}$ = 266 g/100 ml
$H_2O^{heiß|hot|chaud}$ =
sehr löslich|very soluble|très soluble

Reaktionen – reactions – réactions
zerfließlich|deliquescent|liquéfiable
132 °C→Zersetzung|decomposition|dégradation
170 °C→ $-4\ H_2O$

Diverses – misc. – divers

1 K
5 K

50 K
100 K

Calciumoxid CaO
Calcium oxide
Calcium oxyde

Eigenschaften – properties – propriétés

weiß
white
blanc

MM 56,08
D 3,40
Fp 2570 °C
Kp 2850 °C

Gehalte – content – teneurs
71,47% Ca

Löslichkeiten – solubilities – solubilités
$H_2O^{0\,°C}$ = 0,13 g/100 ml
$H_2O^{100\,°C}$ = 0,052 g/100 ml
Säure(n) = löslich
acid(s) = soluble
acide(s) = soluble
Äthanol = nicht löslich
ethanol = insoluble
éthanol = insoluble

Reaktionen – reactions – réactions
$+H_2O \rightarrow Ca(OH)_2$

Diverses – misc. – divers
MAK 5 mg/m^3

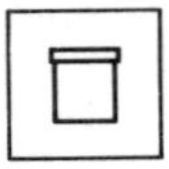

1 K
5 K

50 K
100 K

261

***tri*Calciumphosphat** $Ca_3(PO_4)_2$
***tri*Calcium phosphate**
***tri*Calcium phosphate**

Eigenschaften – properties – propriétés

weiß
white
blanc

MM 310,20
D 3,14
Fp 1730 °C
Kp

Gehalte – content – teneurs
38,76% Ca
61,24% PO_4

Löslichkeiten – solubilities – solubilités
$H_2O^{kalt|cold|froid}$ = 0,0025 g/100 ml
$H_2O^{heiß|hot|chaud}$ =
Zersetzung| decomposition|dégradation
CH_3COOH = nichtlöslich|insoluble|insoluble
Säure(n) = löslich
acid(s) = soluble
acide(s) = soluble
Äthanol = nicht löslich
ethanol = insoluble
éthanol = insoluble

Diverses – misc. – divers

500 g
1 K
5 K

50 K

262

Calciumsulfat-0,5-hydrat $CaSO_4 \cdot 0,5\ H_2O$
Calcium sulphate half-hydrate
Calcium sulfate 0,5-eau

Eigenschaften – properties – propriétés

weiß
white
blanc

MM 145,16
D
Fp
Kp

Gehalte – content – teneurs
$-0,5\ H_2O \rightarrow 29,44\%$ Ca

Löslichkeiten – solubilities – solubilités
$H_2O^{kalt|cold|froid}$ =
wenig löslich|slightly soluble|peu soluble
$H_2O^{heiß|hot|chaud}$ =
wenig löslich |slightly soluble|peu soluble
Säure(n) = löslich
acid(s) = soluble
acide(s) = soluble
$Na_2S_2O_3$ wässerig = löslich
$Na_2S_2O_3$ aqueous = soluble
$Na_2S_2O_3$ aqueux = soluble

Reaktionen – reactions – réactions
200 °C → $-0,5\ H_2O$

Diverses – misc. – divers

5 K

50 K

263

Calciumsulfat-2-hydrat $CaSO_4 \cdot 2\ H_2O$
Calcium sulphate 2-hydrate
Calcium sulfate 2-eau

Eigenschaften – properties – propriétés

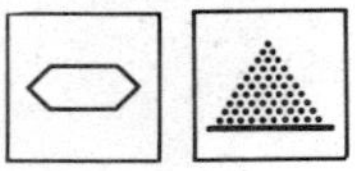

weiß
white
blanc

MM 172,18
D 2,32
Fp $-1{,}5\ H_2O$, 128 °C
$-2\ H_2O$, 163 °C
Kp

Gehalte – content – teneurs
23,28% Ca

Löslichkeiten – solubilities – solubilités
$H_2O^{0\,°C}$ = 0,223 g/100 ml
$H_2O^{45\,°C}$ = 0,267 g/100 ml
Säure(n) = löslich
acid(s) = soluble
acide(s) = soluble

Diverses – misc. – divers

1 K
5 K

50 K

264

Calcium(II)-sulfid CaS
Calcium(II) sulphide
Calcium(II) sulfure

Eigenschaften – properties – propriétés

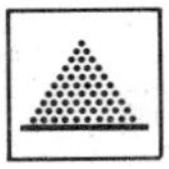

weiß – hellgelb
white – light yellow
blanc – jaune clair

MM 72,15
D $2{,}18^{15\,°C}$
Fp
Kp

Gehalte – content – teneurs
55,56% Ca

Löslichkeiten – solubilities – solubilités
$H_2O^{kalt|cold|froid}$ =
Zersetzung|decomposition|dégradation
$H_2O^{heiß|hot|chaud}$ =
Zersetzung|decomposition|dégradation
Säure(n) = löslich
acid(s) = soluble
acide(s) = soluble

Reaktionen – reactions – réactions
+Luft|air|air→Zersetzung|decomposition|dégradation

Diverses – misc. – divers **Xi** R: 70-83
S : 15-21-23-35-63-71-73-91

265

Calcium(II)-*hydrogen*sulfid-6-hydrat
Calcium(II) *hydrogen*sulphide 6-hydrate
Calcium(II) *hydrogéno*sulfure 6-eau

$Ca(HS)_2 \cdot 6\ H_2O$

Eigenschaften – properties – propriétés

weiß
white
blanc

grün
green
vert

MM 214,32
D
Fp
Kp

Gehalte – content – teneurs
18,70% Ca

Löslichkeiten – solubilities – solubilités
$H_2O^{kalt|cold|froid}$ =
sehr löslich|very soluble|très soluble
$H_2O^{heiß|hot|chaud}$ =
sehr löslich|very soluble|très soluble
Äthanol = löslich
ethanol = soluble
éthanol = soluble

Reaktionen – reactions – réactions
zerfließlich|deliquescent|liquéfiable
15 °C→Zersetzung|decomposition|dégradation

Diverses – misc. – divers
RID V

266

***d*-Campher**
***d*-Camphor**
***d*-Camphre**

$C_{10}H_{16}O$

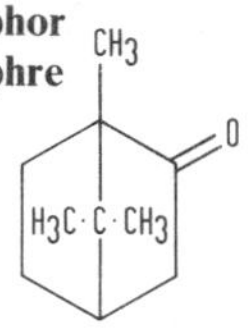

Eigenschaften – properties – propriétés

MM 152,24
D 0,812
Fp 176,3 °C
Kp 209,1 °C

Löslichkeiten – solubilities – solubilités
H_2O = 0,1 g/100 ml
Diäthyläther = leicht löslich
diethyl ether = easily soluble
éther diéthylique = facilement soluble
$Äthanol^{12\ °C}$ = 120 g/100 ml
$ethanol^{12\ °C}$ = 120 g/100 ml
$éthanol^{12\ °C}$ = 120 g/100 ml

Diverses – misc. – divers
MAK 0,3 ppm, 2 mg/m³

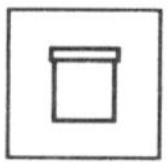

500 g
1 K
5 K

25 K
50 K

267

Carbamidsäureäthylester $C_3H_7NO_2$
Carbamic acid ethyl ester
Ethyle carbamate

$H_2N—CO_2C_2H_5$

Eigenschaften – properties – propriétés

MM 89,09
D 1,0599
Fp 48,1 °C
Kp 184 °C

Löslichkeiten – solubilities – solubilités
H_2O = leicht löslich|easily soluble|facilement soluble
Äthanol = löslich
ethanol = soluble
éthanol = soluble
Diäthyläther = löslich
diethyl ether = soluble
éther diéthylique = soluble

268

Carnaubawachs
Carnauba wax
Cire carnauba

Eigenschaften – properties – propriétés

amorph, gelbgrün
amorphous, yellow green
amorphe, jaune vert

MM
D 0,995. . .0,999
Fp 80. . .87 °C
Kp

Löslichkeiten – solubilities – solubilités
H_2O = (praktisch) unlöslich|
(practically) insoluble|(pratiquement) insoluble
Äthanol = löslich
ethanol = soluble
éthanol = soluble
Alkalilauge = löslich
caustic alkali solution = soluble
solution caustique alcaline = soluble

269

Casein
Casein
Caséine

Eigenschaften – properties – propriétés

weiß – gelb, hygroskopisch
white – yellow, hygroscopic
blanc – jaune, hygroscopique

Löslichkeiten – solubilities – solubilités
H_2O = (praktisch) unlöslich|
(practically) insoluble|(pratiquement) insoluble
Säure(n) = sehr wenig löslich
acid(s) = very slightly soluble
acide(s) = très peu soluble
Alkalilauge = sehr wenig löslich
caustic alkali solution = very slightly soluble
solution caustique alcaline = très peu soluble
Lösungsmittel = sehr wenig löslich
solvent = very slightly soluble
solvant = très peu soluble

Diverses – misc. – divers

270

Cäsiumcarbonat Cs_2CO_3
Cesium carbonate
Césium carbonate

Eigenschaften – properties – propriétés

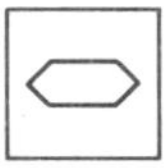  ; 

MM 325,82
D
Fp
Kp

Gehalte – content – teneurs
81,58% Cs

Löslichkeiten – solubilities – solubilités
$H_2O^{20\,°C}$ = 260,7 g/100 ml
$H_2O^{heiß/hot/chaud}$ =
sehr löslich|very soluble|très soluble
Äthanol$^{19\,°C}$ = 11,1 g/100 ml
ethanol$^{19\,°C}$ = 11,1 g/100 ml
éthanol$^{19\,°C}$ = 11,1 g/100 ml
Äthanol$^{79\,°C}$ = 20,1 g/100 ml
ethanol$^{79\,°C}$ = 20,1 g/100 ml
éthanol$^{79\,°C}$ = 20,1 g/100 ml

Reaktionen – reactions – réactions
+Luft|air|air→zerfließlich|deliquescent|liquéfiable
610 °C→Zersetzung|decomposition|dégradation

Diverses – misc. – divers

271

Cäsiumchlorid CsCl
Cesium chloride
Césium chlorure

Eigenschaften – properties – propriétés

weiß
white
blanc

MM 168,37
D $3{,}97^{20\,°C}$
Fp 646 °C
Kp 1290 °C

Gehalte – content – teneurs
78,94% Cs

Löslichkeiten – solubilities – solubilités
$H_2O^{0\,°C} = 161{,}4$ g/100 ml
$H_2O^{100\,°C} = 270{,}5$ g/100 ml
Äthanol = löslich
ethanol = soluble
éthanol = soluble

Reaktionen – reactions – réactions
+ Luft|air|air→zerfließlich|deliquescent|liquéfiable

Diverses – misc. – divers

272

Cäsiumchromat Cs_2CrO_4
Cesium chromate
Césium chromate

Eigenschaften – properties – propriétés

gelb
yellow
jaune

MM 381,83
D 4,237
Fp
Kp

Gehalte – content – teneurs
69,62% Cs
13,62% Cr

Löslichkeiten – solubilities – solubilités
$H_2O^{13\,°C} = 71{,}35$ g/100 ml
$H_2O^{30\,°C} = 88{,}66$ g/100 ml

Diverses – misc. – divers
MAK 0,38 mg/m^3

273

Cäsiumfluorid CsF
Cesium fluoride
Césium fluorure

Eigenschaften – properties – propriétés

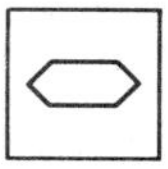

farblos, hygroskopisch
colourless, hygroscopic
incolore, hygroscopique

MM 151,91
D 3,586
Fp 684 °C
Kp 1250 °C

Gehalte – content – teneurs
85,9% Cs

Löslichkeiten – solubilities – solubilités
$H_2O^{18\,°C}$ = 366,5 g/100 ml
Äthanol = nicht löslich
ethanol = insoluble
éthanol = insoluble

Diverses – misc. – divers **T** R: 55
MAK 2,5 mg F/m³ S: 3-11-21-31-51-63-67-72-91-108

274

Cäsiumsulfat Cs_2SO_4
Cesium sulphate
Césium sulfate

Eigenschaften – properties – propriétés

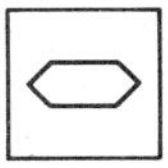 

weiß
white
blanc

MM 361,89
D $4{,}243\frac{20\,°C}{4}$
Fp 1016 °C
Kp

Gehalte – content – teneurs
36,7% Cs

Löslichkeiten – solubilities – solubilités
$H_2O^{0\,°C}$ = 167,1 g/100 ml
$H_2O^{100\,°C}$ = 220,3 g/100 ml
Äthanol = nicht löslich
ethanol = insoluble
éthanol = insoluble

Reaktionen – reactions – réactions

660 °C → Umwandlung / transformation / transformation

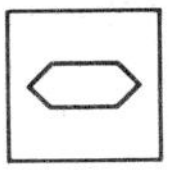

hexagonal
hexagonal
hexagonale

Diverses – misc. – divers

275

Cer(III)-chlorid-7-hydrat $CeCl_3 \cdot 7\,H_2O$
Cerium(III) chloride 7-hydrate
Cérium(III) chlorure 7-eau

Eigenschaften – properties – propriétés

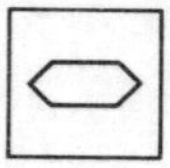

farblos, durchsichtig
colourless, transparent
incolore, transparent

MM 372,59
D
Fp
Kp

Gehalte – content – teneurs
37,61% Ce

Löslichkeiten – solubilities – solubilités
H_2O = leicht löslich|easily soluble|facilement soluble

Reaktionen – reactions – réactions
zerfließlich|deliquescent|liquéfiable

Diverses – misc. – divers

25 g 250 g
100 g 1 K

276

Ceresin
Cerosin
Cérésine

Eigenschaften – properties – propriétés

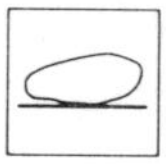

MM
D 0,90...0,97
Fp 59...85 °C
Kp

Löslichkeiten – solubilities – solubilités
H_2O = (praktisch) unlöslich|
(practically) insoluble|(pratiquement) insoluble
Lösungsmittel = löslich
solvent = soluble
solvant = soluble

Reaktionen – reactions – réactions

277

Cer(III)-nitrat-6-hydrat $Ce(NO_3)_3 \cdot 6\,H_2O$
Cerium(III) nitrate 6-hydrate
Cérium(III) nitrate 6-eau

Eigenschaften – properties – propriétés

farblos, Prismen
colourless, prisms
incolore, prismes

MM 434,25
D
Fp $-3\,H_2O$, 100 °C
Kp

Gehalte – content – teneurs
32,27% Ce

Löslichkeiten – solubilities – solubilités
$H_2O^{kalt|cold|froid}$ = löslich|soluble|soluble
$H_2O^{heiß|hot|chaud}$ =
sehr löslich|very soluble|très soluble
Äthanol = 50 g/100 ml
ethanol = 50 g/100 ml
éthanol = 50 g/100 ml

Reaktionen – reactions – réactions
200 °C→Zersetzung|decomposition|dégradation

Diverses – misc. – divers

278

Cer(IV)-oxid CeO_2
Cerium(IV) oxide
Cérium(IV) oxyde

Eigenschaften – properties – propriétés

weiß – gelb
white – yellow
blanc – jaune

MM 172,13
D 7,3
Fp 1950 °C
Kp

Gehalte – content – teneurs
81,41% Ce

Löslichkeiten – solubilities – solubilités
H_2O = nicht löslich|insoluble|insoluble
H_2SO_4 = löslich|soluble|soluble
HCl = löslich|soluble|soluble

Diverses – misc. – divers

279

Cer(IV)-sulfat-4-hydrat $Ce(SO_4)_2 \cdot 4\,H_2O$
Cerium(IV) sulphate 4-hydrate
Cérium(IV) sulfate 4-eau

Eigenschaften – properties - propriétés

orange, gelb, rhombisch
orange, yellow, rhombic
orange, jaune, rhombique

MM 404,33
D 3,91
Fp
Kp

Gehalte – content – teneurs
34,66% Ce

Löslichkeiten – solubilities – solubilités
$H_2O^{kalt|cold|froid}$ =
Zersetzung|decomposition|dégradation
H_2SO_4 verdünnt = löslich
H_2SO_4 diluted = soluble
H_2SO_4 dilué = soluble

Diverses – misc. – divers

280

Cetylalkohol $C_{16}H_{34}O$
Cetyl alcohol
Alcool cétylique

CH_3—$[CH_2]_{15}$—OH

Eigenschaften – properties – propriétés

MM 242,45
D 0,8042
Fp 50...51 °C
Kp ~340 °C

Löslichkeiten – solubilities – solubilités
H_2O = (praktisch) unlöslich|
(practically) insoluble|(pratiquement) insoluble
Äthanol = löslich
ethanol = soluble
éthanol = soluble
Diäthyläther = löslich
diethyl ether = soluble
éther diéthylique = soluble

Diverses – misc. – divers

500 g
1 K
5 K

50 K

281

Chinolin C_9H_7N
Chinoline
Quinoléine

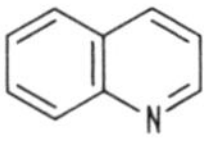

Eigenschaften – properties – propriétés

MM 129,16
D 1,0929
Fp
Kp 237,1 °C

Löslichkeiten – solubilities – solubilités
H_2O = 6 g/100 ml
CS_2 = löslich|soluble|soluble
Äthanol = ∞ löslich
ethanol = ∞ soluble
éthanol = ∞ soluble
Diäthyläther = löslich
diethyl ether = soluble
éther diéthylique = soluble

Diverses – misc. – divers
RID IVa

282

Chlor Cl_2
Chlorine
Chlore

Eigenschaften – properties – propriétés

Gas, gelbgrün
Gas, yellow green
Gaz, jaune vert

MM 70,91, Atomgewicht|atomic weight|poids atomique = 35,45
D $1{,}557^{-34{,}1\,°C}$
Fp – 102 °C
Kp – 34,1 °C

Löslichkeiten – solubilities – solubilités
$H_2O^{0\,°C}$ = löslich|soluble|soluble
$H_2O^{30\,°C}$ = löslich|soluble|soluble

Reaktionen – reactions – réactions

+ H_2 → 

Diverses – misc. – divers
MAK 0,5 ppm, 1,5 mg/m³
RID Id/IVa

T R: 61-84
S : 15-34-63-76-108

2 L = 2,5 K
5 L = 6 K
20 L = 25 K
} *MM* 70,91

283

Chloracetylchlorid $C_2H_2OCl_2$
Chloro-acetyl chloride
Chloroacétyle chlorure

$ClCH_2-COCl$

Eigenschaften – properties – propriétés

farblos – gelb
colourless – yellow
incolore – jaune

MM 113
D $1{,}418^{20\,°C}$
Fp
Kp 105...109 °C

Gehalte – content – teneurs
98...99% $C_2H_2OCl_2$
< 0,3% S

Reaktionen – reactions – réactions

$+H_2O$, Lösungsmittel|solvent|solvant →

Diverses – misc. – divers
MAK 3 mg/m^3
RID V

284

2-Chlor-äthanol C_2H_5ClO
2-Chlorethyl alcohol
Chloro-2-éthanol

$ClCH_2-CH_2OH$

Eigenschaften – properties – propriétés

MM 80,51
D 1,2022
Fp
Kp 127,9...128,1 °C

Löslichkeiten – solubilities – solubilités
$H_2O = \infty$ löslich|∞ soluble|∞ soluble
Äthanol = löslich
ethanol = soluble
éthanol = soluble
Diäthyläther = löslich
diethyl ether = soluble
éther diéthylique = soluble
Lösungsmittel = löslich
solvent = soluble
solvant = soluble

Diverses – misc. – divers **T** R : 67
MAK 5 ppm, 16 mg/m^3 S : 15-21-31-65-
RID IVa 71-75-91-108

285

Chlorbenzol C_6H_5Cl
Chlorobenzene
Chlorobenzène

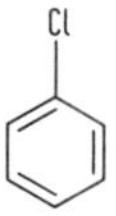

Eigenschaften – **properties** – **propriétés**

MM 112,56
D $1{,}1117^{15\,°C}$
Fp
Kp 132 °C

Löslichkeiten – **solubilities** – **solubilités**
H_2O = nicht löslich|insoluble|insoluble
Äthanol = ∞ löslich
ethanol = ∞ soluble
éthanol = ∞ soluble
Benzol = löslich
benzene = soluble
benzène = soluble
Diäthyläther = löslich
diethyl ether = soluble
éther diéthylique = soluble

Reaktionen – **reactions** – **réactions**

Diverses – **misc.** – **divers**
MAK 50 ppm, 230 mg/m^3
RID IIIa

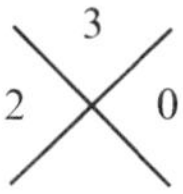

500 ml
1 L
5 L

35 K

286

Chloressigsäure $C_2H_3ClO_2$
Chloro-acetic acid
Acide chloroacétique

$CH_2Cl—CO_2H$

Eigenschaften – **properties** – **propriétés**

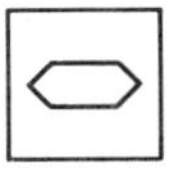

MM 94,50
D 1,58
Fp 62,53 °C
Kp 189,35 °C

Löslichkeiten – **solubilities** – **solubilités**
H_2O = leicht löslich|easily soluble|facilement soluble
Äthanol = löslich
ethanol = soluble
éthanol = soluble
Benzol = löslich
benzene = soluble
benzène = soluble
Diäthyläther = löslich
diethyl ether = soluble
éther diéthylique = soluble

Diverses – **misc.** – **divers**
RID V

1 K
5 K

287

Chloreton $C_4H_7OCl_3$
Chloretone
Chlorétone

$(CH_3)_2C(OH)—CCl_3$

Eigenschaften – properties – propriétés

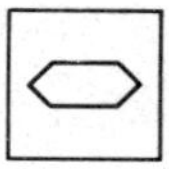

MM 177,46
D
Fp 97 °C
Kp 166,4 °C

Löslichkeiten – solubilities – solubilités
$H_2O^{heiß|hot|chaud}$ = löslich|soluble|soluble
Äthanol = leicht löslich
ethanol = easily soluble
éthanol = facilement soluble

Reaktionen – reactions – réactions
sublimierbar|sublimable|sublimable

Diverses – misc. – divers

100 g 1 K
250 g 5 K

25 K

288

Chlornaphtalin $C_{10}H_7Cl$
Chlornaphtalene
Chloronaphtalène

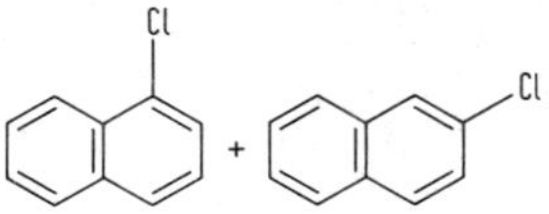

Eigenschaften – properties – propriétés

farblos
colourless
incolore

MM 162,5
D 1,19 . . . $1{,}22^{20\,°C}$
Fp
Kp

Gehalte – content – teneurs
~ 99% $C_{10}H_7Cl$

Löslichkeiten – solubilities – solubilités
H_2O = (praktisch) unlöslich|
(practically) insoluble|(pratiquement) insoluble
Lösungsmittel = löslich
solvent = soluble
solvant = soluble

Reaktionen – reactions – réactions

Diverses – misc. – divers
RID IVa

289

*di***Chloro***di***amminpalladium(II),** *cis* $[Pd(NH_3)_2Cl_2]$
*di***Chloro***di***amminepalladium(II),** *cis*
*di***Chloro***di***amminepalladium(II),** *cis*

Eigenschaften – properties – propriétés

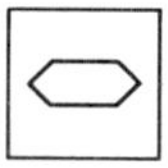

braun, gelb
brown, yellow
brun, jaune

MM 211,7
D 2,5
Fp
Kp

Gehalte – content – teneurs
~ 50% Pd

Löslichkeiten – solubilities – solubilités
$H_2O^{25\,°C}$ = 0,28 g/100 ml
Säure(n) = löslich
acid(s) = soluble
acide(s) = soluble

290

*di***Chloro***di***amminpalladium(II),** *trans*
*di***Chloro***di***amminepalladium(II),** *trans*
*di***Chloro***di***amminepalladium(II),** *trans*

$[Pd(NH_3)_2Cl_2]$

Eigenschaften – properties – propriétés

gelb
yellow
jaune

MM 211,7
D 2,5
Fp
Kp

Gehalte – content – teneurs
~ 50% Pd

Löslichkeiten – solubilities – solubilités
$H_2O^{16\,°C}$ = 0,304 g/100 ml
Säure(n) = löslich
acid(s) = soluble
acide(s) = soluble

Reaktionen – reactions – réactions
zersetzlich|decomposable|dégradable

291

***di*Chlorotetraquochrom(III)-chlorid-2-hydrat**
***di*Chlorotetraquochromium(III)chloride 2-hydrate**
***di*Chlorotetraquochrome(III)chlorure 2-eau**

$[Cr(H_2O)_4Cl_2]Cl \cdot 2\ H_2O$

Eigenschaften – properties – propriétés

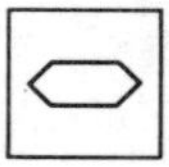 
hellgrün
light green
vert clair

hellgrün, hygroskopisch
light green, hygroscopic
vert clair, hygroscopique

MM 266,45
D 1,76
Fp
Kp

Gehalte – content – teneurs
19,5% Cr

Löslichkeiten – solubilities – solubilités
Äthanol = löslich
ethanol = soluble
éthanol = soluble
HCl = löslich|soluble|soluble

Reaktionen – reactions – réactions
zerfließlich|deliquescent|liquéfiable

292

Chloroform
Chloroform
Chloroforme

$CHCl_3$

Eigenschaften – properties – propriétés

MM 119,38
D $1{,}4817^{20\,°C}$
Fp –63,5 °C
Kp 60,7 °C

Löslichkeiten – solubilities – solubilités
$H_2O^{20\,°C}$ = 0,82 g/100 ml
Äthanol = ∞ löslich
ethanol = ∞ soluble
éthanol = ∞ soluble
Diäthyläther = löslich
diethyl ether = soluble
éther diéthylique = soluble

Reaktionen – reactions – réactions

Diverses – misc. – divers
MAK 50 ppm, 240 mg/m^3
RID IVa

Xn R: 64
S: 13-53

250 ml 1 L
500 ml 2,5 L

25 K
50 K

293

*tetra*Chlorogold(III)-säure-4-hydrat
chloroauric acid 4-hydrate
Acide *tétra*chloroaurique 4-eau

$H[AuCl_4] \cdot 4\ H_2O$

Eigenschaften – properties – propriétés

hellgelb
light yellow
jaune clair

MM 411,85
D
Fp
Kp

Gehalte – content – teneurs
47,85% Au

Löslichkeiten – solubilities – solubilités
H_2O = leicht löslich|easily soluble|facilement soluble
Äthanol = löslich
ethanol = soluble
éthanol = soluble
Diäthyläther = löslich
diethyl ether = soluble
éther diéthylique = soluble

Reaktionen – reactions – réactions
zerfließlich|deliquescent|liquéfiable

294

*hexa*Chloroplatin(IV)-säure-6-hydrat
Hydrogen hexachloroplatinate(IV) 6-hydrate
Acide chloroplatinique(IV) 6-eau

$H_2[PtCl_6] \cdot 6\ H_2O$

Eigenschaften – properties – propriétés

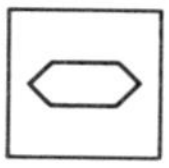

orangerot
orange red
orange rouge

MM 517,92
D
Fp
Kp

Gehalte – content – teneurs
37,7% Pt

Löslichkeiten – solubilities – solubilités
H_2O = leicht löslich|easily soluble|facilement soluble
NH_3 wässerig = wenig löslich
NH_3 aqueous = slightly soluble
NH_3 aqueux = peu soluble

Reaktionen – reactions – réactions
zerfließlich|deliquescent|liquéfiable
$+ NH_3 \rightarrow [Pt(NH_3)_4Cl_2]Cl_2$

295

Chlorsäure $HClO_3$
Chloric acid
Acide chlorique

Eigenschaften – properties – propriétés

MM 84,46
D
Fp
Kp

Gehalte – content – teneurs
41,98% Cl
→Tabelle|Table|Tableau 295.1

Diverses – misc. – divers
RID IIIc

296

Chlorsulfonsäure HSO_3Cl
Chlorosulphonic acid
Acide chlorosulfonique

Eigenschaften – properties – propriétés

 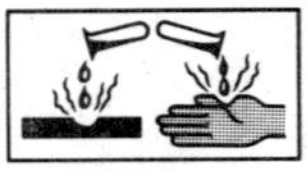

farblos
colourless
incolore

MM 116,52
D 1,753
Fp
Kp

Reaktionen – reactions – réactions

$+H_2O$ →  zersetzt / decomposed / dégradé

Alkalilauge
caustic alkali solution
solution caustique alcaline →  zersetzt / decomposed / dégradé

Diverses – misc. – divers
RID V

C R: 82-84
S : 15-24-32-53-65-67-71-77-94

297

o-**Chlortoluol** C_7H_7Cl
o-**Chlortoluene**
o-**Chlorotoluène**

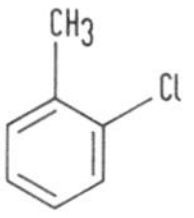

Eigenschaften – properties – propriétés

 **farblos**
colourless
incolore  

MM 126,5
D $1{,}08^{20\,°C}$
Fp
Kp $158\ldots159\,°C^{760\ \mathrm{Torr}}$

Löslichkeiten – solubilities – solubilités
H_2O = (praktisch) unlöslich|
(practically) insoluble|(pratiquement) insoluble
Lösungsmittel = löslich
solvent = soluble
solvant = soluble

Reaktionen – reactions – réactions

47 °C→ 

Diverses – misc. – divers
RID IVa

298

p-**Chlortoluol** C_7H_7Cl
p-**Chlorotoluene**
p-**Chlorotoluène**

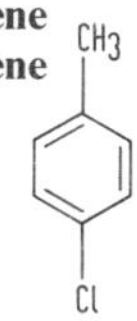

Eigenschaften – properties – propriétés

 **farblos**
colourless
incolore  

MM 126,5
D $1{,}07^{20\,°C}$
Fp
Kp $161\ldots162\,°C^{760\ \mathrm{Torr}}$

Löslichkeiten – solubilities – solubilités
H_2O = (praktisch) unlöslich|
(practically) insoluble|(pratiquement) insoluble
Lösungsmittel = löslich
solvent = soluble
solvant = soluble

Reaktionen – reactions – réactions

47 °C→ 

Diverses – misc. – divers
RID IVa

299

Chlorwasserstoff HCl
Hydrogen chloride
Hydrogène chlorure

Eigenschaften – properties – propriétés

Gas, farblos
Gas, colourless
Gaz, incolore

MM 36,47
D 1,639 (Flüssigkeit|liquid|liquide)
Fp −114,2 °C
Kp −85,0 °C

Löslichkeiten – solubilities – solubilités
$H_2O^{0\,°C}$ = 82,3 g/100 ml
Äthanol = leicht löslich
ethanol = easily soluble
éthanol = facilement soluble
Diäthyläther = löslich
diethyl ether = soluble
éther diéthylique = soluble

Reaktionen – reactions – réactions

Diverses – misc. – divers
MAK 5 ppm, 7 mg/m³
RID Id/IVa

0
3 0

T R: 60-84
S: 15-34-63-76-108

2 L = 1 K
10 L = 5 K
40 L = 20 K

300

Chrom(II)-acetat-1-hydrat $Cr(C_2H_3O_2)_2 \cdot H_2O$
Chromium(II) acetate 1-hydrate
Chrome(II) acétate 1-eau

Eigenschaften – properties – propriétés

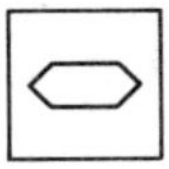

rot, glänzend
red, bright
rouge, brillant

MM 188,10
D
Fp
Kp

Gehalte – content – teneurs
25% Cr

Löslichkeiten – solubilities – solubilités
$H_2O^{kalt|cold|froid}$ =
wenig löslich|slightly soluble|peu soluble
$H_2O^{heiß|hot|chaud}$ = löslich|soluble|soluble

Reaktionen – reactions – réactions
+ Luft|air|air→Oxydation|oxidation|oxydation

301

Chrom(III)-ammoniumsulfat-24-hydrat
Chromium(III) ammonium sulphate 24-hydrate
Chrome(III) et ammonium sulfate 24-eau

$Cr_2(SO_4)_3 \cdot (NH_4)_2SO_4 \cdot 24\ H_2O$

Eigenschaften – properties – propriétés

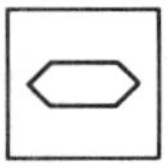

grün, kubisch
green, cubic
vert, cubique

MM 956,74
D 1,72
Fp
Kp

Gehalte – content – teneurs
10,9% Cr

Löslichkeiten – solubilities – solubilités
$H_2O^{25\,°C}$ = 21,2 g/100 ml
Äthanol = löslich
ethanol = soluble
éthanol = soluble

Reaktionen – reactions – réactions
100 °C→Zersetzung|decomposition|dégradation

302

Chrom(II)-chlorid $CrCl_2$
Chromium(II) chloride
Chrome(II) chlorure

Eigenschaften – properties – propriétés

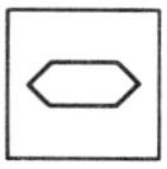

weiß
white
blanc

MM 122,92
D 2,75
Fp 815 °C
Kp

Gehalte – content – teneurs
42,3% Cr

Löslichkeiten – solubilities – solubilités
$H_2O^{kalt|cold|froid}$ =
sehr löslich|very soluble|très soluble
$H_2O^{heiß|hot|chaud}$ =
sehr löslich|very soluble|très soluble
Äthanol = wenig löslich
ethanol = slightly soluble
éthanol = peu soluble
Diäthyläther = nicht löslich
diethyl ether = insoluble
éther diéthylique = insoluble

Reaktionen – reactions – réactions
+ Luft|air|air→grün|green|vert

303

Chrom(III)-chlorid wasserfrei $CrCl_3$
Chromium(III) chloride anhydrous
Chrome(III) chlorure anhydre

Eigenschaften – properties – propriétés

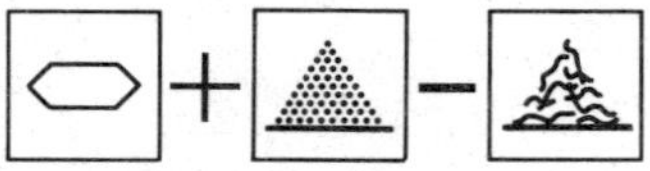

violett
violet
violet

MM 158,38
D $2{,}757^{15\,°C}$
Fp 1150 °C
Kp
1300 °C→sublimiert|sublimed|sublimé

Gehalte – content – teneurs
32,8% Cr

Löslichkeiten – solubilities – solubilités
$H_2O^{kalt|cold|froid}$ =
nicht löslich|insoluble|insoluble
$H_2O^{heiß|hot|chaud}$ =
nicht löslich|insoluble|insoluble
Säure(n) = nicht löslich
acid(s) insoluble
acide(s) = insoluble

304

Chrom(III)-chlorid-6-hydrat $CrCl_3 \cdot 6\ H_2O$
Chromium(III) chloride 6-hydrate
Chrome(III) chlorure 6-eau

Eigenschaften – properties – propriétés

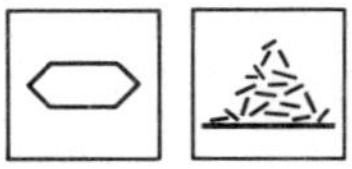

violett, grün, hexagonal
violet, green, hexagonal
violet, vert, hexagonale

MM 266,48
D 2,76
Fp
Kp
83 °C→sublimiert|sublimed|sublimé

Gehalte – content – teneurs
19,5% Cr

Löslichkeiten – solubilities – solubilités
H_2O^{kalt} = sehr löslich – Zersetzung
H_2O^{cold} = very soluble – decomposition
H_2O^{froid} = très soluble – dégradation
Äthanol = löslich
ethanol = soluble
éthanol = soluble
$H_2O^{heiß}$ = sehr löslich – Zersetzung
H_2O^{hot} = very soluble – decomposition
H_2O^{chaud} = très soluble – dégradation
Diäthyläther = nicht löslich
diethyl ether = insoluble
éther diéthylique = insoluble

305

*hexaquo***Chrom(III)-chlorid** $[Cr(H_2O)_6]Cl_3$
*hexaquo***chromium(III)-chloride**
*hexaquo***chrome(III)-chlorure**

Eigenschaften – **properties** – **propriétés**

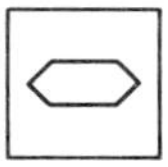 

blau
blue
bleu

MM 266,45
D 1,79
Fp
Kp

Gehalte – **content** – **teneurs**
19,5% Cr

Löslichkeiten – **solubilities** – **solubilités**
$H_2O^{25\,°C} = 62$ g/100 ml

306

Chrom(III)-chromat (basisch) $Cr(OH)CrO_4$
Chromium(III) chromate (basic)
Chrome(III) chromate (basique)

Eigenschaften – **properties** – **propriétés**

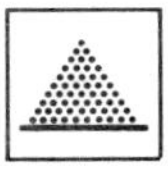

orange
orange
orange

MM 185,02
D
Fp
Kp

Gehalte – **content** – **teneurs**
56,2% Cr

307

Chrom(III)-fluorid CrF_3
Chromium(III) fluoride
Chrome(III) fluorure

Eigenschaften – properties – propriétés

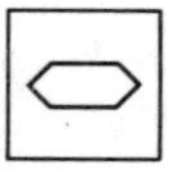
gelbgrün
yellow green
jaune vert

MM 109,01
D 3,8
Fp 1100...1200 °C
Kp

Gehalte – content – teneurs
47,7% Cr

Löslichkeiten – solubilities – solubilités
$H_2O^{kalt/cold/froid}$ =
nicht löslich|insoluble|insoluble
Säure(n) = wenig löslich
acid(s) = slightly soluble
acide(s) = peu soluble
Äthanol = nicht löslich
ethanol = insoluble
éthanol = insoluble
NH_3 wässerig = nicht löslich
NH_3 aqueous = insoluble
NH_3 aqueux = insoluble

Reaktionen – reactions – réactions
zersetzlich|decomposable|dégradable

Diverses – misc. – divers
MAK 2,5 mg/m^3
RID V/IVa

308

Chrom(II)-hydroxid $Cr(OH)_2$
Chromium(II) hydroxide
Chrome(II) hydroxyde

Eigenschaften – properties – propriétés

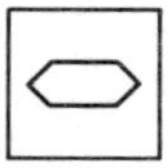
gelbbraun
yellow brown
jaune brun

MM 86,03
D
Fp
Kp

Gehalte – content – teneurs
60,5% Cr

Löslichkeiten – solubilities – solubilités
$H_2O^{kalt|cold|froid}$ =
Zersetzung|decomposition|dégradation
Säure(n) konzentriert = löslich
acid(s) concentrated = soluble
acide(s) concentré = soluble

Reaktionen – reactions – réactions
zersetzlich|decomposable|dégradable

309

Chrom(III)-nitrat-7,5-hydrat $Cr(OH)_3$
Chromium(III) nitrate 7,5-hydrate
Chrome(III) nitrate 7,5-eau

Eigenschaften – properties – propriétés

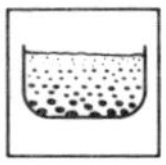

grünblau, grün
green blue, green
vert bleu, vert

MM 103,02
D 3,12
Fp
Kp

Gehalte – content – teneurs
50,5% Cr

Löslichkeiten – solubilities – solubilités
$H_2O^{kalt|cold|froid}$ =
nicht löslich|not soluble|insoluble
Säure(n) = löslich
acid(s) = soluble
acide(s) = soluble
Alkalilauge = löslich
caustic alkali solution = soluble
solution caustique alcaline = soluble
NH_3 wässerig = wenig löslich
NH_3 aqueous = slightly soluble
NH_3 aqueux = peu soluble

310

Chrom(III)-hydroxid-2-hydrat $Cr(OH)_3 \cdot 2\,H_2O$
Chromium(III) hydroxide 2-hydrate
Chrome(III) hydroxyde 2-eau

Eigenschaften – properties – propriétés

blaugrün, amorph
blue green, amorphous
bleu vert, amorphe

MM 139,07
D
Fp
Kp

Gehalte – content – teneurs
37,4% Cr

Löslichkeiten – solubilities – solubilités
$H_2O^{kalt|cold|froid}$ =
nicht löslich|insoluble|insoluble
$H_2O^{heiß|hot|chaud}$ =
nicht löslich|insoluble|insoluble
Säure(n) = löslich
acid(s) = soluble
acide(s) = soluble
Alkalilauge = löslich
caustic alkali solution = soluble
solution caustique alcaline = soluble

Reaktionen – reactions – réactions
$100\,°C \rightarrow -2\,H_2O$

311

Chrom(III)-nitrat-7,5-hydrat $Cr(NO_3)_3 \cdot 7{,}5\ H_2O$
Chromium(III) nitrate 7,5-hydrate
Chrome(III) nitrate 7,5-eau

Eigenschaften – properties – propriétés

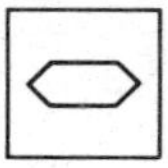

purpurn, monoklin
purple, monoclinic
pourpre, monoclinique

MM 373,15
D
Fp 100 °C
Kp

Gehalte – content – teneurs
~ 13% Cr

Löslichkeiten – solubilities – solubilités
$H_2O^{kalt|cold|froid}$ = löslich|soluble|soluble
$H_2O^{heiß|hot|chaud}$ = löslich|soluble|soluble

Reaktionen – reactions – réactions
zersetzlich|decomposable|dégradable

312

Chrom(II)-oxid CrO
Chromium(II) oxide
Chrome(II) oxyde

Eigenschaften – properties – propriétés

schwarz
black
noir

MM 68,01
D
Fp
Kp

Gehalte – content – teneurs
76,5% Cr

Löslichkeiten – solubilities – solubilités
$H_2O^{kalt|cold|froid}$ =
nicht löslich|insoluble|insoluble
$H_2O^{heiß|hot|chaud}$ =
nicht löslich|insoluble|insoluble
HNO_3 verdünnt = nicht löslich
HNO_3 diluted = insoluble
HNO_3 dilué = insoluble

313

Chrom(III)-oxid Cr_2O_3
Chromium(III) oxide
Chrome(III) oxyde

Eigenschaften – **properties** – **propriétés**

grün, kristallisiert + amorph
green, crystalline + amorphous
vert, cristallisé + amorphe

MM 152,02
D 5,21
Fp 1990 °C
Kp

Gehalte – **content** – **teneurs**
68,4% Cr

Löslichkeiten – **solubilities** – **solubilités**
$H_2O^{kalt|cold|froid}$ =
nicht löslich|insoluble|insoluble
$H_2O^{heiß|hot|chaud}$ =
nicht löslich|insoluble|insoluble
Säure(n) = wenig löslich
acid(s) = slightly soluble
acide(s) = peu soluble

Diverses – **misc.** – **divers**

500 g
1 K
5 K

50 K

314

Chrom(VI)-oxid CrO_3
Chromium(VI) oxide
Chrome(VI) oxyde

Eigenschaften – **properties** – **propriétés**

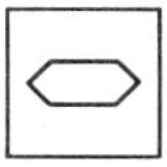

dunkelrot
dark red
rouge foncé

MM 100,01
D 2,70
Fp
Kp

Gehalte – **content** – **teneurs**
52% Cr
→Tabelle|Table|Tableau 314.1

Löslichkeiten – **solubilities** – **solubilités**
$H_2O^{0\,°C}$ = 162 g/100 ml
$H_2O^{100\,°C}$ = 199 g/100 ml
H_2SO_4 = löslich|soluble|soluble
Äthanol = löslich
ethanol = soluble
éthanol = soluble
Diäthyläther = löslich
diethyl ether = soluble
éther diéthylique = soluble
→Tabelle|Table|Tableau 314.1

Reaktionen – **reactions** – **réactions**
197 °C→Zersetzung|decomposition|dégradation

Diverses – **misc.** – **divers** **O + C** R: 12-82
MAK 0,1 mg/m^3 S : 11-22-19-38-
RID IIIc 65-91-93

250 g
1 K
5 K

50 K

315

Chrom(III)-*ortho*phosphat-6-hydrat $CrPO_4 \cdot 6\ H_2O$
Chromium(III) *ortho*phosphate 6-hydrate
Chrome(III) *ortho*phosphate 6-eau

Eigenschaften – properties – propriétés

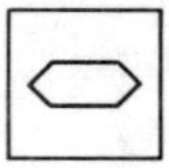

violett
violet
violet

MM 255,09
D 2,121
Fp –3,5 H_2O, 100 °C
Kp

Gehalte – content – teneurs
20,4% Cr

Löslichkeiten – solubilities – solubilités
$H_2O^{kalt|cold|froid}$ =
wenig löslich|slightly soluble|peu soluble
CH_3COOH = nicht löslich|not soluble|insoluble
Säure(n) = löslich
acid(s) = soluble
acide(s) = soluble
Alkalilauge = löslich
caustic alkali solution = soluble
solution caustique alcaline = soluble

316

Chrom(II)-sulfat-7-hydrat $CrSO_4 \cdot 7\ H_2O$
Chromium(II) sulphate 7-hydrate
Chrome(II) sulfate 7-eau

Eigenschaften – properties – propriétés

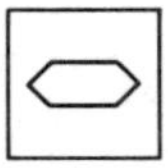

blau
blue
bleu

MM 274,19
D
Fp
Kp

Gehalte – content – teneurs
16,9% Cr

Löslichkeiten – solubilities – solubilités
$H_2O^{35\,°C}$ = 12,35 g/100 ml
Äthanol = wenig löslich
ethanol = slightly soluble
éthanol = peu soluble

317

Chrom(III)-sulfat wasserfrei $Cr_2(SO_4)_3$
Chromium(III) sulphate anhydrous
Chrome(III) sulfate anhydre

Eigenschaften – properties – propriétés

violett
violet
violet

MM 392,21
D 3,012
Fp
Kp

Gehalte – content – teneurs
25% Cr

Löslichkeiten – solubilities – solubilités
H_2O = nicht löslich|insoluble|insoluble
Säure(n) = nicht löslich
acid(s) = insoluble
acide(s) = insoluble

318

Chrom(III)-sulfat-5-hydrat $Cr_2(SO_4)_3 \cdot 5\ H_2O$
Chromium(III) sulphate 5-hydrate
Chrome(III) sulfate 5-eau

Eigenschaften – properties – propriétés

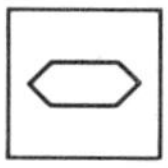

grün, amorph
green, amorphous
vert, amorphe

MM 482,30
D
Fp
Kp

Gehalte – content – teneurs
19,8% Cr

Löslichkeiten – solubilities – solubilités
$H_2O^{kalt|cold|froid}$ = löslich|soluble|soluble
H_2SO_4 = löslich|soluble|soluble
Äthanol = löslich
ethanol = soluble
éthanol = soluble

319

Chrom(III)-sulfat-15-hydrat $Cr_2(SO_4)_3 \cdot 15\ H_2O$
Chromium(III) sulphate 15-hydrate
Chrome(III) sulfate 15-eau

Eigenschaften – properties – propriétés

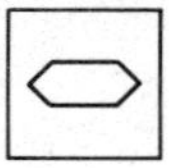

violett, amorph
violet, amorphous
violet, amorphe

MM 662,46
D $1{,}867^{17\,°C}$
Fp 100 °C
Kp $-10\ H_2O$, 100 °C

Gehalte – content – teneurs
~ 14% Cr

Löslichkeiten – solubilities – solubilités
$H_2O^{kalt|cold|froid}$ = löslich|soluble|soluble
$H_2O^{67\,°C}$ = Zersetzung|decomposition|dégradation
Äthanol = nicht löslich
ethanol = insoluble
éthanol = insoluble

Reaktionen – reactions – réactions
$+ H_2O^{67\,°C} \rightarrow$ Zersetzung|decomposition|dégradation

100 °C $\rightarrow -10\,H_2O$

320

Chrom(III)-sulfat 18-hydrat $Cr_2(SO_4)_3 \cdot 18\ H_2O$
Chromium(III) sulphate 18-hydrate
Chrome(III) sulfate 18-eau

Eigenschaften – properties – propriétés

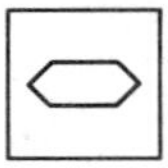

violett
violet
violet

MM 716,51
D $1{,}7^{22\,°C}$
Fp
Kp $-12\ H_2O$, 100 °C

Gehalte – content – teneurs
14,52% Cr

Löslichkeiten – solubilities – solubilités
$H_2O^{20\,°C}$ = 120 g/100 ml
$H_2O^{heiß|hot|chaud}$ =
Zersetzung|decomposition|dégradation
Äthanol = löslich
ethanol = soluble
éthanol = soluble

Reaktionen – reactions – réactions
70...75 °C $\rightarrow$ —3...4 H_2O

100 °C $\rightarrow -12\,H_2O$

321

Chromylchlorid CrO_2Cl_2
Chromyl chloride
Chromyle chlorure

Eigenschaften – properties – propriétés

dunkelrot
dark red
rouge foncé

MM 154,90
D 1,912
Fp
Kp

Gehalte – content – teneurs
33,6% Cr

Löslichkeiten – solubilities – solubilités
H_2O = Zersetzung|decomposition|dégradation
CS_2 = löslich|soluble|soluble
CCl_4 = löslich|soluble|soluble
Chloroform = löslich
chloroform = soluble
chloroforme = soluble
Eisessig = löslich
glacial acetic acid = soluble
acide acétique glacial = soluble

Diverses – misc. – divers
RID V

322

Citronensäure $C_6H_8O_7$
Citric acid
Acide citrique

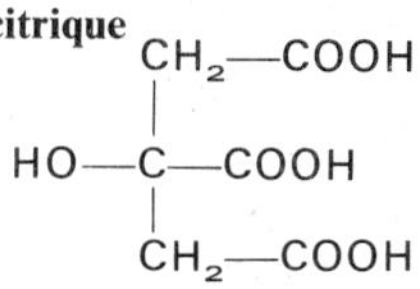

Eigenschaften – properties – propriétés

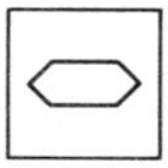

farblos
colourless
incolore

MM 192,13
D 1,542
Fp 155 °C
Kp 176 °C

Löslichkeiten – solubilities – solubilités
$H_2O^{20\,°C}$ = 73,3 g/100 ml
$Äthanol^{15\,°C}$ = 34,1 g/100 ml
$ethanol^{15\,°C}$ = 34,1 g/100 ml
$éthanol^{15\,°C}$ = 34,1 g/100 ml
$Diäthyläther^{15\,°C}$ = 1,59 g/100 ml
$diethyl\ ether^{15\,°C}$ = 1,59 g/100 ml
$éther\ diéthylique^{15\,°C}$ = 1,59 g/100 ml

Diverses – misc. – divers

500 g
1 K
5 K

50 K

323

Cumarin $C_9H_6O_2$
Coumarin
Coumarine

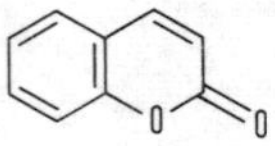

Eigenschaften – properties – propriétés

MM 146,15
D
Fp 71 °C
Kp 301,7 °C

Löslichkeiten – solubilities – solubilités
$H_2O^{heiß|hot|chaud}$ = 2 g/100 ml
$H_2O^{100\,°C}$ = 0,3 g/100 ml
Äthanol = leicht löslich
ethanol = easily soluble
éthanol = facilement soluble
Diäthyläther = löslich
diethyl ether = soluble
éther diéthylique = soluble

Diverses – misc. – divers

100 g 1 K
250 g 5 K

324

Cyancadmiumnatrium $NaCd(CN)_3$
Cadmium sodium cyanide
Cadmium et sodium cyanure

Eigenschaften – properties – propriétés

weiß
white
blanc

MM 213,5
D
Fp
Kp

Gehalte – content – teneurs
52,66% Cd
36,57% CN

Löslichkeiten – solubilities – solubilités
H_2O = löslich|soluble|soluble
Äthanol = löslich
ethanol = soluble
éthanol = soluble

Diverses – misc. – divers
MAK 5 mg CN/m^3
RID IVa

325

Cyandoppelsalz 74-76% NaCN
Cyanide double salt 74-76% NaCN
Cyanure sel double 74-76% NaCN

Eigenschaften – **properties** – **propriétés**

 **weiß white blanc**  **weiß white blanc** 

Gehalte – **content** – **teneurs**
74% NaCN
24% KCl

Löslichkeiten – **solubilities** – **solubilités**
H_2O = löslich|soluble|soluble

Diverses – **misc.** – **divers**
MAK 5 mg CN/m^3
RID IVa

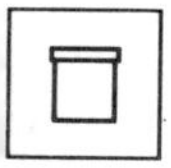 1 K
5 K
 50 K

326

Cyanessigsäure $C_3H_3NO_2$
Cyano-acetic acid
Acide cyanacétique

$HO_2C—CH_2—CN$

Eigenschaften – **properties** – **propriétés**

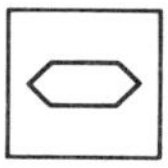  

MM 85,06
D
Fp 65 °C
Kp 106...108 °C 0,15 mm Hg

Löslichkeiten – **solubilities** – **solubilités**
$H_2O^{100\,°C}$ = löslich|soluble|soluble
Äthanol = löslich
ethanol = soluble
éthanol = soluble

Reaktionen – **reactions** – **réactions**
118,5 °C→Zersetzung|decomposition|
dégradation

Diverses – **misc.** – **divers**
RID IVa

327

Cyanessigsäure-äthylester $C_5H_7NO_2$
Cyano-acetic acid ethylester
Ethyle cyanacétate

$C_2H_5O_2C—CH_2—CN$

Eigenschaften – properties – propriétés

farblos – gelb
colourless – yellow
incolore – jaune

MM 113,12
D $1{,}0562^{25\,°C}$
Fp ca. −76 °C
Kp 206 °C

Gehalte – content – teneurs
97,5% $C_5H_7NO_2$

Löslichkeiten – solubilities – solubilités
H_2O = löslich|soluble|soluble
Äthanol = löslich
ethanol = soluble
éthanol = soluble

Diverses – misc. – divers

1 L
5 L

25 K

328

Cyclohexan C_6H_{12}
Cyclohexane
Cyclohexane

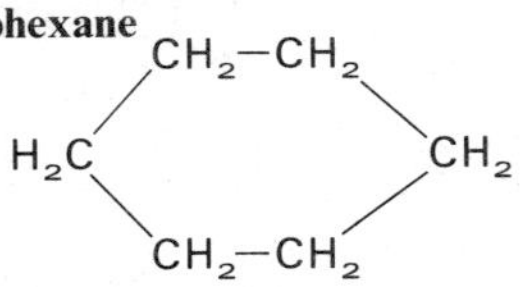

Eigenschaften – properties – propriétés

MM 84,16
D $0{,}779\frac{20\,°C}{4}$
Fp 6,5 °C
Kp $80\,°C^{760\ mm\,Hg}$

Löslichkeiten – solubilities – solubilités
H_2O = nicht löslich|insoluble|insoluble
Äthanol = ∞ löslich
ethanol = ∞ soluble
éthanol = ∞ soluble
Diäthyläther = löslich
diethyl ether = soluble
éther diéthylique = soluble
Benzol = löslich
benzene = soluble
benzène = soluble
Methanol$^{25\,°C}$ = 57 g/100 ml
methanol$^{25\,°C}$ = 57 g/100 ml
méthanol$^{25\,°C}$ = 57 g/100 ml

Reaktionen – reactions – réactions

Diverses – misc. – divers
MAK 300 ppm, 1050 mg/m^3
RID IIIa

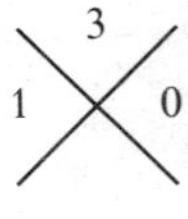

500 ml
1 L

5 L

329

*cis*Cyclohexandiol-(1,2) $C_6H_{12}O_2$
1,2-Cyclohexanediol, *cis*
*cis***Cyclohexanediol-1,2**

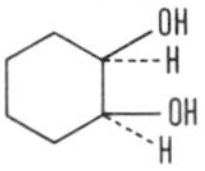

Eigenschaften – properties – propriétés

MM 116,16
D
Fp 104 °C
Kp 236 °C

Löslichkeiten – solubilities – solubilités
H_2O = sehr leicht löslich|
extremely soluble|très facilement soluble
Diäthyläther = ziemlich leicht löslich
diethyl ether = fairly soluble
éther diéthylique = assez facilement soluble
Äthanol = sehr leicht löslich
ethanol = extremely soluble
éthanol = très facilement soluble

330

*trans*Cyclohexandiol-(1,2) $C_6H_{12}O_2$
1,2-Cyclohexanediol, *trans*
*trans***Cyclohexanediol-1,2**

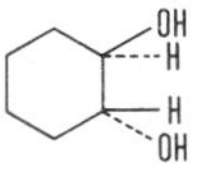

Eigenschaften – properties – propriétés

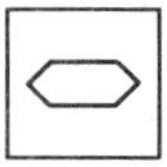

MM 116,16
D
Fp 101,5 . . . 103 °C
Kp 120 °C

Löslichkeiten – solubilities – solubilités
H_2O = leicht löslich|easily soluble|
facilement soluble
Äthanol = wenig löslich
ethanol = slightly soluble
éthanol = peu soluble
Diäthyläther = wenig löslich
diethyl ether = slightly soluble
éther diéthylique = peu soluble
Essigsäure-äthylester = löslich
acetic acid ethylester = soluble
éthyl acétate = soluble

331

Cyclohexanol $C_6H_{12}O$
Cyclohexanol
Cyclohexanol

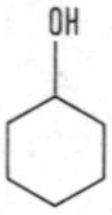

Eigenschaften – properties – propriétés

farblos, hygroskopisch
colourless, hygroscopic
incolore, hygroscopique

MM 100
D $0{,}94155^{30\,°C}$
Fp
Kp 161 °C

Löslichkeiten – solubilities – solubilités
$H_2O^{20\,°C}$ = 3,6 g/100 ml
Äthanol = löslich
ethanol = soluble
éthanol = soluble
Diäthyläther = löslich
diethyl ether = soluble
éther diéthylique = soluble

Reaktionen – reactions – réactions

67 °C →

Diverses – misc. – divers
MAK 50 ppm, 200 mg/m^3
RID IIIa

500 ml
1 L
5 L

332

Cyclohexanon $C_6H_{10}O$
Cyclohexanone
Cyclohexanone

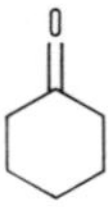

Eigenschaften – properties – propriétés

farblos
colourless
incolore

MM 98,15
D $0{,}9462^{20\,°C}$
Fp
Kp 155,65 °C

Löslichkeiten – solubilities – solubilités
H_2O = löslich|soluble|soluble
Äthanol = löslich
ethanol = soluble
éthanol = soluble
Diäthyläther = löslich
diethyl ether = soluble
éther diéthylique = soluble

Reaktionen – reactions – réactions

44 °C →

1,3 . . . 9,4 Vol.-% →
20 °C, 760 Torr

Diverses – misc. – divers
MAK 50 ppm, 200 mg/m^3
RID IIIa

500 ml
1 L
5 L

333

Cyclohexylamin $C_6H_{13}N$
Cyclohexylamine
Cyclohexilamine

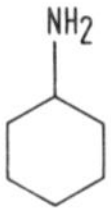

Eigenschaften – properties – propriétés

farblos
colourless
incolore

MM 99
D 0,8610$^{20\,°C}$
Fp −17 °C
Kp 134 °C$^{760\text{ mm Hg}}$

Löslichkeiten – solubilities – solubilités
H_2O = löslich|soluble|soluble
Lösungsmittel = löslich
solvent = soluble
solvant = soluble

Diverses – misc. – divers
RID V

250 ml
1 L

334

Cyclopentan C_5H_{10}
Cyclopentane
Cyclopentane

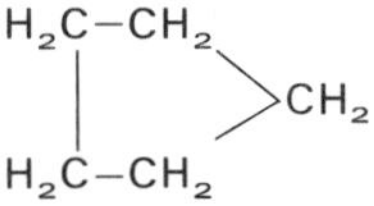

Eigenschaften – properties – propriétés

MM 70,13
D 0,745$\frac{20\,°C}{4}$
Fp −93,3 °C
Kp 49 °C$^{760\text{ mm}}$

Löslichkeiten – solubilities – solubilités
H_2O = nicht löslich|insoluble|insoluble

Reaktionen – reactions – réactions

Diverses – misc. – divers
RID III a

335

cis-**Dekalin** $C_{10}H_{18}$
cis-**Decalin**
cis-**Décaline**

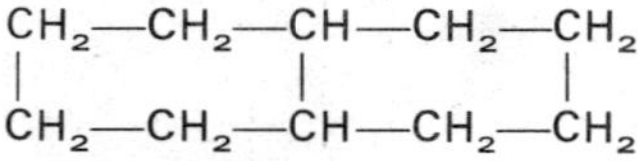

Eigenschaften – properties – propriétés

farblos
colourless
incolore

MM 138,24
D $0{,}895\frac{18\,°C}{4}$
Fp −51 °C
Kp 193,3 °C

Löslichkeiten – solubilities – solubilités
H_2O = nicht löslich|insoluble|insoluble
Äthanol = löslich
ethanol = soluble
éthanol = soluble
Diäthyläther = löslich
diethyl ether = soluble
éther diéthylique = soluble

Diverses – misc. – divers
RID III a

 1 L  5 L

336

trans-**Dekalin** $C_{10}H_{18}$
trans-**Decalin**
trans-**Décaline**

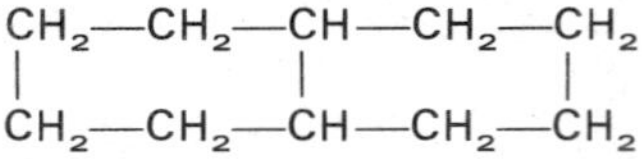

Eigenschaften – properties – propriétés

farblos
colourless
incolore

MM 138,24
D $0{,}872\frac{20\,°C}{4}$
Fp −32 °C
Kp 185,3 °C

Löslichkeiten – solubilities – solubilités
H_2O = nicht löslich|insoluble|insoluble
Äthanol = löslich
ethanol = soluble
éthanol = soluble
Diäthyläther = löslich
diethyl ether = soluble
éther diéthylique = soluble

Diverses – misc. – divers
RID III a

 1 L  5 L

337

Devarda's **Legierung**
Devarda's **Alloy**
Alliage de *Devarda*

Eigenschaften – properties – propriétés

Gehalte – content – teneurs
50% Cu
45% Al
5% Zn

Diverses – misc. – divers

500 g
1 K
2,5 K

338

Dextrin weiß $(C_6H_{10}O_5)_n \cdot aq$
Dextrin white
Dextrine blanc

Eigenschaften – properties – propriétés

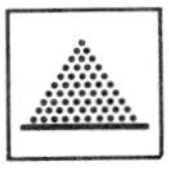

weiß, amorph, hygroscopisch
white, amorphous, hygroscopic
blanc, amorphe, hygroscopique

MM $(162{,}14)_n + aq$
D
Fp
Kp

Löslichkeiten – solubilities – solubilités
$H_2O^{kalt|cold|froid}$ = löslich|soluble|soluble
$H_2O^{heiß|hot|chaud}$ =
sehr leicht löslich|extremely soluble|très facilement soluble

Diverses – misc. – divers

1 K
5 K

50 K

339

Diacetonalkohol $C_6H_{12}O_2$
Diacetone alcohol
Diacétone alcool

$CH_3—CO—CH_2—C(CH_3)_2OH$

Eigenschaften – properties – propriétés

MM 116,16
D $0{,}9306^{25\,°C}$
Fp
Kp

Löslichkeiten – solubilities – solubilités
$H_2O = \infty$ löslich|∞ soluble|∞ soluble
Äthanol = löslich
éthanol = soluble
Diäthyläther = löslich
diethyl ether = soluble
éther diéthylique = soluble

Reaktionen – reactions – réactions
164 . . . 166 °C→Zersetzung|
decomposition|dégradation

Diverses – misc. – divers
MAK 50 ppm, 240 mg/m^3

 1 L
2,5 L  5 L

340

Diäthanolamin $C_4H_{11}NO_2$
Diethanolamine
Diéthanolamine

$HN(CH_2—CH_2OH)_2$

Eigenschaften – properties – propriétés

 **Prismen**
prisms
prismes 

MM 105,14
D $1{,}0966^{20\,°C}$
Fp 28 °C
Kp 270 °C

Löslichkeiten – solubilities – solubilités
$H_2O = \infty$ löslich|∞ soluble|∞ soluble

Reaktionen – reactions – réactions
zerfließlich|deliquescent|liquéfiable

Diverses – misc. – divers
MAK 50 ppm

341

Diäthyläther $C_4H_{10}O$
Diethyl ether
Ether diéthylique

$(C_2H_5)_2O$

Eigenschaften – properties – propriétés

MM 74,12
D $0{,}71378^{20\,°C}$
Fp −116,4 °C
Kp 34,6 °C

Löslichkeiten – solubilities – solubilités
$H_2O^{25\,°C}$ = 6,4 g/100 ml
Äthanol = ∞ löslich
ethanol = ∞ soluble
éthanol = ∞ soluble
Chloroform = löslich
chloroform = soluble
chloroforme = soluble

Reaktionen – reactions – réactions

Diverses – misc. – divers
MAK 400 ppm, 1200 mg/m^3
RID IIIa

4
2 0

F R: 23-33-35
S : 15-22-23-27-36-53-71-103

 500 ml
1 L
2,5 L

 5 L

342

Diäthylentriamin (DÄTA) $C_4H_{13}N_3$
Diethylene triamine (DETA)
Diéthylènetriamine (DETA)

$H_2N-CH_2-CH_2-NH-CH_2-CH_2-NH_2$

Eigenschaften – properties – propriétés

farblos – gelb
colourless – yellow
incolore – jaune

MM 103,17
D 0,955 . . . $0{,}957^{20\,°C}$
Fp
Kp >200. . .<212 °C

Löslichkeiten – solubilities – solubilités
H_2O = löslich|soluble|soluble
Äthanol = löslich
ethanol = soluble
éthanol = soluble
Benzol = löslich
benzene = soluble
benzène = soluble

Diverses – misc. – divers
MAK 50 mg/m^3
RID V

 1 L

 5 L

343

Dibenzyläther $C_{14}H_{14}O$
Dibenzyl ether
Ether dibenzylique

$(C_6H_5—CH_2)_2O$

Eigenschaften – properties – propriétés

MM 198,27
D 1,0428$^{20\,°C}$
Fp 3,6 °C
Kp 158 ... 160 °C

Löslichkeiten – solubilities – solubilités
H_2O = nicht löslich|insoluble|insoluble
Diäthyläther = löslich
diethyl ether = soluble
éther diéthylique = soluble

344

Dibenzylsulfoxid $C_{14}H_{14}OS$
Dibenzyl sulfoxide
Dibenzylsulfoxyde

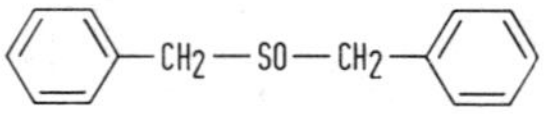

Eigenschaften – properties – propriétés

gelb
yellow
jaune

MM 230,1
D
Fp 132 ... 134 °C
Kp 210 °C

Löslichkeiten – solubilities – solubilités
H_2O = (praktisch) unlöslich|
(practically) insoluble|(pratiquement) insoluble
Säure(n) = wenig löslich
acid(s) = slightly soluble
acide(s) = peu soluble

Reaktionen – reactions – réactions
> 210 °C→Zersetzung|decomposition|dégradation

345

1,2-Dibromäthan $C_2H_4Br_2$
1,2-Dibromo-ethane
Dibromo-1,2-éthane

$CH_2Br—CH_2Br$

Eigenschaften – **properties** – **propriétés**

farblos
colourless
incolore

MM 187,89
D 2,179
Fp 10 °C
Kp 131,4 °C

Gehalte – **content** – **teneurs**
85,07% Br

Löslichkeiten – **solubilities** – **solubilités**
$H_2O^{30\,°C}$ = 0,431 g/100 ml
Äthanol = ∞ löslich
ethanol = ∞ soluble
éthanol = ∞ soluble
Diäthyläther = löslich
diethyl ether = soluble
éther diéthylique = soluble

Diverses – misc. – divers
MAK 25 ppm, 190 mg/m^3

250 ml
1 L

346

1,2-Dichloräthan $C_2H_4Cl_2$
1,2-Dichloro-ethane
Dichloro-1,2-éthane

$CH_2Cl—CH_2Cl$

Eigenschaften – **properties** – **propriétés**

MM 98,96
D 1,2529$^{20\,°C}$
Fp
Kp 84,1 °C

Löslichkeiten – **solubilities** – **solubilités**
$H_2O^{25\,°C}$ = 0,865 g/100 ml
Äthanol = löslich
ethanol = soluble
éthanol = soluble
Diäthyläther = löslich
diethyl ether = soluble
éther diéthylique = soluble

Reaktionen – **reactions** – **réactions**

Diverses – misc. – divers
MAK 20 ppm, 80 mg/m^3
RID IIIa

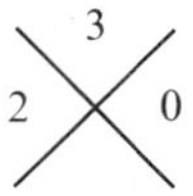

F + Xn R : 22-33-64
S : 16-22-23-27-36-65-71-76-104

2,5 L
5 L

35 K

347

1,1-Dichlor-äthylen $C_2H_2Cl_2$
1,1-Dichloro-ethylene
Dichloro-1,1-éthylène

$CH_2 = CCl_2$

Eigenschaften – properties – propriétés

MM 96,94
D $1{,}218^{20\,°C}$
Fp
Kp 37 °C

Löslichkeiten – solubilities – solubilités
H_2O = (praktisch) unlöslich
(practically) insoluble
(pratiquement) insoluble

Reaktionen – reactions – réactions

Diverses – misc. – divers
MAK 100 ppm
RID IIIa

F + Xn R: 22-33-35-64
S : 15-22-23-27-36-65-71-76-104

 1 L
2,5 L

348

o-**Dichlorbenzol** $C_6H_4Cl_2$
o-**Dichlorobenzene**
o-**Dichlorobenzène**

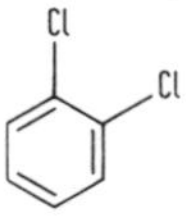

Eigenschaften – properties – propriétés

MM 147
D 130 . . . $133^{20\,°C}$
Fp
Kp 178 . . . $179{,}5\,°C^{760\,mm\,Hg}$

Gehalte – content – teneurs
99,5% $C_6H_4Cl_2$

Löslichkeiten – solubilities – solubilités
H_2O = nicht löslich|insoluble|insoluble
Benzol = ∞ löslich
benzene = ∞ soluble
benzène = ∞ soluble
Äthanol = löslich
ethanol = soluble
éthanol = soluble
Diäthyläther = löslich
diethyl ether = soluble
éther diéthylique = soluble

Reaktionen – reactions – réactions

74 °C → 

Diverses – misc. – divers
MAK 50 ppm, 300 mg/m³
RID IIIa

 250 K

349

β,β'-Dichlordiäthyläther $C_4H_8Cl_2O$
β,β'-Dichlorodiethyl ether
β,β'-Ether dichlorodiéthylique

$ClCH_2—CH_2—O—CH_2—CH_2Cl$

Eigenschaften – properties – propriétés

MM 143,01
D 1,215 . . . 1,225$^{20\,°C}$
Fp
Kp 171 . . . 175 °C$^{760\ mm\ Hg}$

Löslichkeiten – solubilities – solubilités
$H_2O^{20\,°C}$ = 1,07 g/100 ml
Äthanol = löslich
ethanol = soluble
éthanol = soluble
Diäthyläther = löslich
diethyl ether = soluble
éther diéthylique = soluble

Reaktionen – reactions – réactions

Diverses – misc. – divers
MAK 15 ppm, 90 mg/m^3
RID IIIa/V

350

α-Dichlorhydrin $C_3H_6OCl_2$
Glycerol 1,3-dichlorhydrin
Glycérine-1,3-dichlorohydrine

$ClCH_2-CHOH-CH_2Cl$

Eigenschaften – properties – propriétés

MM 129
D 1,3641$^{20\,°C}$
Fp
Kp 65,6 . . . 66,9 °C$^{10\ Torr}$
79,6 . . . 81,5 °C$^{25\ Torr}$
94,2 . . . 95,6 °C$^{50\ Torr}$

Lösungen – solubilities – solubilités
$H_2O^{20\,°C}$ = 800 g/100 ml
Äthanol = löslich
ethanol = soluble
éthanol = soluble
Diäthyläther = löslich
diethyl ether = soluble
éther diéthylique = soluble

Diverses – misc. – divers
RID V

 250 K

351

Dichlor-methan CH_2Cl_2
Dichloromethane
Dichlorométhane

Eigenschaften – properties – propriétés

MM 84,93
D $1{,}366^{20\,°C}$
Fp −96,0 °C
Kp 40,67 °C

Löslichkeiten – solubilities – solubilités
$H_2O^{20\,°C}$ = 2 g/100 ml
Äthanol = ∞ löslich
ethanol = ∞ soluble
éthanol = ∞ soluble
Diäthyläther = löslich
diethyl ether = soluble
éther diéthylique = soluble

Diverses – misc. – divers
MAK 500 ppm, 1750 mg/m^3

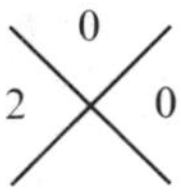

 5 L  40 K

352

Dicyclohexylamin $C_{12}H_{23}N$
Dicyclohexylamine
Dicyclohexylamine

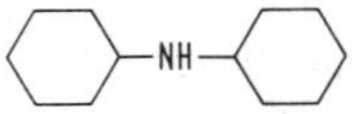

Eigenschaften – properties – propriétés

farblos
colourless
incolore

MM 181,32
D $0{,}9104^{25\,°C}$
Fp
Kp $245{,}5\,°C^{760\ Torr}$;
$119 \ldots 122\,°C^{12\ Torr}$

Löslichkeiten – solubilities – solubilités
$H_2O^{18\,°C}$ = 0,16 g/100 ml
Äthanol = löslich
ethanol = soluble
éthanol = soluble
Diäthyläther = löslich
diethyl ether = soluble
éther diéthylique = soluble

Reaktionen – reactions – réactions

Diverses – misc. – divers
RID V

 250 ml
1 L

353

Diglykol
Diglycol
Diglycol

$C_4H_{10}O_3$

$HOCH_2—CH_2—O—CH_2—CH_2—OH$

Eigenschaften – properties – propriétés

hygroskopisch
hygroscopic
hygroscopique

MM 106,12
D $1{,}1318^{0\,°C}$
Fp
Kp 245 °C

Löslichkeiten – solubilities – solubilités
H_2O = leicht löslich | easily soluble | facilement soluble

Diverses – misc. – divers
MAK 100 ppm

5 L

35 K

354

Di-isobutylketon
Di*iso*butyl ketone
Diisobutylcétone

$C_9H_{18}O$

$(CH_3)_2CH—CH_2—CO—CH_2—CH(CH_3)_2$

Eigenschaften – properties – propriétés

MM 142,24
D $0{,}791^{25\,°C}$
Fp
Kp 165 ... 166 °C

Löslichkeiten – solubilities – solubilités
H_2O = < 0,06 g/100 ml
Äthanol = ∞ löslich
ethanol = ∞ soluble
éthanol = ∞ soluble
Diäthyläther = löslich
diethyl ether = soluble
éther diéthylique = soluble

Diverses – misc. – divers
MAK 50 ppm, 290 mg/m³
RID IIIa

355

Di-isopropyläther $C_6H_{14}O$
Di*iso*propyl ether
Ether di-isopropylique

$(CH_3)_2CH—O—CH(CH_3)_2$

Eigenschaften – properties – propriétés

MM 102,18
D $0{,}7282^{17\,°C}$
Fp
Kp 67,8 ... 68,1 °C

Reaktionen – reactions – réactions

Diverses – misc. – divers
MAK 500 ppm, 2100 mg/m^3
RID IIIa

 1 L  5 L

356

Di-isopropylketon $C_7H_{14}O$
Di*iso*propyl ketone
Diisopropylcétone

$(CH_3)_2CH—CO—CH(CH_3)_2$

Eigenschaften – properties – propriétés

MM 114,19
D $0{,}8087^{20\,°C}$
Fp
Kp 124,5 °C

Löslichkeiten – solubilities – solubilités
H_2O = sehr wenig löslich|
very slightly soluble|très peu soluble
Äthanol = ∞ löslich
ethanol = ∞ soluble
éthanol = ∞ soluble
Benzol = wenig löslich
benzene = slightly soluble
benzène = peu soluble
Diäthyläther = löslich
diethyl ether = soluble
éther diéthylique = soluble

Reaktionen – reactions – réactions

Diverses – misc. – divers
RID IIIa

357

1,2-Dijod-äthan $C_2H_4J_2$
1,2-Di-iodoethane $C_2H_4I_2$
1,2-Diiodoéthane

$CH_2J—CH_2J$
$CH_2I—CH_2I$

Eigenschaften – properties – propriétés

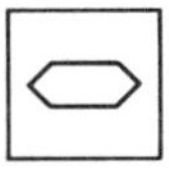

MM 281,86
D $2{,}132^{10\,°C}$
Fp 81 ... 82 °C
Kp

Reaktionen – reactions – réactions
zersetzlich|decomposable|dégradable

358

Dimethylamin C_2H_7N
Dimethylamine
Diméthylamine

$(CH_3)_2NH$

Eigenschaften – properties – propriétés

1. Gas, Gas, Gaz; 2.  40% 

MM 45,08
D 1. $0{,}69^{-5{,}8\,°C}$ 2. 0,89
Fp 1. −96 °C
Kp 1. 7 °C

Löslichkeiten – solubilities – solubilités
H_2O = leicht löslich|easily soluble|facilement soluble
Äthanol = löslich
ethanol = soluble
éthanol = soluble
Diäthyläther = löslich
diethyl ether = soluble
éther diéthylique = soluble

Reaktionen – reactions – réactions

Diverses – misc. – divers
MAK 10 ppm, 18 mg/m³

1.  100 ml, 2 L, 7 L, 27 L; RID Id

2.  40%→ RID IIIa  500 ml 1 L +  25 L

359

4-Dimethylamino-benzaldehyd $C_9H_{11}NO$
4-Dimethylaminobenzaldehyde
4-Diméthylaminobenzaldéhyde

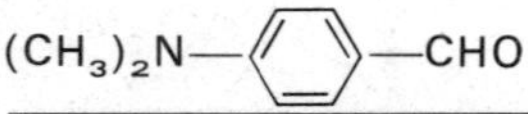

Eigenschaften – properties – propriétés

MM 149,19
D
Fp 74 ... 75 °C
Kp 164 ... 166 °C

Löslichkeiten – solubilities – solubilités
H_2O = löslich|soluble|soluble
Äthanol = löslich
ethanol = soluble
éthanol = soluble
Diäthyläther = löslich
diethyl ether = soluble
éther diéthylique = soluble

360

Dimethyl-ammoniumchlorid C_2H_8NCl
Dimethylammonium chloride
Diméthylammonium chlorure

$(CH_3)_2NH \cdot HCl$

Eigenschaften – properties – propriétés

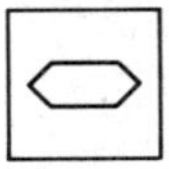

weiß
white
blanc

MM 81,55
D
Fp 171 °C
Kp

Gehalte – content – teneurs
44,72% HCl

Löslichkeiten – solubilities – solubilités
$H_2O^{25\,°C}$ = 25 g/100 ml
Äthanol = löslich
ethanol = soluble
éthanol = soluble
Chloroform = löslich
chloroform = soluble
chloroforme = soluble

Diverses – misc. – divers

100 g
250 g
1 K

361

Dimethylglyoxim $C_4H_8N_2O_2$
Dimethylglyoxime
Diméthylglyoxime

$CH_3—C(=NOH)—C(=NOH)—CH_3$

Eigenschaften – properties – propriétés

MM 116,12
D
Fp 240 °C
Kp

Löslichkeiten – solubilities – solubilités
$H_2O^{20\,°C}$ = 0,06 g/100 ml
$H_2O^{80\,°C}$ = 0,35 g/100 ml
$H_2O^{100\,°C}$ = 0,57 g/100 ml
Äthanol = leicht löslich
ethanol = easily soluble
éthanol = facilement soluble
Diäthyläther = leicht löslich
diethyl ether = easily soluble
éther diéthylique = facilement soluble

Reaktionen – reactions – réactions
240 °C→sublimiert|sublimed|sublimé
+Ni^{++}→roter Niederschlag|red precipitate|
précipité rouge

Diverses – misc. – divers

100 g
250 g
1 K

362

Dimethylsulfat $C_2H_6O_4S$
Dimethyl sulphate
Diméthyl sulfate

$(CH_3O)_2SO_2$

Eigenschaften – properties – propriétés

MM 126,13
D $1{,}3305^{15{,}8\,°C}$
Fp
Kp 188,5 °C

Löslichkeiten – solubilities – solubilités
H_2O = Zersetzung|
decomposition|dégradation
Äthanol = löslich
ethanol = soluble
éthanol = soluble
Benzol = löslich
benzene = soluble
benzène = soluble
Diäthyläther = löslich
diethyl ether = soluble
éther diéthylique = soluble

Diverses – misc. – divers
MAK 0,01 ppm, 0,05 mg/m^3
RID IVa

2
4 0

T R: 67
S : 15-21-31-65-71-75-108

363

1,2-Dioxan $C_4H_8O_2$
1,2-Dioxan
1,2-Dioxanne

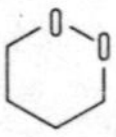

Eigenschaften – properties – propriétés

farblos
colourless
incolore

MM 88,11
D
Fp
Kp 116 . . . 117 °C

Löslichkeiten – solubilities – solubilités
Säure(n) = Zersetzung
acid(s) = decomposition
acide(s) = dégradation
Alkalilauge = Zersetzung
caustic alkali solution = decomposition
solution caustique alcaline = dégradation

Reaktionen – reactions – réactions

Diverses – misc. – divers
MAK 100 ppm
RID IIIa

3 / 2 / 0

500 g
1 L

5 L
30 K

364

1,3-Dioxan $C_4H_8O_2$
1,3-Dioxan
1,3-Dioxanne

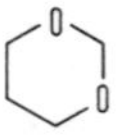

Eigenschaften – properties – propriétés

MM 88,11
D $1{,}0342^{20\,°C}$
Fp −42 °C
Kp 106 °C

Löslichkeiten – solubilities – solubilités
H_2O = ∞ löslich | ∞ soluble | ∞ soluble
Äthanol = löslich
ethanol = soluble
éthanol = soluble
Diäthyläther = löslich
diethyl ether = soluble
éther diéthylique = soluble

Reaktionen – reactions – réactions

Diverses – misc. – divers
MAK 100 ppm
RID IIIa

3 / 2 / 0

500 g
1 L

5 L
30 K

365

4,4'-Dioxydiphenylsulfon $C_{12}H_{10}O_4S$
4,4'-Dihydroxydiphenylsulphone
4,4'-Dihydroxydiphénylsulfone

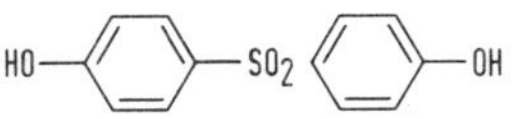

Eigenschaften – properties – propriétés

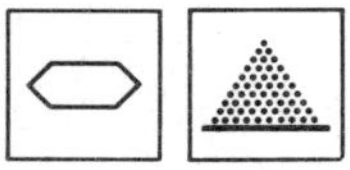

gelb
yellow
jaune

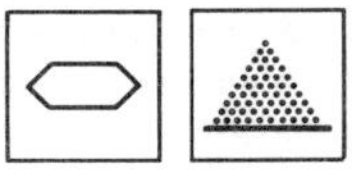

rot
red
rouge

MM 250
D
Fp 244 . . . 247 °C
Kp

Gehalte – content – teneurs
95% $C_{12}H_{10}O_4S$

Löslichkeiten – solubilities – solubilités
Äthanol = löslich
ethanol = soluble
éthanol = soluble
Diäthyläther = löslich
diethyl ether = soluble
éther diéthylique = soluble
NaOH wässerig 10% = löslich
NaOH aqueous 10% = soluble
NaOH aqueux 10% = soluble

366

Diphenyl $C_{12}H_{10}$
Diphenyl
Diphényle

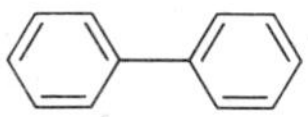

Eigenschaften – properties – propriétés

weiß
white
blanc

MM 154
D $0{,}96^{100\,°C}$
Fp 70 °C
Kp $254\,°C^{760\ Torr}$

Gehalte – content – teneurs
> 99,5% $C_{12}H_{10}$

Löslichkeiten – solubilities – solubilités
H_2O = (praktisch) unlöslich|
(practically) insoluble|(pratiquement) insoluble
Lösungsmittel = löslich
solvent = soluble
solvant = soluble

Diverses – misc. – divers

250 K

367

Diphenylamin $C_{12}H_{11}N$
Diphenylamine
Diphénylamine

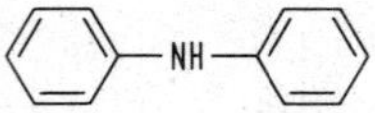

Eigenschaften – properties – propriétés

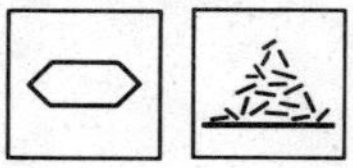

hellgelb
light yellow
jaune clair

MM 169
D ~$1{,}159^{20\,°C}$, $1{,}041^{75\,°C}$
Fp
Kp $175\,°C^{20\ Torr}$
$302\,°C^{760\ Torr}$

Löslichkeiten – solubilities – solubilités
H_2O = (praktisch) unlöslich|(practically) insoluble|(pratiquement) insoluble
Lösungsmittel = löslich
solvent = soluble
solvant = soluble

Diverses – misc. – divers

50 K

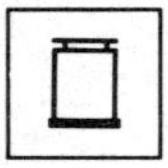

50 K
100 K

368

Diphenyläther $C_{12}H_{10}O$
Diphenyl ether
Diphényloxyde

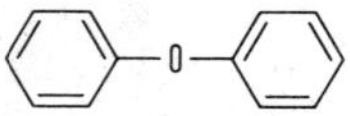

Eigenschaften – properties – propriétés

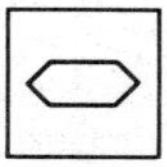

farblos – gelb
colourless – yellow
incolore – jaune

MM 170
D $1{,}15^{10\,°C}$
Fp
Kp

Gehalte – content – teneurs
> 99% $C_{12}H_{10}O$

Löslichkeiten – solubilities – solubilités
H_2O = (praktisch) unlöslich|(practically) insoluble|(pratiquement) insoluble
Lösungsmittel = löslich
solvent = soluble
solvant = soluble

Diverses – misc. – divers
MAK 1 ppm, 7 mg/m^3
Dampf|vapor|vapeur

500 g
2,5 K

250 K

369

Dithionsäure $H_2S_2O_6$
Dithionic acid
Acide dithionique

$(HO)O_2S-SO_2(OH)$

Eigenschaften – properties – propriétés

farblos
colourless
incolore

370

Eisen gepulvert Fe
Iron powder
Fer en poudre

Eigenschaften – properties – propriétés

Atomgewicht|atomic weight|poids atomique 55,85
D 7,86
Fp 1539 °C
Kp 2740 °C

Gehalte – content – teneurs
97,8% Fe + P, Si, S, C

Diverses – misc. – divers

250 g 1 K
500 g 5 K

50 K

371

Eisen(II)-acetat-4-hydrat $Fe(C_2H_3O_2)_2 \cdot 4\,H_2O$
Iron(II) acetate 4-hydrate
Fer(II) acétate 4-eau

Eigenschaften – properties – propriétés

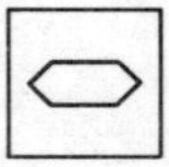

monoklin
monoclinic
monoclinique

MM 246,00
D
Fp
Kp

Gehalte – content – teneurs
20,3% Fe

Löslichkeiten – solubilities – solubilités
$H_2O^{kalt|cold|froid}$ =
sehr löslich|very soluble|très soluble
$H_2O^{heiß|hot|chaud}$ =
sehr löslich|very soluble|très soluble

Reaktionen – reactions – réactions
zersetzlich|decomposable|dégradable

372

Eisen(III)-acetat basisch $FeOH(C_2H_3O_2)_2$
Iron(III) acetate basic
Fer(III) acétate basique

Eigenschaften – properties – propriétés

braun
brown
brun

MM 190,95
D
Fp
Kp

Gehalte – content – teneurs
~ 30% Fe

Löslichkeiten – solubilities – solubilités
H_2O = nicht löslich|insoluble|insoluble
Säure(n) = löslich
acid(s) = soluble
acide(s) = soluble
Äthanol = löslich
ethanol = soluble
éthanol = soluble

373

Eisen(II)-*ortho*arsenat-6-hydrat $Fe_3(AsO_4)_2 \cdot 6\ H_2O$
Iron(II) *ortho*arsenate 6-hydrate
Fer(II) *ortho*arseniate 6-eau

Eigenschaften - properties – propriétés

grün, amorph
green, amorphous
vert, amorphe

MM 553,47
D
Fp
Kp

Gehalte – content – teneurs
30,3% Fe

Löslichkeiten – solubilities – solubilités
$H_2O^{kalt|cold|froid}$ =
nicht löslich|insoluble|insoluble
$H_2O^{heiß|hot|chaud}$ =
nicht löslich|insoluble|insoluble
HCl verdünnt = löslich
HCl diluted = soluble
HCl dilué = soluble
NH_4OH wässerig = löslich
NH_4OH aqueous = soluble
NH_4OH aqueux = soluble

Reaktionen – reactions – réactions
zersetzlich|decomposable|dégradable

374

Eisenarsenid FeAs
Iron arsenide
Fer arsenide

Eigenschaften – properties – propriétés

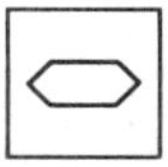

silberig
silvery
de couleur d'argent

MM 130,76
D 7,83
Fp 1020 °C
Kp

Gehalte – content – teneurs
42,7% Fe

Diverses – misc. – divers
RID IVa

375

Eisen*di*arsenid $FeAs_2$
Iron *di*arsenide
Fer *di*arsenide

Eigenschaften – properties – propriétés

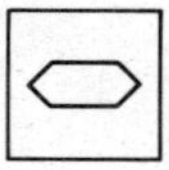

silberig, kubisch
silvery, cubic
de couleur d'argent, cubique

MM 205,67
D 7,38
Fp 990 °C
Kp

Gehalte – content – teneurs
27,2% Fe

Löslichkeiten – solubilities – solubilités
H_2O = nicht löslich|insoluble|insoluble
HNO_3 = wenig löslich|slightly soluble|peu soluble
HCl = nicht löslich|insoluble|insoluble

Diverses – misc. – divers
RID IVa

376

Eisen(II)-carbonat $FeCO_3$
Iron(II) carbonate
Fer(II) carbonate

Eigenschaften – properties – propriétés

weiß
white
blanc

MM 115,86
D 3,85
Fp
Kp

Gehalte – content – teneurs
48,2% Fe

Löslichkeiten – solubilities – solubilités
$H_2O^{25\,°C}$ = löslich|soluble|soluble

377

Eisen*penta*carbonyl $Fe(CO)_5$
Iron *penta*carbonyl
Fer *penta*carbonyle

Eigenschaften – properties – propriétés

gelb
yellow
jaune

MM 195,90
D 1,453
Fp –20 °C
Kp

Gehalte – content – teneurs
28,5% Fe

Löslichkeiten – solubilities – solubilités
H_2O = Zersetzung|decomposition|dégradation
Äthanol = löslich
ethanol = soluble
éthanol = soluble
Diäthyläther = löslich
diethyl ether = soluble
éther diéthylique = soluble
NaOH alkoholisch = löslich
NaOH alcoholic = soluble
NaOH alcoolique = soluble
NH_3 wässerig = (praktisch) unlöslich
NH_3 aqueous = (practically) insoluble
NH_3 aqueux = (pratiquement) insoluble
KOH alkoholisch = löslich
KOH alcoholic = soluble
KOH alcoolique = soluble

Reaktionen – reactions – réactions

+ Luft|air|air→Fe_2O_3→ 

Diverses – misc. – divers
MAK 0,1 ppm, 0,8 mg/m^3

378

Eisen(II)-chlorid-4-hydrat $FeCl_2 \cdot 4\,H_2O$
Iron(II) chloride 4-hydrate
Fer(II) chlorure 4-eau

Eigenschaften – properties – propriétés

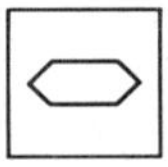

grün
green
vert

MM 198,81
D 1,93
Fp
Kp

Gehalte – content – teneurs
28,09% Fe

Löslichkeiten – solubilities – solubilités
$H_2O + HCl$ = löslich|soluble|soluble

Diverses – misc. – divers

500 g
1 K
5 K

25 K
50 K

379

Eisen(III)-chlorid wasserfrei $FeCl_3$
Iron(III) chloride anhydrous
Fer(III) chlorure anhydre

Eigenschaften – properties – propriétés

glänzend, rot + grün
bright, red + green
brillant, rouge + vert

MM 162,22
D 2,804
Fp 303,9 °C
Kp

Gehalte – content – teneurs
34,43% Fe

Löslichkeiten – solubilities – solubilités
$H_2O^{20\,°C} = 48$ g/100 ml

Reaktionen – reactions – réactions
zerfließlich|deliquescent|liquéfiable

Diverses – misc. – divers
RID V

380

Eisen(III)-chlorid-6-hydrat $FeCl_3 \cdot 6\,H_2O$
Iron(III) chloride 6-hydrate
Fer(III) chlorure 6-eau

Eigenschaften – properties – propriétés

gelb
yellow
jaune

MM 270,30
D
Fp 37 °C
Kp

Gehalte – content – teneurs
20,66% Fe

Löslichkeiten – solubilities – solubilités
H_2O = löslich|soluble|soluble

Reaktionen – reactions – réactions

Diverses – misc. – divers

100 K

381

Eisen(III)-chloridlösung $FeCl_3 + H_2O$
Iron(III) chloride solution
Fer(III) chlorure en solution

Eigenschaften – properties – propriétés

gelb – rotbraun
yellow – red brown
jaune – rouge brun

MM
D
Fp
Kp

Diverses – misc. – divers

 2,5 L  50 K

382

Eisen(III)-citrat-5-hydrat $FeC_6H_5O_7 \cdot 5\ H_2O$
Iron(III) citrate 5-hydrate
Fer(III) citrate 5-eau

Eigenschaften – properties – propriétés

rotbraun
red brown
rouge brun

braun
brown
brun

MM 335,03
D
Fp
Kp

Gehalte – content – teneurs
$-5\ H_2O \rightarrow 22{,}80\%$ Fe

Löslichkeiten – solubilities – solubilités
$H_2O^{kalt|cold|froid}$ =
wenig löslich|slightly soluble|peu soluble
$H_2O^{heiß|hot|chaud}$ =
leicht löslich|easily soluble|facilement soluble

Diverses – misc. – divers

 250 g  1 K, 5 K  25 K, 50 K

383

Eisen(II)-fluorid-4-hydrat $FeF_2 \cdot 4\ H_2O$
Iron(II) fluoride 4-hydrate
Fer(II) fluorure 4-eau

Eigenschaften – properties – propriétés

weiß
white
blanc

MM 165,91
D 2,095
Fp
Kp

Gehalte – content – teneurs
33,7% Fe

Löslichkeiten – solubilities – solubilités
H_2O = wenig löslich|slightly soluble|peu soluble
HCl = leicht löslich|easily soluble|facilement soluble
H_2SO_4 = leicht löslich|easily soluble|facilement soluble
HNO_3 = leicht löslich|easily soluble||facilement soluble
Äthanol = löslich
ethanol = soluble
éthanol = soluble
Diäthyläther = löslich
diethyl ether = soluble
éther diéthylique = soluble

Diverses – misc. – divers **T** R: 55
MAK 2,5 mg F/m^3 S : 3-11-21-31-51-63-67-72-91-108
RID IV a

384

Eisen(III)-fluorid FeF_3
Iron(III) fluoride
Fer(III) fluorure

Eigenschaften – properties – propriétés

grün, durchsichtig
green, transparent
vert, transparent

MM 112,84
D 3,52
Fp
Kp

Gehalte – content – teneurs
49,6% Fe

Löslichkeiten – solubilities – solubilités
$H_2O^{siedend}$ = wenig löslich
$H_2O^{boiling}$ = slightly soluble
$H_2O^{bouillant}$ = peu soluble
HF wässerig = leicht löslich
HF aqueous = easily soluble
HF aqueux = facilement soluble
Äthanol = (praktisch) unlöslich
ethanol = (practically) insoluble
éthanol = (pratiquement) insoluble
Diäthyläther = (praktisch) unlöslich
diethyl ether = (practically) insoluble
éther diéthylique = (pratiquement) insoluble

Diverses – misc. – divers **T** R: 55
MAK 2,5 mg F/m^3 S : 3-11-21-31-51-63-67-72-91-108
RID IV a

385

Eisenfluoroborat $Fe[BF_4]_2$
Iron fluoroborate
Fer fluoroborate

Eigenschaften – properties – propriétés

grün
green
vert

MM 229,46
D 1,40
Fp
Kp

Gehalte – content – teneurs
10,2% Fe = 143 g Fe|l $Fe[BF_4]_2$

Löslichkeiten – solubilities – solubilités
H_2O = ∞ löslich | ∞ soluble | ∞ soluble

Diverses – misc. – divers
RID IVa/V

40 K

386

Eisen(II)-gluconat-2-hydrat $Fe(C_6H_{11}O_7)_2 \cdot 2\ H_2O$
Iron(II) gluconate 2-hydrate
Fer(II) gluconate 2-eau

$[CH_2OH(CHOH)_4COO]_2Fe \cdot 2\ H_2O$

Eigenschaften – properties – propriétés

braungelb – braun
brown yellow – brown
brun jaune – brun

MM 482,18
D
Fp
Kp

Gehalte – content – teneurs
11,58% Fe

Löslichkeiten – solubilities – solubilités
H_2O = leicht löslich|easily soluble|facilement soluble

Diverses – misc. – divers

100 g
250 g

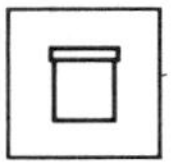

1 K
5 K

25 K
50 K

387

Eisen(II)-hydroxid $Fe(OH)_2$
Iron(II) hydroxide
Fer(II) hydroxyde

Eigenschaften – properties – propriétés

weißer Niederschlag
white precipitate
précipité blanc

MM 89,86
D 3,40
Fp
Kp

Gehalte – content – teneurs
63,3% Fe

Löslichkeiten – solubilities – solubilités
$H_2O^{18\,°C}$ = 0,096 mg|100 g H_2O
HF = löslich|soluble|soluble
HCl konzentriert = löslich
HCl concentrated = soluble
HCl concentré = soluble
Säure(n) verdünnt = wenig löslich
acid(s) diluted = slightly soluble
acide(s) dilué = peu soluble
H_2SO_4 konzentriert = löslich
H_2SO_4 concentrated = soluble
H_2SO_4 concentré = soluble

Reaktionen – reactions – réactions
+ Luft → Oxydation: **grün**
+ air → oxidation: **green**
+ air → oxydation: **vert**

Diverses – misc. – divers

1 K
5 K

388

Eisen(III)-hydroxid $Fe(OH)_3$
Iron(III) hydroxide
Fer(III) hydroxyde

Eigenschaften – properties – propriétés

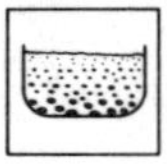 ; 

rotbraun
red brown
rouge brun

MM 106,87
D 3,12
Fp
Kp

Gehalte – content – teneurs
52,3% Fe

Löslichkeiten – solubilities – solubilités
H_2O = praktisch unlöslich|practically insoluble|pratiquement insoluble

Diverses – misc. – divers

1 K
5K

389

Eisen(II)-jodid FeJ_2
Iron(II) iodide FeI_2
Fer(II) iodure

Eigenschaften – properties – propriétés

braun, hygroskopisch
brown, hygroscopic
brun, hygroscopique

MM 309,66
D 5,39
Fp 601 °C
Kp

Gehalte – content – teneurs
18% Fe

Löslichkeiten – solubilities – solubilités
H_2O = löslich|soluble|soluble

390

Eisen(II)-nitrat-6-hydrat $Fe(NO_3)_2 \cdot 6\, H_2O$
Iron(II) nitrate 6-hydrate
Fer(II) nitrate 6-eau

Eigenschaften – properties – propriétés

farblos, hell
colourless, clear
incolore, clair

MM 287,95
D
Fp 60,5 °C
Kp

Gehalte – content – teneurs
19,4% Fe

Löslichkeiten – solubilities – solubilités
$H_2O^{20\,°C}$ = 45,5 g/100 ml

Reaktionen – reactions – réactions
zerfließlich|deliquescent|liquéfiable

Diverses – misc. – divers

391

Eisen(III)-nitrat-9-hydrat $Fe(NO_3)_3 \cdot 9\,H_2O$
Iron(III) nitrate 9-hydrate
Fer(III) nitrate 9-eau

Eigenschaften – properties – propriétés

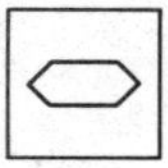

hellviolett, hygroskopisch
light violet, hygroscopic
violet clair, hygroscopique

MM 404,02
D $1{,}684^{20\,°C}$
Fp 47 °C
Kp

Gehalte – content – teneurs
13,8% Fe

Löslichkeiten – solubilities – solubilités
$H_2^{kalt|cold|froid}$ =
sehr löslich|very soluble|très soluble
$H_2O^{heiß|hot|chaud}$ =
∞ löslich|∞ soluble|∞ soluble
Äthanol = sehr löslich
ethanol = very soluble
éthanol = très soluble

Reaktionen – reactions – réactions
50 °C→Zersetzung|decomposition|dégradation

Diverses – misc. – divers

392

Eisen(II)-oxalat-2-hydrat $FeC_2O_4 \cdot 2\,H_2O$
Iron(II) oxalate 2-hydrate
Fer(II) oxalate 2-eau

Eigenschaften – properties – propriétés

gelb
yellow
jaune

MM 179,90
D
Fp
Kp

Gehalte – content – teneurs
31,05% Fe

Löslichkeiten – solubilities – solubilités
$H_2O^{18\,°C}$ = 0,0035 g/100 ml

Diverses – misc. – divers **Xn** R: 54
S : 11-21-31-51-63-91

500 g
1 K
5 K

393

Eisen(II)-oxid FeO
Iron(II) oxide
Fer(II) oxyde

Eigenschaften – properties – propriétés

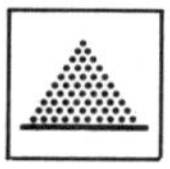

schwarz
black
noir

MM 71,85
D 5,745
Fp
Kp

Gehalte – content – teneurs
77,7% Fe

Löslichkeiten – solubilities – solubilités
H_2O = (praktisch) unlöslich|
(practically) insoluble|(pratiquement) insoluble
Äthanol = (praktisch) unlöslich
ethanol = (practically) insoluble
éthanol = (pratiquement) insoluble
Alkalilauge = (praktisch) unlöslich
caustic alkali solution = (practically) insoluble
solution caustique alcaline = (pratiquement) insoluble
Säure(n) = löslich
acid(s) = soluble
acide(s) = soluble

394

Eisen(II,III)-oxid Fe_3O_4
Iron(II,III) oxide
Fer(II,III) oxyde

Eigenschaften – properties – propriétés

schwarz – blauschwarz
black – blue black
noir – bleu noir

MM 231,54
D 5,18
Fp 1594 °C
Kp

Gehalte – content – teneurs
72,3% Fe

Löslichkeiten – solubilities – solubilités
H_2O = (praktisch) unlöslich|
(practically) insoluble|(pratiquement) insoluble
HNO_3 = (praktisch) unlöslich|
(practically) insoluble|(pratiquement) insoluble
HCl konzentriert = wenig löslich
HCl concentrated = slightly soluble
HCl concentré = peu soluble

395

Eisen(III)-oxid Fe_2O_3
Iron(III) oxide
Fer(III) oxyde

Eigenschaften – properties – propriétés

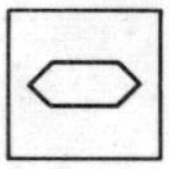

gelbrot – rotbraun
yellow red – red brown
jaune rouge – rouge brun

MM 159,69
D 5,25
Fp
Kp

Gehalte – content – teneurs
70,0% Fe

Löslichkeiten – solubilities – solubilités
H_2O = (praktisch) unlöslich|
(practically) insoluble|(pratiquement) insoluble
HF = löslich|soluble|soluble
HCl konzentriert = wenig löslich
HCl concentrated = slightly soluble
HCl concentré = peu soluble

Diverses – misc. – divers
MAK 8 mg/m³ Feinstaub|fine dust|poussière fine

396

Eisen(III)-oxidhydrat $Fe_2O_3 \cdot x\ H_2O$
Iron(III) oxide hydrate
Fer(III) oxyde hydrate

Eigenschaften – properties – propriétés

 • • • 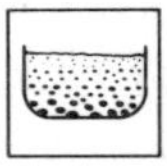 ; 

rotbraun
red brown
rouge brun

Gehalte – content – teneurs
$-x\ H_2O \rightarrow 70{,}0\%$ Fe

Löslichkeiten – solubilities – solubilités
Säure(n) = löslich
acid(s) = soluble
acide(s) = soluble

397

Eisen(II)-phosphat-8-hydrat $Fe_3(PO_4)_2 \cdot 8\,H_2O$
Iron(II) phosphate 8-hydrate
Fer(II) phosphate 8-eau

Eigenschaften – properties – propriétés

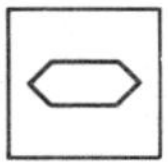
farblos
colourless
incolore

MM 501,61
D 2,58
Fp
Kp

Gehalte – content – teneurs
33,4% Fe

Löslichkeiten – solubilities – solubilités
H_2O = (praktisch) unlöslich|
(practically) insoluble|(pratiquement) insoluble

Reaktionen – reactions – réactions
+Luft→**blau**
+air →**blue**
+air →**bleu**

Diverses – misc. – divers

500 g
1 K
5 K

25 K

398

Eisen(III)-phosphat-4-hydrat $FePO_4 \cdot 4\,H_2O$
Iron(III) phosphate 4-hydrate
Fer(III) phosphate 4-eau

Eigenschaften – properties – propriétés

weiß
white
blanc

weiß
white
blanc

MM 222,89
D 2,87
Fp
Kp

Gehalte – content – teneurs
$-4\,H_2O \rightarrow$ 37,03% Fe
62,97% PO_4

Löslichkeiten – solubilities – solubilités
$H_2O^{kalt|cold|froid}$ =
nicht löslich|insoluble|insoluble
$H_2O^{heiß|hot|chaud}$ =
wenig löslich|slightly soluble|peu soluble
Säure(n) = löslich
acid(s) = soluble
acide(s) = soluble

Diverses – misc. – divers

500 g
1 K
2,5 K

25 K

399

Eisen(III)-rhodanid-3-hydrat $Fe(CNS)_3 \cdot 3\,H_2O$
Iron(III) thiocyanate 3-hydrate
Fer(III) thiocyanate 3-eau

Eigenschaften – properties – propriétés

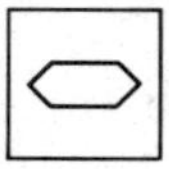

rot, kubisch
red, cubic
rouge, cubique

MM 248,15
D
Fp
Kp

Gehalte – content – teneurs
21,7% Fe

Löslichkeiten – solubilities – solubilités
$H_2O^{kalt|cold|froid}$ =
sehr löslich|very soluble|très soluble
$H_2O^{heiß|hot|chaud}$ =
sehr löslich|very soluble|très soluble
Äthanol = sehr löslich
ethanol = very soluble
éthanol = très soluble
Diäthyläther = sehr löslich
diethyl ether = very soluble
éther diéthylique = très soluble

Reaktionen – reactions – réactions
zersetzlich|decomposable|dégradable

400

Eisen(II)-sulfat wasserfrei $FeSO_4$
Iron(II) sulphate anhydrous
Fer(II) sulfate anhydre

Eigenschaften – properties – propriétés

weiß, hygroskopisch
white, hygroscopic
blanc, hygroscopique

MM 151,91
D 2,841
Fp
Kp

Gehalte – content – teneurs
35,13% Fe

Löslichkeiten – solubilities – solubilités
$H_2O^{20\,°C}$ = 21 g/100 ml

Diverses – misc. – divers

1 K
5 K

50 K

401

Eisen(II)-sulfat-7-hydrat $FeSO_4 \cdot 7\,H_2O$
Iron(II) sulphate 7-hydrat
Fer(II) sulfate 7-eau

Eigenschaften – properties – propriétés

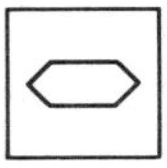

grün
green
vert

MM 278,02
D 1,89
Fp 64 °C
Kp

Gehalte – content – teneurs
20,09% Fe

Löslichkeiten – solubilities – solubilités
H_2O = löslich|soluble|soluble
N_2H_4 = löslich|soluble|soluble
Äthanol = löslich
ethanol = soluble
éthanol = soluble

Diverses – misc. – divers

2,5 K
5 K

50 K

402

Eisen(III)-sulfat-9-hydrat $Fe_2(SO_4)_3 \cdot 9\,H_2O$
Iron(III) sulphate 9-hydrate
Fer(III) sulfate 9-eau

Eigenschaften – properties – propriétés

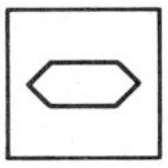

gelb
yellow
jaune

MM 562,04
D 2,1
Fp
Kp

Gehalte – content – teneurs
$-9\,H_2O \rightarrow 27{,}93\%$ Fe

Löslichkeiten – solubilities – solubilités
$H_2O^{kalt|cold|froid}$ = 440 g/100 ml
$H_2O^{heiß|hot|chaud}$ =
Zersetzung|decomposition|dégradation
Äthanol = löslich
ethanol = soluble
éthanol = soluble

Reaktionen – reactions – réactions
zersetzlich|decomposable|dégradable

403

Eisen(II)-sulfid FeS
Iron(II) sulphide
Fer(II) sulfure

Eigenschaften – properties – propriétés

MM 87,91
D 4,82
Fp 1195 °C
Kp

schwarz, metallisch glänzend
black, metallic lustrous
noir, d'éclat métallique

Gehalte – content – teneurs
63,5% Fe

Löslichkeiten – solubilities – solubilités
$H_2O^{18\,°C} = 6{,}1 \cdot 10^{-4}\%$
Säure(n) = löslich
acid(s) = soluble
acide(s) = soluble

Reaktionen – reactions – réactions
+ Säure(n) | acid(s) | acide(s) → H_2S

Diverses – misc. – divers

1 K
5 K

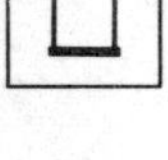
50 K
100 K

404

Eisen(III)-sulfid Fe_2S_3
Iron(III) sulphide
Fer(III) sulfure

Eigenschaften – properties – propriétés

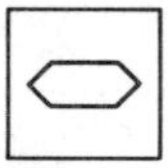
gelb
yellow
jaune

MM 207,89
D 4,246
Fp
Kp

Gehalte – content – teneurs
53,7% Fe

Löslichkeiten – solubilities – solubilités
H_2O = praktisch unlöslich | practically insoluble | pratiquement insoluble

Reaktionen – reactions – réactions
+ HCl → H_2S

405

Epichlorhydrin
Epichlorohydrin
Epichlorohydrine

C_3H_5OCl

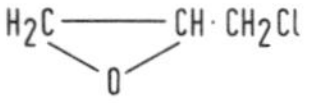

Eigenschaften – properties – propriétés

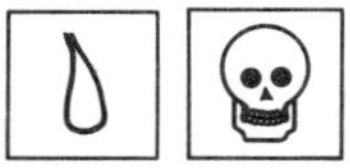

MM 92,53
D 1,1928$^{11,5\,°C}$
Fp −48 °C
Kp 115 °C

Gehalte – content – teneurs
98...100% C_3H_5OCl

Löslichkeiten – solubilities – solubilités
H_2O = < 5 g/100 ml
Äthanol = ∞ löslich
ethanol = ∞ soluble
éthanol = ∞ soluble
Diäthyläther = löslich
diethyl ether = soluble
éther diéthylique = soluble

Diverses – misc. – divers
MAK 18 mg/m^3
RID IVa

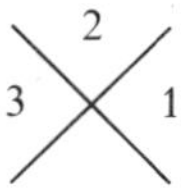

500 ml
2.5 L

406

Essigsäure
Acetic acid
Acide acétique

$C_2H_4O_2$

CH_3—CO_2H

Eigenschaften – properties – propriétés

hygroskopisch
hygroscopic
hygroscopique

MM 60,05
D 1,0492$^{20\,°C}$
Fp 16,6 °C
Kp → Tabelle|Table|Tableau 406.1

Gehalte – content – teneurs
Tabelle|Table|Tableau 406.2

Löslichkeiten – solubilities – solubilités
H_2O = ∞ löslich|∞ soluble|∞ soluble
Tabelle|Table|Tableau 406.2

Reaktionen –reactions – réactions

< 16,6 °C→  **weiß, glänzend, hygroskopisch**
white, bright, hygroscopic
blanc, brillant, hygroscopique

Diverses – misc. – divers
MAK 25 ppm, 65 mg/m^3
RID V

C R: 81
S : 2-12-31-32-65-94

500 ml
1 L
2,5 L
5 L

25 K
60 K

407

Essigsäure-*n*-amylester $C_7H_{14}O_2$
***n*-Amyl acetate**
***n*-Amyle acétate**

$CH_3CO_2[CH_2]_4—CH_3$

Eigenschaften – properties – propriétés

MM 130,19
D $0{,}8756^{20\,°C}$
Fp −70,8 °C
Kp 148,8 °C

Reaktionen – reactions – réactions

Diverses – misc. – divers
MAK 100 ppm, 525 mg/m^3
RID IIIa

 500 ml
1 L
 5 L
25 K

408

Essigsäure-äthylester $C_4H_8O_2$
Acetic acid ethylester
Ethyle acétate

$CH_3—CO_2C_2H_5$

Eigenschaften – properties – propriétés

farblos
colourless
incolore

MM 88,11
D $0{,}9005^{20\,°C}$
Fp −83,57 °C
Kp 77,06 °C

Löslichkeiten – solubilities – solubilités
$H_2O^{20\,°C} = 8{,}53$ g/100 ml

Reaktionen – reactions – réactions
$+H_2SO_4 \rightarrow$ gelb|yellow|jaune

Diverses – misc. – divers
MAK 400 ppm, 1400 mg/m^3
RID IIIa

F R: 22-33
S : 16-22-23-36-53-71-104

 500 ml
1 L
 5 L
25 K

409

Essigsäure-[γ-brompropylester] $C_5H_9O_2Br$
Acetic acid-[γ-Bromopropylester]
Acide acétique [γ-bromopropylate]

$CH_3—CO_2—CH_2—CH_2—CH_2Br$

Eigenschaften – properties – propriétés

MM 181,04
D
Fp
Kp 88...90 °C$^{22\ mm\ Hg}$

410

Essigsäure-*tert*-butylester $C_6H_{12}O_2$
Acetic acid*tert.*butylester
***tert.*Butyle acétate**

$CH_3—CO_2C(CH_3)_3$

Eigenschaften – properties – propriétés

MM 116,16
D 0,8817$^{20\,°C}$
Fp
Kp 97,9 °C

Gehalte – content – teneurs
98...100% $C_6H_{12}O_2$

Reaktionen – reactions – réactions

Diverses – misc. – divers
MAK 200 ppm, 950 mg/m^3
RID IIIa

F R: 22-33
S : 16-22-23-36-53-71-104

 1 L
5 L

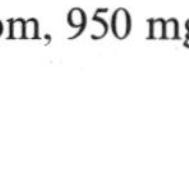 30 K
50 K

411

Essigsäure-methylester $C_3H_6O_2$
Acetic acid methylester
Méthyle acétate

$CH_3—CO_2CH_3$

Eigenschaften – properties – propriétés

MM	74,08
D	$0{,}9274^{25\,°C}$
Fp	−98,05 °C
Kp	56,95 °C

Löslichkeiten – solubilities – solubilités
$H_2O^{20\,°C}$ = 24,35 g/100 ml
Lösungsmittel = löslich
solvent = soluble
solvant = soluble

Reaktionen – reactions – réactions

Diverses – misc. – divers **F** R : 22-33
MAK 200 ppm, 610 mg/m³ S : 15-22-23-36-53-71-104
RID IIIa

1 L
2 L

412

***tri*Fluoressigsäure** $C_2HO_2F_3$
***tri*Fluoro acetic acid**
Acide *tri*fluoracétique

$CF_3—COOH$

Eigenschaften – properties – propriétés

farblos
colourless
incolore

MM	114,01
D	$1{,}535^{0\,°C}$
Fp	−15,6 °C
Kp	72,5 °C

Reaktionen – reactions – réactions
+ H_2O → Zersetzung | decomposition | dégradation

Diverses – misc. – divers
RID V

413

Fluorwasserstoff HF
Hydrogen fluoride
Hydrogène fluorure

Eigenschaften – properties – propriétés

farblos
colourless
incolore

MM 20,01
D 0,901 kg/Nm^3
Fp −83,36 °C
Kp 19,46 °C$^{741,4\ \text{mm Hg}}$

Löslichkeiten – solubilities – solubilités
H_2O = ∞ löslich | ∞ soluble | ∞ soluble
Äthanol = löslich
ethanol = soluble
éthanol = soluble
Diäthyläther = löslich
diethyl ether = soluble
éther diéthylique = soluble

Reaktionen | reactions | réactions

Diverses – misc. – divers
MAK 3 ppm, 2 mg/m^3
RID Id

0 / 4 / 0

T R: 67-82
S: 15-34-65-67-73-76-108

5 L = 4,4 K

414

Fluorwasserstoffsäure HF
Hydrofluoric acid
Acide fluorhydrique

Eigenschaften – properties – propriétés

farblos
colourless
incolore

MM
D → Tabelle | Table | Tableau 414.1
Fp
Kp

Gehalte – content – teneurs
→ Tabelle | Table | Tableau 414.1

Löslichkeiten – solubilities – solubilités
H_2O = sehr löslich | very soluble | très soluble
→ Tabelle | Table | Tableau 414.1

Reaktionen – reactions – réactions

Diverses – misc. – divers
MAK 3 ppm HF, 2 mg HF/m^3
RID V

0 / 4 / 0

C R: 58-82
S: 15-31-65-67-73-76-91-94-108

100 ml
1 L 25 K
5 L 60 K

415

Formaldehyd CH_2O
Formaldehyde
Formaldéhyde

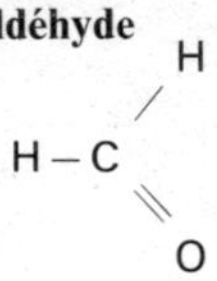

Eigenschaften – properties – propriétés

Gas farblos
Gas colourless
Gaz incolore

MM 30
D 1,002...1,139^15 °C^
Fp ~ −92 °C
Kp −21 °C

Gehalte – content – teneurs
→Tabelle|Table|Tableau 415.1

Löslichkeiten – solubilities – solubilités
H_2O = leicht löslich|easily soluble|facilement soluble
→Tabelle|Table|Tableau 415.1

Diverses – misc. – divers
MAK 1 ppm, 1,2 mg/m³
RID V

T R: 56-81-84
S: 3-13-21-31-54-65-77-91-108

 1 L 2,5 L  50 K  60 K

416

Formamid CH_3NO
Formamide
Formamide

HCO—NH_2

Eigenschaften – properties – propriétés

 ; < 2,2 °C 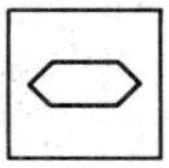 

hygroskopisch
hygroscopic
hygroscopique

MM 45,04
D 1,1339^20,1 °C^
Fp 2,2 °C
Kp 105 ... 106 °C

Löslichkeiten – solubilities – solubilités
H_2O = ∞ löslich|∞ soluble|∞ soluble

Reaktionen – reactions – réactions

Diverses – misc. – divers
RID IVa

 500 ml 1 L 5 L  25 K 50 K

417

Furfurol
Furfural
Furfural

$C_5H_4O_2$

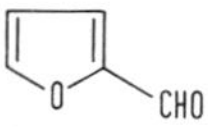

Eigenschaften – properties – propriétés

MM 96,09
D $1,1598^{20\,°C}$
Fp −36,5 °C
Kp 161,7 °C

Löslichkeiten – solubilities – solubilités
$H_2O^{13\,°C}$ = 9,1 g/100 ml
Äthanol = ∞ löslich
ethanol = ∞ soluble
éthanol = ∞ soluble
Diäthyläther = löslich
diethyl ether = soluble
éther diéthylique = soluble

Diverses – misc. – divers
MAK 5 ppm, 20 mg/m^3
RID IIIa

418

Furfurylalkohol
Furfuryl alcohol
Alcool furfurylique

$C_5H_6O_2$

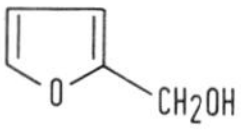

Eigenschaften – properties – propriétés

MM 98,10
D $1,1296^{20\,°C}$
Fp
Kp 171 °C

Löslichkeiten – solubilities – solubilités
H_2O = ∞ löslich | ∞ soluble | ∞ soluble
Äthanol = sehr leicht löslich
ethanol = extremely soluble
éthanol = très facilement soluble
Diäthyläther = sehr leicht löslich
diethyl ether = extremely soluble
éther diéthylique = très facilement soluble

Reaktionen – reactions – réactions

Diverses – misc. – divers
MAK 50 ppm, 200 mg/m^3

419

Gallium(III)-hydroxid $Ga(OH)_3$
Gallium(III) hydroxide
Gallium(III) hydroxyde

Eigenschaften – properties – propriétés

weißer Niederschlag
white precipitate
précipité blanc

MM 120,74
D
Fp
Kp

Gehalte – content – teneurs
57,7% Ga

Löslichkeiten – solubilities – solubilités
Säure(n) verdünnt = löslich
acid(s) diluted = soluble
acide(s) dilué = soluble
NH_3 wässerig = löslich
NH_3 aqueous = soluble
NH_3 aqueux = soluble
Alkalilauge = löslich
caustic alkali solution = soluble
solution caustique alcaline = soluble

420

Gallium(III)-oxid Ga_2O_3
Gallium(III) oxide
Gallium(III) oxyde

Eigenschaften – properties – propriétés

weiß
white
blanc

MM 187,44
D 5,95
Fp 1725 °C
Kp

Gehalte – content – teneurs
74,39% Ga

Löslichkeiten – solubilities – solubilités
HCl = löslich|soluble|soluble
H_2SO_4 = löslich|soluble|soluble

421

Gelatine weiß
Gelatine white
Gélatine blanc

Eigenschaften – properties – propriétés

farblos, durchsichtig
colourless, transparent
incolore, transparent

Löslichkeiten – solubilities – solubilités
$H_2O^{heiß|hot|chaud}$ = löslich|soluble|soluble

Diverses – misc. – divers

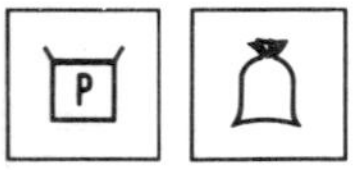

422

Gluconsäure
Gluconic acid
Acide gluconique

$C_6H_{12}O_7$

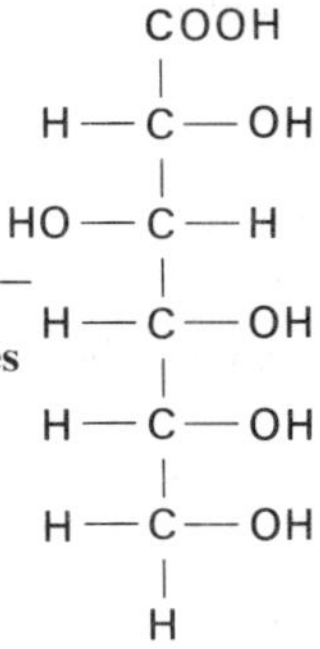

Eigenschaften – properties – propriétés

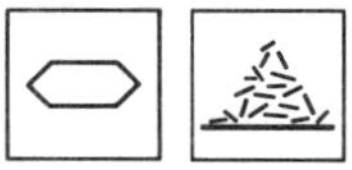

farblos
colourless
incolore

MM 196,16
D
Fp ~131 °C
Kp

Gehalte – content – teneurs

braun
brown
brun

technisch|technical|téchnique
~ 50% $C_6H_{12}O_7$

Löslichkeiten – solubilities – solubilités
H_2O = löslich|soluble|soluble

423

Gluconsäure-δ-lakton $C_6H_{10}O_6$
Gluconic acid δ-lactone
Acide gluconique-δ-lactone

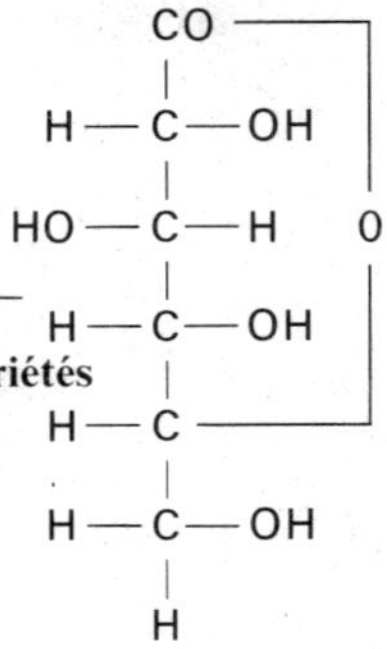

Eigenschaften – properties – propriétés

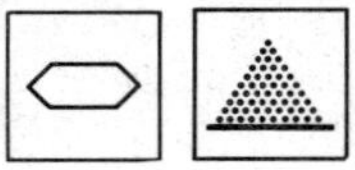

weiß
white
blanc

MM 178,14
D
Fp 153 °C
Kp

Löslichkeiten – solubilities – solubilités
H_2O = leicht löslich|easily soluble|facilement soluble
Äthanol = leicht löslich
ethanol = easily soluble
éthanol = facilement soluble

424

D-α-**Glucose** $C_6H_{12}O_6$
D-α-**Glucose**
D-α-**Glucose**

Eigenschaften – properties – propriétés

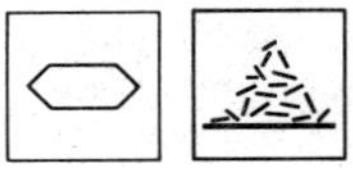

weiß
white
blanc

MM 180,16
D 1,5620$^{18\,°C}$
Fp
Kp

Löslichkeiten – solubilities – solubilités
H_2O = leicht löslich|easily soluble|facilement soluble

Reaktionen – reactions – réactions
147 °C → Zersetzung|decomposition|dégradation

425

Glycerin $C_3H_8O_3$
Glycerol
Glycérine

$HOCH_2—CH(OH)—CH_2OH$

Eigenschaften – properties – propriétés

MM 92,10
D 1,2613$^{20\,°C}$
Fp 18 °C
Kp 290 °C

Gehalte – content – teneurs
→ Tabelle|Table|Tableau 425.1

Löslichkeiten – solubilities – solubilités
H_2O = ∞ löslich|∞ soluble|∞ soluble

Diverses – misc. – divers

 500 ml 1 L 5 L  50 K  50 K

426

Glycerin-α,α'-diacetat $C_7H_{12}O_5$
Glycerol α,α'-diacetate
Glycérine α,α'-diacétate

$HOCH[CH_2(OCOCH_3)]_2$

Eigenschaften – properties – propriétés

MM 176,17
D 1,178$^{15\,°C}$
Fp
Kp 259 . . . 261 °C

Löslichkeiten – solubilities – solubilités
H_2O = leicht löslich|easily soluble|facilement soluble
Äthanol = leicht löslich
ethanol = easily soluble
éthanol = facilement soluble
Diäthyläther = wenig löslich
diethyl ether = slightly soluble
éther diéthylique = peu soluble

427

Glycin $C_2H_5NO_2$
Glycine
Glycine

$H_2N—CH_2—CO_2H$

Eigenschaften – properties – propriétés

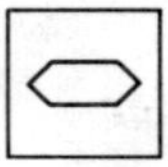

MM 75,07
D 1,1607
Fp
Kp

Löslichkeiten – solubilities – solubilités
$H_2O^{21\,°C}$ = 19,64 g/100 ml
Äthanol$^{20...25\,°C}$ = 0,05 g/100 ml
ethanol$^{20...25\,°C}$ = 0,05 g/100 ml
éthanol$^{20...25\,°C}$ = 0,05 g/100 ml
Diäthyläther = (praktisch) unlöslich
diethyl ether = (practically) insoluble
éther diéthylique = (pratiquement) insoluble

Reaktionen – reactions – réactions
233 °C → Zersetzung|decomposition|dégradation

Diverses – misc. – divers

 100 g 250 g 500 g 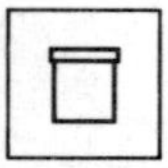 1 K 5 K  50 K

428

Glykol $C_2H_6O_2$
Glycol
Glycol

$HOCH_2—CH_2OH$

Eigenschaften – properties – propriétés

farblos
colourless
incolore

MM 62,07
D 1,11307$^{20\,°C}$
Fp 12,4 °C
Kp 197,4 °C

Löslichkeiten – solubilities – solubilités
H_2O = ∞ löslich|∞ soluble|∞ soluble
Diäthyläther = 0,79 g/100 ml
diethyl ether = 0,79 g/100 ml
éther diéthylique = 0,79 g/100 ml

Diverses – misc. – divers
MAK 100 ppm

 1 L 2,5 L  35 K

429

Glykol-monoäthyläther $C_4H_{10}O_2$
Glycol monoethylether
Ether monoéthylique du glycol

$H_5C_2O—CH_2—CH_2OH$

Eigenschaften – properties – propriétés

MM 90,12
D 0,9297$^{20\,°C}$
Fp
Kp 134,5 °C

Löslichkeiten – solubilities – solubilités
H_2O = ∞ löslich | ∞ soluble | ∞ soluble
Äthanol = löslich
ethanol = soluble
éthanol = soluble
Diäthyläther = löslich
diethyl ether = soluble
éther diéthylique = soluble
Chloroform = löslich
chloroform = soluble
chloroforme = soluble

Diverses – misc. – divers
MAK 200 ppm, 740 mg/m^3

1
2 0

1 L
2,5 L

30 K

430

Glykol-monoäthylätheracetat $C_6H_{12}O_3$
Glycol monoethyletheracetate
Ether monoéthylique acétate du glycol

$H_3C—CO_2CH_2—CH_2—OC_2H_5$

Eigenschaften – properties – propriétés

farblos
colourless
incolore

MM 132,16
D 0,976$^{15\,°C}$
Fp
Kp 156,2 °C

Diverses – misc. – divers
MAK 100 ppm, 540 mg/m^3
RID IIIa

2
2 0

431

Glykolsäure $C_2H_4O_3$
Glycolic acid
Acide glycolique

$HOH_2C—CO_2H$

Eigenschaften – properties – propriétés

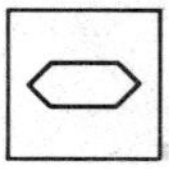

hygroscopisch
hygroscopic
hygroscopique

MM 76,05
D
Fp 78 °C
Kp 129 °C

Gehalte – content – teneurs
~ 57% $C_2H_4O_3$

Löslichkeiten – solubilities – solubilités
H_2O = leicht löslich | easily soluble | facilement soluble
Äthanol$^{25\,°C}$ = 90 g/100 ml
ethanol$^{25\,°C}$ = 90 g/100 ml
éthanol$^{25\,°C}$ = 90 m/100 ml
Diäthyläther = leicht löslich
diethylether = easily soluble
éther diéthylique = facilement soluble

Diverses – misc. – divers

1 L
2,5 L

35 K

432

Gold(I)-bromid AuBr
Gold(I) bromide
Or(I) bromure

Eigenschaften – properties – propriétés

gelb
yellow
jaune

MM 277,2
D 7,9
Fp 115 °C
Kp

Gehalte – content – teneurs
71,2% Au

Löslichkeiten – solubilities – solubilités
KBr wässerig = löslich
KBr aqueous = soluble
KBr aqueux = soluble
KCN wässerig = löslich
KCN aqueous = soluble
KCN aqueux = soluble

Reaktionen – reactions – réactions
212 °C → Zersetzung | decomposition | dégradation

433

Gold(I)-chlorid $AuCl$
Gold(I) chloride
Or(I) chlorure

Eigenschaften – properties – propriétés

hellgelb
light yellow
jaune clair

MM 232,7
D 7,4
Fp
Kp

Gehalte – content – teneurs
84,8% Au

Löslichkeiten – solubilities – solubilités
HCl = löslich|soluble|soluble
Alkalilauge = löslich
caustic alkali solution = soluble
solution caustique alcaline = soluble
NH_3 wässerig = löslich
NH_3 aqueous = soluble
NH_3 aqueux = soluble

Reaktionen – reactions – réactions
290 °C → Zersetzung|decomposition|dégradation
$+ H_2O \rightarrow Au + AuCl_3$

434

Gold(III)-chlorid-2-hydrat $AuCl_3 \cdot 2\,H_2O$
Gold(III) chloride 2-hydrate
Or(III) chlorure 2-eau

Eigenschaften – properties – propriétés

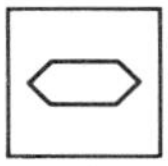

orange
orange
orange

MM 339,6
D
Fp
Kp

Gehalte – content – teneurs
58,07% Au

Löslichkeiten – solubilities – solubilités
$H_2O^{kalt|cold|froid}$ =
sehr löslich|very soluble|très soluble
$H_2O^{heiß|hot|chaud}$ =
sehr löslich|very soluble|très soluble
HCl = löslich|soluble|soluble
Äthanol = löslich
ethanol = soluble
éthanol = soluble
Diäthyläther = löslich
diethyl ether = soluble
éther diéthylique = soluble
NH_3 wässerig = wenig löslich
NH_3 aqueous = slightly soluble
NH_3 aqueux = peu soluble

Reaktionen – reactions – réactions
zersetzlich|decomposable|dégradable

435

Gold(I)-cyanid AuCN
Gold(I) cyanide
Or(I) cyanure

Eigenschaften – properties – propriétés

  **gelb**
yellow
jaune 

MM 223,22
D 7,12
Fp
Kp

Gehalte – content – teneurs
88,25% Au

Löslichkeiten – solubilities – solubilités
H_2O = sehr wenig löslich|
very slightly soluble|très peu soluble
Säure(n) verdünnt = löslich
acid(s) diluted = soluble
acide(s) dilué = soluble
KCN wässerig = löslich
KCN aqueous = soluble
KCN aqueux = soluble
$(NH_4)_2S$ wässerig = löslich
$(NH_4)_2S$ aqueous = soluble
$(NH_4)_2S$ aqueux = soluble

Reaktionen – reactions – réactions
zersetzlich|decomposable|dégradable

Diverses – misc. – divers
MAK 2,5 mg F/m^3
RID IVa

436

Gold(III)-hydroxid $Au(OH)_3$
Gold(III) hydroxide
Or(III) hydroxyde

Eigenschaften – properties – propriétés

 **braunschwarz; gelbbraun**
brown black; yellow brown
brun noir; jaune brun

MM 248,2
D
Fp
Kp

Gehalte – content – teneurs
74,52% Au

Löslichkeiten – solubilities – solubilités
$H_2O^{kalt|cold|froid}$ =
nicht löslich|insoluble|insoluble
$H_2O^{heiß|hot|chaud}$ =
nicht löslich|insoluble|insoluble
HNO_3 = löslich|soluble|soluble

Reaktionen – reactions – réactions
250 °C → $-1{,}5\ H_2O$

Gold(I)-jodid AuJ
Gold(I) iodide AuI
Or(I) iodure

Eigenschaften – properties – propriétés

gelb
yellow
jaune

MM 324,1
D 8,25
Fp
Kp

Gehalte – content – teneurs
60,84% Au

Löslichkeiten – solubilities – solubilités
H_2O = löslich|soluble|soluble
Äthanol = löslich
ethanol = soluble
éthanol = soluble

Reaktionen – reactions – réactions
120 °C → Zersetzung|decomposition|dégradation

Gold(I)-natriumcyanid $AuNa(CN)_2$
Gold(I) sodium cyanide
Or(I) et sodium cyanure

Eigenschaften – properties – propriétés

farblos
colourless
incolore

MM 272,23
D
Fp
Kp

Gehalte – content – teneurs
72,44% Au

Löslichkeiten – solubilities – solubilités
H_2O = löslich|soluble|soluble

Diverses – misc. – divers
MAK 2,5 mg F/m^3
RID IVa

439

Gold(III)-oxid Au_2O_3
Gold(III) oxide
Or(III) oxyde

Eigenschaften – properties – propriétés

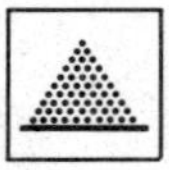

braunschwarz
brown black
brun noir

MM 442,4
D
Fp
Kp

Gehalte – content – teneurs
80,9% Au

Löslichkeiten – solubilities – solubilités
$H_2O^{kalt|cold|froid}$ =
nicht löslich|insoluble|insoluble
$H_2O^{heiß|hot|chaud}$ =
nicht löslich|insoluble|insoluble
HCl = löslich|soluble|soluble

440

Graphit C
Graphite
Graphite

Eigenschaften – properties – propriétés

schwarz, metallisch glänzend
black, metallic lustrous
noir, d'éclat métallique

MM
D 2,1 . . . 2,3
Fp
Kp

Reaktionen – reactions – réactions
> 3500 °C→sublimiert|sublimed|sublimé

Diverses – misc. – divers

1 K
2,5 K

25 K
50 K

441

Gummi arabisch
Gum arabic
Gomme arabique

Eigenschaften – properties – propriétés

 • • • 

gelb
yellow
jaune

Löslichkeiten – solubilities – solubilités

+ H_2O 1 : 1 → 

Diverses – misc. – divers

1 K
5 K

50 K

50 K
100 K

442

Guttapercha $(C_5H_8)_n$
Gutta-percha
Gutta percha

Eigenschaften – properties – propriétés

 • • • 

weiß – gelbbraun
white – yellow brown
blanc – jaune brun

Löslichkeiten – solubilities – solublités

CS_2 = löslich|soluble|soluble
Chloroform = löslich
chloroform = soluble
chloroforme = soluble

443

Harnstoff
Urea
Urée

CH_4N_2O

$H_2N—CO—NH_2$

Eigenschaften – properties – propriétés

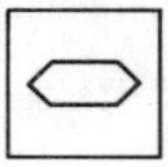

prismatisch
prismatic
prismatique

MM 60,06
D 1,323
Fp 132,1 °C
Kp

Löslichkeiten – solubilities – solubilités
$H_2O^{0\,°C} = 67$ g/100 ml
$H_2O^{70\,°C} = 314{,}6$ g/100 ml
H_2O siedend = ∞ löslich
H_2O boiling = ∞ soluble
H_2O bouillant = ∞ soluble

Diverses – misc. – divers

500 g
1 K
5 K

25 K
50 K

444

Hexamethylen-tetramin
Hexamethylenetetramine
Hexaméthylènetétramine

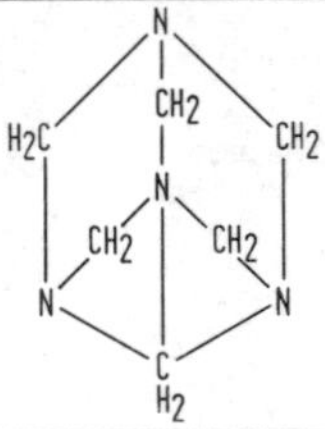

$C_6H_{12}N_4$

Eigenschaften – properties – propriétés

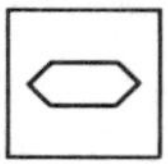

gelbbraun
yellow brown
jaune brun

weiß; hygroskopisch
white; hygroscopic
blanc; hygroscopique

MM 140,19
D
Fp
Kp

Gehalte – content – teneurs
98 ... 99% $C_6H_{12}N_4$

Löslichkeiten – solubilities – solubilités
$H_2O^{12\,°C} = 81{,}3$ g/100 ml
$Äthanol^{12\,°C} = 3{,}2$ g/100 ml
$ethanol^{12\,°C} = 3{,}2$ g/100 ml
$éthanol^{12\,°C} = 3{,}2$ g/100 ml
$Chloroform^{12\,°C} = 8{,}1$ g/100 ml
$chloroform^{12\,°C} = 8{,}1$ g/100 ml
$chloroforme^{12\,°C} = 8{,}1$ g/100 ml

Reaktionen – reactions – réactions
zersetzlich|decomposable|dégradable

Diverses – misc. – divers

250 g
1 K

1 K
5 K

1 K
5 K

25 K
50 K

445

Hexan C_6H_{14}
Hexane
Hexane

$CH_3—[CH_2]_4—CH_3$

Eigenschaften – properties – propriétés

farblos
colourless
incolore

MM 86,18
D $0{,}6638^{15\,°C}$
Fp −93,5 °C
Kp 68,8 °C

Löslichkeiten – solubilities – solubilités
H_2O = nicht löslich|insoluble|insoluble
Äthanol = ∞ löslich
ethanol = ∞ soluble
éthanol = ∞ soluble
$Chloroform^{33\,°C}$ = 50 g/100 ml
$chloroform^{33\,°C}$ = 50 g/100 ml
$chloroforme^{33\,°C}$ = 50 g/100 ml

Reaktionen – reactions – réactions

Diverses – misc. – divers
MAK 500 ppm, 1800 mg/m³
RID IIIa

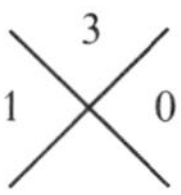

F R: 22-33
S: 16-22-23-27-36-53-71-104

500 ml
1 L

5 L
20 K

446

Hydrazinium*di*chlorid $N_2H_4 \cdot 2\,HCl$
Hydrazinium *di*chloride
Hydrazine *di*chlorhydrate

$H_2N—NH_2 \cdot 2\,HCl$

Eigenschaften – properties – propriétés

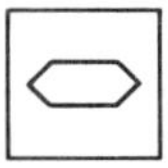

weiß
white
blanc

MM 104,97
D 1,4226
Fp ~200 °C
Kp

Gehalte – content – teneurs
69,47% HCl

Löslichkeiten – solubilities – solubilités
$H_2O^{23\,°C}$ = 25 g/100 ml

Reaktionen – reactions – réactions

> 200 °C →  HCl

Diverses – misc. – divers

100 g
1 K
5 K

447

Hydraziniumhydroxid N_2H_6O
Hydrazinium hydroxide N_2H_5OH
Hydrazine hydroxyde

Eigenschaften – properties – propriétés

farblos
colourless
incolore

MM 50,06
D 1,01
Fp 51,7 °C
Kp 118 . . . 119 °C

Gehalte – content – teneurs

~ 24% N_2H_6O
~ 50% N_2H_6O
~ 95% N_2H_6O

Löslichkeiten – solubilities – solubilités
H_2O = leicht löslich|easily soluble|facilement soluble
Äthanol = leicht löslich
ethanol = easily soluble
éthanol = facilement soluble

Reaktionen – reactions – réactions

Diverses – misc. – divers
RID V

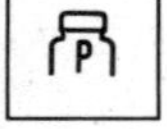

500 ml
1 L
5 L
25 K

448

Hydraziniumsulfat $N_2H_4 \cdot H_2SO_4$
Hydrazinium sulphate
Hydrazine sulfate

$H_2N—NH_2 \cdot H_2SO_4$

Eigenschaften – properties – propriétés

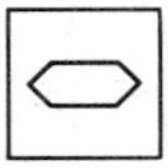

farblos
colourless
incolore

MM 130,13
D 1,37
Fp 254 °C
Kp

Gehalte – content – teneurs
75,37% H_2SO_4

Löslichkeiten – solubilities – solubilités
$H_2O^{kalt|cold|froid}$ = wenig löslich|slightly soluble|peu soluble
$H_2O^{50\,°C}$ = löslich|soluble|soluble
$H_2O^{80\,°C}$ = leicht löslich|easily soluble|facilement soluble

Reaktionen – reactions – réactions
zersetzlich|decomposable|dégradable

Diverses – misc. – divers

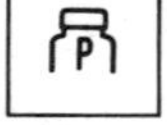

250 g
1 K
5 K

449

Hydrochinon $C_6H_6O_2$
Hydroquinone
Hydroquinone

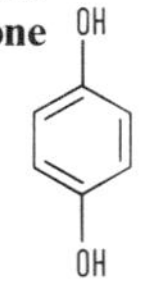

Eigenschaften – **properties** – **propriétés**

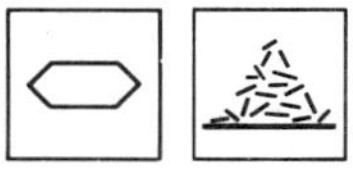

MM 110,11
D 1,36
Fp 172 °C
Kp 285 °C

Gehalte – **content** – **teneurs**
> 99,5% $C_6H_6O_2$

Löslichkeiten – **solubilities** – **solubilités**
$H_2O^{heiß|hot|chaud}$ =
leicht löslich|easily soluble|facilement soluble

Diverses – misc. – divers
MAK 2 mg/m^3

100 g 1 K
250 g 5 K

450

*di*Hydroxo*di*amminpalladium(II) $[Pd(NH_3)_2(OH)_2]$
***di*Ammine palladium(II) hydroxide**
***di*Hydroxo-*di*-ammine palladium(II)**

Eigenschaften – **properties** – **propriétés**

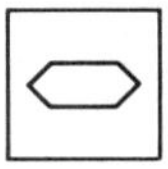

gelb
yellow
jaune

MM 174,8
D
Fp
Kp

Löslichkeiten – **solubilities** – **solubilités**
$H_2O^{kalt|cold|froid}$ = löslich|soluble|soluble
$H_2O^{heiß|hot|chaud}$ =
Zersetzung|decomposition|dégradation

451

Hydroxylamin-hydrochlorid $NH_2OH \cdot HCl$
Hydroxylamine hydrochloride
Hydroxylamine chlorhydrate

Eigenschaften – properties – propriétés

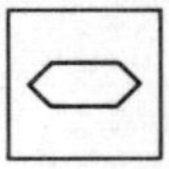

farblos, hygroskopisch
colourless, hygroscopic
incolore, hygroscopique

MM 69,50
D 1,67
Fp 152 °C
Kp

Gehalte – content – teneurs
52,47% HCl

Löslichkeiten – solubilities – solubilités
$H_2O^{15\,°C}$ = sehr leicht löslich|extremely soluble|très facilement soluble

Reaktionen – reactions – réactions
zersetzlich|decomposable|dégradable

Diverses – misc. – divers

100 g 1 K
250 g 5 K

452

Hydroxylaminsulfat $(NH_2OH)_2 \cdot H_2SO_4$
Hydroxylamine sulphate
Hydroxylamine sulfate

Eigenschaften – properties – propriétés

farblos
colourless
incolore

MM 164,14
D
Fp 170 °C
Kp

Gehalte – content – teneurs
40,25% Hydroxylamin(e)
59,75% H_2SO_4

Löslichkeiten – solubilities – solubilités
$H_2O^{25\,°C}$ = leicht löslich|easily soluble|facilement soluble

Reaktionen – reactions – réactions
zersetzlich|decomposable|dégradable

Diverses – misc. – divers

250 g
1 K
5 K

50 K

Indium(III)-chlorid $InCl_3$
Indium(III) chloride
Indium(III) chlorure

Eigenschaften – properties – propriétés

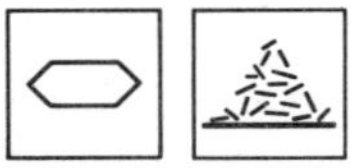

weiß, glänzend, hygroskopisch
white, bright, hygroscopic
blanc, brillant, hygroscopique

MM 221,18
D 3,45
Fp 586 °C unter Druck | under pressure | sous pression
Kp 498 °C → Sublimation | sublimation | sublimation

Gehalte – content – teneurs
51,8% In

Löslichkeiten – solubilities – solubilités
$H_2O^{20\,°C} = 66{,}7$ g/100 ml

Indium(III)-cyanid $In(CN)_3$
Indium(III) cyanide
Indium(III) cyanure

Eigenschaften – properties – propriétés

 • • • 

weiß
white
blanc

MM 192,81
D
Fp
Kp

Gehalte – content – teneurs
59,4% In

Löslichkeiten – solubilities – solubilités
Alkalilauge = leicht löslich
caustic alkali solution = easily soluble
solution caustique alcaline = facilement soluble

Diverses – misc. – divers
MAK 5 mg CN/m^3
RID IVa

455

Indiumfluoroborat
Indium fluoroborate
Indium fluoroborate

$In[BF_4]_2$

Eigenschaften – properties – propriétés

farblos
colourless
incolore

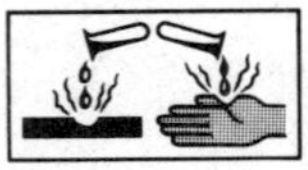

MM 375,22
D
Fp
Kp

Gehalte – content – teneurs

50% In $[BF_4]_2 \rightarrow$ 18,7% In

Löslichkeiten – solubilities – solubilités
$H_2O = \infty$ löslich| ∞ soluble| ∞ soluble

Diverses – misc. – divers
RID IVa/V

456

Indium(III)-hydroxid
Indium(III) hydroxide
Indium(III) hydroxyde

$In(OH)_3$

Eigenschaften – properties – propriétés

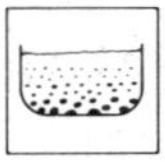

weißer Niederschlag
white precipitate
précipité blanc

MM 165,84
D 4,41
Fp
Kp

Gehalte – content – teneurs
69,2% In

Löslichkeiten – solubilities – solubilités
$H_2O^{20\,°C}$ = leicht löslich|easily soluble|
facilement soluble
Säure(n) verdünnt = löslich
acid(s) diluted = soluble
acide(s) dilué = soluble

Reaktionen – reactions – réactions
150 °C → Zersetzung|decomposition|dégradation

457

Indium(II)-oxid InO
Indium(II) oxide
Indium(II) oxyde

Eigenschaften – properties – propriétés

weiß
white
blanc

MM 130,82
D
Fp
Kp

Gehalte – content – teneurs
87,8% In

458

Indium(III)-oxid In_2O_3
Indium(III) oxide
Indium(III) oxyde

Eigenschaften – properties – propriétés

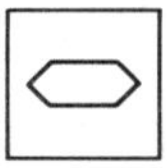

weiß – gelb
white – yellow
blanc – jaune

MM 277,63
D 7,179
Fp ~ 2000 °C
Kp

Gehalte – content – teneurs
82,7% In

Löslichkeiten – solubilities – solubilités
Säure(n) = löslich
acid(s) = soluble
acide(s) = soluble

459

Indium(III)-sulfat wasserfrei $In_2(SO_4)_3$
Indium(III) sulphate anhydrous
Indium(III) sulfate anhydre

Eigenschaften – properties – propriétés

weiß
white
blanc

MM 517,82
D 3,438
Fp
Kp

Gehalte – content – teneurs
44,3% In

Löslichkeiten – solubilities – solubilités
$H_2O^{25\,°C} = 0{,}621$ g/100 ml

460

Indium(III)-sulfat-9-hydrat $In_2(SO_4)_3 \cdot 9\,H_2O$
Indium(III) sulphate 9-hydrate
Indium(III) sulfate 9-eau

Eigenschaften – properties – propriétés

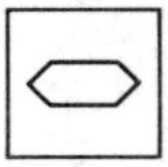

farblos, monoklin
colourless, monoclinic
incolore, monoclinique

MM 679,96
D
Fp
Kp

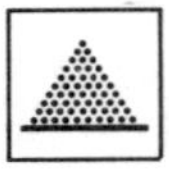

weiß, hygroskopisch
white, hygroscopic
blanc, hygroscopique

Gehalte – content – teneurs
33,76% In

Löslichkeiten – solubilities – solubilités
H_2O = löslich|soluble|soluble

Reaktionen – reactions – réactions

Zersetzung
800 °C → decomposition → In_2O_3
dégradation

461

Indium(III)-sulfid In_2S_3
Indium(III) sulphide
Indium(III) sulfure

Eigenschaften – properties – propriétés

rot
red
rouge

MM 325,83
D 4,89
Fp 1050 °C
Kp

Gehalte – content – teneurs
70,5% In

Löslichkeiten – solubilities – solubilités
HCl = löslich|soluble|soluble

Reaktionen – reactions – réactions
$+ H_2SO_4 \rightarrow H_2S$

462

Isatin $C_8H_5NO_2$
Isatin
Isatine

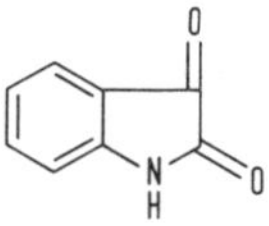

Eigenschaften – properties – propriétés

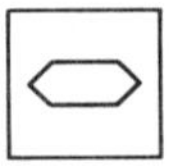

gelbrot
yellow red
jaune rouge

MM 147,14
D
Fp 201 ... 203 °C
Kp

Löslichkeiten – solubilities – solubilités
$H_2O^{heiß|hot|chaud}$ = löslich|soluble|soluble

Diverses – misc. – divers

10 g
25 g
250 g
500 g
1 K

25 K

40 K

463

Itaconsäure $C_5H_6O_4$
Itaconic acid
Acide itaconique

```
CH2 = C—CH2COOH
      |
      COOH
```

Eigenschaften – properties – propriétés

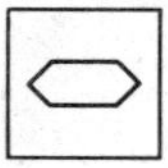

MM 130,10
D 1,573
Fp 167 . . . 168 °C
Kp

Löslichkeiten – solubilities – solubilités
$H_2O^{10\,°C}$ = 5,9 g/100 ml
$H_2O^{20\,°C}$ = 8,3 g/100 ml

Reaktionen – reactions – réactions
zersetzlich|decomposable|dégradable

464

Jod J
Iodine I
Iode

Eigenschaften – properties – propriétés

violettschwarz, rhombisch
violet black, rhombic
violet noir, rhombique

Atomgewicht|atomic weight|poids atomique 126,91
D 4,93
Fp 113,6 °C
Kp 185 °C

Löslichkeiten – solubilities – solubilités
H_2O = sehr wenig löslich|
very slightly soluble|très peu soluble
CS_2 = leicht löslich|easily soluble|facilement soluble
Äthanol = leicht löslich
ethanol = easily soluble
éthanol = facilement soluble
Diäthyläther = leicht löslich
diethyl ether = easily soluble
éther diéthylique = facilement soluble
Chloroform = leicht löslich
chloroform = easily soluble
chloroforme = facilement soluble

Reaktionen – reactions – réactions

Diverses – misc. – divers **Xn** R: 64
MAK 0,1 ppm, 1 mg/m³ S : 31-53-63

100 g 1 K
500 g 5 K

50 K

465

Jod*mono*chlorid JCl
Iodine *mono*chloride ICl
Iode *mono*chlorure

Eigenschaften – properties – propriétés

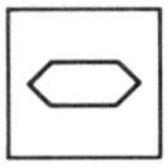

rot, hygroskopisch
red, hygroscopic
rouge, hygroscopique

MM 162,37
D 3,86
Fp 27,3 °C
Kp 100 °C

Gehalte – content – teneurs
78,16% J, I

Löslichkeiten – solubilities – solubilités
CCl_4 = löslich|soluble|soluble
H_2O = löslich (zersetzt → HJ_3 + HCl)
H_2O = soluble (decomposed → HIO_3 + HCl)
H_2O = soluble (décomposé → HIO_3 + HCl)
Methanol = löslich
methanol = soluble
méthanol = soluble
Äthanol = löslich
ethanol = soluble
éthanol = soluble
Diäthyläther = löslich
diethyl ether = soluble
éther diéthylique = soluble
Pyridin = löslich
pyridine = soluble
pyridine = soluble
Essigsäure = löslich
acetic acid = soluble
acide acétique = soluble

Reaktionen – reactions – réactions

Diverses – misc. – divers
RID V

466

Jodsäure HJO_3
Iodic acid HIO_3
Acide iodique

Eigenschaften – properties – propriétés

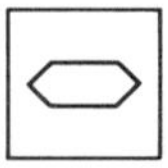

farblos, durchsichtig, rhombisch
colourless, transparent, rhombic
incolore, transparent, rhombique

MM 175,92
D 4,650
Fp 110 °C
Kp

Gehalte – content – teneurs
72,14% J, I

Löslichkeiten – solubilities – solubilités
H_2O = sehr leicht löslich
extremely soluble|très facilement soluble

Reaktionen – reactions – réactions

Diverses – misc. – divers

Jodwasserstoff HJ
Hydrogen iodide HI
Hydrogène iodure

Eigenschaften – properties – propriétés

Gas, farblos
Gas, colorless
Gaz, incolore

MM 127,93
D
Fp
Kp

Gehalte – content – teneurs
99,21% J, I

→Tabelle|Table|
Tableau 467.1

Löslichkeiten – solubilities – solubilités
$H_2O^{10\,°C}$ = sehr leicht löslich|
extremely soluble|très facilement soluble (1+425)

Reaktionen – reactions – réactions

Diverses – misc. – divers **T** R: 60-84
RID V S : 15-34-63-76-108
25–70% HJ→ **C** R: 81
% HI→ S : 13-32-53-65-67-94

Kaliumacetat $KC_2H_3O_2$
Potassium acetate
Potassium acétate

Eigenschaften – properties – propriétés

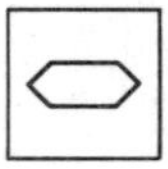

hygroskopisch
hygroscopic
hygroscopique

MM 98,15
D $1{,}519^{18\,°C}$
Fp 295 °C
Kp

Gehalte – content – teneurs
39,84% K

Löslichkeiten – solubilities – solubilités
$H_2O^{2\,°C}$ = 188 g/100 ml
$H_2O^{13,9\,°C}$ = 229 g /100 ml
$H_2O^{62\,°C}$ = 493 g/100 ml
$H_2O^{162\,°C}$ = 800 g/100 ml→Kp

Diverses – misc. – divers

500 g
1 K

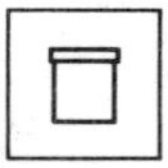

5 K

25 K
50 K

469

Kaliumaluminiumsulfat-12-hydrat
Potassium aluminium sulphate 12-hydrate
Potassium et aluminium sulfate 12-eau

$KAl(SO_4)_2 \cdot 12\ H_2O$

Eigenschaften –properties – propriétés

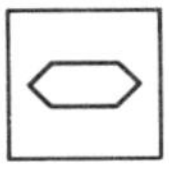

farblos
colourless
incolore

MM 474,40
D 1,75
Fp 92,5 °C
Kp

Gehalte – content – teneurs
8,24% K
5,69% Al

Löslichkeiten – solubilities – solubilités
H_2O = leicht löslich|easily soluble|facilement soluble

Diverses – misc. – divers

1 K
5 K

50 K

470

Kaliumantimon(III)-oxidtartrat-0,5-hydrat
Potassium antimony(III) oxidtartrate half-hydrate
Potassium et antimoine(III) oxytartrate 0,5-eau

$K(SbO)C_4H_4O_6 \cdot 0,5\ H_2O$

Eigenschaften – properties – propriétés

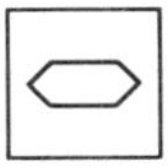

farblos, orthorhombisch
colourless, orthorhombic
incolore, orthorhombique

weiß
white
blanc

MM 333,93
D 2,607
Fp
Kp

Gehalte – content – teneurs
11,71% K
36,46% Sb

Löslichkeiten – solubilities – solubilités
$H_2O^{kalt|cold|froid}$ = löslich|soluble|soluble
$H_2O^{heiß|hot|chaud}$ =
leicht löslich|easily soluble|facilement soluble

Reaktionen – reactions – réactions
$100\,°C \rightarrow -0,5\ H_2O$

Diverses – misc. – divers
RID IVa

500 g
1 K
5 K

25 K
50 K

471

Kaliumbromat $KBrO_3$
Potassium bromate
Potassium bromate

Eigenschaften – properties – propriétés

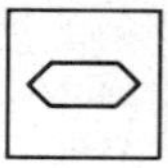

farblos
colourless
incolore

MM 167,01
D $3{,}27^{17{,}5\,°C}$
Fp 434 °C
Kp

Gehalte – content – teneurs
23,41% K
47,85% Br

Löslichkeiten – solubilities – solubilités
$H_2O^{20\,°C} = 6{,}5$ g/100 ml

Reaktionen – reactions – réactions
370 °C → Zersetzung|decomposition|dégradation

Diverses – misc. – divers **O** R: 13-54
RID IIIc S: 12-21-29-35-38-65-71-93

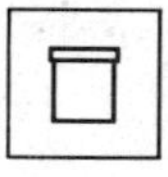

500 g
1 K
5 K

50 K
100 K

472

Kaliumbromid KBr
Potassium bromide
Potassium bromure

Eigenschaften – properties – propriétés

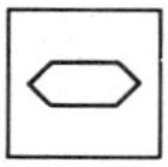

farblos, glänzend
colourless, bright
incolore, brillant

MM 119,02
D $2{,}75^{25\,°C}$
Fp 732 °C
Kp 1383 °C

Gehalte – content – teneurs
32,85% K
67,15% Br

Löslichkeiten – solubilities – solubilités
$H_2O^{20\,°C} = 39{,}4$ g/100 ml

Diverses – misc. – divers

500 g
1 K
5 K

50 K

473

Kaliumcadmiumcyanid $KCd(CN)_3$
Potassium cadmium cyanide
Potassium et cadmium cyanure

Eigenschaften – properties – propriétés

farblos
colourless
incolore

MM 229,56
D
Fp
Kp

Gehalte – content – teneurs
38,15% Cd
34,00% CN

Löslichkeiten – solubilities – solubilités
H_2O = löslich|soluble|soluble

Diverses – misc. – divers
MAK 5 mg CN/m^3
RID IVa

>1 K

474

Kaliumcarbonat K_2CO_3
Potassium carbonate
Potassium carbonate

Eigenschaften – properties – propriétés

weiß, hygroskopisch
white, hygroscopic
blanc, hygroscopique

MM 138,21
D $2{,}428^{19\,°C}$
Fp 891 °C
Kp

Gehalte – content – teneurs
56,58% K

Löslichkeiten – solubilities – solubilités
$H_2O^{20\,°C}$ = 52,5 g/100 ml

Reaktionen – reactions – réactions
zersetzlich|decomposable|dégradable

Diverses – misc. – divers

1 K
5 K

50 K

475

Kalium*hydrogen*carbonat $KHCO_3$
Potassium *hydrogen*carbonate
Potassium *hydrogéno*carbonate

Eigenschaften – properties – propriétés

farblos, durchsichtig
colourless, transparent
incolore, transparent

weiß
white
blanc

MM 100,12
D 2,17
Fp
Kp

Gehalte – content – teneurs
39,05% K

Löslichkeiten – solubilities – solubilités
$H_2O^{20\,°C}$ = 25,0 g/100 ml

Reaktionen – reactions – réactions
200 °C → Zersetzung|decomposition|dégradation

Diverses – misc. – divers

1 K
5 K

> 5 K

476

Kaliumnatriumcarbonat $KNaCO_3 \cdot 6\,H_2O$
Potassium sodium carbonate
Potassium et sodium carbonate

Eigenschaften – properties – propriétés

farblos, monoklin
colourless, monoclinic
incolore, monoclinique

MM 230,20
D 1,63
Fp $-6\,H_2O$, 100 °C
Kp

Gehalte – content – teneurs
15,8% K
17,27% Na

Löslichkeiten – solubilities – solubilités
$H_2O^{12,5\,°C}$ = 133 g/100 ml
$H_2O^{15\,°C}$ = 185 g/100 ml

Diverses – misc. – divers

250 g
1 K
5 K

> 5 K

477

Kaliumchlorat $KClO_3$
Potassium chlorate
Potassium chlorate

Eigenschaften - properties – propriétés

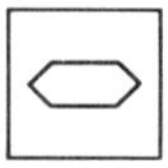

farblos, glänzend
colourless, bright
incolore, brillant

MM 122,56
D 2,32
Fp 368 °C
Kp

Gehalte – content – teneurs
31,90% K

Löslichkeiten – solubilities – solubilités
$H_2O^{20\,°C} = 6,5$ g/100 ml

Reaktionen – reactions – réactions
400 °C → Zersetzung|decomposition|dégradation

Diverses – misc. – divers **O + Xn** R : 13-54
RID IIIc S : 2-12-21-29-31-35-38-51-65-71-91-93

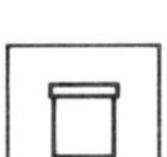

1 K
5 K

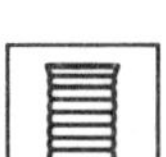

100 K

478

Kalium*per*chlorat $KClO_4$
Potassium *per*chlorate
Potassium *per*chlorate

Eigenschaften – properties – propriétés

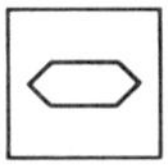

farblos
colourless
incolore

MM 138,55
D $2,524\,\frac{11\,°C}{4}$
Fp 610 °C
Kp

Gehalte – content – teneurs
28,22% K·

Löslichkeiten – solubilities – solubilités
$H_2O^{20\,°C} = 1,7$ g/100 ml

Diverses – misc. – divers **O** R : 13
RID IIIc S : 11-22-29-35-38

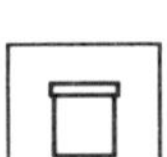

100 g
250 g
1 K

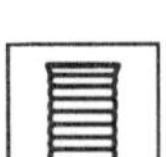

25 K
25 K
100 K

479

Kaliumchlorid KCl
Potassium chloride
Potassium chlorure

Eigenschaften – properties – propriétés

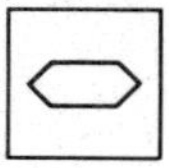

farblos
colourless
incolore

MM 74,56
D 1,988
Fp 776 °C
Kp 1500 °C

Gehalte – content – teneurs
52,44% K

Löslichkeiten – solubilities – solubilités
$H_2O^{20\,°C}$ = 25,5 g/100 ml

Diverses – misc. – divers

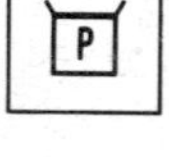

1 K
5 K

50 K

480

Kalium*tetra*chloroaurat(III) $K[AuCl_4]$
Potassium *tetra*chloro aurate
Potassium *tétra*chloroaurate(III)

Eigenschaften – properties – propriétés

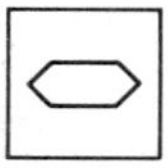

gelb, monoklin
yellow, monoclinic
jaune, monoclinique

MM 378,124
D
Fp
Kp

Gehalte – content – teneurs
10,3% K
52,1% Au

Löslichkeiten – solubilities – solubilités
$H_2O^{20\,°C}$ = 61,8 g/100 ml
$H_2O^{60\,°C}$ = 80,2 g/100 ml

Reaktionen – reactions – réactions
355 °C → Zersetzung|decomposition|dégradation

481

Kalium*hexa*chloropalladat(IV) $K_2[PdCl_6]$
Potassium *hexa*chloro palladate
Potassium *hexa*chloropalladate(IV)

Eigenschaften – properties – propriétés

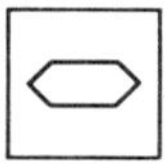

rot, kubisch
red, cubic
rouge, cubique

MM 397,63
D 2,74
Fp
Kp

Gehalte – content – teneurs
20,43% K
26,6% Pd

Löslichkeiten – solubilities – solubilités
HCl verdünnt, heiß = löslich
HCl diluted, hot = soluble
HCl dilué, chaud = soluble

482

Kalium*hexa*chloroplatinat(IV) $K_2[PtCl_6]$
Potassium *hexa*chloro platinate
Potassium *hexa*chloroplatinate(IV)

Eigenschaften – properties – propriétés

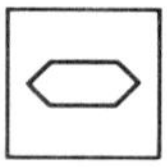

orangegelb
orange yellow
orange jaune

MM 486,16
D 3,499
Fp
Kp

Gehalte – content – teneurs
40,2% Pt

Löslichkeiten – solubilities – solubilités
$H_2O^{0\,°C}$ = 0,478 g/100 ml
$H_2O^{100\,°C}$ = 5,03 g/100 ml

Reaktionen – reactions – réactions
250 °C → Zersetzung | decomposition | dégradation

483

Kalium*hexa*chlororhodinat(III)-3-hydrat
Potassium *hexa*chloro rhodate 3-hydrat
Potassium *hexa*chlororhodinate(III) 3-eau

$K_3[RhCl_6] \cdot 3\ H_2O$

Eigenschaften – properties – propriétés

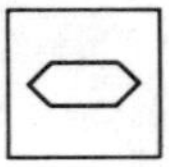

dunkelrot, prismatisch, glänzend
dark red, prismatic, bright
rouge foncé, prismatique, brillant

MM 486,99
D 3,3
Fp
Kp

Gehalte – content – teneurs
~24% K
~21,14% Rh

Löslichkeiten – solubilities – solubilités
$H_2O^{kalt|cold|froid}$ =
wenig löslich|slightly soluble|peu soluble
$H_2O^{heiß|hot|chaud}$ =
Zersetzung|decomposition|dégradation
Äthanol = nicht löslich
ethanol = insoluble
éthanol = insoluble

Reaktionen – reactions – réactions
zersetzlich|decomposable|dégradable

484

Kaliumchromat
Potassium chromate
Potassium chromate

K_2CrO_4

Eigenschaften – properties – propriétés

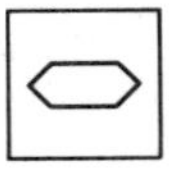

gelb, rhombisch
yellow, rhombic
jaune, rhombique

MM 194,20
D $2{,}732^{18\,°C}$
Fp 975 °C
Kp

Gehalte – content – teneurs
40,26% K
26,78% Cr

Löslichkeiten – solubilities – solubilités
$H_2O^{0\,°C}$ = 59,0 g/100 ml
$H_2O^{100\,°C}$ = 79,2 g/100 ml
Äthanol = nicht löslich
ethanol = insoluble
éthanol = insoluble

Diverses – misc. – divers
MAK 0,2 mg/m^3

100 g
250 g
500 g
1 K

500 g
1 K
5 K

25 K
50 K

485

Kalium*di*chromat $K_2Cr_2O_7$
Potassium *di*chromate
Potassium *di*chromate

Eigenschaften – properties – propriétés

gelbrot, triklin
yellow red, tricline
jaune rouge, triclinique

MM 294,21
D 2,69
Fp 398 °C
Kp

Gehalte – content – teneurs
26,58% K
35,36% Cr

Löslichkeiten – solubilities – solubilités
$H_2O^{0\,°C}$ = 4,68 g/100 ml
$H_2O^{100\,°C}$ = 103 g/100 ml
Äthanol = nicht löslich
ethanol = insoluble
éthanol = insoluble

Reaktionen – reactions – réactions
> 610 °C → Zersetzung|decomposition|dégradation

Diverses – misc. – divers **Xi** R : 12-54
MAK 0,15 mg/m³ S : 11-21-29-51-65

500 g
1 K
5 K

25 K
50 K

486

Kaliumchrom(III)-sulfat-12-hydrat
Potassium chromium(III) sulphate 12-hydrate
Potassium et chrome(III) sulfate 12-eau

$KCr(SO_4)_2 \cdot 12\,H_2O$

Eigenschaften – properties – propriétés

blauviolett
blue violet
bleu violet

MM 499,41
D 1,813
Fp 89 °C
Kp

Gehalte – content – teneurs
20,83% Cr

Löslichkeiten – solubilities – solubilités
$H_2O^{25\,°C}$ = 11,1 g/100 ml

Diverses – misc. – divers

500 g
1 K
5 K

50 K

25 K
50 K

***tri*Kaliumcitrat-1-hydrat** $K_3C_6H_5O_7 \cdot H_2O$
***tri*Potassium citrate 1-hydrate**
***tri*Potassium citrate 1-eau**

Eigenschaften – properties – propriétés

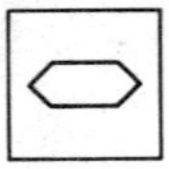

MM 306,41
D $1{,}995^{18\,°C}$
Fp
Kp

Gehalte – content – teneurs
38,28% K

Löslichkeiten – solubilities – solubilités
H_2O = löslich|soluble|soluble
Äthanol heiß 65% = leicht löslich
ethanol hot 65% = easily soluble
éthanol chaud 65% = facilement soluble

Diverses – misc. – divers

500 g
1 K
5 K

50 K

Kalium*thio*cyanat KSCN
Potassium *thio*cyanate
Potassium *thio*cyanate

Eigenschaften – properties – propriétés

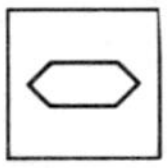
farblos
colourless
incolore

MM 97,18
D 1,886
Fp 175,1 °C
Kp

Gehalte – content – teneurs
40,23% K

Löslichkeiten – solubilities – solubilités
$H_2O^{20\,°C}$ = 69,0 g/100 ml

Reaktionen – reactions – réactions
zerfließlich|deliquescent|liquéfiable

Diverses – misc. – divers

500 g
1 K
5 K

50 K

489

Kaliumcyanid KCN
Potassium cyanide
Potassium cyanure

Eigenschaften – properties – propriétés

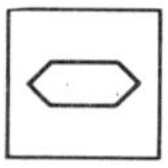
farblos
colourless
incolore

weiß
white
blanc

MM 65,12
D $1{,}52^{16\,°C}$
Fp 634,5 °C
Kp

Gehalte – content – teneurs
60,05% K
39,95% CN

Löslichkeiten – solubilities – solubilités
$H_2O^{20\,°C} = 40{,}4$ g/100 ml

Reaktionen – reactions – réactions

Säure(n)
\+ acid(s) → HCN
acide(s)

Diverses – misc. – divers
MAK 5 mg CN/m³
RID IVa

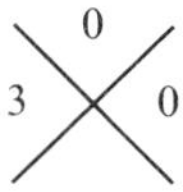

T R: 58-71
S: 3-12-21-31-35-52-63-91-93-108

500 g
1 K
5 K

50 K

490

Kalium*di*cyanoargentat(I) $K[Ag(CN)_2]$
Potassium cyanoargentate(I)
Potassium cyanoargentate(I)

Eigenschaften – properties – propriétés

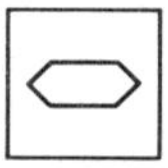

farblos
colourless
incolore

MM 199,012
D 2,36
Fp
Kp

Gehalte – content – teneurs
54,22% Ag

Löslichkeiten – solubilities – solubilités
$H_2O^{20\,°C} = 20{,}0$ g/100 ml

Diverses – misc. – divers
MAK 5 mg CN/m³
RID IVa

491

Kalium*di*cyanoaurat $K[Au(CN)_2]$
Potassium cyanoaurate
Potassium cyanoaurate

Eigenschaften – properties – propriétés

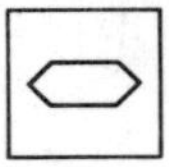 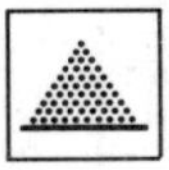

farblos
colourless
incolore

MM 288,3
D 3,452
Fp
Kp

Gehalte – content – teneurs
68,4% Au

Löslichkeiten – solubilities – solubilités
$H_2O^{kalt|cold|froid} = 14{,}3$ g/100 ml
$H_2O^{heiß|hot|chaud} = 200$ g/100 ml

Diverses – misc. – divers
MAK 5 mg CN/m^3
RID IVa

492

Kalium*hexa*cyanoferrat(II)-3-hydrat
Potassium *hexa*cyanoferrate(II) 3-hydrate
Potassium *hexa*cyanoferrate(II) 3-eau
$K_4[Fe(CN)_6] \cdot 3\ H_2O$

Eigenschaften – properties – propriétés

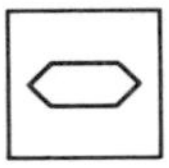

hellgelb, monoklin-prismatisch
light yellow, monoclinic-prismatic
jaune clair, monoclinique-prismatique

MM 422,39
D 1,85
Fp
Kp

Gehalte – content – teneurs
13,22% Fe
36,96% CN

Löslichkeiten – solubilities – solubilités
$H_2O^{20\,°C} = 25{,}7$ g/100 ml
$H_2O^{80\,°C} = 46{,}7$ g/100 ml

Reaktionen – reactions – réactions
$60 \ldots 100\,°C \rightarrow -3\ H_2O$

Diverses – misc. – divers

500 g
1 K
5 K

25 K
50 K

493

Kalium*hexa*cyanoferrat(III) $K_3[Fe(CN)_6]$
Potassium *hexa*cyanoferrate(III)
Potassium *hexa*cyanoferrate(III)

Eigenschaften – properties – propriétés

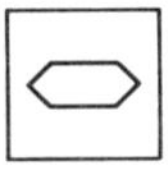

rot, monoklin-prismatisch
red, monoclinic-prismatic
rouge, monoclinique-prismatique

MM 329,25
D 1,89
Fp
Kp

Gehalte – content – teneurs
16,96% Fe
47,42% CN

Löslichkeiten – solubilities – solubilités
$H_2O^{13\,°C} = 27{,}5$ g/100 ml

Diverses – misc. – divers

250 g
1 K
5 K

25 K
50 K

494

Kalium*tetra*cyanomercurat(II) $K_2[Hg(CN)_4]$
Potassium *tetra*cyanomercurate(II)
Potassium *tétra*cyanomercurate(II)

Eigenschaften – properties – propriétés

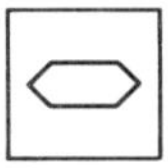

farblos
colourless
incolore

MM 382,87
D
Fp
Kp

Gehalte – content – teneurs
52,39% Hg
27,19% CN
65,98% $Hg(CN)_2$

Löslichkeiten – solubilities – solubilités
H_2O = leicht löslich|easily soluble|facilement soluble

Diverses – misc. – divers
MAK 5 mg CN/m^3
RID IVa

100 g
1 K
5 K

25 K

495

Kalium*tetra*cyanonickelat(II) $K_2[Ni(CN)_4]$
Potassium *tetra*cyanonickelate(II)
Potassium *tétra*cyanoniccolate(II)

Eigenschaften – properties – propriétés

rotgelb
red yellow
rouge jaune

MM 240,99
D 1,875
Fp
Kp

Gehalte – content – teneurs
22...23% Ni

Diverses – misc. – divers
MAK 5 mg CN/m^3
RID IVa

250 g
1 K
> 1 K

496

Kalium*tetra*cyanoplatinat-3-hydrat
Potassium *tetra*cyanoplatinate 3-hydrate
Potassium *tétra*cyanoplatinate 3-eau
$K_2[Pt(CN)_4] \cdot 3\ H_2O$

Eigenschaften – properties – propriétés

farblos, gelb, orthorhombisch
colourless, yellow, orthorhombic
incolore, jaune, orthorhombique

MM 431,41
D 2,45
Fp $-3\ H_2O$, 100 °C
Kp

Gehalte – content – teneurs
45,2% Pt

Löslichkeiten – solubilities – solubilités
$H_2O^{kalt|cold|froid}$ =
sehr löslich|very soluble|très soluble
Äthanol = nicht löslich
ethanol = insoluble
éthanol = insoluble

Diverses – misc. – divers
MAK 5 mg CN/m^3
RID IVa

497

Kaliumfluorid KF
Potassium fluoride
Potassium fluorure

Eigenschaften – properties – propriétés

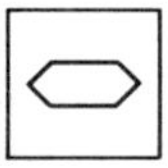  **weiß white blanc** 

MM 58,10
D 2,49
Fp 857 °C
Kp

Gehalte – content – teneurs
67,30% K

Löslichkeiten – solubilities – solubilités
$H_2O^{20\,°C} = 48{,}5$ g/100 ml

Reaktionen – reactions – réactions
zerfließlich|deliquescent|liquéfiable

Diverses – misc. – divers **T** R: 55
MAK 2,5 mg F/m³ S: 3-11-21-31-51-63-67-72-91-108

 500 g 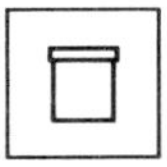 1 K 5 K  25 K 50 K

498

Kalium(I)-*hydrogendi*fluorid KHF_2
Potassium(I) *hydrogendi*fluoride KF · HF
Potassium(I) *hydrogéndi*fluorure

Eigenschaften – properties – propriétés

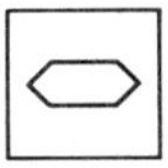 **farblos colourless incolore** 

MM 78,11
D 2,37
Fp 238,7 °C
Kp

Gehalte – content – teneurs
50,06% K

Löslichkeiten – solubilities – solubilités
$H_2O^{21\,°C} = 41$ g/100 ml
$H_2O^{80\,°C} = 114$ g/100 ml
$KC_2H_3O_2$ = löslich|soluble|soluble

Diverses – misc. – divers **T** R: 55
MAK 2,5 mg F/m³ S: 3-11-21-31-51-63-67-72-91-108
RID V

 1 K 5 K  50 K

499

Kaliumfluoroborat $K[BF_4]$
Potassium fluoroborate
Potassium fluoroborate

Eigenschaften – properties – propriétés

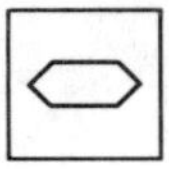
farblos
colourless
incolore

weiß
white
blanc

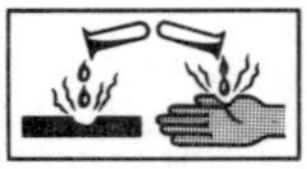

MM 125,92
D 2,498
Fp 530 °C
Kp

Gehalte – content – teneurs
97% $K[BF_4]$

Löslichkeiten – solubilities – solubilités
H_2O = ∞ löslich | ∞ soluble | ∞ soluble

Diverses – misc. – divers
RID IVa/V

500

Kalium*hexa*fluorosilicat $K_2[SiF_6]$
Potassium *hexa*fluorosilicate
Potassium *hexa*fluorosilicate

Eigenschaften – properties – propriétés

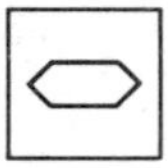
farblos
colourless
incolore

MM 220,28
D 2,66
Fp
Kp

Gehalte – content – teneurs
~35,4% K
~12,7% Si

Löslichkeiten – solubilities – solubilités
$H_2O^{20\,°C}$ = 0,15 g/100 ml

Reaktionen – reactions – réactions
zersetzlich | decomposable | dégradable

Diverses – misc. – divers **T** R: 55
S: 3-11-21-31-51-63-67-72-91-108

501

Kalium*hexa*fluorotitanat(IV) $K_2(TiF_6)$
Potassium *hexa*fluorotitanate(IV)
Potassium *hexa*fluorotitanate(IV)

Eigenschaften – properties – propriétés

weiß
white
blanc

MM 240,10
D 3,012
Fp ~780 °C
Kp

Gehalte – content – teneurs
32,57% K
19,95% Ti

Löslichkeiten – solubilities – solubilités
$H_2O^{20\,°C} = 1{,}2$ g/100 ml

Reaktionen – reactions – réactions
>600 °C → gelb (Zersetzung) | yellow (decomposition) | jaune (dégradation)

502

Kaliumhydroxid KOH
Potassium hydroxide
Potassium hydroxyde

Eigenschaften – properties – propriétés

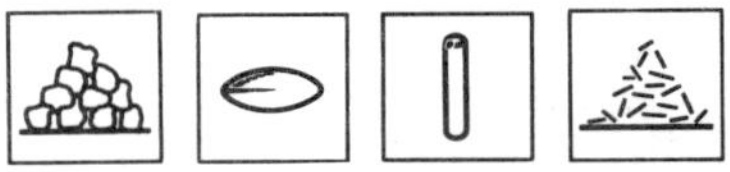

weiß
white
blanc

MM 56,11
D 2,044
Fp 410 °C
Kp 1327 °C

Gehalte – content – teneurs
69,69% K

Löslichkeiten – solubilities – solubilités
$H_2O^{20\,°C} = 53$ g/100 ml
→Tabelle|Table|Tableau 503,1

Reaktionen – reactions – réactions
zerfließlich|deliquescent|liquéfiable

Diverses – misc. – divers
RID V

0
3 1

C R: 82
S: 2-12-35-63-67-71-73-77-109

500 g
1 K

5 K

25 K
50 K
100 K

503

Kaliumhydroxidlösung $KOH + H_2O$
Potassium hydroxide solution
Potassium hydroxyde en solution

Eigenschaften – **properties** – **propriétés**

 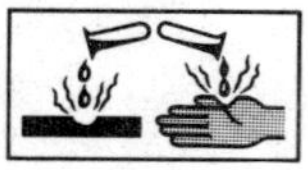

farblos
colourless
incolore

MM
D →Tabelle|Table|Tableau 503.1
Fp
Kp

Gehalte – **content** – **teneurs**
→Tabelle|Table|Tableau 503.1

Reaktionen – **reactions** – **réactions**

Diverses – **misc.** – **divers**
RID V

> 10% KOH→ **C** R: 82
S : 2-12-35-63-67-71-73-77-109

504

Kalium*hexa*hydroxoantimonat(V) $K[Sb(OH)_6]$
Potassium *hexa*hydroxoantimonat(V)
Potassium *hexa*hydroxoantimoinate(V)

Eigenschaften – **properties** – **propriétés**

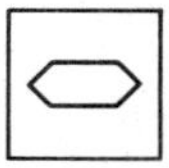

weiß
white
blanc

MM 262,90
D
Fp
Kp

Gehalte – **content** – **teneurs**
14,87% K
46,31% Sb

Löslichkeiten – **solubilities** – **solubilités**
$H_2O^{20\,°C}$ = 2,82 g/100 ml
$H_2O^{heiß|hot|chaud}$ = löslich|soluble|soluble

Diverses – **misc.** – **divers**
RID IVa

505

Kalium*hydrogendi***jodat** $KH(JO_3)_2$
Potassium *hydrogendi***iodate** $KH(IO_3)_2$
Potassium *hydrogénodi***iodate**

Eigenschaften – properties – propriétés

rhombisch + monoklin
rhombic + monoclinic
rhombique + monoclinique

MM 389,93
D
Fp
Kp

Gehalte – content – teneurs
10,03% K
65,09% J, I
89,71% JO_3, IO_3

Löslichkeiten – solubilities – solubilités
$H_2O^{15\,°C}$ = 1,33 g/100 ml

Diverses – misc. – divers

506

Kaliumjodid KJ
Potassium iodide KI
Potassium iodure

Eigenschaften – properties – propriétés

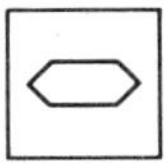

MM 166,01
D 3,13
Fp 685 °C
Kp 1324 °C

Gehalte – content – teneurs
23,55% K
76,45% J, I

Löslichkeiten – solubilities – solubilités
$H_2O^{20\,°C}$ = 59 g/100 ml

Diverses – misc. – divers

250 g
500 g
1 K

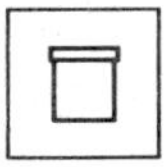

12,5 K

50 K

507

Kaliumkupfer(I)-cyanid $K_3[Cu(CN)_4]$
Potassium copper(I) cyanide
Potassium et cuivre(I) cyanure

Eigenschaften – properties – propriétés

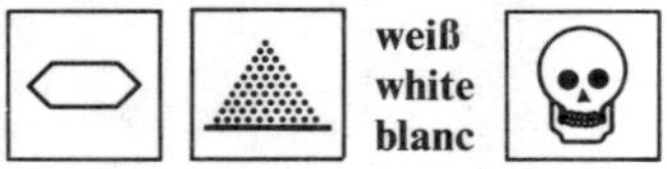

MM 284,92
D
Fp
Kp

Gehalte – content – teneurs
22,30% Cu
36,53% CN

Löslichkeiten – solubilities – solubilités
H_2O = sehr löslich|very soluble|très soluble

Diverses – misc. – divers
MAK 5 mg CN/m^3
RID IVa

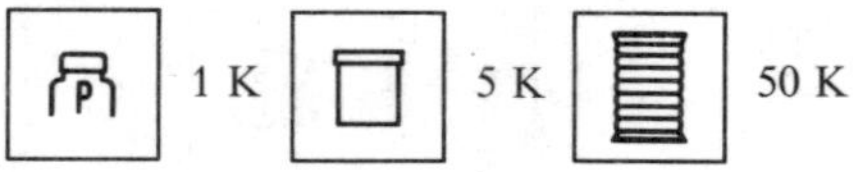

508

Kalium*per*manganat $KMnO_4$
Potassium *per*manganate
Potassium *per*manganate

Eigenschaften – properties – propriétés

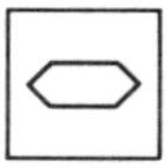

dunkelbraun – violettschwarz, glänzend
dark brown – violet black, bright
brun foncé – violet noir, brillant

MM 158,03
D 2,703
Fp
Kp

Gehalte – content – teneurs
34,76% Mn

Löslichkeiten – solubilities – solubilités
$H_2O^{20\,°C}$ = 6 g/100 ml

Reaktionen – reactions – réactions

< 240 °C → Zersetzung / decomposition / dégradation → O_2↑

Diverses – misc. – divers
RID IIIc

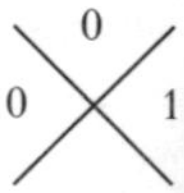

O R: 12-54
S : 11-29-35-38

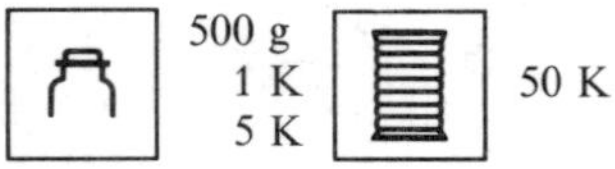

509

Kaliumnatriumtartrat-4-hydrat
Potassium sodium tartrate 4-hydrate
Potassium et sodium tartrate 4-eau

$KNaC_4H_4O_6 \cdot 4\ H_2O$

Eigenschaften – properties – propriétés

farblos, rhombisch
colourless, rhombic
incolore, rhombique

MM 282,229
D 1,790
Fp 70...80 °C
Kp

Gehalte – content – teneurs

25,53% H_2O
13,85% K
8,15% Na

Löslichkeiten – solubilities – solubilités

$H_2O^{kalt|cold|froid}$ = 53,3 g/100 ml

Reaktionen – reactions – réactions

140 °C → $-4\ H_2O$
220 °C → Zersetzung|decomposition|dégradation

Diverses – misc. – divers

5 K

1 K
5 K

25 K
50 K

100 K

510

Kaliumnitrat KNO_3
Potassium nitrate
Potassium nitrate

Eigenschaften – properties – propriétés

farblos, durchsichtig, prismatisch
colourless, transparent, prismatic
incolore, transparent, prismatique

MM 101,11
D $2{,}11^{10.6\,°C}$
Fp 333 °C
Kp

Gehalte – content – teneurs

38,67% K
61,33% NO_3

Löslichkeiten – solubilities – solubilités

$H_2O^{20\,°C}$ = 24 g/100 ml

Reaktionen – reactions – réactions

129 °C → Umwandlung|transformation|transformation
400 °C → Zersetzung|decomposition|dégradation

Diverses – misc. – divers

1 K
5 K

25 K
50 K

511

Kaliumnitrit KNO_2
Potassium nitrite
Potassium nitrite

Eigenschaften – properties – propriétés

farblos, Prismen
colourless, prisms
incolore, prismes

MM 85,10
D 1,915
Fp 441 °C
Kp

Gehalte – content – teneurs
45,94% K

Löslichkeiten – solubilities – solubilités
$H_2O^{20\,°C}$ = 74 g/100 ml

Reaktionen – reactions – réactions
zerfließlich|deliquescent|liquéfiable

Diverses – misc. – divers
RID IIIc

512

Kalium*hexa*nitritokobaltat(III)-1,5-hydrat
Potassium cobalt(III)-nitrite 1,5-hydrate
Potassium *hexa*nitrocobaltate(III) 1,5-eau

$K_3[Co(NO_2)_6] \cdot 1,5\ H_2O$

Eigenschaften – properties – propriétés

gelb, tetragonal
yellow, tetragonal
jaune, tetragonale

MM 479,30
D
Fp
Kp

Gehalte – content – teneurs
12,5% Co

Löslichkeiten – solubilities – solubilités
$H_2O^{0\,°C}$ = 0,09 g/100 ml
$H_2O^{heiß|hot|chaud}$ =
wenig löslich|slightly soluble|peu soluble
Äthanol = nicht löslich
ethanol = insoluble
éthanol = insoluble
Diäthyläther = nicht löslich
diethyl ether = insoluble
éther diéthylique = insoluble

Reaktionen – reactions – réactions
200 °C → Zersetzung|decomposition|dégradation

513

Kalium*tetra*oxalat $KH_3(C_2O_4)_2 \cdot 2\,H_2O$
Potassium *tetra*oxalate
Potassium *tétra*oxalate

$$\begin{array}{l} CO_2H \\ | \\ CO_2H \end{array} + \begin{array}{l} CO_2K \\ | \\ CO_2H \end{array} + 2H_2O$$

Eigenschaften – properties – propriétés

triklin
tricline
triclinique

MM 254,19
D 1,836
Fp
Kp

Gehalte – content – teneurs
$-2\,H_2O \rightarrow 17{,}92\%$ K

Löslichkeiten – solubilities – solubilités
$H_2O^{13\,°C} = 1{,}8$ g/100 ml

Reaktionen – reactions – réactions
zersetzlich|decomposable|dégradable

Diverses – misc. – divers **Xn** R: 54
S : 11-21-31-51-63-91

514

***di*Kaliumoxalat** $K_2C_2O_4 \cdot H_2O$
***di*Potassium oxalate**
***di*Potassium oxalate**

Eigenschaften – properties – propriétés

weiß
white
blanc

MM 184,24
D 2,08
Fp
Kp

Gehalte – content – teneurs
42,44% K

Löslichkeiten – solubilities – solubilités
$H_2O^{20\,°C} = 34{,}9$ g/100 ml
$H_2O^{50\,°C} = 48{,}6$ g/100 ml

Diverses – misc. – divers **Xn** R: 54
S : 11-21-31-51-63-91

500 g
1 K
5 K
25 K
50 K

515

Kalium*peroxodi*sulfat $K_2S_2O_8$
Potassium*peroxydi*sulphate
Potassium *peroxodi*sulfate

Eigenschaften – properties – propriétés

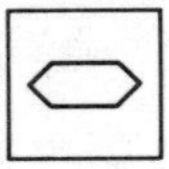

weiß
white
blanc

MM 270,33
D 2,477
Fp
Kp

Gehalte – content – teneurs
28,93% K

Löslichkeiten – solubilities – solubilités
$H_2O^{20\,°C}$ = 4,5 g/100 ml

Reaktionen – reactions – réactions
100 °C → Zersetzung|decomposition|dégradation

Diverses – misc. – divers

1 K
5 K

50 K

516

***tri*Kaliumphosphat** K_3PO_4
***tri*Potassium phosphate**
***tri*Potassium phosphate**

Eigenschaften – properties – propriétés

weiß, hygroskopisch
white, hygroscopic
blanc, hygroscopique

MM 212,28
D 2,56
Fp 1340 °C
Kp

Gehalte – content – teneurs
55,25% K
44,75% PO_4
14,59% P

Löslichkeiten – solubilities – solubilités
$H_2O^{20\,°C}$ = 49,7 g/100 ml

Diverses – misc. – divers

500 g
1 K
5 K

25 K

517

*di***Kalium***hydrogen***phosphat** K_2HPO_4
*di***Potassium** *hydrogen***phosphate**
*di***Potassium** *hydrogéno***phosphate**

Eigenschaften – properties – propriétés

weiß, hygroskopisch
white, hygroscopic
blanc, hygroscopique

MM 174,18
D 2,338
Fp
Kp

Gehalte – content – teneurs
44,89% K
54,53% PO_4
17,79% P

Löslichkeiten – solubilities – solubilités
$H_2O^{20\,°C} = 61{,}5$ g/100 ml

Reaktionen – reactions – réactions
zersetzlich|decomposable|dégradable

Diverses – misc. – divers

500 g
1 K
5 K

25 K
50 K

518

Kalium*dihydrogen***phosphat** KH_2PO_4
Potassium *dihydrogen***phosphate**
Potassium *dihydrogéno***phosphate**

Eigenschaften – properties – propriétés

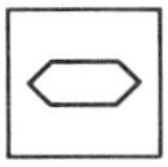

farblos
colourless
incolore

MM 136,09
D 2,338
Fp 252,6...254,3 °C
Kp

Gehalte – content – teneurs
28,73% K
69,79% PO_4
22,76% P

Löslichkeiten – solubilities – solubilités
$H_2O^{20\,°C} = 18{,}2$ g/100 ml

Diverses – misc. – divers

500 g
1 K
5 K

25 K
50 K

519

Kalium*hypo*phosphit KH_2PO_2
Potassium *hypo*phosphite
Potassium *hypo*phosphite

Eigenschaften – properties – propriétés

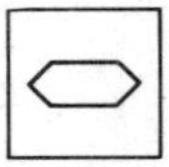
farblos
colourless
incolore

MM 104,09
D
Fp
Kp

Gehalte – content – teneurs
37,56% K
29,79% P

Löslichkeiten – solubilities – solubilités
$H_2O^{25\,°C}$ = 200 g/100 ml
$H_2O^{heiß|hot|chaud}$ = 330 g/100 ml
Äthanol$^{25\,°C}$ = 14,3 g/100 ml
ethanol$^{25\,°C}$ = 14,3 g/100 ml
éthanol$^{25\,°C}$ = 14,3 g/100 ml

Reaktionen – reactions – réactions
zerfließlich|deliquescent|liquéfiable

Diverses – misc. – divers

250 g
1 K
5 K

25 K
50 K

520

Kalium*hydrogen*phtalat $C_8H_5O_4K$
Potassium *hydrogen*phtalate
Potassium *hydrogéno*phtalate

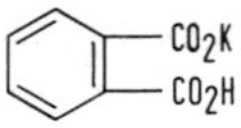

Eigenschaften – properties – propriétés

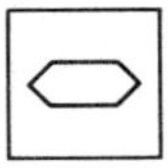
weiß
white
blanc

MM 204,22
D
Fp
Kp

Gehalte – content – teneurs
47,05% C
2,47% H
19,14% K

Löslichkeiten – solubilities – solubilités
$H_2O^{kalt|cold|froid}$ = löslich|soluble|soluble
$H_2O^{heiß|hot|chaud}$ = leichtlöslich|easily soluble|facilement soluble

Diverses – misc. – divers

521

Kalium*per*rhenat $KReO_4$
Potassium *per*rhenat
Potassium *per*rhénate

Eigenschaften – properties – propriétés

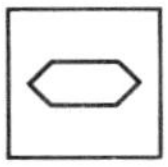 

weiß
white
blanc

MM 289,30
D 4,887
Fp 555 °C
Kp

Gehalte – content – teneurs
~13,4% K
~64,3% Re

Löslichkeiten – solubilities – solubilités
$H_2O^{20\,°C} = 1{,}0$ g/100 ml

522

Kaliumsorbat $C_6H_7O_2K$
Potassium sorbate
Potassium sorbate

$CH_3—CH=CH—CH=CH—CO_2K$

Eigenschaften – properties – propriétés

weiß
white
blanc

MM 150,22
D 1,363
Fp
Kp

Gehalte – content – teneurs
26,03% K

Löslichkeiten – solublilities – solubilités
H_2O = sehr leicht löslich|extremely soluble|facilement soluble

Reaktionen – reactions – réactions
> 270 °C → Zersetzung|decomposition|dégradation

Diverses – misc. – divers

250 g
1 K
5 K

25 K
50 K

523

Kaliumthiostannat-3-hydrat $K_2SnS_3 \cdot 3\ H_2O$
Potassium thiostannate-3-hydrate
Potassium thiostannate-3-eau

Eigenschaften – properties – propriétés

dunkelbraun
dark brown
brun foncé

MM 347,14
D $1{,}847\frac{18\,°C}{4}$
Fp $-3\ H_2O$, 100 °C
Kp

Gehalte – content – teneurs
~22,4% K
34,29% Sn

Löslichkeiten – solubilities – solubilités
H_2O = löslich|soluble|soluble
Äthanol = nicht löslich
ethanol = insoluble
éthanol = insoluble

Diverses – misc. – divers
MAK 2 mg Sn/m^3

524

Kaliumstannit $KHSnO_2$
Potassium stannite
Potassium stannite

Eigenschaften – properties – propriétés

MM 190,8
D
Fp
Kp

Gehalte – content – teneurs
62,2% Sn

Reaktionen – reactions – réactions
zersetzlich|decomposable|dégradable

Diverses – misc. – divers
MAK 2 mg Sn/m^3

525

Kaliumsulfat K_2SO_4
Potassium sulphate
Potassium sulfate

Eigenschaften – properties – propriétés

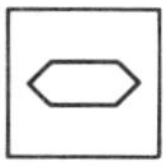

farblos, rhombisch
colourless, rhombic
incolore, rhombique

MM 174,26
D 2,662
Fp ~1067 °C
Kp

Gehalte – content – teneurs
44,87% K
55,13% SO_4

Löslichkeiten – solubilities – solubilités
$H_2O^{20\,°C} = 10$ g/100 ml

Reaktionen – reactions – réactions
588 °C → Umwandlung|transformation|transformation

Diverses – misc. – divers

1 K
5 K

50 K

526

Kalium*di*sulfat $K_2S_2O_7$
Potassium *di*sulphate
Potassium *di*sulfate

Eigenschaften – properties – propriétés

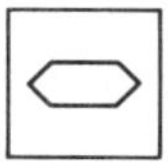

farblos, prismatisch, hygroskopisch
colourless, prismatic, hygroscopic
incolore, prismatique, hygroscopique

MM 254,32
D 2,277
Fp > 300 °C
Kp

Gehalte – content – teneurs
~30,6% K

Reaktionen – reactions – réactions
zersetzlich|decomposable|dégradable

Diverses – misc. – divers

1 K
5 K

50 K

527

Kalium*hydrogen*sulfat $KHSO_4$
Potassium *hydrogen*sulphate
Potassium *hydrogéno*sulfate

Eigenschaften – properties – propriétés

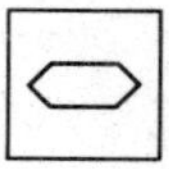

weiß, durchsichtig
white, transparent
blanc, transparent

MM 136,17
D 2,24
Fp 218,6 °C
Kp

Gehalte – content – teneurs
28,71% K
70,55% SO_4

Löslichkeiten – solubilities – solubilités
$H_2O^{0\,°C} = 25{,}5$ g/100 ml
$H_2O^{100\,°C} = 53$ g/100 ml

Reaktionen – reactions – réactions
zersetzlich|decomposable|dégradable

Diverses – misc. – divers

1 K
5 K

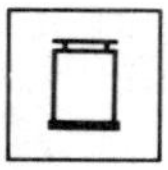

50 K

528

Kaliumsulfid K_2S
Potassium sulphide
Potassium sulfure

Eigenschaften – properties – propriétés

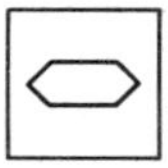

weiß
white
blanc

gelbbraun
yellow brown
jaune brun

MM 110,27
D 1,805
Fp 840 °C
Kp

Gehalte – content – teneurs
70,92% K
29,08% S

Löslichkeiten – solubilities – solubilités
H_2O = sehr leicht löslich|extremely soluble|
très facilement soluble

Reaktionen – reactions – réactions

zerfließlich|deliquescent|liquéfiable

Diverses – misc. – divers **C** R: 70-81
S: 15-21-23-35-63-71-73-91

1 K
5 K

50 K

529

Kaliumsulfit K_2SO_3
Potassium sulphite
Potassium sulfite

Eigenschaften – properties – propriétés

farblos, prismatisch
colourless, prismatic
incolore, prismatique

MM 158,27
D
Fp
Kp

Gehalte – content – teneurs
~49% K

Löslichkeiten – solubilities – solubilités
$H_2O^{20\,°C}$ = 51,6 g/100 ml

Diverses – misc. – divers

43% K_2SO_3 →

2,5 L   55 K

530

Kalium*di*sulfit $K_2S_2O_5$
Potassium *di*sulphite
Potassium *di*sulfite

Eigenschaften – properties – propriétés

glänzend, prismatisch
bright, prismatic
brillant, prismatique

MM 222,32
D 2,3
Fp 50 °C
Kp

Gehalte – content – teneurs
~35,13% K

Löslichkeiten – solubilities – solubilités
$H_2O^{20\,°C}$ = 30,6 g/100 ml

Reaktionen – reactions – réactions
190 °C → Zersetzung|decomposition|dégradation

Diverses – misc. – divers

P 1 K
5 K

50 K

531

*di*Kaliumtartrat-0,5-hydrat $K_2C_4H_4O_6 \cdot 0,5\ H_2O$
*di*Potassium tartrate half-hydrate
*di*Potassium tartrate 0,5-eau

Eigenschaften – properties – propriétés

farblos, monoklin
colourless, monoclinic
incolore, monoclinique

MM 235,28
D 1,984
Fp
Kp

Gehalte – content – teneurs
$-0,5\ H_2O \rightarrow 34,56\%$ K

Löslichkeiten – solubilities – solubilités
H_2O = leicht löslich|easily soluble|facilement soluble

Reaktionen – reactions – réactions
zersetzlich|decomposable|dégradable

Diverses – misc. – divers

500 g
1 K
5 K

25 K

532

Kalium*hydrogen*tartrat $KC_4H_5O_6$
Potassium *hydrogen*tartrate
Potassium *hydrogéno*tartrate

$HO_2C—CH(OH)—CH(OH)—CO_2K$

Eigenschaften – properties – propriétés

farblos
colourless
incolore

MM 188,18
D 1,956
Fp
Kp

Gehalte – content – teneurs
20,78% K
79,22% Weinsäure|tartaric acid|acide tartrique

Löslichkeiten – solubilities – solubilités
$H_2O^{0\,°C}$ = 0,31 g/100 ml
$H_2O^{100\,°C}$ = 6,1 g/100 ml
Säure(n) = löslich
acid(s) = soluble
acide(s) = soluble
Alkalilauge = löslich
caustic alkali solution = soluble
solution caustique alcaline = soluble
Äthanol = nicht löslich
ethanol = insoluble
éthanol = insoluble

Diverses – misc. – divers

500 g
1 K
5 K

25 K
50 K

533

Kalium-Titanoxidoxalat $K_2[TiO(C_2O_4)_2] \cdot 2\,H_2O$
Potassium titanium oxidoxalate
Potassium et titanyle oxalate

Eigenschaften – properties – propriétés

MM 338,1426
D
Fp
Kp

Gehalte – content – teneurs
~23% K
~14,1% Ti

534

Kaliumzinkcyanid $KZn(CN)_3$
Potassium zinc cyanide
Potassium et zinc cyanure

Eigenschaften – properties – propriétés

weiß
white
blanc

MM 182,53
D
Fp
Kp

Gehalte – content – teneurs
35,8% Zn
42,8% CN

Löslichkeiten – solubilities – solubilités
H_2O = sehr löslich|very soluble|très soluble

Diverses – misc. – divers
MAK 5 mg CN/m^3
RID IVa

1 K
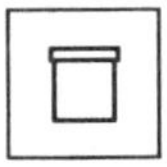
5 K

50 K

535

Kieselfluorwasserstoffsäure $H_2[SiF_6]$
Silicofluoric acid
Acide fluorsilicique

Eigenschaften – properties – propriétés

Gas
Gas
Gaz

MM 144,11
D
Fp
Kp

Gehalte – content – teneurs

30% $H_2[SiF_6]$
D 1,274
Fp 19 °C

Diverses – misc. – divers
RID V
> 25% $H_2[SiF_6]$ → **C** R: 81
S: 13-32-53-65-67-94

 2,5 L  50 K

536

Kieselgel SiO_2
Silica gel
Gel de silice

Eigenschaften – properties – propriétés

Löslichkeiten – solubilities – solubilités
H_2O = (praktisch) unlöslich|
(practically) insoluble|(pratiquement) insoluble
NaOH wässerig = löslich
NaOH aqueous = soluble
NaOH aqueux = soluble

Diverses – misc. – divers

 > 1 K → 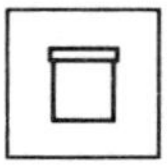 5 K  50 K

537

Kieselgur
Kieselguhr
Kieselguhr

$SiO_2 + 3...12\%\ H_2O$

Eigenschaften – **properties** – **propriétés**

weiß; braun, rot; violett
white; brown; red; violet
blanc; brun; rouge; violet

Gehalte – **content** – **teneurs**
70...90% SiO_2

Löslichkeiten – **solubilities** – **solubilités**
H_2O = (praktisch) unlöslich|
(practically) insoluble|(pratiquement) insoluble
Säure(n) = (praktisch) unlöslich
acid(s) = (practically) insoluble
acide(s) = (pratiquement) insoluble
Alkalilauge = (praktisch) unlöslich
caustic alkali solution = (practically) insoluble
solution caustique alcaline = (pratiquement) insoluble

Diverses – **misc.** – **divers**

> 100 g→

500 g
1 K
5 K

30 K

538

Kieselsäure
Silicic acid
Acide silicique

H_2SiO_3

Eigenschaften – **properties** – **propriétés**

amorph;
amorphous;
amorphe;

MM 78,08
D 2,1...2,3
Fp
Kp

Löslichkeiten – **solubilities** – **solubilités**
$H_2O^{kalt|cold|froid}$ =
nicht löslich|insoluble|insoluble
$H_2O^{heiß|hot|chaud}$ =
nicht löslich|insoluble|insoluble
Alkalilauge = löslich
caustic alkali solution = soluble
solution caustique alcaline = soluble

Diverses – **misc.** – **divers**

500 g
1 K
5 K

15 K

539

Kobalt(II)-acetat-4-hydrat $Co(C_2H_3O_2)_2 \cdot 4\ H_2O$
Cobalt(II) acetate 4-hydrate
Cobalt(II) acétate 4-eau

Eigenschaften – properties – propriétés

rot
red
rouge

MM 249,08
D $1{,}705^{19\,°C}$
Fp
Kp

Gehalte – content – teneurs
23,2% Co

Löslichkeiten – solubilities – solubilités
H_2O = leicht löslich|easily soluble|facilement soluble
Säure(n) = löslich
acid(s) = soluble
acide(s) = soluble

Reaktionen – reactions – réactions
zerfließlich|deliquescent|liquéfiable
140 °C → −4 H_2O

Diverses – misc. – divers

100 g
250 g
1 K

5 K

25 K
50 K

540

Kobaltaluminat $CoAl_2O_4$
Cobalt aluminate
Cobalt aluminate

Eigenschaften – properties – propriétés

blau, kubisch
blue, cubic
bleu, cubique

MM 176,89
D
Fp
Kp

Gehalte – content – teneurs
32,8% Co

541

Kobalt(II)-ammoniumsulfat-6-hydrat
Cobalt(II) ammonium sulphate 6-hydrate
Cobalt(II) et ammonium sulphate 6-eau

$Co(NH_4)_2(SO_4)_2 \cdot 6\ H_2O$

Eigenschaften – properties – propriétés

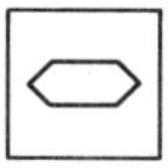

rhombisch, monoklin
rhombic, monoclinic
rhombique, monoclinique

MM 395,25
D 1,901
Fp
Kp

Gehalte – content – teneurs
14,9% Co

Löslichkeiten – solubilities – solubilités
$H_2O^{20\,°C} = 20{,}5$ g/100 ml
$H_2O^{80\,°C} = 45{,}4$ g/100 ml

542

Kobaltcarbonat $CoCO_3$
Cobalt carbonate
Cobalt carbonate

Eigenschaften – properties – propriétés

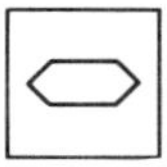

hellrot, rhombisch
light red, rhombic
rouge clair, rhombique

MM 118,94
D 4,13
Fp
Kp

Gehalte – content – teneurs
49,5% Co

Löslichkeiten – solubilities – solubilités
H_2O = (praktisch) unlöslich|
(practically) insoluble|(pratiquement) insoluble
Säure(n) = löslich
acid(s) = soluble
acide(s) = soluble

Reaktionen – reactions – réactions
zersetzlich|decomposable|dégradable

Diverses – misc. – divers

543

Kobalt(II)-chlorid wasserfrei $CoCl_2$
Cobalt(II) chloride anhydrous
Cobalt(II) chlorure anhydre

Eigenschaften – properties – propriétés

blau, hygroskopisch
blue, hygroscopic
bleu, hygroscopique

MM 129,83
D 3,367
Fp 740 °C
Kp

Gehalte – content – teneurs
45,4% Co

Löslichkeiten – solubilities – solubilités
$H_2O^{20\,°C} = 33{,}5$ g/100 ml

Reaktionen – reactions – réactions
1049 °C → Co

Diverses – misc. – divers

100 g
250 g
1 K

25 K

544

Kobalt(II)-chlorid-6-hydrat $CoCl_2 \cdot 6\,H_2O$
Cobalt(II) chloride 6-hydrate
Cobalt(II) chlorure 6-eau

Eigenschaften – properties – propriétés

rot
red
rouge

MM 237,93
D $1{,}924^{25\,°C}$
Fp 86 °C
Kp

Gehalte – content – teneurs
24,8% Co

Löslichkeiten – solubilities – solubilités
H_2O = löslich|soluble|soluble

Reaktionen – reactions – réactions

110 °C → $-6\,H_2O$

Diverses – misc. – divers

100 g
250 g
1 K

25 K

545

Kobalt(II)-fluorid CoF_2
Cobalt(II) fluoride
Cobalt(II) fluorure

Eigenschaften – properties – propriétés

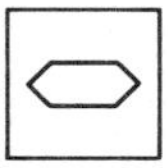

hellrot
light red
rouge clair

MM 96,93
D 4,46
Fp 1200 °C
Kp

Gehalte – content – teneurs
60,8% Co

Löslichkeiten – solubilities – solubilités
$H_2O^{20\,°C}$ = 1,358 g/100 ml

Diverses – misc. – divers **T** R: 55
S: 3-11-21-31-51-63-67-72-91-108

546

Kobalt(II)-hydroxid $Co(OH)_2$
Cobalt(II) hydroxide
Cobalt(II) hydroxyde

Eigenschaften – properties – propriétés

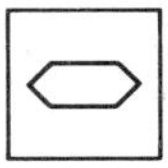

hellrot
light red
rouge clair

MM 92,94
D $3{,}597^{15\,°C}$
Fp
Kp

Gehalte – content – teneurs
63,4% Co

Löslichkeiten – solubilities – solubilités
$H_2O^{18\,°C}$ = leicht löslich|easily soluble|facilement soluble
NaOH konzentriert = löslich
NaOH concentrated = soluble
NaOH concentré = soluble
NH_4Cl wässerig = löslich
NH_4Cl aqueous = soluble
NH_4Cl aqueux = soluble

Reaktionen – reactions – réactions
zersetzlich|decomposable|dégradable

547

Kobalt(III)-hydroxid $Co(OH)_3$
Cobalt(III) hydroxide
Cobalt(III) hydroxyde

Eigenschaften – properties – propriétés

braun
brown
brun

MM 109,95
D
Fp 100 °C
Kp

Gehalte – content – teneurs
53,6% Co

Löslichkeiten – solubilities – solubilités
$H_2O^{20\,°C}$ = leicht löslich|easily soluble|facilement soluble

548

Kobalt(II)-hydroxidcarbonat-1-hydrat
Cobalt(II) hydroxide carbonate 1-hydrate
Cobalt(II) hydroxyde carbonate 1-eau

$2\ CoCO_3 \cdot 3\ Co(OH)_2 \cdot H_2O$

Eigenschaften – properties – propriétés

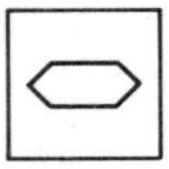

rot
red
rouge

MM 534,78
D
Fp
Kp

Gehalte – content – teneurs
46...48% Co

Löslichkeiten – solubilities – solubilités
$H_2O^{kalt|cold|froid}$ =
nicht löslich|insoluble|insoluble
$H_2O^{heiß|hot|chaud}$ =
Zersetzung|decomposition|dégradation
Säure(n) = löslich
acid(s) = soluble
acide(s) = soluble
$(NH_4)_2CO_3$ wässerig = löslich
$(NH_4)_2CO_3$ aqueous = soluble
$(NH_4)_2CO_3$ aqueux = soluble

549

Kobalt(II)-nitrat-6-hydrat $Co(NO_3)_2 \cdot 6\,H_2O$
Cobalt(II) nitrate 6-hydrate
Cobalt(II) nitrate 6-eau

Eigenschaften – properties – propriétés

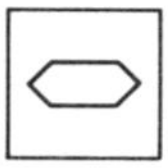

orangerot, monoklin
orange red, monoclinic
orange rouge, monoclinique

MM 291,04
D 1,87
Fp 57 °C
Kp

Gehalte – content – teneurs
20,3% Co

Löslichkeiten – solubilities – solubilités
$H_2O^{20\,°C}$ = leicht löslich|easily soluble|facilement soluble

Reaktionen – reactions – réactions
zerfließlich|deliquescent|liquéfiable

Diverses – misc. – divers

25 g
100 g
250 g
1 K

550

Kobalt(II)-oxalat-2-hydrat $CoC_2O_4 \cdot 2\,H_2O$
Cobalt(II) oxalate 2-hydrate
Cobalt(II) oxalate 2-eau

Eigenschaften – properties – propriétés

hellrot
light red
rouge clair

MM 182,98
D 2,296
Fp
Kp

Gehalte – content – teneurs
32,6% Co

Löslichkeiten – solubilities – solubilités
H_2O = (praktisch) unlöslich|(practically) insoluble|(pratiquement) insoluble
$(NH_4)_2CO_3$ wässerig = sehr leicht löslich
$(NH_4)_2CO_3$ aqueous = extremely soluble
$(NH_4)_2CO_3$ aqueux = très facilement soluble

Diverses – misc. – divers

100 g
250 g
1 K

551

Kobalt(II)-oxid CoO
Cobalt(II) oxide
Cobalt(II) oxyde

Eigenschaften – properties – propriétés

grün
green
vert

MM 74,94
D $6{,}47^{18\,°C}$
Fp 1935 °C
Kp

Gehalte – content – teneurs
78,4% Co

Löslichkeiten – solubilities – solubilités
HCl = löslich|soluble|soluble
H_2SO_4 = löslich|soluble|soluble
HNO_3 = löslich|soluble|soluble
Essigsäure = löslich
acetic acid = soluble
acide acétique = soluble
NH_3 flüssig = (praktisch) unlöslich
NH_3 liquid = (practically) insoluble
NH_3 liquide = (pratiquement) insoluble
Alkalilauge, konzentriert = löslich
caustic alkali solution, concentrated = soluble
solution caustique alcaline, concentré = soluble
Alkalilauge, verdünnt = (praktisch) unlöslich
caustic alkali solution, diluted = (practically) insoluble
solution caustique alcaline, dilué = (pratiquement) insoluble

Diverses – misc. – divers

100 g
250 g
1 K

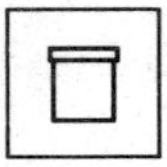

5 K

25 K

552

Kobalt(II,III)-oxid Co_3O_4
Cobalt(II,III) oxide
Cobalt(II,III) oxyde

Eigenschaften – properties – propriétés

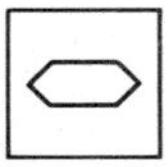

schwarz
black
noir

MM 240,82
D 6,07
Fp 900 . . . 950 °C
Kp

Gehalte – content – teneurs
73,4% Co

Löslichkeiten – solubilities – solubilités
H_2O = (praktisch) unlöslich|(practically) insoluble (pratiquement) insoluble
HCl = (praktisch) unlöslich|(practically) insoluble (pratiquement) insoluble
HNO_3 = (praktisch) unlöslich|(practically) insoluble|(pratiquement) insoluble
Königswasser = (praktisch) unlöslich
aqua regia = (practically) insoluble
eau régale = (pratiquement) insoluble
H_2SO_4, konzentriert = löslich
H_2SO_4, concentrated = soluble
H_2SO_4, concentré = soluble
$KHSO_4$-Schmelze = löslich
$KHSO_4$-melt = soluble
fusion de $KHSO_4$ = soluble

Diverses – misc. – divers

100 g
250 g
1 K

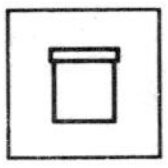

5 K

25 K

553

Kobalt(III)-oxid Co_2O_3
Cobalt(III) oxide
Cobalt(III) oxyde

Eigenschaften – properties – propriétés

braun – schwarz
brown – black
brun – noir

MM 165,86
D 5,18
Fp
Kp

Gehalte – content – teneurs
71,1% Co

Löslichkeiten – solubilities – solubilités
H_2O = (praktisch) unlöslich|
(practically) insoluble|
(pratiquement) insoluble
NH_3, flüssig = (praktisch) unlöslich
NH_3, liquid = (practically) insoluble
NH_3, liquide = (pratiquement) insoluble
Säure(n) = löslich
acid(s) = soluble
acide(s) = soluble

Reaktionen – reactions – réactions
900 °C → Zersetzung|decomposition|dégradation

Diverses – misc. – divers

100 g
250 g
1 K

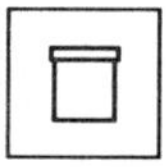

5 K

25 K

554

Kobalt(II)-silicat Co_2SiO_4
Cobalt(II) silicate
Cobalt(II) silicate

Eigenschaften – properties – propriétés

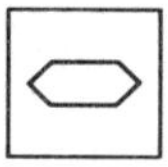

violett – dunkelrot
violet – dark red
violet – rouge foncé

MM 209,94
D 4,63
Fp 1345 °C
Kp

Gehalte – content – teneurs
56,1% Co

Löslichkeiten – solubilities – solubilités
Säure(n), heiß, verdünnt = löslich
acid(s), hot, diluted = soluble
acide(s), chaud, dilué = soluble

555

Kobalt(II)-sulfat-7-hydrat $CoSO_4 \cdot 7\ H_2O$
Cobalt(II) sulphate 7-hydrate
Cobalt(II) sulfate 7-eau

Eigenschaften – properties – propriétés

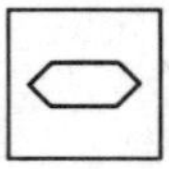

rot
red
rouge

MM 281,12
D $1{,}948\frac{25\,°C}{25}$
Fp 96,8 °C
Kp

Gehalte – content – teneurs
21,0% Co

Löslichkeiten – solubilities – solubilités
$H_2O^{20\,°C} = 25{,}93\%$
Methanol = wenig löslich
methanol = slightly soluble
méthanol = peu soluble

Reaktionen – reactions – réactions
$+NH_3 \rightarrow [Co(NH_3)_6]SO_4$
$420\,°C \rightarrow -7\ H_2O$

Diverses – misc. – divers

250 g
1 K

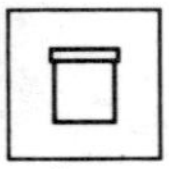

5 K

556

Kolophonium $C_{20}H_{30}O_2$
Colophonium
Colophane

Eigenschaften – properties – propriétés

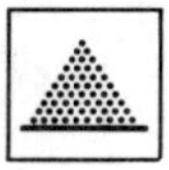

hellgelb – dunkelgelb
clear yellow – dark yellow
jaune clair – jaune foncé

MM
D 1,068 . . . 1,10
Fp 100 . . . 150 °C
Kp

Gehalte – content – teneurs
~ 90% $C_{20}H_{30}O_2$

Löslichkeiten – solubilities – solubilités
H_2O = (praktisch) unlöslich|(practically) insoluble|(pratiquement) insoluble
Äthanol = löslich
ethanol = soluble
éthanol = soluble
Diäthyläther = löslich
diethyl ether = soluble
éther diéthylique = soluble
Benzol = löslich
benzene = soluble
benzène = soluble
Chloroform = löslich
chloroform = soluble
chloroforme = soluble
Eisessig = löslich
glacial acetic acid = soluble
acide acétique glacial = soluble
Petroläther = wenig löslich
petroleum ether = slightly soluble
benzine de pétrole = peu soluble

Reaktionen – reactions – réactions
150 °C →

Diverses – misc. – divers

50 K

557

Königswasser
Aqua regia
eau régale

$HNO_3 + HCl + H_2O$

Eigenschaften – properties – propriétés

Gehalte – content – teneurs
$HNO_3 : HCl = 1 : 2 \ldots 4$

Löslichkeiten – solubilities – solubilités
H_2O = löslich|soluble|soluble

Reaktionen – reactions – réactions

Diverses – misc. – divers
MAK 10 ppm HNO_3 25 mg HNO_3/m^3
5 ppm HCl 7 mg HCl/m^3

0 / 2 / 1

558

m-**Kresol**
m-**Cresol**
m-**Crésol**

C_7H_8O

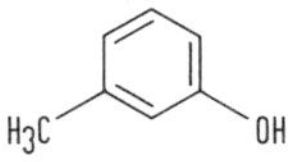

Eigenschaften – properties – propriétés

farblos
colourless
incolore

MM 108,14
D $1{,}0338^{20\,°C}$
Fp 10,8 °C
Kp 202,7 °C

Löslichkeiten – solubilities – solubilités
$H_2O^{25\,°C}$ = löslich|soluble|soluble
$NaOH^{25\%}$ = leicht löslich|easily soluble|
facilement soluble
$NaOH^{33\ldots50\%}$ = sehr wenig löslich|
very slightly soluble|très peu soluble
Äthanol = ∞ löslich
ethanol = ∞ soluble
éthanol = ∞ soluble
Diäthyläther = ∞ löslich
diethyl ether = ∞ soluble
éther diéthylique = ∞ soluble

Reaktionen – reactions – réactions
$+ FeCl_3 \rightarrow$ blau|blue|bleu

Diverses – misc. – divers
MAK 5 ppm, 22 mg/m^3
RID IIIa

1 / 2 / 0

T R: 58-81
S: 3-11-31-53-65-71-92-108

250 ml
1 L

559

o-**Kresol**
o-**Cresol**
o-**Crésol**

C_7H_8O

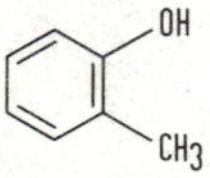

Eigenschaften – properties – propriétés

 **farblos colourless incolore**  **farblos colourless incolore** 

MM 108,14
D $1{,}0465^{20\,°C}$
Fp 32 °C
Kp 191,1 °C

Löslichkeiten – solubilities – solubilités
$H_2O^{25\,°C}$ = wenig löslich|
slightly soluble|peu soluble
$NaOH^{25\%}$ = leicht löslich|
easily soluble|facilement soluble
$NaOH^{50\%}$ = leicht löslich|
easily soluble|facilement soluble
Äthanol = ∞ löslich
ethanol = ∞ soluble
éthanol = ∞ soluble
Benzol = ∞ löslich
benzene = ∞ soluble
benzène = ∞ soluble
Diäthyläther = ∞ löslich
diethyl ether = ∞ soluble
éther diéthylique = ∞ soluble

Reaktionen – reactions – réactions
+ $FeCl_3$ → blau|blue|bleu

Diverses – misc. – divers
MAK 5 ppm, 22 mg/m³
RID IIIa

2 / 2 / 0

T R: 58-81
S: 3-11-31-53-65-71-92-108

 500 ml

560

p-**Kresol**
p-**Cresol**
p-**Crésol**

C_7H_8O

Eigenschaften – properties – propriétés

 **Prismen prisms prismes** 

MM 108,14
D $1{,}04^{20\,°C}$
Fp 33 °C
Kp $202\,°C^{760\ Torr}$

Löslichkeiten – solubilities – solubilités
$H_2O^{40\,°C}$ = löslich|soluble|soluble
$NaOH^{25\%}$ = leicht löslich|
easily soluble|facilement soluble
$NaOH^{50\%}$ = sehr wenig löslich|
very slightly soluble|très peu soluble
Äthanol, heiß = ∞ löslich
ethanol, hot = ∞ soluble
éthanol, chaud = ∞ soluble
Diäthyläther, heiß = ∞ löslich
diethyl ether, hot = ∞ soluble
éther diéthylique, chaud = ∞ soluble

Reaktionen – reactions – réactions
Lösung, wässerig + $FeCl_3$ → blau
solution, aqueous + $FeCl_3$ → blue
solution, aqueux + $FeCl_3$ → bleu

Diverses – misc. – divers
MAK 5 ppm, 22 mg/m³
RID IIIa

1 / 2 / 0

T R: 58-81
S: 3-11-31-53-65-71-92-108

 250 ml
500 ml
1 L

561

Kupfer gepulvert, elektrolytisch hergestellt Cu
Copper powder, electrodeposited
Cuivre en poudre, préparé par électrolyse

Eigenschaften – properties – propriétés

 → 

rot
red
rouge

Atomgewicht 63,546
atomic weight
poids atomique
D 8,92
Fp 1083 °C
Kp 2350 °C

Gehalte – content – teneurs
99,7 . . . 100% Cu

Reaktionen – reactions – réactions

$+HNO_3 \rightarrow$ 

braun
brown
brun

Diverses – misc. – divers

250 g
1 K
5 K

562

Kupfer(II)-acetat-1-hydrat $Cu(C_2H_3O_2)_2 \cdot H_2O$
Copper(II) 1-hydrate
Cuivre(II) acétate 1-eau

Eigenschaften – properties – propriétés

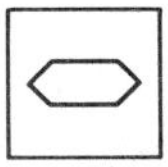

grün, durchsichtig, glänzend
green, transparent, bright
vert, transparent, brillant

MM 199,64
D 1,882
Fp 115 °C
Kp

Gehalte – content – teneurs
31,8% Cu

Löslichkeiten – solubilities – solubilités
$H_2O^{25\,°C} = 6{,}79\%$
Äthanol 0 °C = 0,33 g/100 ml
ethanol 0 °C = 0,33 g/100 ml
éthanol 0 °C = 0,33 g/100 ml
Diäthyläther = wenig löslich
diethyl ether = slightly soluble
éther diéthylique = peu soluble

Reaktionen – reactions – réactions
240 °C → zersetzt | decomposed | dégradé

Diverses – misc. – divers

100 g
250 g
1 K

563

Kupfer(I)-chlorid wasserfrei CuCl
Copper(I) chloride anhydrous
Cuivre(I) chlorure anhydre

Eigenschaften – properties – propriétés

weiß
white
blanc

MM 99,00
D 3,53
Fp 422 °C
Kp 1366 °C

Gehalte – content – teneurs
64,2% Cu

Löslichkeiten – solubilities – solubilités
$H_2O^{25\,°C}$ = 1,5 g 100 ml
HCl = löslich|soluble|soluble
NH_3 = löslich|soluble|soluble
Äthanol = (praktisch) unlöslich
ethanol = (practically) insoluble
éthanol = (pratiquement) insoluble
Pyridin = leicht löslich
pyridine = easily soluble
pyridine = facilement soluble
Aceton = (praktisch) unlöslich
acetone = (practically) insoluble
acétone = (pratiquement) insoluble

Reaktionen – reactions – réactions

Diverses – misc. – divers

250 g
1 K
5 K

25 K
50 K

564

Kupfer(II)-chlorid wasserfrei $CuCl_2$
Copper(II) chloride anhydrous
Cuive(II) chlorure anhydre

Eigenschaften – properties – propriétés

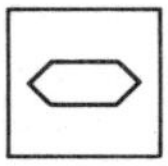
gelb
yellow
jaune

gelb
yellow
jaune

MM 134,45
D 3,054
Fp 498 °C
Kp

Gehalte – content – teneurs
47,3% Cu

Löslichkeiten – solubilities – solubilités
$H_2O^{20\,°C}$ = 42,2 g/100 ml
$H_2O^{100\,°C}$ = 107,9 g/100 ml
$Äthanol^{15\,°C}$ = 53 g/100 ml
$ethanol^{15\,°C}$ = 53 g/100 ml
$éthanol^{15\,°C}$ = 53 g/100 ml
$Methanol^{15\,°C}$ = 68 g/100 ml
$methanol^{15\,°C}$ = 68 g/100 ml
$méthanol^{15\,°C}$ = 68 g/100 ml

Reaktionen – reactions – réactions
Luft|air|air → grün|green|vert
993 °C → CuCl

Diverses – misc. – divers

250 g
1 K
5 K

25 K
50 K

565

Kupfer(II)-chlorid-2-hydrat $CuCl_2 \cdot 2\,H_2O$
Copper(II) chloride 2-hydrate
Cuivre(II) chlorure 2-eau

Eigenschaften – properties – propriétés

hellblau – grün
light blue – green
bleu clair – vert

MM 170,49
D $2{,}39^{22{,}4\,°C}$
Fp $-2\,H_2O$, 110 °C
Kp

Gehalte – content – teneurs
37,2% Cu

Löslichkeiten – solubilities – solubilités
$H_2O^{0\,°C}$ = 110,4 g/100 ml
$H_2O^{100\,°C}$ = 192,4 g/100 ml
NH_4Cl = löslich|soluble|soluble
Diäthyläther = löslich
diethyl ether = soluble
éther diéthylique = soluble
Äthanol = löslich
ethanol = soluble
éthanol = soluble
Methanol = leicht löslich
methanol = easily soluble
méthanol = facilement soluble
Alkalilauge = leicht löslich
caustic alkali solution = easily soluble
solution caustique alcaline = facilement soluble
Aceton = leicht löslich
acetone = easily soluble
acétone = facilement soluble
Pyridin = leicht löslich
pyridine = easily soluble
pyridine = facilement soluble

Reaktionen – reactions – réactions
+ Luft → zerfließlich
+ air → deliquescent
+ air → liquéfiable
zersetzlich|decomposable|dégradable

Diverses – misc. – divers

250 g
1 K
5 K

25 K
50 K

566

Kupfer(I)-cyanid CuCN
Copper(I) cyanide
Cuivre(I) cyanure

Eigenschaften – properties – propriétés

weiß
white
blanc

MM 89,56
D 2,91
Fp 474,5 °C
Kp

Gehalte – content – teneurs
70,9% Cu

Löslichkeiten – solubilities – solubilités
H_2O = nicht löslich|insoluble|insoluble
KCN = löslich|soluble|soluble
HCl = löslich|soluble|soluble
NH_4OH = löslich|soluble|soluble
$NH_3^{\text{flüssig|liquid|liquide}}$ = wenig löslich|
slightly soluble|peu soluble

Reaktionen – reactions – réactions

+ $HNO_3 \rightarrow HCN$

zersetzlich|decomposable|dégradable

Diverses – misc. – divers
MAK 5 mg CN/m^3; RID IVa

250 g
1 K

5 K

50 K

567

Kupfer(II)-fluorid-2-hydrat $CuF_2 \cdot 2\,H_2O$
Copper(II) fluoride 2-hydrate
Cuivre(II) fluorure 2-eau

Eigenschaften – properties – propriétés

hellblau
light blue
bleu clair

MM 137,57
D 2,9
Fp
Kp

Gehalte – content – teneurs
46,2% Cu

Löslichkeiten – solubilities – solubilités
H_2O = wenig löslich|slightly soluble|peu soluble
$H_2O^{heiß|hot|chaud}$ = Zersetzung
decomposition|dégradation
HNO_3 = löslich|soluble|soluble
HCl = löslich|soluble|soluble
HF = löslich|soluble|soluble
NH_3 = nicht löslich|insoluble|insoluble
NH_4OH = nicht löslich|insoluble|insoluble
Äthanol = löslich
ethanol = soluble
éthanol = soluble

Reaktionen – reactions – réactions
$+ H_2O^{heiß|hot|chaud} \longrightarrow$
Zersetzung|decomposition|dégradation

Diverses – misc. – divers **T** R : 55
MAK 2,5 mg F/m³ S : 3-11-21-31-51-63-67-72-91-108

568

Kupfer(II)-*tetra*fluoroborat $Cu[BF_4]_2$
Copper(II) *tetra*fluoroborate
Cuivre(II) *tétra*fluoroborate

Eigenschaften – properties – propriétés

blau
blue
bleu

MM 237,16
D $1{,}58^{20\,°C}$
Fp −17 °C
Kp

Löslichkeiten – solubilities – solubilités
H_2O = ∞ löslich|∞ soluble|∞ soluble

Diverses – misc. – divers
RID IVa

1 L 45 K

569

Kupfer(II)-formiat-4-hydrat $Cu(HCO_2)_2 \cdot 4\,H_2O$
Copper(II) formate 4-hydrate
Cuivre(II) formiate 4-eau

Eigenschaften – **properties** – **propriétés**

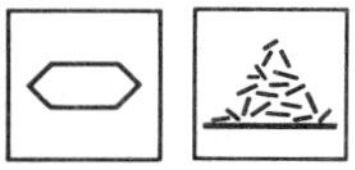

blau, durchsichtig – grünblau, durchsichtig
blue, transparent – green blue, transparent
bleu, transparent – vert bleu, transparent

MM 225,67
D 1,812
Fp
Kp

Gehalte – **content** – **teneurs**
28,2% Cu

Löslichkeiten – **solubilities** – **solubilités**
$H_2O^{20\,°C}$ = 1 g/8 ml
Äthanol$^{86\%,\,17\,°C}$ = 1 g/400 ml
ethanol$^{86\%,\,17\,°C}$ = 1 g/400 ml
éthanol$^{86\%,\,17\,°C}$ = 1 g/400 ml

570

Kupfer(I)-hydroxid $CuOH$
Copper(I) hydroxide
Cuivre(I) hydroxyde

Eigenschaften – **properties** – **propriétés**

blau
blue
bleu

MM 80,55
D 3,4
Fp
Kp

Gehalte – **content** – **teneurs**
78,9% Cu

Löslichkeiten – **solubilities** – **solubilités**
$H_2O^{kalt|cold|froid}$ =
nicht löslich|insoluble|insoluble
$H_2O^{heiß|hot|chaud}$ =
nicht löslich|insoluble|insoluble
NH_4OH = löslich|soluble|soluble
Säure(n) = löslich
acid(s) = soluble
acide(s) = soluble

571

Kupfer(II)-hydroxid $Cu(OH)_2$
Copper(II) hydroxide
Cuivre(II) hydroxyde

Eigenschaften – properties – propriétés

blau, amorph
blue, amorphous
bleu, amorphe

MM 97,56
D 3,368
Fp
Kp

Gehalte – content – teneurs
65,1% Cu

Löslichkeiten – solubilities – solubilités
$H_2O^{kalt|cold|froid}$ =
nicht löslich|insoluble|insoluble
NH_4OH = löslich|soluble|soluble
KCN, wässerig = löslich
KCN, aqueous = soluble
KCN, aqueux = soluble
Äthanol = löslich
ethanol = soluble
éthanol = soluble
Säure(n) = löslich
acid(s) = soluble
acide(s) = soluble

Diverses – misc. – divers

572

Kupfer(II)-hydroxidcarbonat $Cu(OH)_2 \cdot CuCO_3$
Copper(II) hydroxycarbonate
Cuivre(II) hydroxycarbonate

Eigenschaften – properties – propriétés

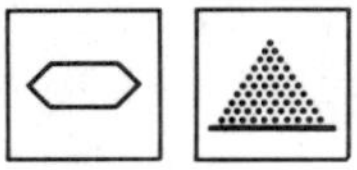

dunkelgrün
dark green
vert foncé

MM 221,11
D 4,0
Fp
Kp

Gehalte – content – teneurs
56% Cu

Löslichkeiten – solubilities – solubilités
$H_2O^{kalt|cold|froid}$ =
nicht löslich|insoluble|insoluble
KCN = löslich|soluble|soluble
CO_2, wässerig = löslich
CO_2, aqueous = soluble
CO_2, aqueux = soluble

Reaktionen – reactions – réactions
200 °C → Zersetzung|decomposition|dégradation

Diverses – misc. – divers

250 g
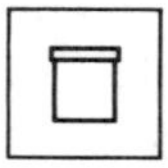
1 K
5 K

25 K

573

Kupfer(I)-jodid CuJ
Copper(I) iodide CuI
Cuivre(I) iodure

Eigenschaften – properties – propriétés

weiß – braun
white – brown
blanc – brun

MM 190,44
D $5{,}63^{16,5\,°C}$
Fp 588 °C
Kp 1207 °C

Gehalte – content – teneurs
33,4% Cu

Löslichkeiten – solubilities – solubilités
$H_2O^{18\,°C}$ = 0,0008 g/100 ml
KCN = löslich|soluble|soluble
NaOH, verdünnt = löslich
NaOH, diluted = soluble
NaOH, dilué = soluble
HCl, heiß, konzentriert = löslich
HCl, hot, concentrated = soluble
HCl, chaud, concentré = soluble
KJ, wässerig = löslich
KI, aqueous = soluble
KI, aqueux = soluble
Äthanol = nicht löslich
ethanol = insoluble
éthanol = insoluble
Säure(n) = nicht löslich
acid(s) = insoluble
acide(s) = insoluble

Reaktionen – reactions – réactions
+ HNO_3, konzentriert → Zersetzung
+ HNO_3, concentrated → decomposition
+ HNO_3, concentré → dégradation
+ H_2SO_4, konzentriert → Zersetzung
+ H_2SO_4, concentrated → decomposition
+ H_2SO_4, concentré → dégradation

Diverses – misc. – divers

100 g
1 K
5 K

574

Kupfer(II)-lactat-2-hydrat $Cu(C_3H_5O_3)_2 \cdot 2\,H_2O$
Copper(II) lactate 2-hydrate
Cuivre(II) lactate 2-eau

Eigenschaften – properties – propriétés

dunkelblau, monoklin
dark blue, monoclinic
bleu foncé, monoclinique

MM 277,71
D
Fp
Kp

Gehalte – content – teneurs
14,2% Cu

Löslichkeiten – solubilities – solubilités
$H_2O^{kalt|cold|froid}$ = 16,7 g/100 ml
$H_2O^{100\,°C}$ = 45 g/100 ml
Äthanol = wenig löslich
ethanol = slightly soluble
éthanol = peu soluble

575

Kupfer(I)-natriumcyanid $Na_2[Cu(CN)_3]$
Copper(I) sodium cyanide
Cuivre(I) et sodium cyanure

Eigenschaften – properties – proriétés

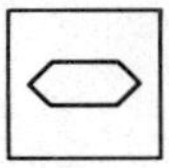
farblos
colourless
incolore

weiß
white
blanc

MM 187,62
D 1,01
Fp
Kp

Gehalte – content – teneurs
33,9% Cu

Löslichkeiten – solubilities – solubilités
$H_2O^{kalt|cold|froid}$ =
sehr löslich|very soluble|très soluble

Reaktionen – reactions – réactions
100 °C → Zersetzung|decomposition|dégradation

Diverses – misc. – divers
MAK 5 mg CN/m^3
RID IVa

1 K
5 K

25 K

576

Kupfer(II)-nitrat-3-hydrat $Cu(NO_3)_2 \cdot 3\,H_2O$
Copper(II) nitrate 3-hydrate
Cuivre(II) nitrate 3-eau

Eigenschaften – properties – propriétés

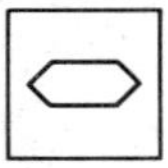
blau
blue
bleu

MM 241,60
D $2{,}047^{3,9\,°C}$
Fp 114, 5 °C
Kp 170 °C

Gehalte – content – teneurs
26,3% Cu

Löslichkeiten – solubilities – solubilités
$H_2O^{40\,°C}$ = 381 g/100 ml
$H_2O^{80\,°C}$ = 666 g/100 ml
$Äthanol^{12,5\,°C}$ = 100 g/100 ml
$ethanol^{12,5\,°C}$ = 100 g/100 ml
$éthanol^{12,5\,°C}$ = 100 g/100 ml

Reaktionen – reactions – réactions
zerfließlich|deliquescent|liquéfiable

Diverses – misc. – divers

1 K
5 K

25 K
50 K

577

Kupfer(II)-oxalat-0,5-hydrat $CuC_2O_4 \cdot 0,5\ H_2O$
Copper(II) oxalate half-hydrate
Cuivre(II) oxalate 0,5-eau

Eigenschaften – properties – propriétés

blau – weiß
blue – white
bleu – blanc

MM 160,57
D
Fp
Kp

Gehalte – content – teneurs
39% Cu

Löslichkeiten – solubilities – solubilités
$H_2O^{25\,°C}$ = 0,0025 g/100 ml
CH_3COOH = nicht löslich|insoluble|insoluble
NH_4OH = löslich|soluble|soluble

Diverses – misc. – divers

1 K
5 K

25 K

578

Kupfer(I)-oxid Cu_2O
Copper(I) oxide
Cuivre(I) oxyde

Eigenschaften – properties – propriétés

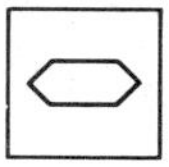

rot
red
rouge

rot
red
rouge

MM 143,08
D 6,0
Fp 1230 °C
Kp

Gehalte – content – teneurs
88,8% Cu

Löslichkeiten – solubilities – solubilités
HCl = löslich|soluble|soluble
NH_4OH = löslich|soluble|soluble
NH_4Cl = löslich|soluble|soluble
$H_2O^{kalt|cold|froid}$ =
nicht löslich|insoluble|insoluble
$H_2O^{heiß|hot|chaud}$ = nicht löslich|insoluble|insoluble

Reaktionen – reactions – réactions
1800 °C → –0

Diverses – misc. – divers

500 g
1 K
5 K

50 K

579

Kupfer(II)-oxid CuO
Copper(II) oxide
Cuivre(II) oxyde

Eigenschaften – properties – propriétés

schwarz
black
noir

MM 79,54
D 6,40...6,45
Fp
Kp

Gehalte – content – teneurs
79,9% Cu

Löslichkeiten – solubilities – solubilités
$H_2O^{kalt|cold|froid}$ = nicht löslich|insoluble|insoluble
$H_2O^{heiß|hot|chaud}$ = nicht löslich|insoluble|insoluble
KCN = löslich|soluble|soluble
NH_4Cl = löslich|soluble|soluble
Säure(n) = löslich
acid(s) = soluble
acide(s) = soluble

Reaktionen – reactions – réactions

→ **blau – schwarz**
blue – black
bleu – noir

1026 °C → Zersetzung|decomposition|dégradation

Diverses – misc. – divers

100 g
250 K
1 K

5 K 25 K 50 K

580

Kupfer(II)-*ortho*phosphat-3-hydrat
Copper(II) *ortho*phosphate 3-hydrate
Cuivre(II) *ortho*phosphate 3-eau

$Cu_3(PO_4)_2 \cdot 3\,H_2O$

Eigenschaften – properties – propriétés

blaugrün, rhombisch
blue green, rhombic
bleu vert, rhombique

MM 434,63
D
Fp
Kp

Gehalte – content – teneurs
43,9% Cu

Löslichkeiten – solubilities – solubilités
$H_2O^{kalt|cold|froid}$ = nicht löslich|insoluble|insoluble
$H_2O^{heiß|hot|chaud}$ = wenig löslich|slightly soluble|peu soluble
$H_2SO_4^{konzentriert|concentrated|concentre}$ = leicht löslich|easily soluble|facilement soluble

Reaktionen – reactions – réactions
zersetzlich|decomposable|dégradable

581

Kupfer(I)-rhodanid CuCNS
Copper(I) thiocyanate
Cuivre(I) thiocyanate

Eigenschaften – properties – propriétés

weiß
white
blanc

MM 121,62
D 2,846
Fp
Kp

Gehalte – content – teneurs
52,3% Cu

Löslichkeiten – solubilities – solubilités
$H_2O^{25\,°C} = 0{,}0025$ g/100 ml
$H_2O^{18\,°C} = 0{,}0005$ g/100 ml

Reaktionen – reactions – réactions
1084 °C → Zersetzung|decomposition|dégradation

582

Kupfer(II)-sulfat wasserfrei $CuSO_4$
Copper(II) sulphate anhydrous
Cuivre(II) sulfate anhydre

Eigenschaften – properties – propriétés

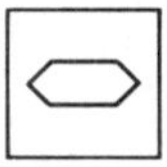

weiß
white
blanc

MM 159,60
D $3{,}606^{15\,°C}$
Fp 200 °C
Kp

Gehalte – content – teneurs
39,8% Cu

Löslichkeiten – solubilities – solubilités
$H_2O^{20\,°C} = 16{,}9$ g/100 ml
Methanol$^{18\,°C}$ = 1,05 g/100 ml
methanol$^{18\,°C}$ = 1,05 g/100 ml
méthanol$^{18\,°C}$ = 1,05 g/100 ml

Reaktionen – reactions – réactions
$+H_2O \rightarrow$ **blau|blue|bleu**
650 °C → CuO

Diverses – misc. – divers

500 g
1 K
5 K

25 K
50 K

Kupfer(II)-sulfat-5-hydrat $CuSO_4 \cdot 5\,H_2O$
Copper(II) suphate 5-hydrate
Cuivre(II) sulfate 5-eau

Eigenschaften – properties – propriétés

blau
blue
bleu

MM 249,68
D $2{,}286^{15{,}1\,°C}_{4}$
Fp $-4\,H_2O$, 110 °C
Kp

Gehalte – content – teneurs
25,5% Cu

Löslichkeiten – solubilities – solubilités
$H_2O^{0\,°C}$ = 25,2 g/100 ml
$H_2O^{heiß|hot|chaud}$ = sehr löslich|very soluble
très soluble
Äthanol$^{3\,°C}$ = 1 g/100 ml
ethanol$^{3\,°C}$ = 1 g/100 ml
éthanol$^{3\,°C}$ = 1 g/100 ml
H_2SO_4 → Tabelle|Table|Tableau 583.1

Reaktionen – reactions – réactions
250 °C → $-5\,H_2O$

Diverses – misc. – divers

500 g
1 K
5 K

25 K
50 K

Kupfer(II)-sulfid CuS
Copper(II) sulphide
Cuivre(II) sulfure

Eigenschaften – properties – propriétés

schwarz
black
noir

blau
blue
bleu

MM 95,61
D 4,6
Fp
Kp

Gehalte – content – teneurs
66,5% Cu

Löslichkeiten – solubilities – solubilités
$H_2O^{18\,°C}$ = 0,000033 g/100 ml
HNO_3 = löslich|soluble|soluble
KCN = löslich|soluble|soluble

Reaktionen – reactions – réactions
220 °C → Zersetzung|decomposition|dégradation
103 °C → Umwandlung|
transformation|transformation

585

Kupfer(I,II)-sulfit-2-hydrat
Copper(I,II) sulphite 2-hydrate
Cuivre(I,II) sulfite 2-eau

$CuSO_3 \cdot Cu_2SO_3 \cdot 2\,H_2O$

Eigenschaften – **properties** – **propriétés**

rot
red
rouge

MM 386,86
D
Fp
Kp

Gehalte – **content** – **teneurs**
49,3% Cu

586

Lactose (4-β-Galactosidoglucose) $C_{12}H_{22}O_{11}$
Lactose (4-β-Lactosido glucose)
Lactose (4-β-Galactosidoglucose)

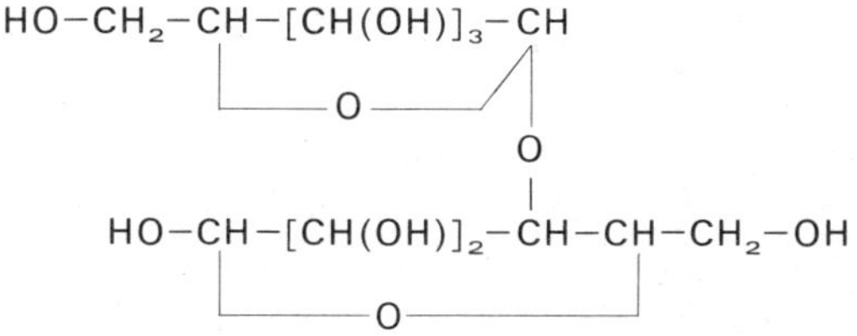

Eigenschaften – **properties** – **propriétés**

weiß **white** **blanc** | **weiß** **white** **blanc**

MM 360,312
D $1{,}525^{20\,°C}$
Fp 202 °C
Kp

Löslichkeiten – **solubilities** – **solubilités**
$H_2O^{kalt|cold|froid}$ = 17 g/100 ml
$H_2O^{heiß|hot|chaud}$ = 40 g/100 ml
Äthanol = nicht löslich
ethanol = insoluble
éthanol = insoluble
Diäthyläther = nicht löslich
diethyl ether = insoluble
éther diéthylique = insoluble

Reaktionen – **reactions** – **réactions**
zersetzlich|decomposable|dégradable

Diverses – **misc.** – **divers**

1 K
5 K

50 K

587

Lanolin
Lanolin
Lanoline

Eigenschaften – properties – propriétés

MM
D 0,973
Fp 36...41 °C
Kp

Löslichkeiten – solubilities – solubilités
Chloroform = leicht löslich
chloroform = easily soluble
chloroforme = facilement soluble
Äthanol = leicht löslich
ethanol = easily soluble
éthanol = facilement soluble

588

Lanthannitrat-6-hydrat $La(NO_3)_3 \cdot 6\,H_2O$
Lanthanum nitrate 6-hydrate
Lanthane nitrate 6-eau

Eigenschaften – properties – propriétés

glänzend, durchsichtig
bright, transparent
brillant, transparent

MM 433,02
D
Fp 40 °C
Kp

Gehalte – content – teneurs
~ 32% La

Löslichkeiten – solubilities – solubilités
$H_2O^{20\,°C}$ = 54,5 g/100 ml
Äthanol = leicht löslich
ethanol = easily soluble
éthanol = facilement soluble

Reaktionen – reactions – réactions
126 °C → Zersetzung | decomposition | dégradation

Diverses – misc. – divers

5 g
25 g

589

Laurylchlorid D $C_{12}H_{25}Cl$
Lauryl chloride D
Lauryle chlorure D

$CH_3(CH_2)_{11}Cl$

Eigenschaften – **properties** – **propriétés**

MM 215...235
D 0,866
Fp
Kp 260...270 °C

Löslichkeiten – **solubilities** – **solubilités**
H_2O = nicht löslich|insoluble|insoluble
Lösungsmittel = leicht löslich
solvent = easily soluble
solvant = facilement soluble

Reaktionen – **reactions** – **réactions**

116...123 °C→ 

Diverses – **misc.** – **divers**

 1 L

590

Lithiumaluminiumhydrid $Li(AlH_4)$
Lithium aluminium hydride
Lithium et aluminium hydrure

Eigenschaften – **properties** – **propriétés**

MM 37,95
D
Fp
Kp

Gehalte – **content** – **teneurs**
~ 19% Li
~ 71% Al

Diverses – **misc.** – **divers** **F** R: 29
MAK 0,025 mg LiH/m^3 S : 12-37-65-103
RID Ie

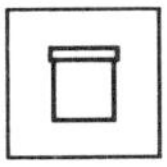
10 g
25 g
100 g
500 g

591

Lithiumbromid LiBr
Lithium bromide
Lithium bromure

Eigenschaften – properties – propriétés

weiß
white
blanc

MM 86,85
D $3{,}464^{25\,°C}_{4}$
Fp 547 °C
Kp 1265 °C

Gehalte – content – teneurs
~ 80% Li

Löslichkeiten – solubilities – solubilités
$H_2O^{20\,°C}$ = 61,5 g/100 ml
Aceton$^{25\,°C}$ = 15 g/100 ml
acetone$^{25\,°C}$ = 15 g/100 ml
acétone$^{25\,°C}$ = 15 g/100 ml
Äthanol = leicht löslich
ethanol = easily soluble
éthanol = facilement soluble

Reaktionen – reactions – réactions
+ Luft → Zersetzung
+ air → decomposition
+ air → dégradation

Diverses – misc. – divers

25 g
100 g
250 g
1 K

592

Lithiumcarbonat Li_2CO_3
Lithium carbonate
Lithium carbonate

Eigenschaften – properties – propriétés

weiß
white
blanc

MM 73,89
D $2{,}11^{0\,°C}$
Fp 618 °C
Kp

Gehalte – content – teneurs
~ 19% Li

Löslichkeiten – solubilities – solubilités
$H_2O^{20\,°C}$ = 1,32 g/100 ml
Essigsäure-äthylester = nicht löslich
acetic acid ethylester = insoluble
éthyle acétate = insoluble
Säure(n) = löslich
acid(s) = soluble
acide(s) = soluble
Äthanol = nicht löslich
ethanol = insoluble
éthanol = insoluble
Aceton = nicht löslich
acetone = insoluble
acétone = insoluble
Pyridin = nicht löslich
pyridine = insoluble
pyridine = insoluble

Reaktionen – reactions – réactions
zersetzlich|decomposable|dégradable

Diverses – misc. – divers

100 g
250 g
1 K

5 K

593

Lithiumchlorid $LiCl$
Lithium chloride
Lithium chlorure

Eigenschaften – properties – propriétés

farblos
colourless
incolore

MM 42,39
D $2{,}068\frac{25\,°C}{4}$
Fp 614 °C
Kp 1360 °C

Gehalte – content – teneurs
~ 17% Li

Löslichkeiten – solubilities – solubilités
$H_2O^{20\,°C}$ = 45 g/100 ml
Äthanol$^{25\,°C}$ = 44 g/100 ml
ethanol$^{25\,°C}$ = 44 g/100 ml
éthanol$^{25\,°C}$ = 44 g/100 ml
Aceton = löslich
acetone = soluble
acétone = soluble
Methanol$^{20\,°C}$ = 30,5 g/100 ml
methanol$^{20\,°C}$ = 30,5 g/100 ml
méthanol$^{20\,°C}$ = 30,5 g /100 ml
Pyridin = löslich
pyridine = soluble
pyridine = soluble

Reaktionen – reactions – réactions
zerfließlich|deliquescent|liquéfiable

Diverses – misc. – divers

100 g 1 K
250 g 5 K

594

***tri*Lithiumcitrat-4-hydrat** $Li_3C_6H_5O_7 \cdot 4\,H_2O$
***tri*Lithium citrate 4-hydrate**
***tri*Lithium citrate 4-eau**

Eigenschaften – properties – propriétés

farblos, hygroskopisch
colourless, hygroscopic
incolore, hygroscopique

MM 281,98
D
Fp
Kp

Gehalte – content – teneurs
~ 8% Li

Löslichkeiten – solubilities – solubilités
H_2O = leicht löslich|easily soluble|facilement soluble
Äthanol = sehr wenig löslich
ethanol = very slightly soluble
éthanol = très peu soluble

Reaktionen – reactions – réactions
zersetzlich|decomposable|dégradable

Diverses – misc. – divers

250 g
1 K

595

Lithiumhydroxid wasserfrei LiOH
Lithium hydroxide anhydrous
Lithium hydroxyde anhydre

Eigenschaften – properties – propriétés

weiß, durchsichtig, glänzend
white, transparent, bright
blanc, transparent, brillant

MM 23,95
D 1,43
Fp 445 °C
Kp ~ 925 °C

Gehalte – content – teneurs
~ 25% Li

Löslichkeiten – solubilities – solubilités
Essigsäure-äthylester = nicht löslich
acetic acid ethylester = insoluble
éthyle acétate = insoluble
Äthanol = wenig löslich
ethanol = slightly soluble
éthanol = peu soluble
Aceton = nicht löslich
acetone = insoluble
acétone = insoluble
Pyridin = nicht löslich
pyridine = insoluble
pyridine = insoluble

Diverses – misc. – divers

250 g
1 K
5 K

596

Lithiumhydroxid-l-hydrat $LiOH \cdot H_2O$
Lithium hydroxide l-hydrate
Lithium hydroxyde l-eau

Eigenschaften – properties – propriétés

–

farblos
colourless
incolore

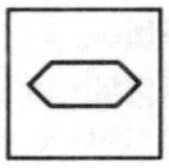

farblos
colourless
incolore

MM 41,96
D 1,83
Fp
Kp

Gehalte – content – teneurs
~ 17% Li

Löslichkeiten – solubilities – solubilités
$H_2O^{20\,°C}$ = 11,3 g/100 ml

Reaktionen – reactions – réactions
zersetzlich|decomposable|dégradable

Diverses – misc. – divers

250 g
1 K
5 K

597

Lithiumsulfat-l-hydrat $Li_2SO_4 \cdot H_2O$
Lithium sulphate l-hydrate
Lithium sulfate l-eau

Eigenschaften – properties – propriétés

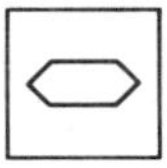

farblos
colourless
incolore

MM 127,95
D 2,06
Fp $-H_2O$, 130 °C
Kp

Gehalte – content – teneurs
~ 11% Li

Löslichkeiten – solubilities – solubilités
$H_2O^{20\,°C}$ = 25,65 g/100 ml
$SO_2^{0\,°C}$ flüssig = 0,017 g/100 ml
$SO_2^{0\,°C}$ liquid = 0,017 g/100 ml
$SO_2^{0\,°C}$ liquide = 0,017 g/100 ml

Diverses – misc. – divers

100 g
250 g
1 K

598

Magnesium gepulvert Mg
Magnesium powdered
Magnésium en poudre

Eigenschaften – properties – propriétés

weiß, glänzend
white, bright
blanc, brillant

Atomgewicht
atomic weight 24,31
poids atomique
D 1,74
Fp 650 °C
Kp 1102 °C

Löslichkeiten – solubilities – solubilités
Säure(n) = leicht löslich
acid(s) = easily soluble
acide(s) = facilement soluble

Reaktionen – reactions – réactions

+ Luft, 500 °C
+ air, 500 °C →
+ air, 500 °C

Diverses – misc. – divers **F** R: 29-31
RID II S: 13-18-36-103

250 g
1 K

50 K

599

Magnesium(II)-ammoniumsulfat-6-hydrat
Magnesium(II) ammonium suphate 6-hydrate
Magnésium(II) et ammonium sulfate 6-eau

$MgSO_4 \cdot (NH_4)_2SO_4 \cdot 6\,H_2O$

Eigenschaften – properties – propriétés

monoklin
monoclinic
monoclinique

MM 360,63
D 1,72
Fp > 120 °C
Kp

Gehalte – content – teneurs
~ 7% Mg

Löslichkeiten – solubilities – solubilités
$H_2O^{26\,°C}$ = 19 g/100 ml
$H_2O^{75\,°C}$ = 59,8 g/100 ml

Reaktionen – reactions – réactions
72 °C → Zersetzung|decomposition|dégradation

600

Magnesium*per*chlorat-6-hydrat
Magnesium *per*chlorate 6-hydrate
Magnésium *per*chlorate 6-eau

$Mg(ClO_4)_2 \cdot 6\,H_2O$

Eigenschaften – properties – propriétés

weiß, hygroskopisch
white, hygroscopic
blanc, hygroscopique

MM 331,33
D $1{,}970\frac{25\,°C}{4}$
Fp 147 °C
Kp

Gehalte – content – teneurs
~ 7% Mg

Löslichkeiten – solubilities – solubilités
$H_2O^{kalt|cold|froid}$ = löslich|soluble|soluble
Äthanol = löslich
ethanol = soluble
éthanol = soluble

Reaktionen – reactions – réactions
250 °C → $-6\,H_2O$

Diverses – misc. – divers
RID III c

250 g
1 K

601

Magnesiumchlorid-6-hydrat $MgCl_2 \cdot 6\ H_2O$
Magnesium chloride 6-hydrate
Magnésium chlorure 6-eau

Eigenschaften – properties – propriétés

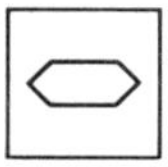

farblos, durchsichtig, hygroskopisch
colourless, transparent, hygroscopic
incolore, transparent, hygroscopique

MM 203,31
D 1,56
Fp 117 °C
Kp

Gehalte – content – teneurs
11,96% Mg

Löslichkeiten – solubilities – solubilités
$H_2O^{20\,°C} = 35{,}2$ g/100 ml

Reaktionen – reactions – réactions
18 °C → Zersetzung|decomposition|dégradation
$+ NH_3 \rightarrow MgCl_2 \cdot 6\ NH_3$

Diverses – misc. – divers

1 K
5 K

50 K
100 K

602

*tri***Magnesium***di***citrat-1-hydrat**
*tri***Magnesium** *di***citrate 1-hydrate**
*tri***Magnésium** *di***citrate 1-eau**

$Mg_3(C_6H_5O_7)_2 \cdot 14\ H_2O$
$C_{12}H_{10}O_{14}Mg_3 \cdot 14\ H_2O$

Eigenschaften – properties – propriétés

MM 703,36
D
Fp
Kp

Gehalte – content – teneurs
10,3% Mg

603

Magnesiumfluorid MgF_2
Magnesium fluoride
Magnésium fluorure

Eigenschaften – properties – propriétés

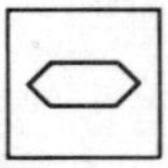

farblos, Prismen
colourless, prisms
incolore, prismes

MM 62,32
D 3,0
Fp 1396 °C
Kp 2239 °C

Gehalte – content – teneurs
39% Mg

Löslichkeiten – solubilities – solubilités
H_2O = leicht löslich|easily soluble|facilement soluble
H_2SO_4, konzentriert = löslich
H_2SO_4, concentrated = soluble
H_2SO_4, concentré = soluble
Säure(n) = nicht löslich
acid(s) = insoluble
acide(s) = insoluble

Diverses – misc. – divers **T** R: 55
MAK 2,5 mg F/m^3 S: 3-11-21-31-51-
RID IVa 63-67-72-91-108

100 g
1 K
5 K

50 K

604

Magnesiumhydroxid $Mg(OH)_2$
Magnesium hydroxide
Magnésium hydroxyde

Eigenschaften – properties – propriétés

hexagonal, hygroskopisch
hexagonal, hygroscopic
hexagonale, hygroscopique

MM 58,33
D 2,4
Fp
Kp

Gehalte – content – teneurs
~ 41% Mg

Löslichkeiten – solubilities – solubilités
Säure(n) = leicht löslich
acid(s) = easily soluble
acide(s) = facilement soluble

Reaktionen – reactions – réactions
zersetzlich|decomposable|dégradable

Diverses – misc. – divers

1 K
5 K

50 K

605

Magnesiumhydroxidcarbonat
Magnesium hydroxycarbonate
Magnésium hydroxycarbonate

$Mg(OH)_3 \cdot 3\,MgCO_3 \cdot 3\,H_2O$

Eigenschaften – **properties** – **propriétés**

weiß, rhombisch
white, rhombic
blanc, rhombique

MM 365,37
D 2,16
Fp
Kp

Gehalte – **content** – **teneurs**
~ 24...25% Mg

Löslichkeiten – **solubilities** – **solubilités**
$H_2O^{kalt|cold|froid}$ = 0,04 g/100 ml
$H_2O^{heiß|hot|chaud}$ = 0,011 g/100 ml
Säure(n) = löslich
acid(s) = soluble
acide(s) = soluble
Äthanol = nicht löslich
ethanol = insoluble
éthanol = insoluble

Reaktionen – **reactions** – **réactions**
zersetzlich|decomposable|dégradable

Diverses – **misc.** – **divers**

1 K
5 K

12,5 K
20 K
40K

606

Magnesiumnitrat-6-hydrat $Mg(NO_3)_2 \cdot 6\,H_2O$
Magnesium nitrate 6-hydrate
Magnésium nitrate 6-eau

Eigenschaften – **porperties** – **propriétés**

durchsichtig, Prismen, hygroskopisch
transparent, prisms, hygroscopic
transparent, prismes, hygroscopique

MM 256,41
D 1,6363
Fp 95 °C
Kp

Gehalte – **content** – **teneurs**
~ 9,4% Mg

Löslichkeiten – **solubilities** – **solubilités**
H_2O = löslich|soluble|soluble
Methanol = löslich
methanol = soluble
méthanol = soluble
Äthanol = löslich
ethanol = soluble
éthanol = soluble

Reaktionen – **reactions** – **réactions**
330 °C → $-\,5\,H_2O$

Diverses – **misc.** – **divers**

100 g 1 K
250 g 5 K

25 K
50 K

607

Magnesiumoxid MgO
Magnesium oxide
Magnésium oxyde

Eigenschaften – properties – propriétés

weiß
white
blanc

weiß
white
blanc

MM 40,31
D 3,62
Fp 2802 °C
Kp 3600 °C

Gehalte – content – teneurs
60,32% Mg

Löslichkeiten – solubilities – solubilités
$H_2O^{20\,°C}$ = sehr wenig löslich|
very slightly soluble|très peu soluble
$H_2O^{100\,°C}$ = sehr wenig löslich|
very slightly soluble|très peu soluble
Säure(n) = löslich
acid(s) = soluble
acide(s) = soluble
Methanol = nicht löslich
methanol = insoluble
méthanol = insoluble
Aceton = nicht löslich
acetone = insoluble
acétone = insoluble
NH_4-NO_3-Schmelze = löslich
NH_4-NO_3-melt = soluble
fusion de NH_4-NO_3 = soluble
NaOH-Schmelze = löslich
NaOH-melt = soluble
fusion de NaOH = soluble
KOH-Schmelze = löslich
KOH-melt = soluble
fusion de KOH = soluble

Diverses – misc. – divers
MAK 8 mg/m³ Feinstaub|fine powder|poussière fine

P
500 g
1 K
5 K

12,5 K
25 K

608

Magnesium*per*oxid MgO_2
Magnesium *per*oxide
Magnésium *per*oxyde

Eigenschaften – properties – propriétés

weiß
white
blanc

MM 56,31
D
Fp
Kp

Gehalte – content – teneurs
~ 43% Mg

Löslichkeiten – solubilities – solubilités
H_2O = (praktisch) unlöslich|(practically) insoluble|(pratiquement) insoluble
HCl, verdünnt = löslich
HCl, diluted = soluble
HCl, dilué = soluble
HNO_3, verdünnt = löslich
HNO_3, diluted = soluble
HNO_3, dilué = soluble
H_2SO_4, verdünnt = löslich
H_2SO_4, diluted = soluble
H_2SO_4, dilué = soluble

Reaktionen – reactions – réactions
+ Essigsäure-äthylester → H_2O_2
+ acetic acid ethylester → H_2O_2
+ éthyl acétate → H_2O_2

Diverses – misc. – divers

500 g
1 K
5 K

25 K
50 K

609

Magnesium*hydrogen*phosphat-3-hydrat
Magnesium *hydrogen*phosphate 3-hydrate
Magnésium *hydrogéno*phosphat 3-eau

$MgHPO_4 \cdot 3\,H_2O$

Eigenschaften – properties – propriétés

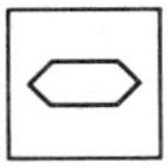
glänzend
bright
brillant
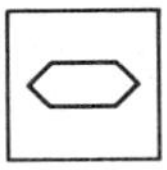
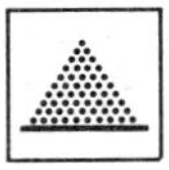
weiß
white
blanc

MM 174,34
D 2,123
Fp
Kp

Gehalte – content – teneurs
~ 10,8% Mg

Löslichkeiten – solubilities – solubilités
H_2O = sehr wenig löslich|
very slightly soluble|très peu soluble
Säure(n). verdünnt = leicht löslich
acid(s), diluted = easily soluble
acide(s), dilué = facilement soluble

Diverses – misc. – divers

500 g
1 K
5 K

25 K

610

Magnesium*hypo*phosphit-6-hydrat
Magnesium *hypo*phosphite 6-hydrate
Magnésium *hypo*phosphite 6-eau

$Mg(H_2PO_2)_2 \cdot 6\,H_2O$

Eigenschaften – properties – propriétés

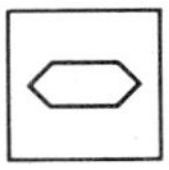
farblos
colourless
incolore

MM 262,38
D $1{,}59^{13\,°C}$
Fp $-6\,H_2O$, 180 °C
Kp

Gehalte – content – teneurs
~ 6,1% Mg

Löslichkeiten – solubilities – solubilités
H_2O = leicht löslich|easily soluble|facilement soluble
Äthanol = wenig löslich
ethanol = slightly soluble
éthanol = peu soluble

Reaktionen – reactions – réactions
100 °C → Zersetzung|decomposition|dégradation
+ Luft → Zersetzung
+ air → decomposition
+ air → dégradation

Diverses – misc. – divers

250 g
500 g
1 K

1 K
5 K

611

Magnesiumsulfat-7-hydrat $MgSO_4 \cdot 7\,H_2O$
Magnesium sulphate 7-hydrate
Magnésium sulfate 7-eau

Eigenschaften – properties – propriétés

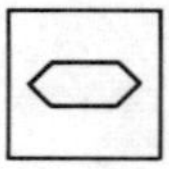

Prismen, glänzend, farblos
prisms, bright, colourless
prismes, brillant, incolore

MM 246,48
D 1,68
Fp $-6\,H_2O$, 150 °C
Kp

Gehalte – content – teneurs
9,87% Mg

Löslichkeiten – solubilities – solubilités
Äthanol = löslich
ethanol = soluble
éthanol = soluble

Diverses – misc. – divers

2,5 K
5 K

50 K

612

Magnesium*thio*sulfat-6-hydrat $MgS_2O_3 \cdot 6\,H_2O$
Magnesium *thio*sulphate 6-hydrate
Magnésium *thio*sulfate 6-eau

Eigenschaften – properties – propriétés

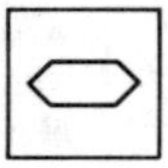

durchsichtig, farblos, glänzend
transparent, colourless, bright
transparent, incolore, brillant

MM 244,53
D $1{,}818^{24\,°C}$
Fp $-3\,H_2O$, 100 °C
Kp

Gehalte – content – teneurs
~ 10% Mg

Reaktionen – reactions – réactions
170 °C → Zersetzung|decomposition|dégradation

Diverses – misc. – divers

250 K
1 K

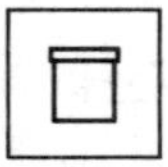

5 K

613

Maleinsäure $C_4H_4O_4$
Maleic acid
Acide maléique

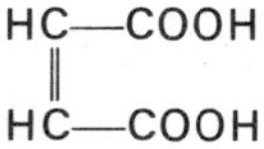

Eigenschaften – properties – propriétés

Prismen
prisms
prismes

MM 116,07
D 1,609
Fp 130. . . 131 °C
Kp 160°C

Löslichkeiten – solubilities – solubilités
$H_2O^{10\,°C}$ = 50 g/100 ml
$H_2O^{25\,°C}$ = 78,8 g/100 ml
Aceton$^{20\,°C}$ = 25 g/100 ml
acetone$^{20\,°C}$ = 25 g/100 ml
acétone$^{20\,°C}$ = 25 g/100 ml
Diäthyläther$^{25\,°C}$ = 5,9 g/100 ml
diethyl ether$^{25\,°C}$ = 5,9 g/100 ml
éther diéthylique$^{25\,°C}$ = 5,9 g/100 ml
Äthanol$^{29,7\,°C}$ = 55,2 g/100 ml
ethanol$^{29,7\,°C}$ = 55,2 g/100 ml
éthanol$^{29,7\,°C}$ = 55,2 g/100 ml

Reaktionen – reactions – réactions
160 °C → Zersetzung|decomposition|dégradation
längeres Erhitzen|longer heating|chauffé longtemps
> 100 °C → Fumarsäure|fumaric acid|acide fumarique

Diverses – misc. – divers

250 g
1 K

614

Maleinsäure-anhydrid $C_4H_2O_3$
Maleic acid anhydride
Acide maléique anhydre

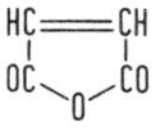

Eigenschaften – properties – propriétés

MM 98,06
D 1,3001
Fp 52,6 °C
Kp 202 °C

Löslichkeiten – solubilities – solubilités
Ligroin = wenig löslich
ligroine = slightly soluble
benzine légère = peu soluble
Chloroform = leicht löslich
chloroform = easily soluble
chloroforme = facilement soluble
Aceton = leicht löslich
acetone = easily soluble
acétone = facilement soluble

Diverses – misc. – divers
MAK 0,2 ppm, 0,8 mg/m^3

250 g
1 K
5 K

50 K

615

Maltose $C_{12}H_{22}O_{11}$
Maltose
Maltose

Eigenschaften – properties – propriétés

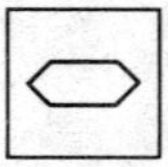

farblos
colourless
incolore

MM 342,30
D
Fp 160...165 °C
Kp

Löslichkeiten – solubilities – solubilités
H_2O = leicht löslich|easily soluble|facilement soluble

Reaktionen – reactions – réactions
130 °C → Zersetzung|decomposition|dégradation

Diverses – misc. – divers

100 g
250 g
1 K

616

Mangan(II)-acetat wasserfrei $Mn(C_2H_3O_2)_2$
Manganese(II) acetate anhydrous
Manganése(II) acétate anhydre

Eigenschaften – properties – propriétés

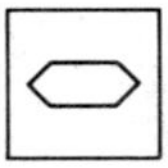

MM 173,02
D $1{,}74\frac{20\,°C}{4}$
Fp
Kp

Gehalte – content – teneurs
~ 32% Mn

Löslichkeiten – solubilities – solubilités
$H_2O^{kalt|cold|froid}$ = löslich|soluble|soluble
$H_2O^{heiß|hot|chaud}$ = löslich|soluble|soluble

Diverses – misc. – divers

1 K

50 K

617

Mangan(II)-acetat-4-hydrat $Mn(C_2H_3O_2)_2 \cdot 4\ H_2O$
Manganese(II) acetate 4-hydrate
Manganése(II) acétate 4-eau

Eigenschaften – properties – propriétés

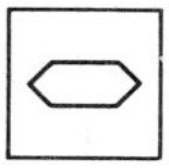

rot
red
rouge

MM 245,09
D 1,589
Fp
Kp

Gehalte – content – teneurs
~ 22% Mn

Löslichkeiten – solubilities – solubilités
H_2O = sehr leicht löslich|extremely soluble|
très facilement soluble
Äthanol = löslich
ethanol = soluble
éthanol = soluble
Methanol = löslich
methanol = soluble
méthanol = soluble

Diverses – misc. – divers

1 K

50 K

618

Mangan(II)-benzoat-3-hydrat
Manganese(II) benzoate 3-hydrate
Manganése(II) benzoate 3-eau

$Mn(C_7H_5O_2)_2 \cdot 3\ H_2O$

Eigenschaften – properties – propriétés

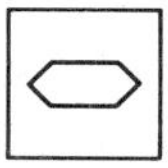

Prismen
prisms
prismes

MM 351,20
D
Fp
Kp

Gehalte – content – teneurs
~ 16% Mn

Löslichkeiten – solubilities – solubilités
$H_2O^{15\,°C}$ = 6,55 g/100 ml
Äthanol = löslich
ethanol = soluble
éthanol = soluble

619

Mangan(II)-carbonat $MnCO_3$
Manganese(II) carbonate
Manganése(II) carbonate

Eigenschaften – properties – propriétés

weiß – hellbraun
white – light brown
blanc – brun clair

MM 114,95
D 3,125
Fp
Kp

Gehalte – content – teneurs
~ 49% Mn

Löslichkeiten – solubilities – solubilités
H_2O = (praktisch) unlöslich|(practically) insoluble
(pratiquement) insoluble
Äthanol = (praktisch) unlöslich
ethanol = (practically) insoluble
éthanol = (pratiquement) insoluble
Säure(n), verdünnt = löslich
acid(s), diluted = soluble
acide(s), dilué = soluble

Reaktionen – reactions – réactions
zersetzlich|decomposable|dégradable
$> 200\,°C \rightarrow CO_2 + Mn_3O_4$

Diverses – misc. – divers

1 K
5 K

50 K
100 K

620

Mangan(II)-chlorid-4-hydrat $MnCl_2 \cdot 4\,H_2O$
Manganese(II) chloride 4-hydrate
Manganése(II) chlorure 4-eau

Eigenschaften – properties – propriétés

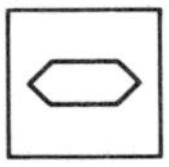

rot
red
rouge

MM 197,91
D 2,01
Fp 58,0 °C
Kp

Gehalte – content – teneurs
~ 27% Mn

Löslichkeiten – solubilities – solubilités
$H_2O^{20\,°C}$ = 42,3 g/100 ml
$H_2O^{100\,°C}$ = 53,5 g/100 ml
Äthanol = löslich
ethanol = soluble
éthanol = soluble
$Pyridin^{25\,°C}$ = 1,06 g/100 ml
$pyridine^{25\,°C}$ = 1,06 g/100 ml
$pyridine^{25\,°C}$ = 1,06 g/100 ml
Diäthyläther = (praktisch) unlöslich
diethyl ether = (practically) insoluble
éther diéthylique = (pratiquement) insoluble

Reaktionen – reactions – réactions
+ Luft : zerfließlich
+ air : deliquescent
+ air : liquéfiable
$106\,°C \rightarrow -H_2O$
$200\,°C \rightarrow -4\,H_2O$

Diverses – misc. – divers

500 g
1 K
5 K

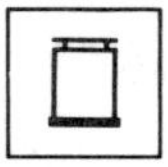

50 K

621

Mangan(II)-lactat-3-hydrat $Mn(C_3H_5O_3)_2 \cdot 3\,H_2O$
Manganese(II) lactate 3-hydrate
Manganése(II) lactate 3-eau

Eigenschaften – properties – propriétés

hellrot, monoklin
light red, monoclinic
rouge clair, monoclinique

MM 287,12
D
Fp
Kp

Gehalte – content – teneurs
20% Mn

Löslichkeiten – solubilities – solubilités
$H_2O^{25\,°C}$ = 10 g/100 ml
$H_2O^{\text{heiß|hot|chaud}}$ = sehr löslich|very soluble|
très soluble
Äthanol = löslich
ethanol = soluble
éthanol = soluble

Reaktionen – reactions – réactions
zersetzlich|decomposable|dégradable

Diverses – misc. – divers

1 K

622

Mangan(II)-nitrat-4-hydrat $Mn(NO_3)_2 \cdot 4\,H_2O$
Manganese(II) nitrate 4-hydrate
Manganése(II) nitrate 4-eau

Eigenschaften – properties – propriétés

hellrot
light red
rouge clair

MM 251,01
D
Fp
Kp

Gehalte – content – teneurs
~ 21% Mn

Löslichkeiten – solubilities – solubilités
H_2O = ∞ löslich|∞ soluble|∞ soluble
Äthanol = sehr löslich
ethanol = very soluble
éthanol = très soluble

Diverses – misc. – divers

1 K
5 K
15 K

623

Mangan(II)-nitrat-6-hydrat $Mn(NO_3)_2 \cdot 6\,H_2O$
Manganese(II) nitrate 6-hydrate
Manganése(II) nitrate 6-eau

Eigenschaften – properties – propriétés

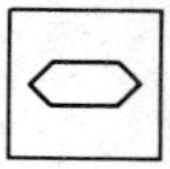

hellrot - farblos
light red - colourless
rouge clair - incolore

MM 287,04
D $1{,}82^{21\,°C}$
Fp 25,8 °C
Kp 129,5 °C

Gehalte – content – teneurs
~ 19% Mn

Löslichkeiten – solubilities – solubilités
$H_2O^{20\,°C}$ = 56,7 g/100 ml
Äthanol = löslich
ethanol = soluble
éthanol = soluble

Reaktionen – reactions – réactions
zerfließlich|deliquescent|liquéfiable

Diverses – misc. – divers

1 K
5 K
15 K

624

Mangan(IV)-oxid MnO_2
Manganese(IV) oxide
Manganése(IV) oxyde

Eigenschaften – properties – propriétés

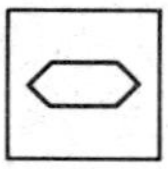

schwarz
black
noir

MM 86,94
D 5,026
Fp
Kp

Gehalte – content – teneurs
~ 62% Mn

Löslichkeiten – solubilities – solubilités
HCl = löslich|soluble|soluble

Reaktionen – reactions – réactions

+ HCl $\rightarrow Cl_2$

> 500 °C $\rightarrow O_2$

Diverses – misc. – divers **Xn** R : 51
S : 11-51-63

250 g
500 K
1 K

625

Mangan(II)-sulfat-1-hydrat $MnSO_4 \cdot H_2O$
Manganese(II) sulphate 1-hydrate
Manganése(II) sulfate 1-eau

Eigenschaften – **properties** – **propriétés**

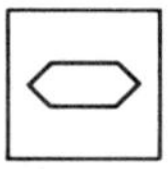

rot
red
rouge

MM 169,01
D 2,95
Fp
Kp
beständig|stable|stable > 24,1 °C

Gehalte – **content** – **teneurs**
~ 32% Mn

Löslichkeiten – **solubilities** – **solubilités**
$H_2O^{20\,°C}$ = 38,7 g/100 ml
Methanol$^{25\,°C}$ = 0,114 g/100 ml
methanol$^{25\,°C}$ = 0,114 g/100 ml
méthanol$^{25\,°C}$ = 0,114 g/100 ml
Diäthyläther = (praktisch) unlöslich
diethyl ether = (practically) insoluble
éther diéthylique = (pratiquement) insoluble

Diverses – **misc.** – **divers**

250 g 1 K
500 g 5 K

25 K
50 K

626

Mannit $C_6H_{14}O_6$
Mannitol
Mannitol

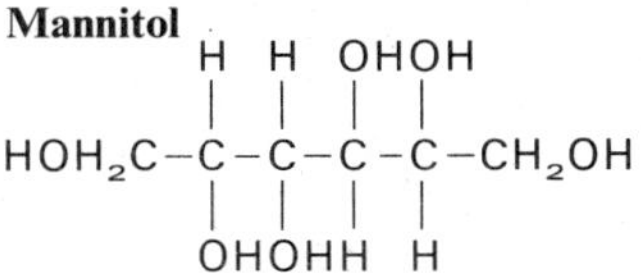

Eigenschaften – **properties** – **propriétés**

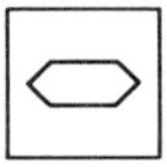

MM 182,17
D $1{,}521^{13\,°C}$
Fp 167 °C
Kp 290 °C

Löslichkeiten – **solubilities** – **solubilités**
$H_2O^{15\,°C}$ = 16,4 g/100 ml
$H_2O^{60\,°C}$ = 61,1 g/100 ml
Äthanol$^{60\,°C}$ = 0,65 g/100 ml
ethanol$^{60\,°C}$ = 0,65 g/100 ml
éthanol$^{60\,°C}$ = 0,65 g/100 ml
Äthanol$^{15\,°C}$ = 0,01 g/100 ml
ethanol$^{15\,°C}$ = 0,01 g/100 ml
éthanol$^{15\,°C}$ = 0,01 g/100 ml
Diäthyläther = (praktisch) unlöslich
diethyl ether = (practically) insoluble
éther diéthylique = (pratiquement) insoluble

Diverses – **misc.** – **divers**

250 g
1 K
5 K

50 K

627

Melasse
Molasses
Mélasse

Eigenschaften – properties – propriétés

braun
brown
brun

Löslichkeiten – solubilities – solubilités
H_2O = leicht löslich|easily soluble|facilement soluble

628

l-Menthol $C_{10}H_{20}O$
l-Menthol
l-Menthol

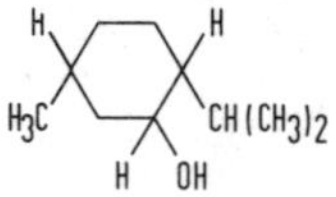

Eigenschaften – properties – propriétés

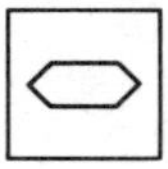

farblos
colourless
incolore

MM 156,27
D $0{,}900^{15\,°C}$
Fp 41,6 °C
Kp 216 °C

Löslichkeiten – solubilities – solubilités
H_2O = 0,04 g/100 ml
CS_2 = löslich|soluble|soluble
Äthanol = sehr leicht löslich
ethanol = extremely soluble
éthanol = très facilement soluble
Diäthyläther = sehr leicht löslich
diethyl ether = extremely soluble
éther diéthylique = très facilement soluble
Benzol = löslich
benzene = soluble
benzène = soluble
Eisessig = sehr leicht löslich
glacial acetic acid = extremely soluble
acide acétique glacial = très facilement soluble

Diverses – misc. – divers

25 g
100 g
250 g
1 K

629

Mercaptobenzothiazol Natriumsalz $C_7H_4NNaS_2$
Mercaptobenzothiazole sodium salt
Mercaptobenzothiazol sel sodique

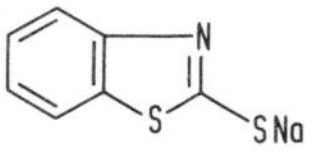

Eigenschaften – properties – propriétés

gelb – braun
yellow – brown
jaune – brun

MM 189
D $1{,}25^{20\,°C}$
Fp
Kp

Gehalte – content – teneurs
50% $C_7H_4S_2NNa$

Löslichkeiten – solubilities – solubilités
H_2O = löslich|soluble|soluble

Diverses – misc. – divers

10 g
25 g

630

Methanol CH_4O
Methanol
Méthanol

CH_3OH

Eigenschaften – properties – propriétés

farblos
colourless
incolore

MM 32,04
D $0{,}7952^{15\,°C}$
Fp −97,9 °C
Kp 64,7 °C

Löslichkeiten – solubilities – solubilités
H_2O → Tabelle|Table|Tableau 630.1
Äthanol = löslich
ethanol = soluble
éthanol = soluble
Diäthyläther = löslich
diethyl ether = soluble
éther diéthylique = soluble

Reaktionen – reactions – réactions

Diverses – misc. – divers
MAK 200 ppm, 260 mg/m^3
RID IIIa

F + T R: 22-33-56
S: 3-15-21-36-53-71-104-108

1 L
2,5 L
5 L

25 K

631

Methylammoniumchlorid $CH_5N \cdot HCl$
Methylammonium chloride
Méthylammoniumchlorure

$CH_3—NH_2 \cdot HCl$

Eigenschaften – properties – propriétés

MM 67,52
D
Fp 206...209 °C
Kp

Diverses – misc. – divers

100 g
250 g
1 K

632

Methyldiäthanolamin $C_5H_{13}NO_2$
Methyldiethanolamine
Méthyldiéthanolamine

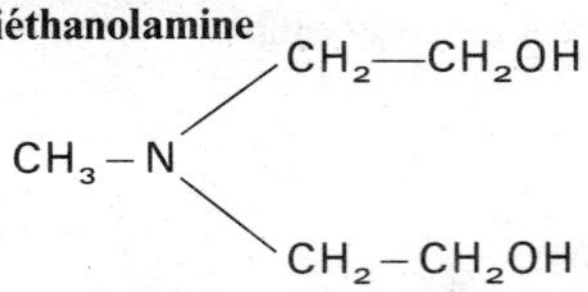

Eigenschaften – properties – propriétés

farblos, hygroskopisch
colourless, hygroscopic
incolore, hygroscopique

MM 119
D $1{,}037^{20\,°C}$
Fp
Kp $246...248\,°C^{760\ mm\ Hg}$

Gehalte – content – teneurs
98... 100% $C_5H_{13}NO_2$

Löslichkeiten – solubilities – solubilités
H_2O = ∞ löslich | ∞ soluble | ∞ soluble
Äthanol = löslich
ethanol = soluble
éthanol = soluble
Aceton = löslich
acetone = soluble
acétone = soluble
Benzol = leicht löslich
benzene = easily soluble
benzène = facilement soluble

Reaktionen – reactions – réactions

130 °C→ 

Diverses – misc. – divers

1 L

633

Methylformiat $C_2H_4O_2$
Methyl formate
Méthyle formiate

H—$COOCH_3$

Eigenschaften – properties – propriétés

farblos
colourless
incolore

MM 60
D $0{,}97^{20\,°C}$
Fp −100 °C
Kp ~32 °C$^{760\ mm\ Hg}$

Löslichkeiten – solubilities – solubilités
$H_2O^{20\,°c}$ = 30 g/100 ml
Lösungsmittel = löslich
solvent = soluble
solvant = soluble

Reaktionen – reactions – réactions

+Luft→
+air
+air

Diverses – misc. – divers
RID IIIa
MAK 100 ppm, 250 mg/m^3

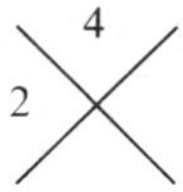

F R: 22-33
S : 15-22-23-36-53-71-104

634

2-Methylindol C_9H_9N
2-Methylindole
2-Méthylindole

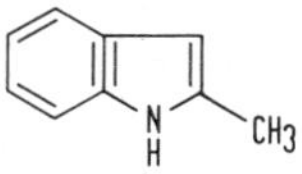

Eigenschaften – properties – propriétés

gelb
yellow
jaune

MM 131
D
Fp 60 °C
Kp 272 °C

Gehalte – content – teneurs
98,5. . .99,5% C_9H_9N

Löslichkeiten – solubilities – solubilités
H_2O = (praktisch) unlöslich|(practically) insoluble|(pratiquement) insoluble
Äthanol = löslich
ethanol = soluble
éthanol = soluble

Reaktionen – reactions – réactions
+Luft→dunkelrot
+air →dark red
+air →rouge foncé

635

Milchsäure $C_3H_6O_3$
Lactic acid
Acide lactique

$CH_3—CH(OH)—CO_2H$

Eigenschaften – properties – propriétés

hygroskopisch
hygroscopic
hygroscopique

MM 90,08
D
Fp 18 °C
Kp 119 °C

Löslichkeiten – solubilities – solubilités
H_2O = leicht löslich|easily soluble|facilement soluble
Äthanol = leicht löslich
ethanol = easily soluble
éthanol = facilement soluble
Diäthyläther = löslich
diethyl ether = soluble
éther diéthylique = soluble

Reaktionen – reactions – réactions
zerfließlich|deliquescent|liquéfiable

Diverses – misc. – divers

500 g
1 K
5 K

25 K
50 K

636

Molybdän(VI)-oxid MoO_3
Molybdenum(VI) oxide
Molybdène(VI) oxyde

Eigenschaften – properties – propriétés

weiß - grün
white - green
blanc - vert

MM 143,94
D $4{,}50^{19,5\,°C}$
Fp 795 °C
Kp

Gehalte – content – teneurs
~ 67% Mo

Löslichkeiten – solubilities – solubilités
$H_2O^{20\,°C}$ = 0,13 g/100 ml
$HSCN^{10\%}$ = löslich|soluble|soluble
H_2SO_4, konzentriert = löslich
H_2SO_4, concentrated = soluble
H_2SO_4, concentré = soluble
Flüssigkeit, alkalisch = löslich
liquid, alkaline = soluble
liquide, alcalin = soluble

Reaktionen – reactions – réactions
sublimierbar|sublimable|sublimable

Diverses – misc. – divers
MAK 5 mg MO/m^3

100 g 1 K
250 g 5 K

637

Molybdänsäure H_2MoO_4
Molybdic acid
Acide molybdique

Eigenschaften – properties – propriétés

weiß
white
blanc

MM 161,97
D 3,112
Fp 115 °C
Kp

Gehalte – content – teneurs
~ 58% Mo

Löslichkeiten – solubilities – solubilités
H_2O = wenig löslich|slightly soluble|peu soluble
H_3PO_4 = löslich|soluble|soluble
Alkalilauge = löslich
caustic alkali solution = soluble
solution caustique alcaline = soluble

Reaktionen – reactions – réactions
> 115 °C→
Zersetzung|decomposition|dégradation

Diverses – misc. – divers
MAK 5 mg MO/m³

100 g 1 K
250 g 5 K

25 K

638

Mono-2-äthylhexylamin $C_8H_{19}N$
Mono-2-ethylhexylamine
Mono-éthyl-2-hexylamine

$$CH_3{-}(CH_2)_3{-}\underset{}{CH}(C_2H_5){-}CH_2{-}NH_2$$

Eigenschaften – properties – propriétés

farblos
colourless
incolore

MM 129
D $0{,}79^{20\,°C}$
Fp
Kp $168\ldots171\,°C^{760\,mm\,Hg}$

Gehalte – content – teneurs
99...100% $C_8H_{19}N$

Löslichkeiten – solubilities – solubilités
H_2O = löslich|soluble|soluble
Lösungsmittel = löslich
solvent = soluble
solvant = soluble

639

Naphtalin $C_{10}H_8$
Naphtalene
Naphtalène

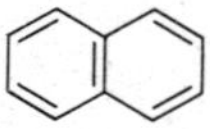

Eigenschaften – properties – propriétés

farblos
colourless
incolore

MM 128,18
D 0,9757
Fp 80,04 °C
Kp 218,05 °C

Löslichkeiten – solubilities – solubilités
$H_2O^{15\,°C}$ = 0,022 g/100 ml
Benzol$^{41\,°C}$ = 113 g/100 ml
benzene$^{41\,°C}$ 113 g/100 ml
benzène$^{41\,°C}$ = 113 g/100 ml
Äthanol$^{20\ldots25\,°C}$ 7,74 g/100 ml
ethanol$^{20\ldots25\,°C}$ 7,74 g/100 ml
éthanol$^{20\ldots25\,°C}$ = 7,74 g/100 ml
Äthanol, siedend = ∞ löslich
ethanol, boiling = ∞ soluble
éthanol, bouillant = ∞ soluble
Diäthyläther = leicht löslich
diethyl ether = easily soluble
éther diéthylique = facilement soluble
Chloroform = löslich
chloroform = soluble
chloroforme = soluble
Eisessig = löslich
glacial acetic acid = soluble
acide acétique glacial = soluble
Methanol = wenig löslich
methanol = slightly soluble
méthanol = peu soluble

Diverses – misc. – divers
MAK 10 ppm, 50 mg/m³
RID IIIb

100 g
1 K

1 K
2,5 K

50 K

640

1,5-Naphtalindisulfonsäure $C_{10}H_8O_6S_2$
1,5-Naphtalene disulphonic acid
Acide naphtalènedisulfonique-1,5

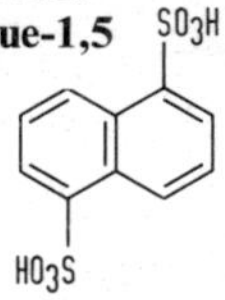

Eigenschaften – properties – propriétés

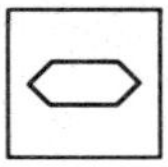

weiß
white
blanc

weiß
white
blanc

MM 288
D 0,95...1,0
Fp
Kp

641

Naphtalintrisulfonsäure 1,3,6/1,3,7
1,3,6/1,3,7-Naphtalene trisulphonic acid
Acide naphtalènetrisulfonique-1,3,6/1,3,7

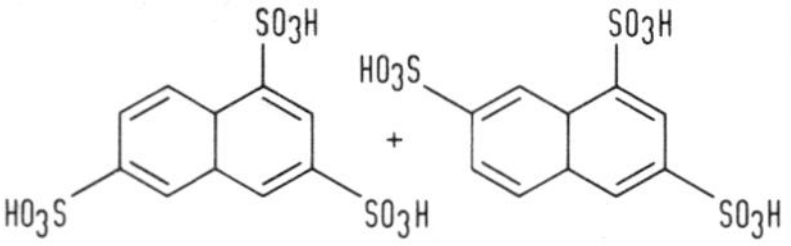

$C_{10}H_8O_9S_3$

Eigenschaften – **properties** – **propriétés**

weiß – **gelb**
white – **yellow**
blanc – **jaune**

MM 368
D 0,8
Fp
Kp

Gehalte – **content** – **teneurs**
1,3,6 : 1,3,7 = ~ 3 : 1
~ 79...82% $C_{10}H_8O_9S_3$

Löslichkeiten – **solubilities** – **solubilités**
H_2O = löslich|soluble|soluble

642

α-Naphtol
α-Naphtol
α-Naphtol

$C_{10}H_8O$

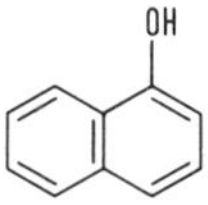

Eigenschaften – **properties** – **propriétés**

MM 144
D 0,6
Fp
Kp

Gehalte – **content** – **teneurs**
~ 98,5...99% $C_{10}H_8O$

Löslichkeiten – **solubilities** – **solubilités**
H_2O = sehr wenig löslich|very slightly soluble|très peu soluble
NaOH, verdünnt = löslich
NaOH, diluted = soluble
NaOH, dilué = soluble
Lösungsmittel = löslich
solvent = soluble
solvant = soluble

Reaktionen – **reactions** – **réactions**
+ Luft → **braun**
+ air → **brown**
+ air → **brun**

Diverses – **misc.** – **divers**

25 g
100 g
250 g

100 g
250 g
1 K

643

β-Naphtol
β-Naphtol
β-Naphtol $C_{10}H_8O$

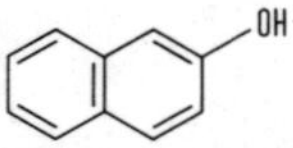

Eigenschaften – properties – propriétés

MM 144,17
D 1,100
Fp 122,0 °C
Kp 294,85 °C

Löslichkeiten – solubilities – solubilités
$H_2O^{25\,°C}$ = 0,057 g/100 ml
Äthanol = leicht löslich
ethanol = easily soluble
éthanol = facilement soluble
Diäthyläther = leicht löslich
diethyl ether = easily soluble
éther diéthylique = facilement soluble
Chloroform = leicht löslich
chloroform = easily soluble
chloroforme = facilement soluble
Benzol = leicht löslich
benzene = easily soluble
benzène = facilement soluble
Petroläther = wenig löslich
petroleum ether = slightly soluble
benzine de pétrole = peu soluble

Diverses – misc. – divers **Xn** R: 54-83
S: 11-21-31-51-63-91

25 g
100 g
250 g

100 g
250 g
1 K

644

α-Naphtylamin
α-Naphtylamine
α-Naphtylamine $C_{10}H_9N$

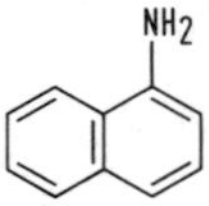

Eigenschaften – properties – propriétés

violettbraun
violet brown
violet brun

rotviolett
red violet
rouge violet

MM 143,19
D 1,0997
Fp 49,2...49,3 °C
Kp 300,8 °C

Gehalte – content – teneurs
> 99% $C_{10}H_9N$

Löslichkeiten – solubilities – solubilités
H_2O = (praktisch) unlöslich|(practically) insoluble
(pratiquement) insoluble
Benzol = löslich
benzene = soluble
benzène = soluble
Aceton = löslich
acetone = soluble
acétone = soluble

Reaktionen – reactions – réactions

157 °C →

Diverses – misc. – divers **T** R: 52-53
S: 11-21-31-51-63-71-72-91-93-108

25 g
100 g

645

Natriumacetat wasserfrei $NaC_2H_3O_2$
Sodium acetate anhydrous
Sodium acétate anhydre

CH_3—COONa

Eigenschaften – properties – propriétés

weiß, hygroskopisch
white, hygroscopic
blanc, hygroscopique

MM 82,03
D 1,528
Fp 324 °C
Kp

Löslichkeiten – solubilities – solubilités
$H_2O^{0\,°C}$ = 119 g/100 ml
Äthanol$^{18\,°C}$ = 2,1 g/100 ml
ethanol$^{18\,°C}$ = 2,1 g/100 ml
éthanol$^{18\,°C}$ = 2,1 g/100 ml

Reaktionen – reactions – réactions
– 251 °C → Umwandlung|transformation|transformation
+ 198 °C → Umwandlung|transformation|transformation

Diverses – misc. – divers

1 K
5 K

25 K
50 K

646

Natriumacetat-3-hydrat $NaC_2H_3O_2 \cdot 3\,H_2O$
Sodium acetate 3-hydrate
Sodium acétate 3-eau

Eigenschaften – properties – propriétés

farblos
colourless
incolore

MM 136,09
D 1,45
Fp 58 °C
Kp 123 °C

Löslichkeiten – solubilities – solubilités
$H_2O^{0\,°C}$ = 119 g/100 ml

Reaktionen – reactions – réactions
> 120 °C → wasserfrei|anhydrous|anhydre

Diverses – misc. – divers

1 K
5 K

25 K
50 K

647

Natriumaluminat $NaAlO_2$
Sodium aluminate
Sodium aluminate

Eigenschaften – properties – propriétés

amorph
amorphous
amorphe

MM 81,97
D
Fp 1650 °C
Kp

Löslichkeiten – solubilities – solubilités
$H_2O^{kalt|cold|froid}$ = löslich|soluble|soluble
$H_2O^{heiß|hot|chaud}$ = sehr löslich|very soluble|très soluble
Äthanol = nicht löslich
ethanol = insoluble
éthanol = insoluble

Diverses – misc. – divers

 5 K  50 K

648

Natriumammonium*hydrogen*phosphat-4-hydrat
Sodium ammonium *hydrogen*phosphate 4-hydrate
Sodium et ammonium *hydrogéno*phosphate 4-eau

$NaNH_4HPO_4 \cdot 4\ H_2O$

Eigenschaften – properties – propriétés

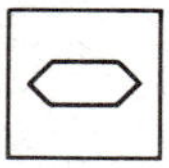

farblos, monoklin
colourless, monoclinic
incolore, monoclinique

MM 209,09
D 1,554
Fp
Kp

Löslichkeiten – solubilities – solubilités
$H_2O^{kalt|cold|froid}$ = 16,7 g/100 ml
$H_2O^{heiß|hot|chaud}$ = 100 g/100 ml
Äthanol = nicht löslich
ethanol = insoluble
éthanol = insoluble

Reaktionen – reactions – réactions
79 °C → Zersetzung|decomposition|dégradation

Diverses – misc. – divers

 250 g
1 K

649

Natrium*thio*antimonat-9-hydrat $Na_3SbS_4 \cdot 9\ H_2O$
Sodium *thio*antimonate 9-hydrate
Sodium *thio*antimonate 9-eau

Eigenschaften – properties – propriétés

hellgelb
light yellow
jaune clair

MM 481,11
D 1,839
Fp
Kp

Löslichkeiten – solubilities – solubilités
$H_2O^{kalt|cold|froid}$ =
leicht löslich|easily soluble|facilement soluble
$H_2O^{heiß|hot|chaud}$ =
sehr leicht löslich|extremely soluble|très facilement soluble
Äthanol = (praktisch) unlöslich
ethanol = (practically) insoluble
éthanol = (pratiquement) insoluble

Diverses – misc. – divers

1 K
5 K

650

***di*Natrium*hydrogen*arsenat-7-hydrat**
***di*Sodium *hydrogen*arsenate 7-hydrate**
***di*Sodium *hydrogéno*arséniate 7-eau**

$Na_2HAsO_4 \cdot 7\ H_2O$

Eigenschaften – properties – propriétés

farblos
colourless
incolore

MM 312,02
D 1,871
Fp
Kp

Löslichkeiten – solubilities – solubilités
$H_2O^{20\,°C}$ = 23,5 g/100 ml
H_2SO_4 = 100 g/100 ml
Äthanol = wenig löslich
ethanol = slightly soluble
éthanol = peu soluble

Reaktionen – reactions – réactions
57 °C → Zersetzung|decomposition|dégradation

Diverses – misc. – divers
RID IVa

100 g
250 g
1 K

651

Natrium*meta*arsenit $NaAsO_2$
Sodium *meta*arsenite
Sodium *méta*arsénite

Eigenschaften – properties – propriétés

weiß, hygroskopisch
white, hygroscopic
blanc, hygroscopique

MM 129,91
D
Fp
Kp

Löslichkeiten – solubilities – solubilités
$H_2O^{kalt|cold|froid}$ = löslich|soluble|soluble
Äthanol = wenig löslich
ethanol = slightly soluble
éthanol = peu soluble

Diverses – misc. – divers
RID IVa

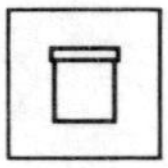

500 g
1 K
5 K

50 K

652

Natriumäthylsulfat-1-hydrat $C_2H_5NaO_4S \cdot H_2O$
Sodium ethyl-sulphate 1-hydrate
Sodium éthylsulfate 1-eau

$C_2H_5O—SO_3Na \cdot H_2O$

Eigenschaften – properties – propriétés

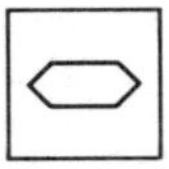

weiß, hygroskopisch
white, hygroscopic
blanc, hygroscopique

MM 166,14
D
Fp
Kp

Löslichkeiten – solubilities – solubilités
Äthanol = sehr leicht löslich
ethanol = extremely soluble
éthanol = très facilement soluble
H_2O = sehr leicht löslich|
extremely soluble|très facilement soluble

653

Natriumazid NaN_3
Sodium azide
Sodium azide

Eigenschaften – properties – propriétés

MM 65,01
D 1,846
Fp
Kp

Löslichkeiten – solubilities – solubilités
$H_2O^{20\,°C}$ = 29,3 g/100 ml
Äthanol = wenig löslich
ethanol = slightly soluble
éthanol = peu soluble

Diverses – misc. – divers
RID IVa

100 g
250 g
1 K

40 K

654

Natriumbenzoat $NaC_7H_5O_2$
Sodium benzoate
Sodium benzoate

Eigenschaften – properties – propriétés

weiß
white
blanc

MM 144,11
D
Fp
Kp

Löslichkeiten – solubilities – solubilités
$H_2O^{20\,°C}$ = 38,2 g/100 ml
Äthanol = wenig löslich
ethanol = slightly soluble
éthanol = peu soluble

Diverses – misc. – divers

500 g
1 K
5 K

25 K

655

Natrium*meta*bismutat $NaBiO_3$
Sodium *meta*bismuthate
Sodium *méta*bismuthate

Eigenschaften – properties – propriétés

gelb, amorph
yellow, amorphous
jaune, amorphe

MM 280,00
D
Fp
Kp

Gehalte – content – teneurs
74,64% Bi

Löslichkeiten – solubilities – solubilités
$H_2O^{kalt|cold|froid}$ =
nicht löslich|insoluble|insoluble

Reaktionen – reactions – réactions
$H_2O^{heiß|hot|chaud}$ →
Zersetzung|decomposition|dégradation
Säure(n) → Zersetzung
acid(s) → decomposition
acide(s) → degradation

→ Zersetzung|decomposition|dégradation

656

***di*Natrium*tetra*borat wasserfrei** $Na_2B_4O_7$
***di*Sodium *tetra*borate anhydrous**
***di*Sodium *tétra*borate anhydre**

Eigenschaften – properties – propriétés

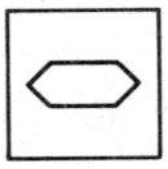

durchsichtig, glänzend
transparent, bright
transparent, brillant

MM 201,22
D 2,367
Fp 741 °C
Kp

Löslichkeiten – solubilities – solubilités
$H_2O^{20\,°C}$ = 2,5 g/100 ml

Reaktionen – reactions – réactions
1575 °C → Zersetzung|decomposition|dégradation

Diverses – misc. – divers

100 g 1 K
500 g 5 K

657

*di*Natrium*tetra*borat-10-hydrat $Na_2B_4O_7 \cdot 10\ H_2O$
*di*Sodium *tetra*borate 10-hydrate
*di*Sodium *tétra*borate 10-eau

Eigenschaften – properties – propriétés

weiß, monoklin
white, monoclinic
blanc, monoclinique

MM 381,43
D 1,73
Fp 75 °C
Kp

Löslichkeiten – solubilities – solubilités
$H_2O^{15\,°C} = 2$ g/100 ml
$H_2O^{50\,°C} = 21{,}7$ g/100 ml

Reaktionen – reactions – réactions
$200\,°C \rightarrow -10\ H_2O$

Diverses – misc. – divers

100 g 1 K
500 g 5 K

658

Natrium*meta*borat $NaBO_2$
Sodium *meta*borate
Sodium *méta*borate

Eigenschaften – properties – propriétés

farblos, Prismen
colourless, prisms
incolore, prismes

MM 65,80
D 2,464
Fp 966 °C
Kp 1434 °C

Löslichkeiten – solubilities – solubilités
$H_2O^{20\,°C} = 20{,}2$ g/100 ml

tiquement) insoluble

Diverses – misc. – divers

500 g
1 K
5 K
50 K
100 K

659

Natrium*per*borat-1-hydrat $NaBO_3 \cdot H_2O$
Sodium *per*borate 1-hydrate
Sodium *per*borate 1-eau

Eigenschaften – properties – propriétés

MM 99,83
D
Fp
Kp

Löslichkeiten – solubilities – solubilités
$H_2O^{kalt|cold|froid}$ = wenig löslich|slightly soluble|peu soluble
$H_2O^{heiß|hot|chaud}$ = Zersetzung|decomposition|dégradation

Reaktionen – reactions – réactions
40 °C → Zersetzung|decomposition|dégradation

Diverses – misc. – divers

1 K
5 K

50 K

660

Natriumborhydrid $NaBH_4$
Sodium borohydride
Sodium borohydrure

Eigenschaften – properties – propriétés

farblos
colourless
incolore

MM 37,83
D 1,074
Fp
Kp

Löslichkeiten – solubilities – solubilités
$H_2O^{heiß|hot|chaud}$ = löslich|soluble|soluble

Reaktionen – reactions – réactions
– 83,3 °C → Umwandlung|transformation|transformation
> 300 °C → Zersetzung|decomposition|dégradation
+ Säure(n) → Zersetzung
+ acid(s) → decomposition
+ acide(s) → dégradation

Diverses – misc. – divers
RID Ie

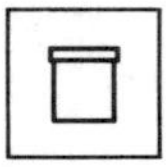

661

Natriumbromid NaBr
Sodium bromide
Sodium bromure

Eigenschaften – properties – propriétés

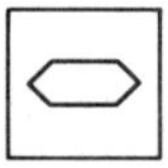

weiß, hygroskopisch
white, hygroscopic
blanc, hygroscopique

MM 102,90
D $3{,}202^{17{,}5\,°C}$
Fp 755 °C
Kp 1390 °C

Löslichkeiten – solubilities – solubilités
$H_2O^{20\,°C} = 47{,}5$ g/100 ml
$Methanol^{15\,°C} = 15$ g/100 ml
$methanol^{15\,°C} = 15$ g/100 ml
$méthanol^{15\,°C} = 15$ g/100 ml
$Aceton^{18\,°C} = 0{,}012$ g/100 ml
$acetone^{18\,°C} = 0{,}012$ g/100 ml
$acétone^{18\,°C} = 0{,}012$ g/100 ml
$Äthanol^{20\,°C} = 2{,}18$ g/100 ml
$ethanol^{20\,°C} = 2{,}18$ g/100 ml
$éthanol^{20\,°C} = 2{,}18$ g/100 ml

Diverses – misc. – divers

500 g
1 K
5 K

50 K

662

Natriumcadmiumcyanid $NaCd(CN)_3$
Sodium cadmium cyanide
Sodium et cadmium cyanure

Eigenschaften – properties – propriétés

weiß
white
blanc

MM 213,5
D
Fp
Kp

Gehalte – content – teneurs
52,66% Cd
36,57% CN

Löslichkeiten – solubilities – solubilités
H_2O = löslich|soluble|soluble
Alkalilauge = löslich
caustic alkali solution = soluble
solution caustique alcaline = soluble

Diverses – misc. – divers
MAK 5 mg CN/m^3
RID IVa

25 K
50 K

663

*di*Natriumcadmiumcyanid $Na_2Cd(CN)_4$
*di*Sodium cadmium cyanide
*di*Sodium et cadmium cyanure

Eigenschaften – properties – propriétés

 weiß
white
blanc 

MM 262,5
D
Fp
Kp

Gehalte – content – teneurs
42,83% Cd
39,65% CN

Löslichkeiten – solubilities – solubilités
H_2O = löslich|soluble|soluble
Alkalilauge = löslich
caustic alkali solution = soluble
solution caustique alcaline = soluble

Diverses – misc. – divers
MAK 5 mg CN/m^3
RID IVa

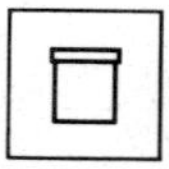  25 K
50 K

664

Natriumcarbonat wasserfrei Na_2CO_3
Sodium carbonate anhydrous
Sodium carbonate anhydre

Eigenschaften – properties – propriétés

  **weiß, hygroskopisch**
white, hygroscopic
blanc, hygroscopique

MM 105,99
D 2,533
Fp 851 °C
Kp

Gehalte – content – teneurs
→Tabelle|Table|Tableau 664.1

Löslichkeiten – solubilities – solubilités
H_2O→Tabelle|Table|Tableau 664.1
Äthanol$^{20\,°C}$ = löslich
ethanol$^{20\,°C}$ = soluble
éthanol$^{20\,°C}$ = soluble

Diverses – misc. – divers

 1 K
5 K  50 K

665

Natriumcarbonat-1-hydrat $Na_2CO_3 \cdot H_2O$
Sodium carbonate 1-hydrate
Sodium carbonate 1-eau

Eigenschaften – properties – propriétés

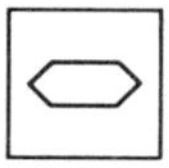

weiß
white
blanc

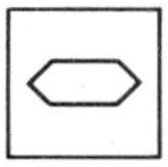

weiß
white
blanc

MM 124,00
D 1,55
Fp $-H_2O$, 851 °C
Kp

Löslichkeiten – solubilities – solubilités
$H_2O^{20\,°C}$ = löslich|soluble|soluble

Diverses – misc. – divers

1 K
5 K

50 K
100 K

666

Natriumcarbonat-10-hydrat $Na_2CO_3 \cdot 10\ H_2O$
Sodium carbonate 10-hydrate
Sodium carbonate 10-eau

Eigenschaften – properties – propriétés

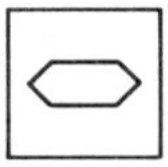

weiß, durchsichtig, glänzend
white, transparent, bright
blanc, transparent, brillant

MM 286,16
D 1,46
Fp
Kp

Löslichkeiten – solubilities – solubilités
$H_2O^{20\,°C}$ = löslich|soluble|soluble

Diverses – misc. – divers

1 K
5 K

50 K

667

Natrium*hydrogen***carbonat** $NaHCO_3$
Sodium *hydrogen***carbonate**
Sodium *hydrogéno***carbonate**

Eigenschaften – properties – propriétés

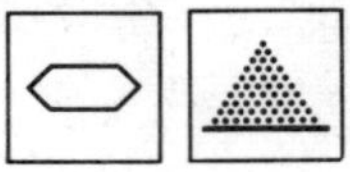

weiß
white
blanc

MM 84,01
D 2,16
Fp
Kp

Löslichkeiten – solubilities – solubilités
$H_2O^{20\,°C}$ = 8,6 g/100 ml

Reaktionen – reactions – réactions
> 50 C → $-CO_2$, Zersetzung
> 50 C → $-CO_2$, decomposition
> 50 C → $-CO_2$ dégradation

Diverses – misc. – divers

2,5 K
5 K

50 K

668

Natriumchlorat $NaClO_3$
Sodium chlorate
Sodium chlorate

Eigenschaften – properties – propriétés

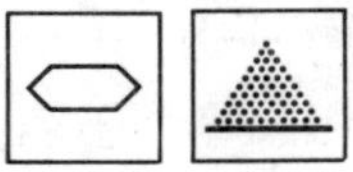

weiß, hygroskopisch
white, hygroscopic
blanc, hygrosopique

MM 106,44
D $2{,}490^{15\,°C}$
Fp 255 °C
Kp

Löslichkeiten – solubilities – solubilités
$H_2O^{20\,°C}$ = 49,5 g/100 ml
NH_3flüssig = leicht löslich
NH_3 liquid = easily soluble
NH_3 liquide = facilement soluble

Reaktionen – reactions – réactions

Zersetzung
→ decomposition → NaCl, $NaClO_4$, O_2
dégradation

Diverses – misc. – divers **O + Xn** R: 13-54
RID IIIc S: 2-12-21-29-31-35-38-51-65-71-91-93

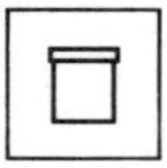

1 K
5 K

50 K

669

Natrium*per*chlorat-1-hydrat $NaClO_4 \cdot H_2O$
Sodium *per*chlorate 1-hydrate
Sodium *per*chlorate 1-eau

Eigenschaften – properties – propriétés

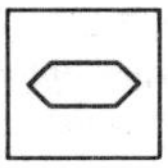
Prismen, prisms, prismes,

durchsichtig, transparent, transparent,

weiß white blanc

MM 140,46
D 2,02
Fp 130 °C
Kp

Löslichkeiten – solubilities – solubilités
$H_2O^{20\,°C} = 66{,}5$ g/100 ml

Reaktionen – reactions – réactions
> 130 °C → Zersetzung|decomposition|dégradation

Diverses – misc. – divers **O** R: 13
S : 11-22-29-35-38

670

Natriumchlorid NaCl
Sodium chloride
Sodium chlorure

Eigenschaften – properties – propriétés

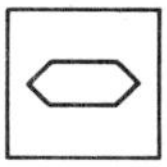

weiß white blanc **kubisch cubic cubique**

MM 58,44
D 2,163
Fp 800,4 °C
Kp 1461 °C

Gehalte – content – teneurs
→ Tabelle|Table|Tableau 670.1

Löslichkeiten – solubilities – solubilités
H_2O → Tabelle|Table|Tableau 670.1

Diverses – misc. – divers

1 K
2,5 K
5 K

50 K

671

Natrium*hexa*chloroiridat(III)-12-hydrat
Sodium *hexa*chloro iridate(III) 12-hydrate
Sodium *hexa*chloroiridate(III) 12-eau

$Na_3[IrCl_6] \cdot 12\ H_2O$

Eigenschaften – properties – propriétés

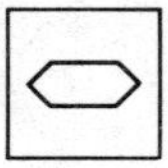

grün
green
vert

MM 690,07
D
Fp
Kp

Gehalte – content – teneurs
~ 29% Ir

Löslichkeiten – solubilities – solubilités
$H_2O^{15\,°C}$ = 31,46 g/100 ml
$H_2O^{85\,°C}$ = 307,26 g/100 ml

672

Natrium*hexa*chloroplatinat(IV)-6-hydrat
Sodium *hexa*chloro platinate(IV) 6-hydrate
Sodium *hexa*chloroplatinate(IV) 6-eau

$Na_2[PtCl_6] \cdot 6\ H_2O$

Eigenschaften – properties – propriétés

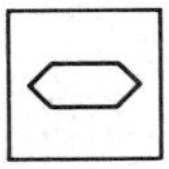

hellrot
light red
rouge clair ;

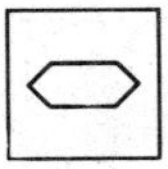

gelb, durchsichtig
yellow, transparent
jaune, transparent

MM 561,88
D 2,50
Fp $-6\ H_2O$, 150...160 °C
Kp

Gehalte – content – teneurs
34,7% Pt

Löslichkeiten – solubilities – solubilités
$H_2O^{20\,°C}$ = 44 g/100 ml

673

Natrium*hexa*chlororhodinat(III)-12-hydrat
Sodium *hexa*chloro rhodinate(III) 12-hydrate
Sodium *hexa*chlororhodinate(III) 12-eau

$Na_3[RhCl_6] \cdot 12\ H_2O$

Eigenschaften – properties – propriétés

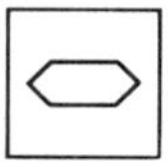

dunkelrot, glänzend
dark red, bright
rouge foncé, brillant

MM 600,84
D
Fp
Kp

Gehalte – content – teneurs
17,1% Rh

Löslichkeiten – solubilities – solubilités
H_2O = sehr leicht löslich|
extremely soluble|très facilement soluble
Äthanol = (praktisch) unlöslich
ethanol = (practically) insoluble
éthanol = (pratiquement) insoluble

674

Natriumchromat wasserfrei
Sodium chromate anhydrous
Sodium chromate anhydre

Na_2CrO_4

Eigenschaften – properties – propriétés

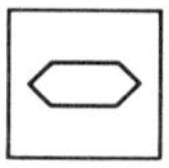

gelb, rhombisch
yellow, rhombic
jaune, rhombique

MM 162,00
D 2,723
Fp 392 °C
Kp

Löslichkeiten – solubilities– solubilités
$H_2O^{0\,°C}$ = 31,7 g/100 ml
$H_2O^{100\,°C}$ = 126 g/100 ml

Diverses – misc. – divers

500 g
1 K

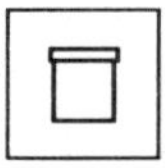

5 K

25 K
50 K

675

Natriumchromat-10-hydrat $Na_2CrO_4 \cdot 10\ H_2O$
Sodium chromate 10-hydrate
Sodium chromate 10-eau

Eigenschaften – properties – propriétés

gelb, monoklin
yellow, monoclinic
jaune, monoclinique

MM 342,16
D 1,483
Fp 19,9 °C
Kp

Löslichkeiten – solubilities – solubilités
$H_2O^{kalt|cold|froid}$ = sehr löslich|very soluble|très soluble
$H_2O^{heiß|hot|chaud}$ = ∞ löslich|∞ soluble|∞ soluble
Äthanol = wenig löslich
ethanol = slightly soluble
éthanol = peu soluble

Reaktionen – reactions – réactions
zerfließlich|deliquescent|liquéfiable

Diverses – misc. – divers

500 g
1 K

5 K

25 K
50 K

676

Natrium*di*chromat-2-hydrat $Na_2Cr_2O_7 \cdot 2\ H_2O$
Sodium *di*chromate 2-hydrate
Sodium *di*chromate 2-eau

Eigenschaften – properties – propriétés

rot, monoklin
red, monoclinic
rouge, monoclinique

MM 298,05
D $2{,}52^{13\,°C}$
Fp 320 °C
Kp

Löslichkeiten – solubilities – solubilités
$H_2O^{0\,°C}$ = 163,2 g/100 ml
$H_2O^{100\,°C}$ = 440 g/100 ml

Reaktionen – reactions – réactions
100 °C → $-2H_2O$
400 °C → Zersetzung|decomposition|dégradation

Diverses – misc. – divers **Xi** R: 12-54
S : 11-21-29-51-65

1 K
5 K

50 K

677

*tri*Natriumcitrat-2-hydrat $Na_3C_6H_5O_7 \cdot 2\ H_2O$
*tri*Sodium citrate 2-hydrate
*tri*Sodium citrate 2-eau

Eigenschaften – properties – propriétés

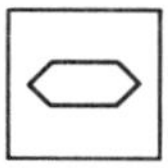

weiß
white
blanc

MM 294,06
D
Fp $-2\ H_2O$, 150 °C
Kp

Löslichkeiten – solubilities – solubilités
$H_2O^{25\,°C}$ = 77 g/100 ml
$H_2O^{100\,°C}$ = 170 g/100 ml
Äthanol = nicht löslich
ethanol = insoluble
éthanol = insoluble

Diverses – misc. – divers

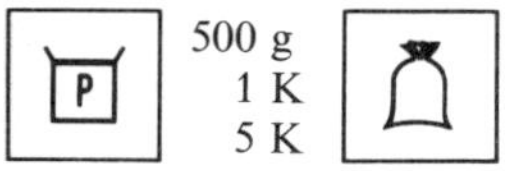

500 g
1 K
5 K

25 K
50 K

678

*tri*Natriumcitrat-5,5-hydrat $Na_3C_6H_5O_7 \cdot 5{,}5\ H_2O$
*tri*Sodium citrate 5,5-hydrate
*tri*Sodium citrate 5,5-eau

Eigenschaften – properties – propriétés

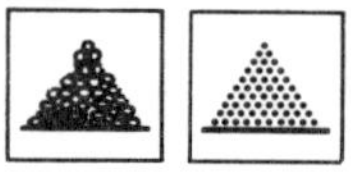

weiß
white
blanc

MM 357,15
D $1{,}857^{23{,}5\,°C}_{4}$
Fp $-5{,}5\ H_2O$, 150 °C
Kp

Löslichkeiten – solubilities – solubilités
H_2O = leicht löslich|easily soluble|facilement soluble
Äthanol = wenig löslich
ethanol = slightly soluble
éthanol = peu soluble

Reaktionen – reactions – réactions
zersetzlich|decomposable|dégradable

Diverses – misc. – divers

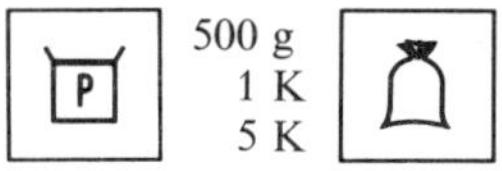

500 g
1 K
5 K

25 K
50 K

679

Natrium*iso*cyanat NaCNO
Sodium *iso*cyanate
Sodium *iso*cyanate

Eigenschaften – properties – propriétés

farblos
colourless
incolore

MM 65,01
D 1,937
Fp
Kp

Löslichkeiten – solubilities – solubilités
H_2O = sehr leicht löslich|
extremely soluble|très facilement soluble
Äthanol, siedend = 0,52 g/100 ml
ethanol, boiling = 0,52 g/100 ml
éthanol, bouillant = 0,52 g/100 ml

Reaktionen – reactions – réactions

*iso*Cyansäure
+ HCl → *iso*Cyano acid
Acide *iso*cyanique

Diverses – misc. – divers
RID IVa

680

Natrium*thio*cyanat NaSCN
Sodium *thio*cyanate
Sodium *thio*cyanate

Eigenschaften – properties – propriétés

MM 81,07
D
Fp
Kp

Löslichkeiten – solubilities – solubilités
H_2O = löslich|soluble|soluble

Diverses – misc. – divers
RID IVa

681

Natriumcyanid NaCN
Sodium cyanide
Sodium cyanure

Eigenschaften – properties – propriétés

weiß, hygroskopisch
white, hygroscopic
blanc, hygroscopique

MM 49,01
D 1,546
Fp 563,7 °C
Kp 1496 °C

Löslichkeiten – solubilities – solubilités
$H_2O^{20\,°C}$ = 36,7 g/100 ml
Äthanol = wenig löslich
ethanol = slightly soluble
éthanol = peu soluble

Diverses – misc. – divers **T** R: 58-71
MAK 5 mg CN/m^3 S: 3-12-21-31-35-52-63-91-93-108
RID IVa

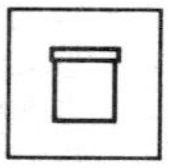

500 g
1 K
2,5 K

50 K

682

Natriumfluorid NaF
Sodium fluoride
Sodium fluorure

Eigenschaften – properties – propriétés

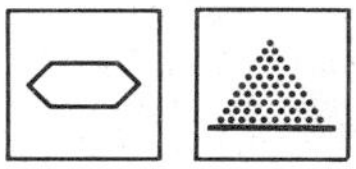

weiß
white
blanc

MM 41,99
D 2,79
Fp 1012 °C
Kp 1700 °C

Löslichkeiten – solubilities – solubilités
$H_2O^{20\,°C}$ = 4g/100 ml

Diverses – misc. – divers
MAK 2,5 mg F/m^3
RID IVa

500 g
1 K
5 K

50 K

683

Natrium(I)-*hydrogen*fluorid $NaHF_2$
Sodium(I) *hydrogen*fluoride
Sodium(I) *hydrogéno*fluorure

Eigenschaften – properties – propriétés

  **weiß white blanc** 

MM 61,99
D 2,08
Fp
Kp

Löslichkeiten – solubilities – solubilités
$H_2O^{heiß|hot|chaud}$ = löslich|soluble|soluble

Reaktionen – reactions – réactions
> 160 °C → NaF + HF

Diverses – misc. – divers T R: 55
MAK 2,5 mg F/m^3 S: 3-11-21-31-51-63-67-72-91-108
RID V

 1 K 5 K  50 K

684

Natrium*hexa*fluoroaluminat $Na_3[AlF_6]$
Sodium *hexa*fluoro aluminate
Sodium *hexa*fluoroaluminate

Eigenschaften – properties – propriétés

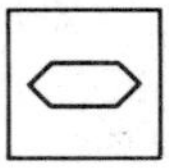 **weiß, glänzend white, bright blanc, brillant**

MM 209,94
D 2,948
Fp 1027 °C
Kp

Löslichkeiten – solubilities – solubilités
$H_2O^{20\,°C}$ = 0,4 g/100 ml
$H_2O^{60\,°C}$ = 0,8 g/100 ml
$H_2O^{100\,°C}$ = 1,3 g/100 ml
HCl = (praktisch) unlöslich|
(practically) insoluble|(pratiquement) insoluble

685

Natrium*hexa*fluorosilicat $Na_2[SiF_6]$
Sodium *hexa*fluoro silicate
Sodium *hexa*fluorosilicate

Eigenschaften – properties – propriétés

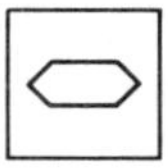

glänzend
bright
brillant

MM 188,06
D 2,755
Fp
Kp

Löslichkeiten – solubilities – solubilités
$H_2O^{20\,°C} = 0{,}68$ g/100 ml
$H_2O^{100\,°C} = 2{,}4$ g/100 ml

Diverses – misc. – divers **T** R: 55
S : 3-11-21-31-51-63-67-72-91-108

50 K

686

Natriumformiat $NaHCO_2$
Sodium formate
Sodium formiate

Eigenschaften – properties – propriétés

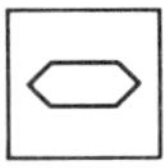

weiß
white
blanc

MM 68,01
D 1,92
Fp 253 °C
Kp

Löslichkeiten – solubilities – solubilités
$H_2O^{20\,°C} = 46{,}2$ g/100 ml
Äthanol = wenig löslich
ethanol = slightly soluble
éthanol = peu soluble

Reaktionen – reactions – réactions
zerfließlich|deliquescent|liquéfiable

Diverses – misc. – divers

1 K
5 K

25 K
50 K

687

Natriumgluconat $C_6H_{11}O_7Na$
Sodium gluconate
Sodium gluconate

$CH_2(OH)—(CHOH)_4—COONa$

Eigenschaften – properties – propriétés

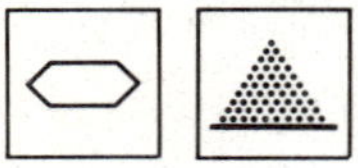

gelb – braun
yellow – brown
jaune – brun

MM 218,14
D
Fp
Kp

Löslichkeiten – solubilities – solubilités
$H_2O^{25\,°C} = 59$ g/100 ml

688

Natriumhydroxid NaOH
Sodium hydroxide
Sodium hydroxyde

Eigenschaften – properties – propriétés

weiß, hygroskopisch
white, hygroscopic
blanc, hygroscopique

MM 40,00
D 2,130
Fp 318,4 °C
Kp 1390 °C

Löslichkeiten – solubilities – solubilités
H_2O→Tabelle|Table|Tableau 689.1

Diverses – misc. – divers
MAK 2 mg/m³
RID V

C R: 82
S: 2-12-35-63-67-71-73-77-109

500 g
1 K

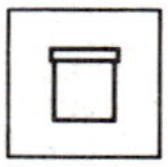

5 K

25 K
50 K
100 K

689

Natriumhydroxidlösung $NaOH + H_2O$
Caustic soda solution
Sodium hydroxyde en solution

Eigenschaften – properties – propriétés

farblos
colourless
incolore

Gehalte – content – teneurs
→Tabelle|Table|Tableau 689.1

Löslichkeiten – solubilities – solubilités
H_2O = leicht löslich|easily soluble|facilement soluble
H_2O→Tabelle|Table|Tableau 689.1

Diverses – misc. – divers
MAK 2 mg $NaOH/m^3$
RID V

0
3

> 10% NaOH→ **C** R: 82
S : 2-12-35-63-67-71-73-77-109

 5 L  50 K

690

Natriumjodid NaJ
Sodium iodide NaI
Sodium iodure

Eigenschaften – properties – propriétés

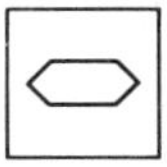

hygroskopisch
hygroscopic
hygroscopique

MM 149,92
D $3{,}667^{0\,°C}$
Fp 651 °C
Kp 1300 °C

Löslichkeiten – solubilities – solubilités
$H_2O^{20\,°C}$ = 64 g/100 ml
Methanol$^{20\,°C}$ = 42,2 g/100 ml
methanol$^{20\,°C}$ = 42,2 g/100 ml
méthanol$^{20\,°C}$ = 42,2 g/100 ml
Äthanol$^{20\,°C}$ = 30,8 g/100 ml
ethanol$^{20\,°C}$ = 30,8 g/100 ml
éthanol$^{20\,°C}$ = 30,8 g/100 ml
Aceton$^{20\,°C}$ = 23,5 g/100 ml
acetone$^{20\,°C}$ = 23,5 g/100 ml
acétone$^{20\,°C}$ = 23,5 g/100 ml

Reaktionen – reactions – réactions
+ Luft→gelb–braun
+ air →yellow–brown
+ air →jaune–brun

Diverses – misc. – divers

 5 K 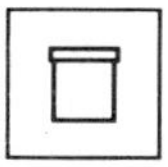 25 K

691

Natriummolybdat wasserfrei Na_2MoO_4
Sodium molybdate anhydrous
Sodium molybdate anhydre

Eigenschaften – properties – propriétés

weiß
white
blanc

MM 205,94
D flüssig|liquid|liquide $2{,}500^{1026\,°C}$
Fp 687 °C
Kp

Gehalte – content – teneurs
~ 47% Mo

Löslichkeiten – solubilities – solubilités
$H_2O^{0\,°C} = 44{,}3$ g/100 ml
$H_2O^{100\,°C} = 83{,}8$ g/100 ml

Reaktionen – reactions – réactions
+ Säure(n), verdünnt → Zersetzung
+ acid(s), diluted → decomposition
+ acide(s), diulé → dégradation

Diverses – misc. – divers
MAK 5 mg Mo/m³

25 g
100 g
250 g
1 K

692

Natriummolybdat-2-hydrat $Na_2MoO_4 \cdot 2\,H_2O$
Sodium molybdate 2-hydrate
Sodium molybdate 2-eau

Eigenschaften – properties – propriétés

MM 241,98
D 3,28
Fp
Kp

Gehalte – content – teneurs
~ 39% Mo

Löslichkeiten – solubilities – solubilités
$H_2O^{20\,°C} = 86$ g/100 ml
$H_2O^{100\,°C} = 118$ g/100 ml

Diverses – misc. – divers
MAK 5 mg Mo/m³

25 g
100 g
250 g
1 K

693

Natriumnitrat $NaNO_3$
Sodium nitrate
Sodium nitrate

Eigenschaften – properties – propriétés

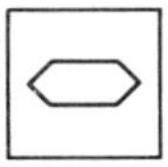

farblos, hygroskopisch
colourless, hygroscopic
incolore, hygroscopique

MM 84,99
D 2,257
Fp 306 °C
Kp

Löslichkeiten – solubilities – solubilités
$H_2O^{20\,°C}$ = 46,4 g/100 ml
Methanol$^{25\,°C}$ = 0,41 g/100 ml
methanol$^{25\,°C}$ = 0,41 g/100 ml
méthanol$^{25\,°C}$ = 0,41 g/100 ml

Reaktionen – reactions – réactions
380 °C → Zersetzung | decomposition | dégradation

Diverses – misc. – divers

250 g
500 g
1 K
5 K

1 K
5 K

50 K

694

Natriumnitrit $NaNO_2$
Sodium nitrite
Sodium nitrite

Eigenschaften – properties – propriétés

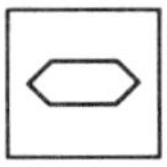

gelb, hygroskopisch
yellow, hygroscopic
jaune, hygroscopique

MM 68,99
D 2,168$^{0\,°C}$
Fp 271 °C
Kp

Löslichkeiten – solubilities – solubilités
$H_2O^{20\,°C}$ = 45 g/100 ml
Methanol = löslich
methanol = soluble
méthanol = soluble
Äthanol$^{30\%}$ = ziemlich leicht löslich
ethanol$^{30\%}$ = fairly soluble
éthanol$^{30\%}$ = assez facilement soluble

Reaktionen – reactions – réactions
162 °C → Umwandlung | transformation | transformation
320 °C → Zersetzung | decomposition | dégradation

Diverses – misc. – divers
RID IIIc

250 g
1 K
5 K

50 K
100 K

695

Natrium*hexa*nitritokobaltat(III) $Na_3[Co(NO_2)_6]$
Sodium *hexa*nitrito cobaltate(III)
Sodium *hexa*nitritocobaltate(III)

Eigenschaften – properties – propriétés

gelb – gelbbraun
yellow – yellow brown
jaune – jaune brun

MM 403,98
D
Fp
Kp

Löslichkeiten – solubilities – solubilités
Säure(n), verdünnt = leicht löslich
acid(s), diluted = easily soluble
acide(s), dilué = facilement soluble

Reaktionen – reactions – réactions
$H_2O^{kalt|cold|froid}$ = Zersetzung|decomposition|dégradation

696

***di*Natriumoxalat** $Na_2C_2O_4$
***di*Sodium oxalate**
***di*Sodium oxalate**

Eigenschaften – properties – propriétés

weiß
white
blanc

MM 134,00
D 2,34
Fp
Kp

Löslichkeiten – solubilities – solubilités
$H_2O^{20\,°C}$ = 3,3 g/100 ml
$H_2O^{100\,°C}$ = 5,9 g/100 ml
Äthanol = (praktisch) unlöslich
ethanol = (practically) insoluble
éthanol = (pratiquement) insoluble
Diäthyläther = (praktisch) unlöslich
diethylether = (practically) insoluble
éther diéthylique = (pratiquement) insoluble

Diverses – misc. – divers **Xn** R : 54
S : 11-21-31-51-63-91

500 g
1 K
5 K

25 K
50 K

697

Natrium*per*oxid Na_2O_2
Sodium *per*oxide
Sodium *per*oxyde

Eigenschaften – properties – propriétés

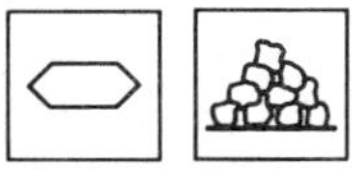

gelb – weiß
yellow – white
jaune – blanc

MM 77,98
D 2,802
Fp 460 °C
Kp

Löslichkeiten – solubilities – solubilités
$H_2O^{0\,°C}$ = leicht löslich|
easily soluble|facilement soluble
Säure(n), verdünnt = leicht löslich
acid(s), diluted = easily soluble
acide(s), dilué = facilement soluble

Reaktionen – reactions – réactions
$+ H_2O^{\text{heiß|hot|chaud}} \rightarrow O_2$
237 °C → Umwandlung|
transformation|transformation

Diverses – misc. – divers O + C
RID IIIc

R: 12-82
S: 11-22-29-38-65-
71-73-77-109

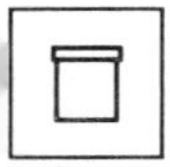

1 K
5 K

25 K

698

***di*Natriumphenylphosphat-2-hydrat**
***di*Sodium phenylphosphate 2-hydrate**
***di*Sodium phénylphosphate 2-eau**
$C_6H_5Na_2O_4P \cdot 2\ H_2O$

$C_6H_5OPO_3Na_2 \cdot 2\ H_2O$

Eigenschaften – properties – propriétés

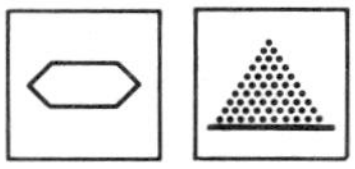

weiß
white
blanc

MM 236,07
D
Fp
Kp

Löslichkeiten – solubilities – solubilités
H_2O = löslich|soluble|soluble
Äthanol = sehr wenig löslich
ethanol = very slightly soluble
éthanol = très peu soluble
Aceton = (praktisch) unlöslich
acetone = (practically) insoluble
acétone = (pratiquement) insoluble

699

Natrium*meta*phosphat $NaPO_3$
Sodium *meta*phosphate
Sodium *méta*phosphate

Eigenschaften – properties – propriétés

farblos, hygroskopisch
colourless, hygroscopic
incolore, hygroscopique

MM 101,96
D 2,476
Fp 625 °C
Kp

Löslichkeiten – solubilities – solubilités
H_2O = löslich|soluble|soluble
Säure(n) = löslich
acid(s) = soluble
acide(s) = soluble

Reaktionen – reactions – réactions
577 °C → Umwandlung|
transformation|transformation

Diverses – misc. – divers

1 K
5 K

50 K

700

Natrium*dihydrogen*phosphat-1-hydrat
Sodium *dihydrogen*phosphate 1-hydrate
Sodium *dihydrogéno*phosphate 1-eau

$NaH_2PO_4 \cdot H_2O$

Eigenschaften – properties – propriétés

farblos, durchsichtig
colourless, transparent
incolore, transparent

MM 137,99
D 2,040
Fp $-H_2O$, 100 °C
Kp

Löslichkeiten – solubilities – solubilités
$H_2O^{20\,°C}$ = 46 g/100 ml

Reaktionen – reactions – réactions
200 °C → Zersetzung|
decomposition|dégradation
204 °C → $Na_2H_2P_2O_7$
> 204 °C → $NaPO_3$

Diverses – misc. – divers

1 K
5 K

50 K

701

Natrium*dihydrogen***phosphat-2-hydrat**
Sodium *dihydrogen***phosphate 2-hydrate**
Sodium *dihydrogéno***phosphate 2-eau**

$NaH_2PO_4 \cdot 2\ H_2O$

Eigenschaften – properties – propriétés

farblos, rhombisch
colourless, rhombic
incolore, rhombique

MM 156,03
D 1,91
Fp 60 °C
Kp

Löslichkeiten – solubilities – solubilités
$H_2O^{kalt|cold|froid}$ = sehr löslich|very soluble|très soluble
$H_2O^{heiß|hot|chaud}$ = sehr löslich|very soluble|très soluble

Diverses – misc. – divers

1 K
5 K

50 K

702

*di***Natrium***hydrogen***phosphat wasserfrei** Na_2HPO_4
*di***Sodium** *hydrogen***phosphate anhydrous**
*di***Sodium** *hydrogéno***phosphate anhydre**

Eigenschaften – properties – propriétés

weiß, hygroskopisch
white, hygroscopic
blanc, hygroscopique

MM 141,98
D
Fp
Kp

Löslichkeiten – solubilities – solubilités
$H_2O^{kalt|cold|froid}$ = löslich|soluble|soluble
$H_2O^{100\,°C}$ = 104,1 g/100 ml
Äthanol = nicht löslich
ethanol = insoluble
éthanol = insoluble

Reaktionen – reactions – réactions
zersetzlich|decomposable|dégradable

Diverses – misc. – divers

1 K
5 K

50 K

703

*di*Natrium*hydrogen*phosphat-12-hydrat
*di*Sodium *hydrogen*phosphate 12-hydrate
*di*Sodium *hydrogéno*phosphate 12-eau

$Na_2HPO_4 \cdot 12\ H_2O$

Eigenschaften – properties – propriétés

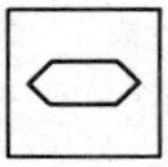

farblos, durchsichtig
colourless, transparent
incolore, transparent

MM 358,14
D 1,52
Fp 34,6 °C
Kp

Löslichkeiten – solubilities – solubilités
$H_2O^{20\,°C}$ = 7,1 g/100 ml
Äthanol = (praktisch) unlöslich
ethanol = (practically) insoluble
éthanol = (pratiquement) insoluble

Reaktionen – reactions – réactions
100 °C → $-12\ H_2O$

Diverses – misc. – divers

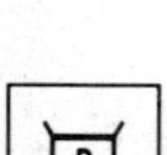

1 K
5 K

50 K

704

*tri*Natriumphosphat-12-hydrat $Na_3PO_4 \cdot 12\ H_2O$
*tri*Sodium phosphate 12-hydrate
*tri*Sodium phosphate 12-eau

Eigenschaften – properties – propriétés

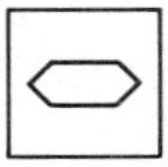

farblos – weiß
colourless – white
incolore – blanc

MM 380,12
D 1,62
Fp 73,4 °C
Kp

Löslichkeiten – solubilities – solubilités
$H_2O^{20\,°C}$ = 10,1 g/100 ml
Äthanol = (praktisch) unlöslich
ethanol = (practically) insoluble
éthanol = (pratiquement) insoluble

Reaktionen – reactions – réactions
75 °C → Zersetzung | decomposition | dégradation
100 °C → $-12\ H_2O$

Diverses – misc. – divers

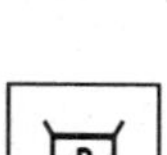

1 K
5 K

50 K

705

***tetra*Natrium*di*phosphat-10-hydrat**
***tetra*Sodium *di*phosphate 10-hydrate**
***tétra*Sodium *di*phosphate 10-eau**

$Na_4P_2O_7 \cdot 10\,H_2O$

Eigenschaften – properties – propriétés

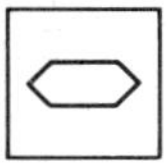

farblos
colourless
incolore

MM 446,11
D 1,82
Fp
Kp

Löslichkeiten – solubilities – solubilités
$H_2O^{20\,°C} = 5{,}35$ g/100 ml

Reaktionen – reactions – réactions
zersetzlich|decomposable|dégradable
100 °C → $-H_2O$

Diverses – misc. – divers

1 K
5 K

50 K

706

Natrium*dihydrogenhypo*phosphit-1-hydrat
Sodium *dihydrogenhypo*phosphite 1-hydrate
Sodium *dihydrogénohypo*phosphite 1-eau

$NaH_2PO_2 \cdot H_2O$

Eigenschaften – properties – propriétés

glänzend,
bright,
brillant,

weiß, hygroskopisch
white, hygroscopic
blanc, hygroscopique

MM 106,04
D
Fp $-H_2O$, 200 °C
Kp

Löslichkeiten – solubilities – solubilités
H_2O = leicht löslich|easily soluble|facilement soluble
Äthanol = leicht löslich
ethanol = easily soluble
éthanol = facilement soluble
NH_3, flüssig = leicht löslich
NH_3, liquid = easily soluble
NH_3, liquide = facilement soluble

Diverses – misc. – divers

250 g
1 K
5 K

25 K
50 K

707

Natriumplumbat Na_2PbO_3
Sodium plumbate
Sodium plumbate

Eigenschaften – properties – propriétés

farblos
colourless
incolore

MM 301,2
D
Fp
Kp

Gehalte – content – teneurs
68,8 % Pb

Löslichkeiten – solubilities – solubilités
H_2O = löslich|soluble|soluble

708

Natriumselenit Na_2SeO_3
Sodium selenite
Sodium sélénite

Eigenschaften – properties – propriétés

weiß
white
blanc

MM 172,94
D
Fp
Kp

Löslichkeiten – solubilities – solubilités
$H_2O^{20\,°C}$ = 46 g/100 ml
Äthanol = (praktisch) unlöslich
ethanol = (practically) insoluble
éthanol = (pratiquement) insoluble

Reaktionen – reactions – réactions
$700\,°C \rightarrow Na_2SeO_4$

Diverses – misc. – divers
MAK 0,1 mg Se/m^3

709

Natriumsilbercyanid $Na[Ag(CN)_2]$
Sodium silver cyanide
Argent et sodium cyanure

Eigenschaften – properties – propriétés

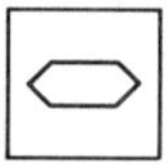

weiß
white
blanc

weiß
white
blanc

MM 182,9
D
Fp
Kp

Gehalte – content – teneurs
58,9% Ag

Löslichkeiten – solubilities – solubilités
$H_2O^{20\,°C}$ = löslich|soluble|soluble
Alkalilauge = löslich
caustic alkali solution = soluble
solution caustique alcaline = soluble

Diverses – misc. – divers
MAK 5 mg CN/m^3
RID IVa

1 K
5 K

710

Natrium*meta*silicat Na_2SiO_3
Sodium *meta*silicate
Sodium *méta*silicate

Eigenschaften – properties – propriétés

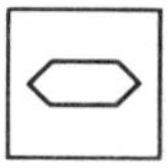

farblos
colourless
incolore

MM 122,05
D 2,4
Fp 1088 °C
Kp

Löslichkeiten – solubilities – solubilités
$H_2O^{20\,°C}$ = 15,6 g/100 ml

Reaktionen – reactions – réactions
$+H_2SO_4$ konzentriert → Zersetzung
$+H_2SO_4$ concentrated → decomposition
$+H_2SO_4$ concentré → dégradation

711

Natriumstannat $Na_2[Sn(OH)_6]$
Sodium stannate
Sodium stannate

Eigenschaften – properties – propriétés

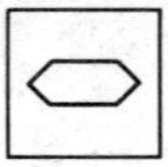

farblos, hexagonal
colourless, hexagonal
incolore, hexagonale

weiß
white
blanc

weiß
white
blanc

MM 266,74
D
Fp
Kp

Löslichkeiten – solubilities – solubilités
$H_2O^{0\,°C}$ = 67,4 g/100 ml
$H_2O^{20\,°C}$ = 61,3 g/100 ml

Reaktionen – reactions – réactions
140 °C → Zersetzung|decomposition|dégradation

Diverses – misc. – divers
MAK 2 mg Sn/m^3

5 K
12,5 K
25 K

712

Natriumstannit $NaHSnO_2$
Sodium stannite
Sodium stannite

Eigenschaften – properties – propriétés

MM 174,7
D
Fp
Kp

Gehalte – content – teneurs
67,9 % Sn

Löslichkeiten – solubilities – solubilités
H_2O = löslich|soluble|soluble
Alkalilauge = leicht löslich
caustic alkali solution = easily soluble
solution caustique alcaline = facilement soluble

Reaktionen – reactions – réactions
zersetzlich|decomposable|dégradable

Diverses – misc. – divers
MAK 2 mg Sn/m^3

713

Natriumsulfat wasserfrei Na_2SO_4
Sodium sulphate anhydrous
Sodium sulfate sec. anhydre

Eigenschaften – properties – propriétés

weiß
white
blanc

MM 142,06
D 2,698
Fp 884 °C
Kp

Löslichkeiten – solubilities – solubilités
$H_2O^{20\,°C}$ = 16,2 g/100 ml
Äthanol = (praktisch) unlöslich
ethanol = (practically) insoluble
éthanol = (pratiquement) insoluble
Lösungsmittel = (praktisch) unlöslich
solvent = (practically) insoluble
solvant = (pratiquement) insoluble

Reaktionen – reactions – réactions
500 °C → Umwandlung|
transformation|transformation

Diverses – misc. – divers

2,5 K
5 K

50 K

714

Natriumsulfat-10-hydrat $Na_2SO_4 \cdot 10\,H_2O$
Sodium sulphate 10-hydrate
Sodium sulfate 10-eau

Eigenschaften – properties – propriétés

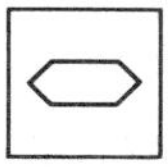

farblos
colourless
incolore

MM 322,22
D 1,464
Fp 32,38 °C
Kp

Reaktionen – reactions – réactions
100 °C → $-10\,H_2O$

Diverses – misc. – divers

2,5 K
5 K

50 K

715

Natrium*hydrogen*sulfat wasserfrei $NaHSO_4$
Sodium *hydrogen*sulphate anhydrous
Sodium *hydrogéno*sulfate anhydre

Eigenschaften – properties – propriétés

farblos
colourless
incolore

MM 120,07
D 2,742
Fp 186 °C
Kp

Löslichkeiten – solubilities – solubilités
$H_2O^{25\,°C}$ = 22,2 g/100 ml
$H_2O^{100\,°C}$ = 50 g/100 ml
Diäthyläther = (praktisch) unlöslich
diethyl ether = (practically) insoluble
éther diéthylique = (pratiquement) insoluble

Reaktionen – reactions – réactions
> 315 C → Zersetzung|decomposition|dégradation

Diverses – misc. – divers

5 K 50 K

716

Natrium*hydrogen*sulfat-1-hydrat $NaHSO_4 \cdot H_2O$
Sodium *hydrogen*sulphate 1-hydrate
Sodium *hydrogéno*sulfate 1-eau

Eigenschaften – properties – propriétés

farblos, monoklin
colourless, monoclinic
incolore, monoclinique

MM 138,09
D
Fp 58,5 °C
Kp

Löslichkeiten – solubilities – solublilités
$H_2O^{kalt|cold|froid}$ = löslich|soluble|soluble
$H_2O^{heiß|hot|chaud}$ = sehr löslich|
very soluble|très soluble

Reaktionen – reactions – réactions
zersetzlich|decomposable|dégradable

Diverses – misc. – divers

100 g
250 g
500 g
1 K
5 K

1 K
5 K

50 K

717

Natriumthiosulfat wasserfrei $Na_2S_2O_3$
Sodium thiosulphate anhydrous
Sodium thiosulfate anhydre

Eigenschaften – properties – propriétés

weiß
white
blanc

MM 158,11
D 2,119
Fp
Kp

Löslichkeiten – solubilities – solubilités
$H_2O^{20\,°C}$ = 41 g/100 ml
Äthanol = (praktisch) unlöslich
ethanol = (practically) insoluble
éthanol = (pratiquement) insoluble

Diverses – misc. – divers

500 g
1 K
5 K

2,5 K
5 K

50 K

718

Natriumthiosulfat-5-hydrat $Na_2S_2O_3 \cdot 5\,H_2O$
Sodium thiosulphate 5-hydrate
Sodium thiosulfate 5-eau

Eigenschaften – properties – propriétés

farblos, hygroskopisch
colourless, hygroscopic
incolore, hygroscopique

MM 248,18
D 1,685
Fp 48,5 °C
Kp

Löslichkeiten – solubilities – solubilités
Äthanol = (praktisch) unlöslich
ethanol = (practically) insoluble
éthanol = (pratiquement) insoluble

Diverses – misc. – divers

500 g
1 K
5 K

2,5 K
5 K

50 K

719

Natriumsulfid-9-hydrat $Na_2S \cdot 9\,H_2O$
Sodium sulphide 9-hydrate
Sodium sulfure 9-eau

Eigenschaften – properties – propriétés

farblos, hygroskopisch
colourless, hygroscopic
incolore, hygroscopique

MM 240,20
D 2,471
Fp
Kp

Löslichkeiten – solubilities – solubilités
$H_2O^{20\,°C} = 16$ g/100 ml

Reaktionen – reactions – réactions
920 °C → Zersetzung|decomposition|dégradation

Diverses – misc. – divers
RID V

1 / 2 / 0

C R: 70-81
S: 15-21-23-35-63-71-73-91

1 K, 5 K — 25 K, 50 K

720

Natrium*hydrogen*sulfid-3-hydrat $NaHS \cdot 3\,H_2O$
Sodium *hydro*sulphide 3-hydrate
Sodium *hydrogéno*sulfure 3-eau

Eigenschaften – properties – propriétés

farblos, glänzend, rhombisch
colourless, bright, rhombic
incolore, brillant, rhombique

MM 110,12
D
Fp 22 °C
Kp

Löslichkeiten – solubilities – solubilités
H_2O = löslich|soluble|soluble

Reaktionen – reactions – réactions
zersetzlich|decomposable|dégradable

Diverses – misc. – divers
RID V

1 / 2 / 0

1 K, 5 K — 25 K, 50 K

721

Natriumsulfit wasserfrei Na_2SO_3
Sodium sulphite anhydrous
Sodium sulfite anhydre

Eigenschaften – properties – propriétés

weiß
white
blanc

MM 126,06
D 2,633
Fp
Kp

Löslichkeiten – solubilities – solubilités
$H_2O^{20\,°C}$ = 20,9 g/100 ml
Äthanol = wenig löslich
ethanol = slightly soluble
éthanol = peu soluble

Reaktionen – reactions – réactions
zersetzlich|decomposable|dégradable

Diverses – misc. – divers

1
5 K

50 K

722

Natriumsulfit-7-hydrat $Na_2SO_3 \cdot 7\,H_2O$
Sodium sulphite 7-hydrate
Sodium sulfite 7-eau

Eigenschaften – properties – propriétés

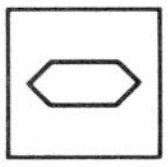

farblos
colourless
incolore

MM 252,18
D 1,561
Fp
Kp

Löslichkeiten – solubilities – solubilités
Äthanol = wenig löslich
ethanol = slightly soluble
éthanol = peu soluble

Reaktionen – reactions – réactions
zersetzlich|decomposable|dégradable
150 °C → $-7\,H_2O$

Diverses – misc. – divers

2,5 K
5 K

50 K

723

Natrium*di*sulfit $Na_2S_2O_5$
Sodium *di*sulphite
Sodium *di*sulfite

Eigenschaften – properties – propriétés

weiß
white
blanc

MM 190,13
D
Fp
Kp

Löslichkeiten – solubilities – solubilités
$H_2O^{0\,°C}$ = 45,5 g/100 ml
$H_2O^{80\,°C}$ = 88,7 g/100 ml
Äthanol = wenig löslich
ethanol = slightly soluble
éthanol = peu soluble

Reaktionen – reactions – réactions
zersetzlich|decomposable|dégradable

Diverses – misc. – divers

1 K
5 K

50 K

724

***di*Natriumtartrat-2-hydrat** $Na_2C_4H_4O_6 \cdot 2\,H_2O$
***di*Sodium tartrate 2-hydrate**
***di*Sodium tartrate 2-eau**

Eigenschaften – properties – propriétés

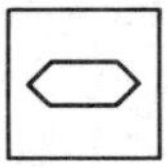
farblos
colourless
incolore

MM 230,08
D 1,818
Fp 58,5 °C
Kp

Löslichkeiten – solubilities – solubilités
$H_2O^{17\,°C}$ = 31 g/100 ml
Äthanol = (praktisch) unlöslich
ethanol = (practically) insoluble
éthanol = (pratiquement) insoluble

Reaktionen – reactions – réactions
zersetzlich|decomposable|dégradable

Diverses – misc. – divers

500 g
1 K
5 K

25 K
50 K

725

Natrium*hydrogen*tartrat-1-hydrat $NaHC_4H_4O_6 \cdot H_2O$
Sodium *hydrogen*tartrate 1-hydrate
Sodium *hydrogéno*tartrate 1-eau

Eigenschaften – properties – propriétés

farblos
colourless
incolore

MM 190,09
D
Fp $-H_2O$, 100 °C
Kp

Löslichkeiten – solubilities – solubilités
$H_2O^{17\,°C} = 31$ g/100 ml

Reaktionen – reactions – réactions
219 °C → Zersetzung|
decomposition|dégradation

Diverses – misc. – divers

250 g
1 K

726

Natrium*di*thionit $Na_2S_2O_4 \cdot 2\,H_2O$
Sodium *di*thionite
Sodium *di*thionite

Eigenschaften – properties – propriétés

farblos
colourless
incolore

weiß
white
blanc

MM 210,16
D
Fp
Kp

Löslichkeiten – solubilities – solubilités
H_2O = leicht löslich|easily soluble|facilement soluble

Reaktionen – reactions – réactions
> 150 °C → Zersetzung|
decomposition|dégradation

Diverses – misc. – divers
RID II

500 g
1 K
5 K

50 K

727

Natriumwolframat wasserfrei Na_2WO_4
Sodium tungstate anhydrous
Sodium tungstate anhydre

Eigenschaften – properties – propriétés

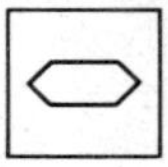 

weiß
white
blanc

MM 293,91
D 4,179
Fp 695,5 °C
Kp

Gehalte – content – teneurs
~ 62 % W

Diverses – misc. – divers

100 g
250 g
1 K

728

Natriumwolframat-2-hydrat $Na_2WO_4 \cdot 2\,H_2O$
Sodium tungstate 2-hydrate
Sodium tungstate 2-eau

Eigenschaften – properties – propriétés

glänzend
bright
brillant

MM 329,95
D 3,245
Fp –2 H_2O, 100 °C
Kp

Gehalte – content – teneurs
~ 56 % W

Löslichkeiten – solubilities – solubilités
H_2O = leicht löslich|easily soluble|facilement soluble
CS_2 = (praktisch) unlöslich|
(practically) insoluble|(pratiquement) insoluble
Äthanol = (praktisch) unlöslich
ethanol = (practically) insoluble
éthanol = (pratiquement) insoluble
Pyridin = (praktisch) unlöslich
pyridine = (practically) insoluble
pyridine = (pratiquement) insoluble

Diverses – misc. – divers

100 g
250 g
1 K

729

Natriumzinkcyanid $NaZn(CN)_3$
Sodium zinc cyanide
Sodium et zinc cyanure

Eigenschaften – properties – propriétés

weiß
white
blanc

MM 166,43
D
Fp
Kp

Gehalte – content – teneurs
39,3% Zn
46,9% CN

Löslichkeiten – solubilities – solubilités
H_2O = sehr löslich|very soluble|très soluble

Diverses – misc. – divers
MAK 5 mg CN/m^3
RID IVa

 25 K  50 K

730

***di*Natriumzinkcyanid** $Na_2Zn(CN)_4$
***di*Sodium zinc cyanide**
***di*Sodium et zinc cyanure**

Eigenschaften – properties – propriétés

weiß
white
blanc

MM 215,45
D
Fp
Kp

Gehalte – content – teneurs
30,35% Zn
48,3% CN

Löslichkeiten – solubilities – solubilités
H_2O = sehr löslich|very soluble|très soluble

Diverses – misc. – divers
MAK 5 mg CN/m^3
RID IVa

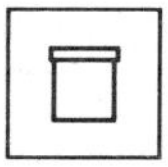 25 K  50 K

731

Natronwasserglas $Na_2O \cdot 3\text{–}4\ SiO_2$
Sodium waterglass
Sodium silicate en solution

Eigenschaften – properties – propriétés

farblos
colourless
incolore

MM
D 1,37
Fp
Kp

Löslichkeiten – solubilities – solubilités
H_2O = löslich|soluble|soluble

Reaktionen – reactions – réactions
+Luft → Zersetzung
+air → decomposition
+air → dégradation

Diverses – misc. – divers

5 L 50 K

732

Nickel(II)-acetat-4-hydrat $Ni(C_2H_3O_2)_2 \cdot 4\ H_2O$
Nickel(II) acetate 4-hydrate
Nickel(II) acétate 4-eau

Eigenschaften – properties – propriétés

grün
green
vert

MM 248,84
D 1,744
Fp
Kp

Gehalte – content – teneurs
23,5% Ni

Löslichkeiten – solubilities – solubilités
H_2O = löslich|soluble|soluble
Äthanol = löslich
ethanol = soluble
éthanol = soluble

Reaktionen – reactions – réactions
zersetzlich|decomposable|dégradable

Diverses – misc. – divers

250 g
1 K
3,5 K
8,5 K

733

Nickel(II)-ammoniumchlorid-6-hydrat
Nickel(II) ammonium chloride 6-hydrate
Nickel(II) et ammonium chlorure 6-eau

$NiCl_2 \cdot NH_4Cl \cdot 6\ H_2O$

Eigenschaften – properties – propriétés

grün, monoklin
green, monoclinic
vert, monoclinique

MM 291,20
D 1,645
Fp
Kp

Gehalte – content – teneurs
20,2% Ni

Löslichkeiten – solubilities – solubilités
$H_2O^{25\,°C}$ = 150 g/100 ml
$H_2O^{heiß|hot|chaud}$ = sehr löslich|
very soluble|très soluble

Reaktionen – reactions – réactions
zerfließlich|deliquescent|liquéfiable

734

Nickel(II)-bromid wasserfrei $NiBr_2$
Nickel(II) bromide anhydrous
Nickel(II) bromure anhydre

Eigenschaften – properties – propriétés

violett – rot
violet – red
violet – rouge

MM 218,52
D $4{,}64^{28\,°C}_{4}$
Fp 684 °C
Kp 1675 °C

Gehalte – content – teneurs
26,9% Ni

Löslichkeiten – solubilities – solubilités
H_2O = löslich|soluble|soluble

Reaktionen – reactions – réactions
zersetzlich|decomposable|dégradable

Diverses – misc. – divers
RID V

735

Nickel(II)-bromid-3-hydrat $NiBr_2 \cdot 3\,H_2O$
Nickel(II) bromide 3-hydrate
Nickel(II) bromure 3-eau

Eigenschaften – properties – propriétés

grün
green
vert

MM 272,57
D
Fp $-3\,H_2O$, 200 °C
Kp

Gehalte – content – teneurs
~ 21,6% Ni

Löslichkeiten – solubilities – solubilités
$H_2O^{0\,°C}$ = 199 g/100 ml
$H_2O^{100\,°C}$ = 316 g/100 ml

Reaktionen – reactions – réactions
zerfließlich|deliquescent|liquéfiable

Diverses – misc. – divers
RID V

736

Nickelcarbonat $NiCO_3$
Nickel carbonate
Nickel carbonate

Eigenschaften – properties – propriétés

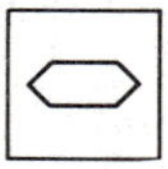

hellgrün
light green
vert clair

MM 118,70
D
Fp
Kp

Gehalte – content – teneurs
49,5% Ni

Löslichkeiten – solubilities – solubilités
H_2O = (praktisch) unlöslich|
(practically) insoluble|(pratiquement) insoluble
Säure(n) = löslich
acid(s) = soluble
acide(s) = soluble

Reaktionen – reactions – réactions
zersetzlich|decomposable|dégradable

Diverses – misc. – divers

250 g
500 g
1 K

25 K

100 K

737

Nickel*tetra*carbonyl $Ni(CO)_4$
Nickel *tetra*carbonyl
Nickel *tétra*carbonyle

Eigenschaften – properties – propriétés

farblos
colourless
incolore

MM 170,73
D $1{,}31^{17\,°C}$
Fp −25 °C
Kp $43\,°C^{751\ mm\ Hg}$

Gehalte – content – teneurs
34,4% Ni

Löslichkeiten – solubilities – solubilités
H_2O = sehr wenig löslich|
very slightly soluble|très peu soluble
CCl_4 = löslich|soluble|soluble
Äthanol = löslich
ethanol = soluble
éthanol = soluble
Benzol = löslich
benzene = soluble
benzène = soluble
Aceton = löslich
acetone = soluble
acétone = soluble
Chloroform = löslich
chloroform = soluble
chloroforme = soluble
Diäthyläther = löslich
diethyl ether = soluble
éther diéthylique = soluble

Reaktionen – reactions – réactions
+ Luft → Oxydation; > 60 °C →
+ air → oxydation, > 60 °C →
+ air → oxydation, > 60 °C →

+ H_2SO_4 konzentriert →
+ H_2SO_4 concentrated →
+ H_2SO_4 concentré →

Diverses – misc. – divers **F + T**
MAK 0,1 ppm, 0,7 mg/m³
RID II

R : 22-33-67
S : 15-21-23-36-55-65-71-76-104-108

738

Nickel(II)-chlorid wasserfrei $NiCl_2$
Nickel(II) chloride anhydrous
Nickel(II) chlorure anhydre

Eigenschaften – porperties – propriétés

gelb, glänzend
yellow, bright
jaune, brillant

MM 129,60
D 3,544
Fp
Kp 973 °C

Gehalte – content – teneurs
45,3% Ni

Löslichkeiten – solubilities – solubilités
$H_2O^{20\,°C}$ = 38 g/100 ml
Äthanol = leicht löslich
ethanol = easily soluble
éthanol = facilement soluble
Aceton = wenig löslich
acetone = slightly soluble
acétone = peu soluble

Reaktionen – reactions – réactions
> 970 °C → sublimiert|sublimed|sublimé

Diverses – misc. – divers

250 g
1 K

1 K
2,5 K
5 K

25 K
50 K

739

Nickel(II)-chlorid-6-hydrat $NiCl_2 \cdot 6\,H_2O$
Nickel(II) chloride 6-hydrate
Nickel(II) chlorure 6-eau

Eigenschaften – properties – propriétés

 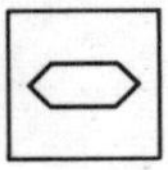 **grün green vert** 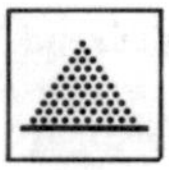 **grün green vert**

MM 237,70
D
Fp
Kp

Gehalte – content – teneurs
24,7% Ni

Löslichkeiten – solubilities – solubilités
$H_2O^{20\,°C}$ = 38 g/100 ml
Äthanol = leicht löslich
ethanol = easily soluble
éthanol = facilement soluble

Reaktionen – reactions – réactions
zerfließlich|deliquescent|liquéfiable

Diverses – misc. – divers

 250 g 1 K  1 K 2,5 K 5 K  25 K 50 K

740

Nickel(II)-cyanid wasserfrei $Ni(CN)_2$
Nickel(II) cyanide anhydrous
Nickel(II) cyanure anhydre

Eigenschaften – properties – propriétés

braungelb
brown yellow
brun jaune

MM 110,75
D
Fp
Kp

Gehalte – content – teneurs
53% Ni

Löslichkeiten – solubilities – solubilités
H_2O = (praktisch) unlöslich|
(practically) insoluble|(pratiquement) insoluble
NH_3 = löslich|soluble|soluble
KCN-Lösung = löslich
KCN-solution = soluble
KCN-solution = soluble

Diverses – misc. – divers
MAK 5 mg CN/m^3
RID IVa

741

Nickel(II)-cyanid-4-hydrat $Ni(CN)_2 \cdot 4\ H_2O$
Nickel(II) cyanide 4-hydrate
Nickel(II) cyanure 4-eau

Eigenschaften – **properties** – **propriétés**

grün
green
vert

MM 182,79
D
Fp $-4\ H_2O$, 200 °C
Kp

Gehalte – **content** – **teneurs**
~ 31,5% Ni

Löslichkeiten – **solubilities** – **solubilités**
$H_2O^{kalt|cold|froid}$ = nicht löslich|insoluble|insoluble
$H_2O^{heiß|hot|chand}$ = nicht löslich|insoluble|insoluble
NH_4OH = löslich|soluble|soluble
KCN-Lösung = löslich
KCN-solution = soluble
KCN-solution = soluble

Reaktionen – **reactions** – **réactions**
zersetzlich|decomposable|dégradable

Diverses – **misc.** – **divers**
MAK 5 mg CN/m³
RID IVa

742

Nickelfluoroborat-6-hydrat $Ni[BF_4]_2 \cdot 6\ H_2O$
Nickel fluoroborate 6-hydrate
Nickel fluoroborate 6-eau

Eigenschaften – **properties** – **propriétés**

grün
green
vert

MM 340,41
D 2,14
Fp
Kp

Gehalte – **content** – **teneurs**
~ 19% Ni

Löslichkeiten – **solubilities** – **solubilités**
$H_2O^{0\,°C}$ = 98 g/100 ml
$H_2O^{95\,°C}$ = 129 g/100 ml

Diverses – **misc.** – **divers**
RID IVa

1 L

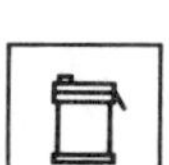

35 K

743

Nickelformiat-2-hydrat $Ni(HCO_2)_2 \cdot 2\ H_2O$
Nickel formate 2-hydrate
Nickel formiate 2-eau

Eigenschaften – properties – propriétés

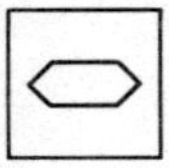

MM 184,76
D 2,154
Fp
Kp

Gehalte – content – teneurs
31,8% Ni

Löslichkeiten – solubilities – solubilités
$H_2O^{kalt|cold|froid}$ = löslich|soluble|soluble

Reaktionen – reactions – réactions
zersetzlich|decomposable|dégradable

744

Nickel(II)-hydroxidcarbonat-4-hydrat
Nickel(II) hydroxidecarbonate 4-hydrate
Nickel(II) hydroxycarbonate 4-eau

$2\ NiCO_3 \cdot 3\ Ni(OH)_2 \cdot 4\ H_2O$

Eigenschaften – properties – propriétés

MM 587,58
D
Fp
Kp

Gehalte – content – teneurs
~ 57% Ni

Löslichkeiten – solubilities – solubilités
$H_2O^{kalt|cold|froid}$ =
nicht löslich|insoluble|insoluble
Säure(n) = löslich
acid(s) = soluble
acide(s) = soluble

Reaktionen – reactions – réactions
zersetzlich|decomposable|dégradable
$H_2O^{heiß|hot|chaud}$ = Zersetzung|decomposition|dégradation

Diverses – misc. – divers

 250 g 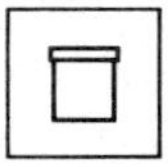 1 K 5 K 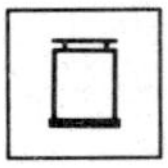 25 K 50 K

745

Nickel(II)-jodid NiJ_2
Nickel(II) iodide NiI_2
Nickel(II) iodure

Eigenschaften – **properties** – **propriétés**

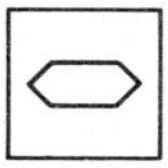

schwarz
black
noir

MM 312,53
D 5,834
Fp 797 °C
Kp

Gehalte – **content** – **teneurs**
~ 18 % Ni

Löslichkeiten – **solubilities** – **solubilités**
$H_2O^{20\,°C}$ = 59,5 g/100 ml
Äthanol = löslich
ethanol = soluble
ethanol = soluble

Reaktionen – **reactions** – **réactions**
zerfließlich|deliquescent|liquéfiable

746

Nickel(II)-lactat $Ni(C_3H_5O_3)_2$
Nickel(II) lactate
Nickel(II) lactate

Eigenschaften – **properties** – **propriétés**

MM 236,83
D
Fp
Kp

Gehalte – **content** – **teneurs**
24,8 % Ni

747

Nickel(II)-nitrat-6-hydrat $Ni(NO_3)_2 \cdot 6\,H_2O$
Nickel(II) nitrate 6-hydrate
Nickel(II) nitrate 6-eau

Eigenschaften – properties – propriétés

grün, hygroskopisch
green, hygroscopic
vert, hygroscopique

MM 290,80
D 2,05
Fp 56,7 °C
Kp 136,7 °C

Gehalte – content – teneurs
20,2% Ni

Löslichkeiten – solubilities – solubilités
$H_2O^{20\,°C}$ = 48,5 g/100 ml
Äthanol = löslich
ethanol = soluble
éthanol = soluble
Aceton = wenig löslich
acetone = slightly soluble
acétone = peu soluble

Diverses – misc. – divers

250 g
1 K
5 K

25 K
50 K

748

Nickel(II)-oxid NiO
Nickel(II) oxide
Nickel(II) oxyde

Eigenschaften – properties – propriétés

grün **grün**
green **green**
vert **vert**

MM 74,69
D 7,45
Fp 1960 °C
Kp

Gehalte – content – teneurs
78,6% Ni

Löslichkeiten – solubilities – solubilités
H_2O = (praktisch) unlöslich|
(practically) insoluble|(pratiquement) insoluble
Säure(n) = leicht löslich
acid(s) = easily soluble
acide(s) = facilement soluble

Reaktionen – reactions – réactions
zersetzlich|decomposable|dégradable

Diverses – misc. – divers

100 g
1 K

25 K
50 K

749

Nickel(II,III)-oxid Ni_3O_4
Nickel(II,III) oxide
Nickel(II,III) oxyde

Eigenschaften – properties – propriétés

MM 240,07
D
Fp
Kp

Gehalte – content – teneurs
72,5% Ni

Löslichkeiten – solubilities – solubilités
$H_2O^{kalt|cold|froid}$ =
nicht löslich|insoluble|insoluble
$H_2O^{heiß|hot|chaud}$ =
nicht löslich|insoluble|insoluble
Säure(n) = löslich
acid(s) = soluble
acide(s) = soluble

Diverses – misc. – divers

100 g
1 K

50 K

750

Nickel(III)-oxid Ni_2O_3
Nickel(III) oxide
Nickel(III) oxyde

Eigenschaften – properties – propriétés

weiß
white
blanc

MM 165,42
D 4,83$^{18\,°C}$
Fp
Kp

Gehalte – content – teneurs
71% Ni

Löslichkeiten – solubilities – solubilités
H_2O = (praktisch) unlöslich|
(practically) insoluble|(pratiquement) insoluble
NH_3 = löslich|soluble|soluble
Säure(n) = löslich
acid(s) = soluble
acide(s) = soluble
KCN-Lösung = löslich
KCN-solution = soluble
KCN-solution = soluble

Reaktionen – reactions – réactions
zersetzlich|decomposable|dégradable

Diverses – misc. – divers

100 g
1 K

50 K

751

Nickel*hypo*phosphit-6-hydrat $Ni(H_2PO_2)_2 \cdot 6\ H_2O$
Nickel *hypo*phosphite 6-hydrate
Nickel *hypo*phosphite 6-eau

Eigenschaften – properties – propriétés

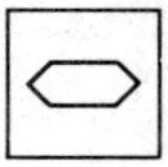

grün
green
vert

MM 296,78
D 1,824
Fp <100 °C
Kp

Gehalte – content – teneurs
~ 19% Ni

Löslichkeiten – solubilities – solubilités
$H_2O^{kalt|cold|froid}$ = löslich|soluble|soluble

Reaktionen – reactions – réactions
> 100 °C → Zersetzung|decomposition|dégradation

752

Nickel(II)-rhodanid-4-hydrat $Ni(SCN)_2 \cdot 4\ H_2O$
Nickel(II) *thio*cyanate 4-hydrate
Nickel(II) *thio*cyanate 4-eau

Eigenschaften – properties – propriétés

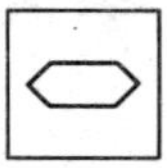

grün
green
vert

grün
green
vert

MM 246,91
D
Fp
Kp

Gehalte – content – teneurs
23,8% Ni

Löslichkeiten – solubilities – solubilités
H_2O = löslich|soluble|soluble

753

Nickelsulfamat wasserfrei $Ni(SO_3NH_2)_2$
Nickel sulphamate anhydrous
Nickel sulfamate anhydre

Eigenschaften – properties – propriétés

grün
green
vert

MM 250,89
D
Fp
Kp

Gehalte – content – teneurs
~ 23,5% Ni

Löslichkeiten – solubilities – solubilités
H_2O = löslich|soluble|soluble

Diverses – misc. – divers

 1 K  40 K

754

Nickelsulfamat-4-hydrat $Ni(SO_3NH_2)_2 \cdot 4\ H_2O$
Nickel sulphamate 4-hydrate
Nickel sulfamate 4-eau

Eigenschaften – properties – propriétés

grün
green
vert

MM 322,94
D
Fp
Kp

Gehalte – content – teneurs
11,1% Ni

Löslichkeiten – solubilities – solubilités
H_2O = löslich|soluble|soluble

Diverses – misc. – divers

 1 K  40 K

755

Nickel(II)-sulfat wasserfrei $NiSO_4$
Nickel(II) sulphate anhydrous
Nickel(II) sulfate anhydre

Eigenschaften – properties – propriétés

gelbgrün
yellow green
jaune vert

MM 154,76
D 3,68
Fp
Kp

Gehalte – content – teneurs
37,9% Ni

Löslichkeiten – solubilities – solubilités
H_2O → Tabelle|Table|Tableau 755.1

Reaktionen – reactions – réactions
> 840 °C → Zersetzung|decomposition|dégradation

Diverses – misc. – divers

100 g
250 g
500 g
1 K
5 K

50 K

50 K
100 K

756

Nickel(II)-sulfat-6-hydrat $NiSO_4 \cdot 6\ H_2O$
Nickel(II) sulphate 6-hydrate
Nickel(II) sulfate 6-eau

Eigenschaften – properties – propriétés

blaugrün
blue green
bleu vert

MM 262,86
D 2,07
Fp
Kp

Gehalte – content – teneurs
~ 22,5% Ni

Reaktionen – reactions – réactions
53,3 °C → Umwandlung|transformation|transformation
280 °C → − 6 H_2O

Diverses – misc. – divers

100 g
250 g
500 g
1 K
5 K

50 K

50 K
100 K

757

Nickel(II)-sulfat-7-hydrat $NiSO_4 \cdot 7\ H_2O$
Nickel(II) sulphate 7-hydrate
Nickel(II) sulfate 7-eau

Eigenschaften – properties – propriétés

grün, rhombisch
green, rhombic
vert, rhombique

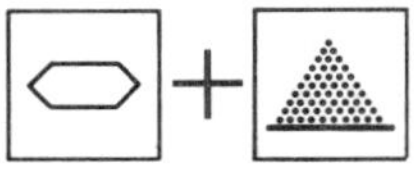

MM 280,88
D 1,948
Fp 31,5 °C
Kp 103 °C

Gehalte – content – teneurs
20,9% Ni

Löslichkeiten – solubilities – solubilités
H_2O → Tabelle|Table|Tableau 757.1
Äthanol = löslich
ethanol = soluble
éthanol = soluble

Reaktionen – reactions – réactions
31,5 °C = $-1\ H_2O$
103,0 °C = $-6\ H_2O$

Diverses – misc. – divers

100 g
250 g
500 g
1 K
5 K

50 K

50 K
100 K

758

Nickel(II)-sulfid NiS
Nickel(II) sulphide
Nickel(II) sulfure

Eigenschaften – properties – propriétés

schwarzer Niederschlag
black precipitate
noir précipité

MM 90,76
D 5,3...5,65
Fp 797 °C
Kp

Gehalte – content – teneurs
64,7% Ni

Löslichkeiten – solubilities – solubilités
Königswasser = löslich
Aqua regia = soluble
eau régale = soluble
HCl, konzentriert = löslich
HCl, concentrated = soluble
HCl, concentré = soluble
HNO_3, konzentriert = löslich
HNO_3, concentrated = soluble
HNO_3, concentré = soluble
Essigsäure + H_2O_2 30% = löslich
acetic acid + H_2O_2 30% = soluble
acide acétique + H_2O_2 30% = soluble

759

Niob(V)-oxid Nb_2O_5
Niobium(V) oxide
Niobium(V) oxyde

Eigenschaften – properties – propriétés

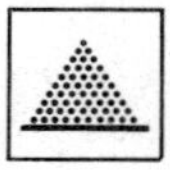

weiß
white
blanc

MM 265,81
D $4{,}6^{61{,}2\,°C}_{4}$
Fp 1520 °C
Kp

Gehalte – content – teneurs
~ 69 % Nb

Löslichkeiten – solubilities – solubilités
$KHSO_4$-Schmelze = löslich
$KHSO_4$-melt = soluble
fusion de $KHSO_4$ = soluble

760

o-Nitroanilin $C_6H_6N_2O_2$
o-Nitroaniline
o-Nitroaniline

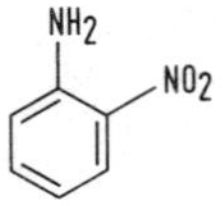

Eigenschaften – properties – propriétés

orange – gelb
orange – yellow
orange – jaune

MM 138
D $1{,}442^{15\,°C}$
Fp 70...71 °C
Kp 165...166 $°C^{28\ Torr}$

Gehalte – content – teneurs
97...100 % $C_6H_6N_2O_2$

Löslichkeiten – solubilities – solubilités
H_2O = sehr wenig löslich|very slightly soluble|très peu soluble
Äthanol = leicht löslich
ethanol = easily soluble
éthanol = facilement soluble

Diverses – misc. – divers **T** R : 53-66
MAK 6 mg/m^3 S : 11-21-31-51-63-71-72-91-93-108
RID IVa

761

p-**Nitroanilin** $C_6H_6N_2O_2$
p-**Nitroaniline**
p-**Nitroaniline**

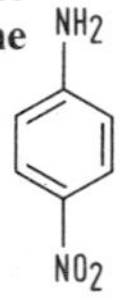

Eigenschaften – **properties** – **propriétés**

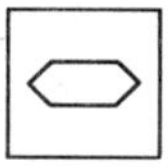

gelb
yellow
jaune

MM 138
D 0,7
Fp 147 °C
Kp

Löslichkeiten – **solubilities** – **solubilités**
$H_2O^{kalt|cold|froid}$ =
(praktisch) unlöslich|
(practically) insoluble|
(pratiquement) insoluble
$H_2O^{heiß|hot|chaud}$ = sehr wenig löslich|
very slightly soluble|très peu soluble
Äthanol = leicht löslich
ethanol = easily soluble
éthanol = facilement soluble

Diverses – **misc.** – **divers** **T** R: 53-66
MAK 1 ppm, 6 mg/m³ S: 11-21-31-51-63-71-72-91-93-108
RID IVa

762

2,4,6-*tri*Nitrophenol $C_6H_3N_3O_7$
2,4,6-*tri*Nitrophenol
2,4,6-*tri*Nitrophenol

$(NO_2)_3C_6H_2OH$

Eigenschaften – **properties** – **propriétés**

gelb
yellow
jaune

MM 229,11
D $1{,}763^{20\,°C}_{4}$
Fp 121,8 °C
Kp

Löslichkeiten – **solubilities** – **solubilités**
$H_2O^{20\,°C}$ = 1,23 g/100 ml

Reaktionen – **reactions** – **réactions**

> 300 °C →

Diverses – **misc.** – **divers** **E + T** R: 2-4-58
MAK 0,1 mg/m³ S: 6-11-21-26-28-29-32-36-42-52-63-72-92-108
RID IVa

763

Nitroprussid-Natrium $Na_2[Fe(CN)_5(NO)] \cdot 2\,H_2O$
Sodium nitroprusside
Sodium nitroprussiate

Eigenschaften – properties – propriétés

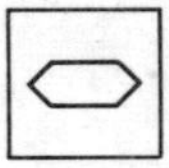

rot, rhombisch
red, rhombic
rouge, rhombique

MM 297,97
D 1,72
Fp
Kp

Löslichkeiten – solubilities – solubilités
$H_2O^{16\,°C} = 40$ g/100 ml

Diverses – misc. – diverse

250 g
500 g
1 K

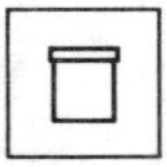

5 K

764

Nitrotoluol $C_7H_7NO_2$
Nitrotoluene
Nitrotoluène

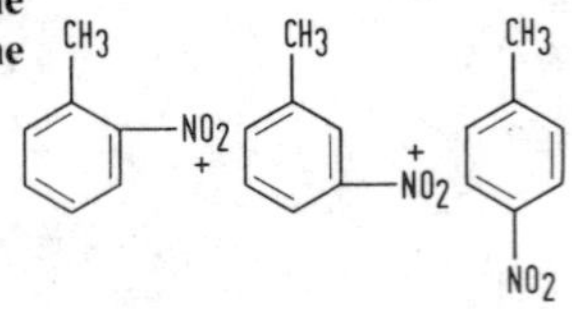

Eigenschaften – properties – propriétés

gelb-rotgelb
yellow-red yellow
jaune-rouge jaune

MM 137
D $1{,}16^{20\,°C}$
Fp
Kp

Gehalte – content – teneurs
~ 99,7% $C_7H_7NO_2$

Löslichkeiten – solubilities – solubilités
H_2O = (praktisch) unlöslich|
(practically) insoluble|(pratiquement) insoluble
Lösungsmittel = löslich
solvent = soluble
solvant = soluble

Reaktionen – reactions – réactions

Diverses – misc. – divers
MAK 5 ppm, 30 mg/m³
RID IIIa
RID IVa

765

m-**Nitrotoluol** $C_7H_7NO_2$
m-**Nitrotoluene**
m-**Nitrotoluène**

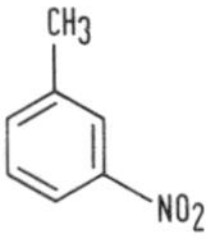

Eigenschaften – **properties** – **propriétés**

 **gelb**
yellow
jaune 

MM 137
D $1{,}16^{20\,°C}$
Fp
Kp

Löslichkeiten – **solubilities** – **solubilités**
Lösungsmittel = löslich
solvent = soluble
solvant = soluble
H_2O = (praktisch) unlöslich|
(practically) insoluble|(pratiquement) insoluble

Reaktionen – **reactions** – **réactions**

92 °C→ 

Diverses – **misc.** – **divers**
MAK 5 ppm, 30 mg/m^3
RID IIIa
RID IVa

766

o-**Nitrotoluol** $C_7H_7NO_2$
o-**Nitrotoluene**
o-**Nitrotoluène**

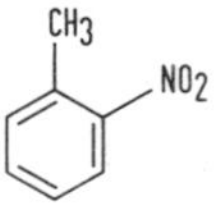

Eigenschaften – **properties** – **propriétés**

 **gelb**
yellow
jaune 

MM 137
D $1{,}16^{20\,°C}$
Fp
Kp

Löslichkeiten – **solubilities** – **solubilités**
Lösungsmittel = löslich
solvent = soluble
solvant = soluble
H_2O = (praktisch) unlöslich|
(practically) insoluble|(pratiquement) insoluble

Diverses – **misc.** – **divers** **T** R: 58
MAK 5 ppm, 30 mg/m^3 S : 6-11-21-53-63-72-91-108
RID IVa

767

p-Nitrotoluol $C_7H_7NO_2$
p-Nitrotoluene
p-Nitrotoluène

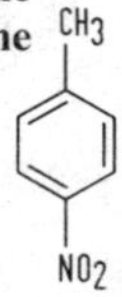

Eigenschaften – properties – propriétés

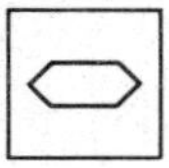 

MM 137
D $1{,}12^{69\,°C}$
Fp
Kp

Löslichkeiten – solubilities – solubilités
H_2O = (praktisch) unlöslich|
(practically) insoluble|(pratiquement) insoluble
Äthanol = leicht löslich
ethanol = easily soluble
éthanol = facilement soluble
Aceton = leicht löslich
acetone = easily soluble
acétone = facilement soluble
Diäthyläther = leicht löslich
diethyl ether = easily soluble
éther diéthylique = facilement soluble
Benzol = leicht löslich
benzene = easily soluble
benzène = facilement soluble
Pyridin = leicht löslich
pyridine = easily soluble
pyridine = facilement soluble

Diverses – misc. – divers T R: 58
MAK 5 ppm, 30 mg/m^3 S: 6-11-21-53-63-72-91-108
RID IVa

768

Ölsäure $C_{18}H_{34}O_2$
Oleic acid
Acide oléique

$$HC{-}[CH_2]_7{-}CH_3$$
$$\|$$
$$HC{-}[CH_2]_7{-}CO_2H$$

Eigenschaften – properties – propriétés

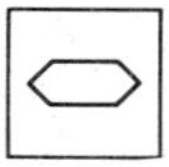

MM 282,47
D $0{,}8896^{25\,°C}$
Fp 13,2 °C
Kp 260 °C

Löslichkeiten – solubilities – solubilités
H_2O = (praktisch) unlöslich|
(practically) insoluble|(pratiquement) insoluble
Äthanol = ∞ löslich
ethanol = ∞ soluble
éthanol = ∞ soluble
Diäthyläther = ∞ löslich
diethyl ether = ∞ soluble
éther diéthylique = ∞ soluble
Benzol = löslich
benzene = soluble
benzène = soluble
Aceton = löslich
acetone = soluble
acétone = soluble

Reaktionen – reactions – réactions

Diverses – misc. – divers

 1 L
5 L  25 K

769

Osmium(VIII)-oxid OsO_4
Osmium(VIII) oxide
Osmium(VIII) oxyde

Eigenschaften – properties – propriétés

MM 254,2
D $4{,}906^{22\,°C}$
Fp 39,5 °C
Kp 130 °C

Gehalte – content – teneurs
~ 70 % Os

Löslichkeiten – solubilities – solubilités
$H_2O^{20\,°C}$ = 6 g/100 ml
Äthanol = löslich
ethanol = soluble
éthanol = soluble
Diäthyläther = löslich
diethyl ether = soluble
éther diéthylique = soluble
Na_2CO_3-Lösung = löslich
Na_2CO_3-solution = soluble
Na_2CO_3-solution = soluble
Alkalilauge = löslich
caustic alkali solution = soluble
solution caustique alcaline = soluble

Reaktionen – reactions – réactions
+HCl konzentriert → Reduktion, entwickelt Cl_2
+HCl concentrated → reduction, evolves Cl_2
+HCl concentré → réduction, développe Cl_2

Diverses – misc. – divers
MAK 0,0002 ppm, 0,002 mg/m^3

770

Oxalsäure $C_2H_2O_4$
Oxalic acid
Acide oxalique

$HO_2C{-}CO_2H$

Eigenschaften – properties – propriétés

rhombisch
rhombic
rhombique

farblos
colourless
incolore

MM 90,04
D $1{,}901^{25\,°C}$
Fp 189,5 °C
Kp

Löslichkeiten – solubilities – solubilités
$H_2O^{15\,°C}$ = 7,2 g/100 ml
$H_2O^{20\,°C}$ = 9,04 g/100 ml
$H_2O^{90\,°C}$ = 120 g/100 ml
$Äthanol^{23,5\,°C}$ = 1,37 g/100 ml
$ethanol^{23,5\,°C}$ = 1,37 g/100 ml
$éthanol^{23,5\,°C}$ = 1,37 g/100 ml
$Äthanol^{15\,°C}$ = 18,7 g/100 ml
$ethanol^{15\,°C}$ = 18,7 g/100 ml
$éthanol^{15\,°C}$ = 18,7 g/100 ml

Reaktionen – reactions – réactions
> 100 °C → sublimiert | sublimed | sublimé

Diverses – misc. – divers **Xn** R: 54
S: 11-21-31-51-63-91

500 g
1 K
5 K

50 K

771

Palladium(II)-chlorid $PdCl_2$
Palladium(II) chloride
Palladium(II) chlorure

Eigenschaften – properties – propriétés

rot, hygroskopisch
red, hygroscopic
rouge, hygroscopique

MM 177,6
D 4,0
Fp 678 °C
Kp

Gehalte – content – teneurs
~ 59% Pd

Löslichkeiten – solubilities – solubilités
H_2O = löslich|soluble|soluble
HCl = löslich|soluble|soluble
CS_2 = (praktisch) unlöslich|(practically) insoluble|(pratiquement) insoluble
2n NaCl-Lösung = löslich
2n NaCl-solution = soluble
2n NaCl-solution = soluble
Äthanol = wenig löslich
ethanol = slightly soluble
éthanol = peu soluble
Aceton = löslich
acetone = soluble
acétone = soluble
Diäthyläther = sehr wenig löslich
diethyl ether = very slightly soluble
éther diéthylique = très peu soluble

Reaktionen – reactions – réactions
500 °C → Zersetzung|decomposition|dégradation

Diverses – misc. – divers

1 g
5 g
10 g
100 g

772

Palladium(II)-cyanid $Pd(CN)_2$
Palladium(II) cyanide
Palladium(II) cyanure

Eigenschaften – properties – propriétés

weißer Niederschlag
white precipitate
blanc précipité

MM 158,44
D
Fp
Kp

Gehalte – content – teneurs
~ 66% Pd

Löslichkeiten – solubilities – solubilités
NH_3 = löslich|soluble|soluble
HCN, konzentriert = löslich
HCN, concentrated = soluble
HCN, concentré = soluble
KCN-Lösung = löslich
KCN solution = soluble
solution de KCN = soluble

Reaktionen – reactions – réactions
zersetzlich|decomposable|dégradable

Diverses – misc. – divers
MAK 5 mg CN/m^3
RID IVa

773

Palladium(II)-oxid PdO
Palladium(II) oxide
Palladium(II) oxyde

Eigenschaften – properties – propriétés

schwarz
black
noir

MM 122,40
D 8,70
Fp
Kp

Gehalte – content – teneurs
~ 86,1 % Pd

Löslichkeiten – solubilities – solubilités
H_2O = (praktisch) unlöslich|
(practically) insoluble|(pratiquement) insoluble
Säure(n) = (praktisch) unlöslich
acid(s) = (practically) insoluble
acide(s) = (pratiquement) insoluble

Reaktionen – reactions – réactions
750 °C→Zersetzung|decomposition|dégradation

Diverses – misc. – divers

1 g

774

Palmitinsäure $C_{16}H_{32}O_2$
Palmitic acid
Acide palmitique

$CH_3-[CH_2]_{14}-CO_2H$

Eigenschaften – properties – propriétés

MM 256,43
D 0,854
Fp 62,2 °C
Kp 339 . . . 356 °C

Gehalt – content – teneurs
98 . . . 100 % $C_{16}H_{32}O_2$

Löslichkeiten – solubilities – solubilités
H_2O = (praktisch) unlöslich|
(practically) insoluble|(pratiquement) insoluble
Äthanol$^{15\,°C}$ = 6,5 g/100 ml
ethanol$^{15\,°C}$ = 6,5 g/100 ml
éthanol$^{15\,°C}$ = 6,5 g/100 ml
Diäthyläther = löslich
diethyl ether = soluble
éther diéthylique = soluble

Diverses – misc. – divers

1 K
2,5 K

775

Paraffin
Paraffin
Paraffine

Eigenschaften – properties – propriétés

weiß
white
blanc

weiß
white
blanc

MM
D 0,830...0,870$^{20\,°C}$
Fp 42...44 °C
46...48 °C
52...53 °C
56...58 °C
69...73 °C
Kp

Diverses – misc. – divers
MAK 500...1000 ppm

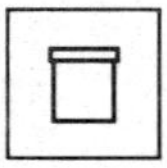

1 K

50 K

776

Paraffinöl
Paraffin oil
Paraffine liquide

Eigenschaften – properties – propriétés

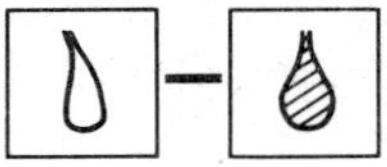

farblos
colourless
incolore

MM
D 0,830...0,890
Fp
Kp

Diverses – misc. – divers
MAK 500...1000 ppm

1 L
5 L

25 K

777

Paraformaldehyd $HO(CH_2O)_xH$
Paraformaldehyde
Paraformaldéhyde

$HOCH_2—O—[CH_2—O]_{x-2}—CH_2OH$

Eigenschaften – properties – propriétés

weiß
white
blanc

MM (30) · x
D
Fp 170 °C
Kp

Gehalte – content – teneurs
96 . . . 99 % $HO(CH_2O)_xH$

Löslichkeiten – solubilities – solubilités
$H_2O^{heiß|hot|chaud}$ = leicht löslich|easily soluble|facilement soluble
NaOH verdünnt, heiß = leicht löslich
NaOH diluted, hot = easily soluble
NaOH dilué, chaud = facilement soluble

Diverses – misc. – divers
MAK 6 mg/m^3

500 g
1 K

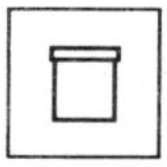

5 K

25 K
50 K

778

Paraldehyd $C_6H_{12}O_3$
Paraldehyde
Paraaldéhyde

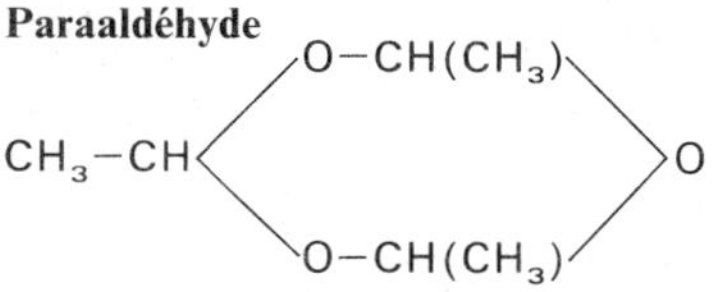

Eigenschaften – properties – propriétés

MM 132,16
D 0,9943$^{20\,°C}$
Fp 12,6 °C
Kp 124 °C

Löslichkeiten – solubilities – solubilités
$H_2O^{30\,°C}$ = 12,5 g/100 ml
Äthanol = löslich
ethanol = soluble
éthanol = soluble
Diäthyläther = löslich
diethyl ether = soluble
éther diéthylique = soluble

Diverses – misc. – divers
MAK 200 ppm
RID IIIa

500 ml
1 L
5 L

30 K
50 K

779

Pentaaerythrittetraacetat $C_{13}H_{20}O_8$
Penta erythritol tetraacetate
Penta-erythrite tétraacétate

$C(CH_2{-}O_2C{-}CH_3)_4$

Eigenschaften – properties – propriétés

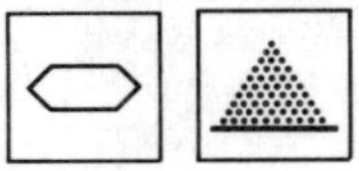

MM 304,29
D $1{,}273^{18\,°C}$
Fp 84 °C
Kp

780

Pentaäthylenhexamin $C_{10}H_{28}N_6$
Pentaethylene hexamine
Pentaéthylène-hexamine

$H_2N{-}(CH_2{-}CH_2{-}NH)_5{-}H$

Eigenschaften – properties – propriétés

MM 232
D
Fp
Kp 230. . . 290 °C$^{20\ Torr}$

Löslichkeiten – solubilities – solubilités
H_2O = löslich|soluble|soluble
Äthanol = löslich
ethanol = soluble
éthanol = soluble
Benzol = löslich
benzene = soluble
benzène = soluble

Reaktionen – reactions – réactions
+ H_2O → Kristalle|crystals|cristaux

Diverses – misc. – divers
RID V

781

Perchlorsäure $HClO_4$
Perchloric acid
Acide perchlorique

Eigenschaften – properties – propriétés

farblos
colourless
incolore

MM 100,46
D $1{,}768\frac{22\,°C}{4}$
Fp −112 °C
Kp $16^{18\,mm\,Hg}$

Reaktionen – reactions – réactions

farblos
colourless
incolore

Diverses – misc. – divers
RID IIIc

10—50% $HClO_4$ →	**C**	R : 81 S : 11-32-65-94
>50% $HClO_4$ →	**O + C**	R : 12-81 S : 11-22-32-38-65-71-91-93

500 ml
2,5 L

25 K
50 K

782

Perubalsam
Peru balsam
Baume de Pérou

Eigenschaften – properties – propriétés

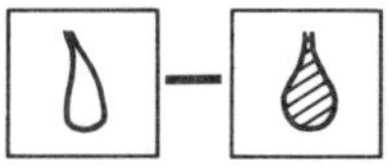

braunrot, durchsichtig
brown red, transparent
brun rouge, transparent

MM
D 1,140...1,160
Fp
Kp

Löslichkeiten – solubilities – solubilités
Lösungsmittel = löslich
solvent = soluble
solvant = soluble

Diverses – misc. – divers

100 g 1 K
250 g 5 K

783

Petroläther
Petroleum ether
Benzine de pétrole

Eigenschaften – properties – propriétés

farblos
colourless
incolore

MM
D
Fp
Kp 50...75 °C

Reaktionen – reactions – réactions

Diverses – misc. – divers
MAK 500 ppm
RID IIIa

 1 L 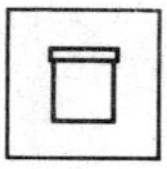 5 L  20 K

784

Petroleumbenzin, FAM Normalbenzin DIN 51 635 und DIN 51 557
Petroleum benzine, FAM standard benzine DIN 51 635 and DIN 51 557
Benzine de pétrole, FAM-Benzine normale DIN 51 635 et DIN 51 557

Eigenschaften – properties – propriétés

MM
D 0,690...0,705$^{15\,°C}$
Fp
Kp 65...95 °C

Reaktionen – reactions – réactions

Diverses – misc. – divers
MAK 500 ppm
RID IIIa

 1 L 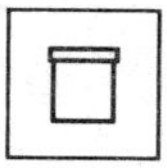 5 L  20 K

785

Phenol C_6H_6O
Phenol
Phénol

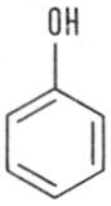

Eigenschaften – **properties** – **propriétés**

MM 94,11
D $1{,}071^{25\,°C}_{4}$
Fp 42...43 °C
Kp 181,4 °C

Löslichkeiten – **solubilities** – **solubilités**
$H_2O^{20\,°C}$ = 8,4 g/100 ml
$H_2O^{65,3\,°C}$ = löslich|soluble|soluble
Äthanol = ∞ löslich
ethanol = ∞ soluble
éthanol = ∞ soluble
Diäthyläther = ∞ löslich
diethyl ether = ∞ soluble
éther diéthylique = ∞ soluble

Diverses – **misc.** – **divers**
MAK 5 ppm, 19 mg/m^3
RID IVa
RID V

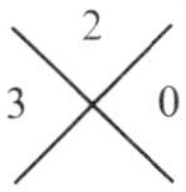

T R: 58-81
S: 3-11-31-53-65-71-92-108

250 g 1 K
500 g 5 K

50 K

786

2-Phenol-sulfonsäure $C_6H_6O_4S$
2-Phenolsulphonic acid
Acide 2-phénol-sulfonique

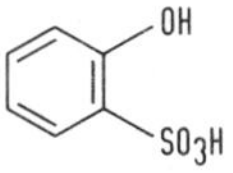

Eigenschaften – **properties** – **propriétés**

MM 174,18
D
Fp
Kp

Löslichkeiten – **solubilities** – **solubilités**
H_2O = sehr leicht löslich|extremely soluble|
très facilement soluble

Reaktionen – **reactions** – **réactions**
50 °C → Zersetzung|decomposition|dégradation

Diverses – **misc.** – **divers**
RID V

787

4-Phenol-sulfonsäure $C_6H_6O_4S$
4-Phenolsulphonic acid
Acide 4-phénol-sulfonique

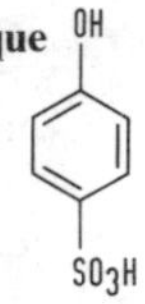

Eigenschaften – properties – propriétés

MM 174
D 1,330...1,340 (65 ± 1%);
1,370...1,380 (72 ± 1%)$^{20\,°C}$
Fp 176...177 °C
Kp

Gehalte – content – teneurs
65 ± 1% $C_6H_6O_4S$
72 ± 1% $C_6H_6O_4S$

Reaktionen – reactions – réactions
zerfließlich|deliquescent|liquéfiable

Diverses – misc. – divers
RID V

788

Phosphor P
Phosphorus
Phosphore

Eigenschaften – properties – propriétés

rot; red; rouge;

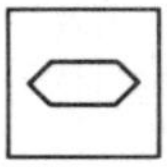

kubisch weiß/gelb
cubic white/yellow
cubique blanc/jaune

Atomgewicht|atomic weight|poids atomique 30,97
D 1,82$^{20\,°C}$; 1,745$^{44.5\,°C}$
Fp 44,1 °C
Kp 280 °C
} **weiß/gelb white/yellow blanc/jaune**

Löslichkeiten – solubilities – solubilités
weiß/gelb; white/yellow; blanc/jaune
$H_2O^{kalt|cold|froid}$ = 0,0003 g/100 ml
$H_2O^{heiß|hot|chaud}$ =
wenig löslich|slightly soluble|peu soluble
NH_3 = löslich|soluble|soluble
CS_2 = sehr löslich|very soluble|très soluble
Äthanol = 0,4 g/100 ml
ethanol = 0,4 g/100 ml
éthanol = 0,4 g/100 ml
Benzol$^{81\,°C}$ = 10 g/100 ml
benzene$^{81\,°C}$ = 10 g/100 ml
benzène$^{81\,°C}$ = 10 g/100 ml

Reaktionen – reactions – réactions

34 °C →

weiß/gelb
white/yellow
blanc/jaune

Diverses – misc. – divers
weiß/gelb; white/yellow; blanc/jaune
MAK 0,1 mg/m^3
RID II

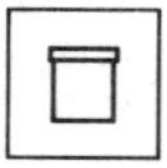

100 g **F + T** R: 31-56-82
250 g S: 4-5-40-65-66-71-102-108
1 K

rot; red; rouge **F** R: 22-30
S: 11-22-28-37-39-104

789

Phosphor(V)-chlorid PCl_5
Phosphorus(V) chloride
Phosphore(V) chlorure

Eigenschaften – properties – propriétés

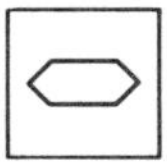 

weiß, glänzend
white, bright
blanc, brillant

MM 208,27
D 2,12
Fp 148 °C
Kp
160 °C → Sublimation | sublimation | sublimation

Löslichkeiten – solubilities – solubilités
CS_2 = löslich | soluble | soluble
CCl_4 = löslich | soluble | soluble

Reaktionen – reactions – réactions
+ H_2O → Zersetzung | decomposition | dégradation
+ Luft →
+ air →
+ air →

zerfließlich | deliquescent | liquéfiable

Diverses – misc. – divers
MAK 1 mg/m^3
RID V

C R: 64-81-84
S : 15-24-65-76-94

 500 g
1 K  25 K

790

phosphorige Säure H_3PO_3
phosphorous acid
Acide phosphoreux

Eigenschaften – properties – propriétés

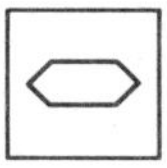

farblos, hygroskopisch
colourless, hygroscopic
incolore, hygroscopique

MM 82,00
D 1,651$^{21,2 °C}$
Fp 74 °C
Kp

Löslichkeiten – solubilities – solubilités
H_2O = sehr leicht löslich | extremely soluble | très facilement soluble
Äthanol = löslich
ethanol = soluble
éthanol = soluble

Reaktionen – reactions – réactions
200 °C → Zersetzung | decomposition | dégradation
+ H_2SO_4 konzentriert → H_3PO_4
+ H_2SO_4 concentrated → H_3PO_4
+ H_2SO_4 concentré → H_3PO_4

Diverses – misc. – divers

 1 L
2,5 L  55 K

791

*unter*phosphorige Säure H_3PO_2
*hypo*phosphorous acid
Acide *hypo*phosphoreux

Eigenschaften – properties – propriétés

farblos
colourless
incolore

MM 66,00
D $1{,}493^{18,8\,°C}$
Fp 26,5 °C
Kp

Löslichkeiten – solubilities – solubilités
H_2O = leicht löslich|easily soluble|facilement soluble

Reaktionen – reactions – réactions
zersetzlich|decomposable|dégradable
$+HNO_3 \rightarrow H_3PO_4$

Diverses – misc. – divers

 1 L  35 K

792

Phosphorigsäure-*tri*äthylester $C_6H_{15}O_3P$
Phosphorous acid triethylester
Acide phosphoreux triéthylester

$P(OC_2H_5)_3$

Eigenschaften – properties – propriétés

farblos
colourless
incolore

MM 166,16
D $0{,}96867^{20\,°C}$
Fp
Kp 157,9

Löslichkeiten – solubilities – solubilités
H_2O = (praktisch) unlöslich|
(practically) insoluble|(pratiquement) insoluble
Lösungsmittel = leicht löslich
solvent = easily soluble
solvant = facilement soluble

793

_di_Phosphor(V)-oxid P_2O_5
_di_Phosphorus(V) oxide
_di_Phosphore(V) oxyde

Eigenschaften – properties – propriétés

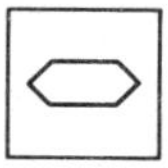

weiß, amorph
white, amorphous
blanc, amorphe

hygroskopisch
hygroscopic
hygroscopique

MM 141,96
D 2,39
Fp 563 °C
Kp 591 °C

Löslichkeiten – solubilities – solubilités
$H_2O^{heiß|hot|chaud}$ =
Zersetzung|decomposition|dégradation
H_2O^{kalt} Zersetzung $\rightarrow H_3PO_4$
H_2O^{cold} decomposition $\rightarrow H_3PO_4$
H_2O^{froid} dégradation $\rightarrow H_3PO_4$
H_2SO_4 = löslich|soluble|soluble
Äthanol = sehr löslich
ethanol = very soluble
éthanol = très soluble
Diäthyläther = sehr löslich
diethyl ether = very soluble
éther diéthylique = très soluble

Reaktionen – reactions – réactions
zerfließlich|deliquescent|liquéfiable

Diverses – misc. – divers **C** R: 82
MAK 1 mg/m³ S: 11-51-63-77-91-94

500 g
1 K
2,5 K

40 K
80 K

794

Phosphoroxid_tri_chlorid $POCl_3$
Phosphorus oxid _tri_chloride
Phosphore _oxy_chiorure

Eigenschaften – properties – propriétés

farblos
colourless
incolore

MM 153,35
D 1,675
Fp 2 °C
Kp 105,3 °C

Reaktionen – reactions – réactions
+Luft →
+air →
+air →

Diverses – misc. – divers
MAK 0,5 ppm, 3 mg/m³
RID V

C R: 64-81-84
S: 15-24-65-76-94

500 ml
2,5 L

25 K
50 K

795

*meta*Phosphorsäure HPO_3
*meta*Phosphoric acid
Acide *méta*phosphorique

Eigenschaften – properties – propriétés

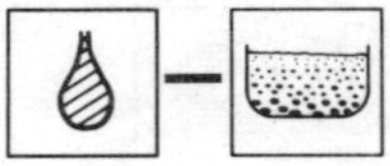

farblos, durchsichtig – weiß
colourless, transparent – white
incolore, transparent – blanc

MM 79,99
D 2,2...2,5
Fp
Kp

Löslichkeiten – solubilities – solubilités
H_2O = leicht löslich|easily soluble|facilement soluble
Äthanol = löslich
ethanol = soluble
éthanol = soluble

Reaktionen – reactions – réactions
zerfließlich|deliquescent|liquéfiable
sublimierbar|sublimable|sublimable

Diverses – misc. – divers
MAK 0,1 ppm

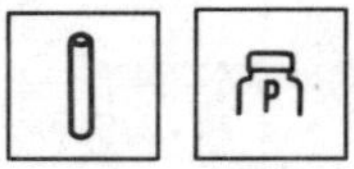

100 g
250 g
500 g

10 K

796

*ortho*Phosphorsäure H_3PO_4
*ortho*Phosphoric acid
Acide *ortho*phosphorique

Eigenschaften – properties – propriétés

farblos
colourless
incolore

MM 98,00
D 1,834$^{18,2\,°C}$
Fp 42,35 °C
Kp 213 °C

Gehalte – content – teneurs
→Tabelle|Table|Tableau 796.1

Löslichkeiten – solubilities – solubilités
H_2O→Tabelle|Table|Tableau 796.1

Reaktionen – reactions – réactions
200 °C→$H_4P_2O_7$

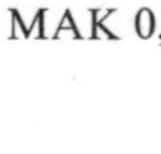

Diverses – misc. – divers
MAK 0,1 ppm

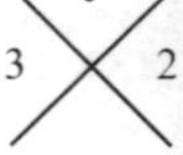

>25% H_3PO_4→ **C** R: 81
S: 11-65-94-109

500 ml
2,5 L

30 K
60 K

797

*pyro***Phosphorsäure** $H_4P_2O_7$
*pyro***Phosphoric acid**
Acide *pyro***phosphorique**

Eigenschaften – properties – propriétés

farblos
colourless
incolore

MM 177,99
D
Fp 61 °C
Kp

Löslichkeiten – solubilities – solubilités
H_2O = leicht löslich | easily soluble | facilement soluble
Äthanol = löslich
ethanol = soluble
éthanol = soluble
Diäthyläther = löslich
diethyl ether = soluble
éther diéthylique = soluble

Diverses – misc. – divers
MAK 0,1 ppm

0
3 2

250 ml
1 K
5 K

798

Phtalsäure $C_8H_6O_4$
Phtalic acid
Acide phtalique

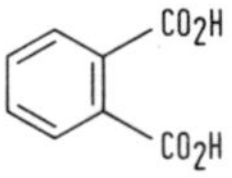

Eigenschaften – properties – propriétés

farblos
colourless
incolore

MM 166,13
D 1,59
Fp 191 °C
Kp

Löslichkeiten – solubilities – solubilités
$H_2O^{20\,°C}$ = 0,57 g/100 ml
$H_2O^{85\,°C}$ = 7,69 g/100 ml
Äthanol$^{18\,°C}$ = 11,7 g/100 ml
ethanol$^{18\,°C}$ = 11,7 g/100 ml
éthanol$^{18\,°C}$ = 11,7 g/100 ml

Diverses – misc. – divers

500 g
1 K
5 K

799

Phtalsäureanhydrid
Phtalic anhydride
Anhydride phtalique

$C_8H_4O_3$

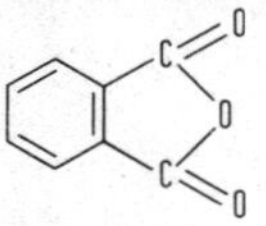

Eigenschaften – properties – propriétés

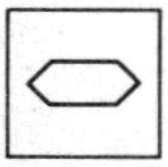

MM 148
D $1{,}215^{131\,°C}$; $1{,}205^{140\,°C}$
Fp
Kp $284\,°C^{760\ mm\ Hg}$

Löslichkeiten – solubilities – solubilités
$H_2O^{20\,°C}$ = 0,57 g/100 ml
$H_2O^{85\,°C}$ = 7,69 g/100 ml
CS_2 = löslich|soluble|soluble
Äthanol = löslich
ethanol = soluble
éthanol = soluble
Benzol = löslich
benzene = soluble
benzène = soluble
Pyridin = leicht löslich
pyridine = easily soluble
pyridine = facilement soluble
Diäthyläther = löslich
diethyl ether = soluble
éther diéthylique = soluble

Diverses – misc. – divers
MAK 5 mg/m³

500 g
1 K
5 K

50 K

800

Piperidin
Piperidine
Pipéridine

$C_5H_{11}N$

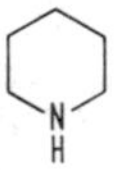

Eigenschaften – properties – propriétés

farblos
colourless
incolore

MM 85
D $0{,}86^{20\,°C}$
Fp −9 °C
Kp 106 °C

Gehalte – content – teneurs
> 98 % $C_5H_{11}N$

Löslichkeiten – solubilities – solubilités
H_2O = löslich|soluble|soluble
Äthanol = löslich
ethanol = soluble
éthanol = soluble
Diäthyläther = löslich
diethyl ether = soluble
éther diéthylique = soluble

Reaktionen – reactions – réactions

Diverses – misc. – divers
RID IIIa

801

Platin(II)-bromid $PtBr_2$
Platinum(II) bromide
Platine(II) bromure

Eigenschaften – properties – propriétés

grünbraun
green brown
vert brun

MM 355,06
D 6,652
Fp
Kp

Gehalte – content – teneurs
~55% Pt

Löslichkeiten – solubilities – solubilités
H_2O = (praktisch) unlöslich|
(practically) insoluble|(pratiquement) insoluble
HBr = löslich|soluble|soluble
KBr-Lösung = wenig löslich
KBr-solution = slightly soluble
KBr-solution = peu soluble
Äthanol = (praktisch) unlöslich
ethanol = (practically) insoluble
éthanol = (pratiquement) insoluble

Reaktionen – reactions – réactions
00 °C → Zersetzung|decomposition|dégradation

Diverses – misc. – divers
MAK 0,002 mg Pt/m^3

802

Platin(IV)-bromid $PtBr_4$
Platinum(IV) bromide
Platine(IV) bromure

Eigenschaften – properties – propriétés

schwarzbraun
black brown
noir brun

MM 514,89
D 5,69
Fp
Kp

Gehalte – content – teneurs
37,9% Pt

Löslichkeiten – solubilities – solubilités
$H_2O^{20\,°C}$ = 0,4 g/100 ml
HBr = sehr leicht löslich|extremely soluble|
très facilement soluble
Äthanol = leicht löslich
ethanol = easily soluble
éthanol = facilement soluble
Diäthyläther = leicht löslich
diethyl ether = easily soluble
éther diéthylique = facilement soluble

Reaktionen – reactions – réactions
180 °C → Zersetzung|decomposition|dégradation

Diverses – misc. – divers
MAK 0,002 mg Pt/m^3

803

Platin(II)-chlorid $PtCl_2$
Platinum(II) chloride
Platine(II) chlorure

Eigenschaften – properties – propriétés

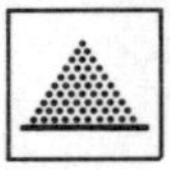

braungelb – gelbbraun
brown yellow – yellow brown
brun jaune – jaune brun

MM 266,14
D $6{,}054\frac{25\,°C}{4}$
Fp
Kp

Gehalte – content – teneurs
73,4% Pt

Löslichkeiten – solubilities – solubilités
H_2O (praktisch) unlöslich|(practically) insoluble|(pratiquement) insoluble
H_2SO_4 = (praktisch) unlöslich|(practically) insoluble|(pratiquement) insoluble
HNO_3 = (praktisch) unlöslich|(practically) insoluble|(pratiquement) insoluble
HCl = sehr wenig löslich|very slightly soluble|très peu soluble
NH_3 = sehr wenig löslich|very slightly soluble|très peu soluble

Reaktionen – reactions – réactions
581 °C → Zersetzung / decomposition / dégradation → Cl_2

Diverses – misc. – divers
MAK 0,002 mg Pt/m^3

804

Platin(IV)-chlorid $PtCl_4$
Platinum(IV) chloride
Platine(IV) chlorure

Eigenschaften – properties – propriétés

rot – dunkelbraun, hygroskopisch
red – dark brown, hygroscopic
rouge – brun foncé, hygroscopique

MM 337,06
D 4,303
Fp
Kp

Gehalte – content – teneurs
~58% Pt

Löslichkeiten – solubilities – solubilités
HCl = löslich|soluble|soluble
$H_2O^{25\,°C}$ = 58,7 g/100 ml

Reaktionen – reactions – réactions
+ H_2SO_4 konzentriert → Cl_2
+ H_2SO_4 concentrated → Cl_2
+ H_2SO_4 concentré → Cl_2
370 °C → Zersetzung / decomposition / dégradation → Cl_2

Diverses – misc. – divers
MAK 0,002 mg Pt/m^3

805

Platin(II)-cyanid $Pt(CN)_2$
Platinum(II) cyanide
Platine(II) cyanure

Eigenschaften – **properties** – **propriétés**

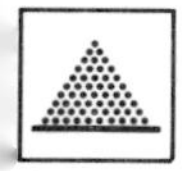

gelb – **braun**
yellow – **brown**
jaune – **brun**

MM 247,27
D
Fp
Kp

Gehalte – **content** – **teneurs**
~79% Pt

Löslichkeiten – **solubilities** – **solubilités**
NH_3 = löslich|soluble|soluble
NH_4CN = löslich|soluble|soluble

Diverses – **misc.** – **divers**
MAK 0,002 mg Pt/m^3, 5 mg CN/m^3
RID IVa

806

Platin(II)-hydroxid wasserfrei $Pt(OH)_2$
Platinum(II) hydroxide anhydrous
Platine(II) hydroxyde anhydre

Eigenschaften – **properties** – **propriétés**

schwarz
black
noir

MM 229,25
D
Fp
Kp

Gehalte – **content** – **teneurs**
85,2% Pt

Löslichkeiten – **solubilities** – **solubilités**
H_2SO_4 = löslich|soluble|soluble
HCl = löslich|soluble|soluble
HBr = löslich|soluble|soluble
KCN$^{3\%}$ = löslich|soluble|soluble
HNO_3, konzentriert = löslich
HNO_3, concentrated = soluble
HNO_3, concentré = soluble
SO_2-Lösung = löslich
SO_2-solution = soluble
SO_2-solution = soluble

Reaktionen – **reactions** – **réactions**
zersetzlich|decomposable|dégradable

Diverses – **misc.** – **divers**
MAK 0,002 mg Pt/m^3

807

Platin(II)-hydroxid-2-hydrat $Pt(OH)_2 \cdot 2\,H_2O$
Platinum(II) hydroxide 2-hydrate
Platine(II) hydroxyde 2-eau

Eigenschaften – properties – propriétés

MM 265,28
D
Fp $-2\,H_2O$, 100 °C
Kp

Gehalte – content – teneurs
~73% Pt

Löslichkeiten – solubilities – solubilités
$H_2O^{kalt|cold|froid}$ =
nicht löslich|insoluble|insoluble
$H_2O^{heiß|hot|chaud}$ =
nicht löslich|insoluble|insoluble
Säure(n) = löslich
acid(s) = soluble
acide(s) = soluble
Alkalilauge = löslich
caustic alkali solution = soluble
solution caustique alcaline = soluble

Diverses – misc. – divers
MAK 0,002 mg Pt/m^3

808

Platin(II)-jodid PtJ_2
Platinum(II) iodide PtI_2
Platine(II) iodure

Eigenschaften – properties – propriétés

schwarz
black
noir

MM 449,07
D $6{,}503\frac{25\,°C}{4}$
Fp
Kp

Gehalte – content – teneurs
43,5% Pt

Löslichkeiten – solubilities – solubilités
H_2O = (praktisch) unlöslich|(practically) insoluble|
(pratiquement) insoluble
$C_2H_5NH_2$ = sehr wenig löslich|very slightly soluble|
très peu soluble
Äthanol = (praktisch) unlöslich
ethanol = (practically) insoluble
éthanol = (pratiquement) insoluble
Diäthyläther = (praktisch) unlöslich
diethyl ether = (practically) insoluble
éther diéthylique = (pratiquement) insoluble
Essigsäure-äthylester = (praktisch) unlöslich
acetic acid ethylester = (practically) insoluble
éthyle acétate = (pratiquement) insoluble

Reaktionen – reactions – réactions
330 °C → Zersetzung: $Pt + J_2$
330 °C → decomposition: $Pt + J_2$
330 °C → dégradation: $Pt + J_2$

Diverses – misc. – divers
MAK 0,002 mg Pt/m^3

809

Platin(IV)-natriumnitrit
Platinum(IV) sodium nitrite
Platine(IV) et sodium nitrite

$Na_2[Pt(NO_2)_4]$

Eigenschaften – properties – propriétés

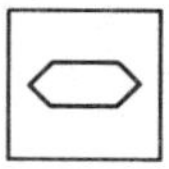
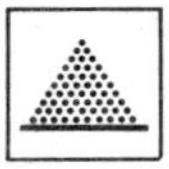

farblos – gelb
colourless – yellow
incolore – jaune

MM 425,26
D
Fp
Kp

Gehalte – content – teneurs
45,9% Pt

Löslichkeiten – solubilities – solubilités
H_2O = sehr löslich|very soluble|très soluble

Diverses – misc. – divers
MAK 0,002 mg Pt/m^3

810

Platin(IV)-natriumoxid-6-hydrat
Platinum(IV) sodium oxide 6-hydrate
Platine(IV) et sodium oxyde 6-eau

$Na_2O \cdot 3\ PtO_2 \cdot 6\ H_2O$

Eigenschaften – properties – propriétés

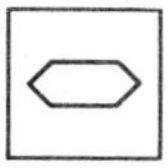

gelb
yellow
jaune

MM 851,8
D
Fp
Kp

Gehalte – content – teneurs
68,8% Pt

Löslichkeiten – solubilities – solubilités
HNO_3 verdünnt = sehr löslich
HNO_3 diluted = very soluble
HNO_3 dilué = très soluble

Diverses – misc. – divers
MAK 0,002 mg Pt/m^3

811

Platin(II)-oxid PtO
Platinum(II) oxide
Platine(II) oxyde

Eigenschaften – properties – propriétés

schwarz
black
noir

MM 211,09
D 14,9
Fp
Kp

Gehalte – content – teneurs
91,5% Pt

Löslichkeiten – solubilities – solubilités
Königswasser = leicht löslich
Aqua regia = easily soluble
eau régale = facilement soluble
H_2O = (praktisch) unlöslich|(practically) insoluble|(pratiquement) insoluble

Reaktionen – reactions – réactions
560°C → Zersetzung| decomposition|dégradation

Diverses – misc. – divers
MAK 0,002 mg Pt/m^3

812

Platin(IV)-oxid PtO_2
Platinum(IV) oxide
Platine(IV) oxyde

Eigenschaften – properties – propriétés

blauschwarz
blue black
bleu noir

MM 227,23
D 10,2
Fp
Kp

Gehalte – content – teneurs
~86% Pt

Reaktionen – reactions – réactions
380 °C → Zersetzung|decomposition|dégradation

Diverses – misc. – divers
MAK 0,002 mg Pt/m^3

813

Platin(IV)-oxidhydrat $PtO_2 \cdot 3\,H_2O$
Platinum(IV) oxide hydrate
Platine(IV) oxyde hydrate

Eigenschaften – properties – propriétés

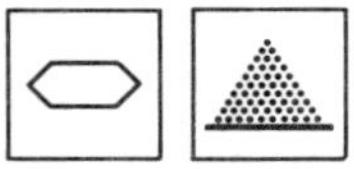

braun
brown
brun

MM 281,28
D
Fp
Kp

Gehalte – content – teneurs
~69% Pt

Löslichkeiten – solubilities – solubilités
Säure(n), verdünnt + konzentriert = (praktisch) unlöslich
acid(s), diluted + concentrated = (practically) insoluble
acide(s), dilué + concentré = (pratiquement) insoluble
HCl, konzentriert = löslich
HCl, concentrated = soluble
HCl, concentré = soluble
H_2O, siedend = sehr wenig löslich
H_2O, boiling = very slightly soluble
H_2O, bouillant = très peu soluble
Königswasser = löslich
Aqua regia = soluble
eau régale = soluble
Alkalilauge = (praktisch) unlöslich
caustic alkali solution = (practically) insoluble
solution caustique alcaline = (pratiquement) insoluble

Reaktionen – reactions – réactions
300 °C → Zersetzung|decomposition|dégradation

Diverses – misc. – divers
MAK 0,002 mg Pt/m^3

814

Poly-äthylenamin A
Poly-ethylene amine A
Poly-éthylène amine A

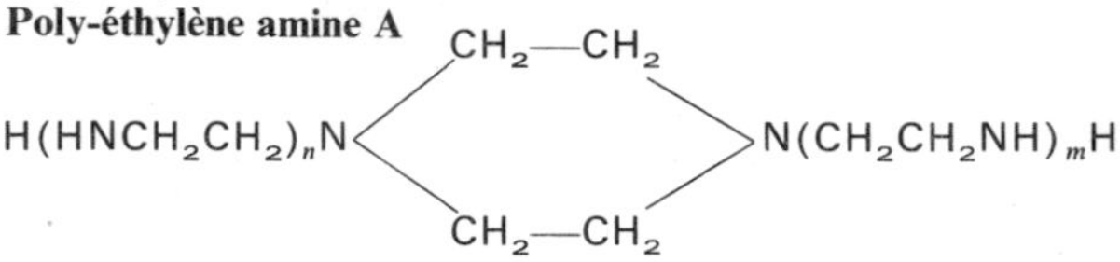

$n = 1, 2, 3, 4$
$m = 0, 1, 2, 3$
$n + m = \leq 6$

$H_2N\text{—}(CH_2CH_2NH)_nCH_2CH_2\text{—}NH_2$
$n = 1, 2, 3, 4, 5$

Eigenschaften – properties – propriétés

braun
brown
brun

MM
D 0,960...0,975
Fp
Kp

Löslichkeiten – solubilities – solubilités
H_2O = löslich|soluble|soluble
Äthanol = löslich
ethanol = soluble
éthanol = soluble
Benzol = löslich
benzene = soluble
benzène = soluble
Diäthyläther = löslich
diethyl ether = soluble
éther diéthylique = soluble

Diverses – misc. – divers
RID V

815

Propandiol(1,2) $C_3H_8O_2$
1,2-Propanediol
Propanediol-1,2

$CH_3-CH(OH)-CH_2OH$

Eigenschaften – properties – propriétés

farblos
colourless
incolore

MM 76,10
D $1{,}038^{16\ldots17\,°C}$
Fp
Kp 187...189 °C

Löslichkeiten – solubilities – solubilités
H_2O = löslich|soluble|soluble
Äthanol = ∞ löslich
ethanol = ∞ soluble
éthanol = ∞ soluble

Diverses – misc. – divers

1
0 0

250 ml
1 L
5 L

816

Propanol-(1) C_3H_8O
1-Propanol
Propanol-1

$CH_3-CH_2-CH_2-OH$

Eigenschaften – properties – propriétés

hygroskopisch farblos
hygroscopic colourless
hygroscopique incolore

MM 60,10
D $0{,}8035^{20\,°C}$
Fp −126,2 °C
Kp 97,4 °C

Löslichkeiten – solubilities – solubilités
H_2O = ∞ löslich|∞ soluble|∞ soluble
Äthanol = ∞ löslich
ethanol = ∞ soluble
éthanol = ∞ soluble
Diäthyläther = ∞ löslich
diethyl ether = ∞ soluble
éther diéthylique = ∞ soluble

Reaktionen – reactions – réactions

Diverses – misc. – divers
MAK 400 ppm

3
1 0

F R: 22-33
S : 16-22-36-71-104

1 L
5 L

45 K

817

*iso*Propanol
*iso*Propanol
*iso*Propanol

C_3H_8O

$CH_3-CH(OH)-CH_3$

Eigenschaften – properties – propriétés

farblos
colourless
incolore

MM 60,10
D 0,78505$^{20\,°C}$
Fp −89,5 °C
Kp 82,4 °C

Löslichkeiten – solubilities – solubilités
H_2O = ∞ löslich | ∞ soluble | ∞ soluble
Äthanol = ∞ löslich
ethanol = ∞ soluble
éthanol = ∞ soluble
Diäthyläther = ∞ löslich
diethyl ether = ∞ soluble
éther diéthylique = ∞ soluble

Reaktionen – reactions – réactions

Diverses – misc. – divers
MAK 400 ppm, 980 mg/m^3
RID IIIa

1 L
5 L

25 K

818

Propionsäure
Propionic acid
Acide propionique

$C_3H_6O_2$

$CH_3-CH_2-CO_2H$

Eigenschaften – properties – propriétés

MM 74,08
D 0,9916$^{20\,°C}$
Fp −19,7 °C
Kp 141,35 °C

Löslichkeiten – solubilities – solubilités
H_2O = ∞ löslich | ∞ soluble | ∞ soluble
Äthanol = ∞ löslich
ethanol = ∞ soluble
éthanol = ∞ soluble
Methanol = leicht löslich
methanol = easily soluble
méthanol = facilement soluble
Diäthyläther = ∞ löslich
diethyl ether = ∞ soluble
éther diéthylique = ∞ soluble

Diverses – misc. – divers
RID V

500 ml
1 L
5 L

50 K

819

Propionsäureanhydrid $C_6H_{10}O_3$
Propionic anhydride
Anhydride propionique

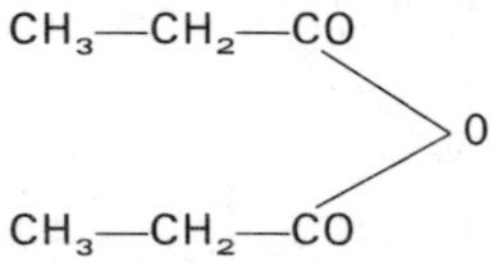

Eigenschaften – properties – propriétés

MM 130
D $1{,}010^{20\,°C}$
Fp −45 °C
Kp $169\,°C^{760\,Torr}$

Reaktionen – reactions – réactions

Diverses – misc. – divers
RID V

 500 ml
1 L
5 L
 50 K

820

***iso*Propylbenzol** C_9H_{12}
***iso*Propyl-benzene**
***iso*Propylbenzène**

$C_6H_5{-}CH(CH_3)_2$

Eigenschaften – properties – propriétés

MM 120,19
D $0{,}862\frac{20\,°C}{4}$
Fp −96,9 °C
Kp 152,5 °C

Löslichkeiten – solubilities – solubilités
H_2O = nicht löslich|insoluble|insoluble
Äthanol = ∞ löslich
ethanol = ∞ soluble
éthanol = ∞ soluble
Diäthyläther = ∞ löslich
diethyl ether = ∞ soluble
éther diéthylique = ∞ soluble

Reaktionen – reactions – réactions

Diverses – misc. – divers
MAK 50 ppm, 245 mg/m^3
RID IIIa

821

Propylenoxid C_3H_6O
Propylene oxide
Propylèneoxyde

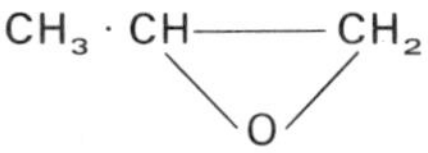

Eigenschaften – **properties** – **propriétés**

farblos, flüchtig
colourless, volatile
incolore, volatil

MM 58,08
D 0,8313$^{20\,°C}$
Fp
Kp 34,1 °C

Löslichkeiten – **solubilities** – **solubilités**
H_2O = sehr leicht löslich|
extremely soluble|très facilement soluble

Reaktionen – **reactions** – **réactions**

Diverses – **misc.** – **divers**
MAK 100 ppm, 240 mg/m^3
RID IIIa <37 °C

822

Pyridin C_5H_5N
Pyridine
Pyridine

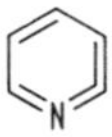

Eigenschaften – **properties** – **propriétés**

hygroskopisch
hygroscopic
hygroscopique

MM 79,10
D 0,9878$^{15\,°C}$
Fp −41,8 °C
Kp 115,5 °C

Löslichkeiten – **solubilities** – **solubilités**
H_2O = ∞ löslich|∞ soluble|∞ soluble
Äthanol = ∞ löslich
ethanol = ∞ soluble
éthanol = ∞ soluble
Diäthyläther = ∞ löslich
diethyl ether = ∞ soluble
éther diéthylique = ∞ soluble

Diverses – **misc.** – **divers** **Xn** R : 27-64
MAK 5 ppm, 15 mg/m^3 S : 16-21-36-65-71-
RID IIIa 76-91-104

250 ml
1 L
5 L

30 K

823

Quecksilber(II)-acetat $Hg(C_2H_3O_2)_2$
Mercury(II) acetate
Mercure(II) acétate

Eigenschaften – properties – propriétés

farblos, glänzend
colourless, bright
incolore, brillant

MM 318,70
D 3,270
Fp
Kp

Gehalte – content – teneurs
~ 62% Hg

Löslichkeiten – solubilities – solubilités
H_2O = leicht löslich|easily soluble|facilement soluble
Essigsäure = leicht löslich
acetic acid = easily soluble
acide acétique = facilement soluble

Reaktionen – reactions – réactions
zersetzlich|decomposable|dégradable

Diverses – misc. – divers
MAK 0,01 mg Hg/m^3
RID IVa

T R: 52-58-83
S: 3-12-21-31-63-72-74-91-108

100 g
250 g
1 K

824

Quecksilber(II)-amidochlorid $Hg(NH_2)Cl$
Mercury(II) amido chloride
Mercure(II) amidochlorure

Eigenschaften – properties – propriétés

weiß
white
blanc

MM 252,09
D 5,70
Fp
Kp

Gehalte – content – teneurs
~ 79% Hg

Löslichkeiten – solubilities – solubilités
H_2O = (praktisch) unlöslich|
(practically) insoluble|(pratiquement) insoluble
Säure(n) = löslich
acid(s) = soluble
acide(s) = soluble
Äthanol = (praktisch) unlöslich
ethanol = (practically) insoluble
éthanol = (pratiquement) insoluble

Diverses – misc. – divers
MAK 0,01 mg Hg/m^3
RID IVa

T R: 52-58-83
S: 3-12-21-31-63-72-74-91-108

100 g 1 K
250 g 5 K

25 K

825

Quecksilber(I)-chlorid Hg_2Cl_2
Mercury(I) chloride
Mercure(I) chlorure

Eigenschaften – properties – propriétés

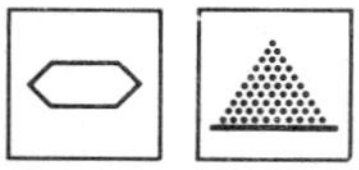

weiß
white
blanc

MM 472,14
D 7,150
Fp 302 °C
Kp 383,7 °C

Gehalte – content – teneurs
~ 84% Hg

Löslichkeiten – solubilities – solubilités
$H_2O^{20\,°C}$ = löslich|soluble|soluble
Benzol = löslich
benzene = soluble
benzène = soluble
Pyridin = löslich
pyridine = soluble
pyridine = soluble
Säure(n), heiß = soluble
acid(s), hot = soluble
acide(s), chaud = soluble

Diverses – misc. – divers **Xn** R: 54
MAK 0,01 mg Hg/m^3 S: 11-31-91
RID IVa

100 g 1 K
250 g 5 K

25 K

826

Quecksilber(II)-chlorid $HgCl_2$
Mercury(II) chloride
Mercure(II) chlorure

Eigenschaften – properties – propriétés

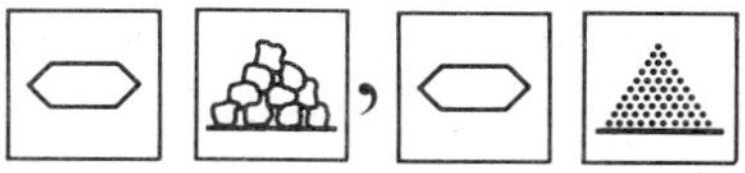

weiß, durchsichtig
white, transparent
blanc, transparent

MM 271,52
D 5,44
Fp 277 °C
Kp 304 °C

Gehalte – content – teneurs
~ 73% Hg

Löslichkeiten – solubilities – solubilités
$H_2O^{20\,°C}$ = 6 g/100 ml
Methanol$^{20\,°C}$ = 35 g/100 ml
methanol$^{20\,°C}$ = 35 g/100 ml
méthanol$^{20\,°C}$ = 35 g/100 ml
Äthanol$^{25\,°C}$ = 33,6 g/100 ml
ethanol$^{25\,°C}$ = 33,6 g/100 ml
éthanol$^{25\,°C}$ = 33,6 g/100 ml
Chloroform$^{20\,°C}$ = 0,1 g/100 ml
chloroform$^{20\,°C}$ = 0,1 g/100 ml
chloroforme$^{20\,°C}$ = 0,1 g/100 ml
Diäthyläther$^{18\,°C}$ = 6,05 g/100 ml
diethyl ether$^{18\,°C}$ = 6,05 g/100 ml
éther diéthylique$^{18\,°C}$ = 6,05 g/100 ml

Diverses – misc. – divers
MAK 0,01 mg Hg/m^3
RID IVa

100 g 1 K
250 g 5 K

25 K
50 K

827

Quecksilber(II)-thiocyanat $Hg(CNS)_2$
Mercury(II) thiocyanate
Mercure(II) thiocyanate

Eigenschaften – properties – propriétés

weiß
white
blanc

MM 316,78
D
Fp
Kp

Gehalte – content – teneurs
~63% Hg

Löslichkeiten – solubilities – solubilités
$H_2O^{25\,°C}$ = 0,07 g/100 ml
HCl = löslich|soluble|soluble
NaCl-Lösung = löslich
NaCl-solution = soluble
solution de NaCl = soluble
KCN-Lösung = löslich
KCN-solution = soluble
solution de KCN = soluble
Äthanol = wenig löslich
ethanol = slightly soluble
éthanol = peu soluble
Diäthyläther = wenig löslich
diethyl ether = slightly soluble
éther diéthylique = peu soluble

Reaktionen – reactions – réactions
zersetzlich|decomposable|dégradable

Diverses – misc. – divers **T** R: 52-58-83
MAK 0,01 mg Hg/m³ S: 3-12-21-31-63-72-74-91-108
RID IVa

828

Quecksilber(II)-cyanid $Hg(CN)_2$
Mercury(II) cyanide
Mercure(II) cyanure

Eigenschaften – properties – propriétés

weiß
white
blanc

MM 252,65
D 4,00
Fp
Kp

Gehalte – content – teneurs
~79% Hg

Löslichkeiten – solubilities – solubilités
$H_2O^{0\,°C}$ = 8 g/100 ml
$H_2O^{120\,°C}$ = 41 g/100 ml
Äthanol = wenig löslich
ethanol = slightly soluble
éthanol = peu soluble

Reaktionen – reactions – réactions
zersetzlich|decomposable|dégradable

Diverses – misc. – divers **T** R: 52-58-83
MAK 0,01 mg Hg/m³, S: 3-12-21-31-63-72-74-91-108
5 mg CN/m³
RID IVa

100 g
250 g
1 K

829

Quecksilber(II)-cyanid, basisch $Hg(CN)_2 \cdot HgO$
Mercury(II) cyanide, basic
Mercure(II) cyanure, basique

Eigenschaften – properties – propriétés

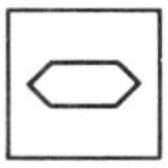
weiß
white
blanc

MM 469,26
D $4{,}437^{19\,°C}$
Fp
Kp

Gehalte – content – teneurs
~ 42,3% Hg

Löslichkeiten – solubilities – solubilités
$H_2O^{kalt|cold|froid}$ = 1,3 g/100 ml
$H_2O^{heiß|hot|chaud}$ = löslich|soluble|soluble

Reaktionen – reactions – réactions

Diverses – misc. – divers **E + T** R: 1-52
MAK 0,01 mg Hg/m³, S: 6-11-21-28-29-31-32-36-63-76-91-108
5 mg CN/m³
RID III c
RID IV a

100 g
250 g
1 K

830

Quecksilber(II)-jodid gelb HgJ_2
Mercury(II) iodide yellow HgI_2
Mercure(II) iodure jaune

Eigenschaften – properties – propriétés

gelb
yellow
jaune

MM 454,45
D 6,271
Fp 259 °C
Kp 354 °C

Gehalte – content – teneurs
~ 44% Hg

Löslichkeiten – solubilities – solubilités
$H_2O^{25\,°C}$ = löslich|soluble|soluble
$Äthanol^{25\,°C}$ = 1,8 g/100 ml
$ethanol^{25\,°C}$ = 1,8 g/100 ml
$éthanol^{25\,°C}$ = 1,8 g/100 ml
$Methanol^{19,5\,°C}$ = 3,15 g/100 ml
$methanol^{19,5\,°C}$ = 3,15 g/100 ml
$méthanol^{19,5\,°C}$ = 3,15 g/100 ml

Reaktionen – reactions – réactions
127 °C → Umwandlung: gelb → rot
127 °C → transformation: yellow → red
127 °C → transformation: jaune → rouge

Diverses – misc. – divers **T** R: 52-58-83
MAK 0,01 mg Hg/m³ S: 3-12-21-31-63-72-74-91-108
RID IVa

25 g
100 g
1 K

831

Quecksilber(II)-jodid rot HgJ_2
Mercury(II) iodide red HgI_2
Mercure(II) iodure rouge

Eigenschaften – properties – propriétés

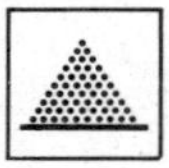

rot
red
rouge

MM 454,45
D 6,283
Fp 259 °C
Kp 354 °C

Gehalte – content – teneurs
~ 44% Hg

Löslichkeiten – solubilities – solubilités
$H_2O^{25\,°C}$ = löslich|soluble|soluble
$Äthanol^{25\,°C}$ = 1,8 g/100 ml
$ethanol^{25\,°C}$ = 1,8 g/100 ml
$éthanol^{25\,°C}$ = 1,8 g/100 ml
$Methanol^{19,5\,°C}$ = 3,15 g/100 ml
$methanol^{19,5\,°C}$ = 3,15 g/100 ml
$méthanol^{19,5\,°C}$ = 3,15 g/100 ml

Reaktionen – reactions – réactions
127 °C → Umwandlung: rot → gelb
127 °C → transformation: red → yellow
127 °C → transformation: rouge → jaune

Diverses – misc. – divers **T** R: 52-58-83
MAK 0,01 mg Hg/m^3 S: 3-12-21-31-63-72-74-91-108
RID IVa

100 g 1 K
250 g 5 K

832

Quecksilber(I)-nitrat-2-hydrat $Hg_2(NO_3)_2 \cdot 2\,H_2O$
Mercury(I) nitrate 2-hydrate
Mercure(I) nitrate 2-eau

Eigenschaften – properties – propriétés

weiß, monoklin
white, monoclinic
blanc, monoclinique

MM 561,26
D $4{,}785^{3,9\,°C}$
Fp 70 °C
Kp

Gehalte – content – teneurs
~ 71,2% Hg

Löslichkeiten – solubilities – solubilités
$H_2O^{kalt|cold|froid}$ = löslich|soluble|soluble
$H_2O^{heiß|hot|chaud}$ = Zersetzung|decomposition|dégradation

Reaktionen – reactions – réactions

Diverses – misc. – divers **T** R: 52-58-83
MAK 0,01 mg Hg/m^3 S: 3-12-21-31-63-72-74-91-108
RID IVa

100 g 1 K
250 g 5 K

833

Quecksilber(II)-oxid gelb HgO
Mercury(II) oxide yellow
Mercure(II) oxyde jaune

Eigenschaften – properties – propriétés

MM 216,61
D 11,14
Fp
Kp

Gehalte – content – teneurs
~ 92% Hg

Löslichkeiten – solubilities – solubilités
$H_2O^{25\,°C} - H_2O^{100\,°C}$ = löslich|soluble|soluble
Säure(n) = löslich
acid(s) = soluble
acide(s) = soluble
NH_4Cl-Lösung, konzentriert = leicht löslich
NH_4Cl-solution, concentrated = easily soluble
NH_4Cl-solution, concentré = facilement soluble

Reaktionen – reactions – réactions
500 °C → Zersetzung|decomposition|dégradation

Diverses – misc. – divers T R: 52-58-83
MAK 0,01 mg Hg/m³ S: 3-12-21-31-63-72-74-91-108
RID IVa

 100 g 1 K
250 g 5 K  50 K

834

Quecksilber(II)-oxid rot HgO
Mercury(II) oxide red
Mercure(II) oxyde rouge

Eigenschaften – properties – propriétés

 **gelb**
yellow
jaune 

MM 216,61
D 11,14
Fp
Kp

Gehalte – content – teneurs
~ 92% Hg

Löslichkeiten – solubilities – solubilités
$H_2^{25\,°C} - H_2O^{100\,°C}$ = löslich|soluble|soluble

Reaktionen – reactions – réactions
500 °C → Zersetzung|decomposition|dégradation

Diverses – misc. – divers T R: 52-58-83
MAK 0,01 mg Hg/m³ S: 3-12-21-31-63-72-74-91-108
RID IVa

 100 g 1 K
250 g 5 K  50 K

835

Quecksilber(II)-sulfat $HgSO_4$
Mercury(II) sulphate
Mercure(II) sulfate

Eigenschaften – properties – propriétés

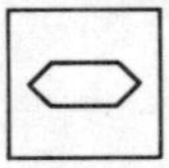  **weiß white blanc** 

MM 296,68
D 6,47
Fp
Kp

Gehalte – content – teneurs
~ 69 % Hg

Löslichkeiten – solubilities – solubilités
Säure(n), verdünnt = löslich
acid(s), diluted = soluble
acide(s), dilué = soluble
NaCl-Lösung = löslich
NaCl-solution = soluble
solution de NaCl = soluble

Reaktionen – reactions – réactions
zersetzlich|decomposable|dégradable

Diverses – misc. – divers
MAK 0,01 mg Hg/m^3
RID IVa

T R: 52-58-83
S: 3-12-21-31-63-72-74-91-108

100 g 1 K
250 g 5 K

836

Quecksilber(II)-sulfid HgS
Mercury(II) sulphide
Mercure(II) sulfure

Eigenschaften – properties – propriétés

 **rot red rouge** 

MM 232,68
D schwarz|black|noir 7,8; rot|red|rouge 8,18
Fp
Kp

Gehalte – content – teneurs
~ 86 % Hg

Löslichkeiten – solubilities – solubilités
H_2O = (praktisch) unlöslich|
(practically) insoluble|(pratiquement) insoluble
Äthanol = (praktisch) unlöslich
ethanol = (practically) insoluble
éthanol = (pratiquement) insoluble
Königswasser = leicht löslich
Aqua regia = easily soluble
eau régale = facilement soluble
Säure(n), verdünnt = (praktisch) unlöslich
acid(s), diluted = (practically) insoluble
acide(s), dilué = (pratiquement) insoluble

Diverses – misc. – divers
MAK 0,01 mg Hg/m^3
RID IVa

100 g 1 K
250 g 5 K

837

Rhodium(III)-ammoniumchlorid-1-hydrat
Rhodium(III) ammonium chloride 1-hydrate
Rhodium(III) et ammonium chlorure1-eau

$(NH_4)_3[RhCl_6] \cdot H_2O$

Eigenschaften – properties – propriétés

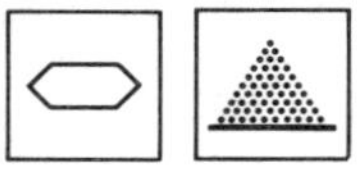

rot
red
rouge

MM 387,79
D
Fp
Kp

Gehalte – content – teneurs
26,5% Rh

Löslichkeiten – solubilities – solubilités
H_2O = sehr löslich|very soluble|très soluble

838

Rhodium(III)-ammoniumnitrit
Rhodium(III) ammonium nitrite
Rhodium(III) et ammonium nitrite

$(NH_4)_3[Rh(NO_2)_6]$

Eigenschaften – properties – propriétés

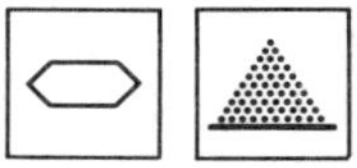

weiß
white
blanc

MM 433,05
D 2,214
Fp
Kp

Gehalte – content – teneurs
23,8% Rh

Löslichkeiten – solubilities – solubilités
$H_2O^{kalt|cold|froid}$ = (praktisch) unlöslich|
(practically) insoluble|(pratiquement) insoluble
$H_2O^{heiß|hot|chaud}$ = wenig löslich|
slightly soluble|peu soluble

Reaktionen – reactions – réactions
+ Säure(n) → Zersetzung
+ acid(s) → decomposition
+ acide(s) → dégradation

839

Rhodium(III)-chlorid wasserfrei $RhCl_3$
Rhodium(III) chloride anhydrous
Rhodium(III) chlorure anhydre

Eigenschaften – properties – propriétés

rot - braunrot
red - brown red
rouge - brun rouge

MM 209,28
D
Fp
Kp

Gehalte – content – teneurs
~ 49% Rh

Löslichkeiten – solubilities – solubilités
H_2O = nicht löslich|insoluble|insoluble
Königswasser|Aqua regia|eau régale = nicht löslich|insoluble|insoluble

840

Rhodium(III)-chlorid-4-hydrat $RhCl_3 \cdot 4\,H_2O$
Rhodium(III) chloride 4-hydrate
Rhodium(III) chlorure 4-eau

Eigenschaften – properties – propriétés

rot
red
rouge

MM 281,35
D
Fp
Kp

Gehalte – content – teneurs
36,6% Rh

Löslichkeiten – solubilities – solubilités
H_2O = leicht löslich|easily soluble|facilement soluble
Äthanol = leicht löslich
ethanol = easily soluble
éthanol = facilement soluble

Reaktionen – reactions – réactions
zersetzlich|decomposable|dégradable
+ Luft → zerfließlich
+ air → deliquescent
+ air → liquéfiable

841

Rhodium(III)-hydroxid $Rh(OH)_3$
Rhodium(III) hydroxide
Rhodium(III) hydroxyde

Eigenschaften – properties – propriétés

orangegelb, glänzend
orange yellow, bright
orange jaune, brillant

MM 153,93
D
Fp
Kp

Gehalte – content – teneurs
66,8% Rh

Löslichkeiten – solubilities – solubilités
H_2O = löslich|soluble|soluble
Säure(n) = löslich
acid(s) = soluble
acide(s) = soluble
Alkalilauge = löslich
caustic alkali solution = soluble
solution caustique alcaline = soluble

Reaktionen – reactions – réactions
zersetzlich|decomposable|dégradable

842

Rhodium(III)-natriumsulfat $Rh_2(SO_4)_3 \cdot Na_2SO_4$
Rhodium(III) sodium sulphate
Rhodium(III) et sodium sulfate

Eigenschaften – properties – propriétés

rot
red
rouge

MM 636,05
D
Fp
Kp

Gehalte – content – teneurs
32,4% Rh

843

Rhodium(III)-nitrat-2-hydrat $Rh(NO_3)_3 \cdot 2\ H_2O$
Rhodium(III) nitrate 2-hydrate
Rhodium(III) nitrate 2-eau

Eigenschaften – properties – propriétés

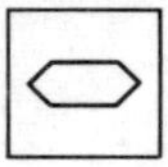

rot
red
rouge

MM 324,97
D
Fp
Kp

Gehalte – content – teneurs
~ 31,6% Rh

Löslichkeiten – solubilities – solubilités
$H_2O^{kalt|cold|froid}$ = löslich|soluble|soluble
$H_2O^{heiß|hot|chaud}$ = löslich|soluble|soluble
Äthanol = nicht löslich
ethanol = insoluble
éthanol = insoluble

Reaktionen – reactions – réactions
zerfließlich|deliquescent|liquéfiable

844

Rhodium(II)-oxid RhO
Rhodium(II) oxide
Rhodium(II) oxyde

Eigenschaften – properties – propriétés

MM 118,91
D
Fp
Kp

Gehalte – content – teneurs
~ 87% Rh

Löslichkeiten – solubilities – solubilités
H_2O = (praktisch) unlöslich|
(practically) insoluble|
(pratiquement) insoluble
Säure(n) = (praktisch) unlöslich
acid(s) = (practically) insoluble
acide(s) = (pratiquement) insoluble

Reaktionen – reactions – réactions
1121 °C → Zersetzung|decomposition|dégradation

845

Rhodium(III)-oxid Rh_2O_3
Rhodium(III) oxide
Rhodium(III) oxyde

Eigenschaften – properties – propriétés

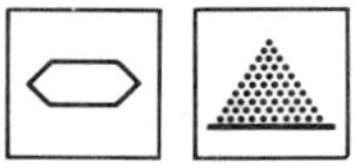

schwarz
black
noir

MM 253,82
D 8,20
Fp
Kp

Gehalte – content – teneurs
~ 81% Rh

Reaktionen – reactions – réactions
zersetzlich|decomposable|dégradable
KOH-Schmelze → Reduktion → Metall
KOH-melt → reduction → metal
fusion de KOH → réduction → métal

846

Rhodium(IV)-oxid RhO_2
Rhodium(IV) oxide
Rhodium(IV) oxyde

Eigenschaften – properties – propriétés

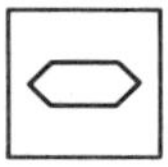

braun
brown
brun

MM 134,91
D
Fp
Kp

Gehalte – content – teneurs
~ 76% Rh

Löslichkeiten – solubilities – solubilités
$H_2O^{kalt|cold|froid}$ = nicht löslich|insoluble|insoluble
$H_2O^{heiß|hot|chaud}$ = nicht löslich|insoluble|insoluble

847

Rhodium(III)-phosphat-3-hydrat $RhPO_4 \cdot 3\,H_2O$
Rhodium(III) phosphate 3-hydrate
Rhodium(III) phosphate 3-eau

Eigenschaften – properties – propriétés

MM 251,94
D
Fp
Kp

Gehalte – content – teneurs
48,4% Rh

848

Rhodium(III)-sulfat-12-hydrat
Rhodium(III) sulphate 12-hydrate
Rhodium(III) sulfate 12-eau

$Rh_2(SO_4)_3 \cdot 12\,H_2O$

Eigenschaften – properties – propriétés

MM 710,21
D
Fp
Kp

Gehalte – content – teneurs
28,98% Rh

Löslichkeiten – solubilities – solubilités
$H_2O^{kalt|cold|froid}$ = sehr löslich|
very soluble|très soluble

Reaktionen – reactions – réactions
$+H_2O^{heiß|hot|chaud} \longrightarrow$
Zersetzung|decomposition|dégradation

849

p-Rosanilin
p-Rosaniline
p-Rosaniline

$C_{19}H_{19}N_3O$

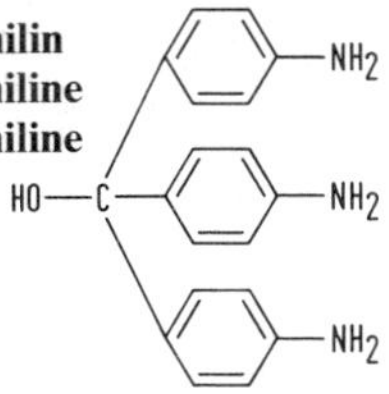

Eigenschaften – properties – propriétés

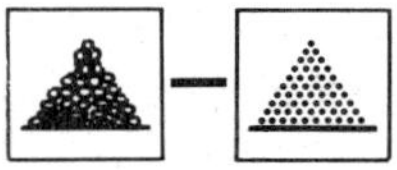

gelbrot
yellow red
jaune rouge

MM 305
D 0,7
Fp 200 ... 210 °C (205 ... 206 °C)
Kp

Löslichkeiten – solubilities – solubilités
H_2O = (praktisch) unlöslich|
(practically) insoluble|(pratiquement) insoluble
Säure(n) = löslich
acid(s) = soluble
acide(s) = soluble

Diverses – misc. – divers

100 g
250 g
1 K

850

Rubidiumbromid
Rubidium bromide
Rubidium bromure

RbBr

Eigenschaften – properties – propriétés

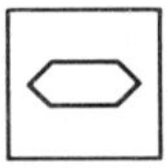

kubisch
cubic
cubique

MM 165,40
D 3,35
Fp 682 °C
Kp 1340 °C

Gehalte – content – teneurs
~ 51% Rb

Löslichkeiten – solubilities – solubilités
$H_2O^{5\,°C}$ = 98 g/100 ml
$H_2O^{113,5\,°C}$ = 205 g/100 ml
Aceton = wenig löslich
acetone = slightly soluble
acétone = peu soluble

Diverses – misc. – divers

10 g
100 g

851

Rubidiumcarbonat Rb_2CO_3
Rubidium carbonate
Rubidium carbonate

Eigenschaften – properties – propriétés

weiß
white
blanc

MM 230,97
D
Fp 837 °C
Kp

Gehalte – content – teneurs
~ 73 % Rb

Löslichkeiten – solubilities – solubilités
$H_2O^{20\,°C}$ = 450 g/100 ml
$H_2O^{heiß|hot|chaud}$ = löslich|soluble|soluble

Reaktionen – reactions – réactions
zerfließlich|deliquescent|liquéfiable

Diverses – misc. – divers

10 g

852

Rubidiumchlorid RbCl
Rubidium chloride
Rubidium chlorure

Eigenschaften – properties – propriétés

kubisch farblos
cubic colourless
cubique incolore

MM 120,94
D 2,76
Fp 715 °C
Kp 1390 °C

Gehalte – content – teneurs
~ 70 % Rb

Löslichkeiten – solubilities – solubilités
$H_2O^{0\,°C}$ = 77 g/100 ml
$H_2O^{100\,°C}$ = 138,9 g/100 ml
NH_3 = wenig löslich|slightly soluble|peu soluble
Äthanol$^{25\,°C}$ = 0,08 g/100 ml
ethanol$^{25\,°C}$ = 0,08 g/100 ml
éthanol$^{25\,°C}$ = 0,08 g/100 ml

Diverses – misc. – divers

5 g
10 g
100 g

853

Rubidiumchromat Rb_2CrO_4
Rubidium chromate
Rubidium chromate

Eigenschaften – properties – propriétés

gelb, rhombisch
yellow, rhombic
jaune, rhombique

MM 286,97
D 3,518
Fp
Kp

Gehalte – content – teneurs
~ 59% Rb

Löslichkeiten – solubilities – solubilités
$H_2^{0\,°C} = 62$ g/100 ml
$H_2O^{0\,°C} = 96$ g/100 ml

Diverses – misc. – divers

250 g
1 K

854

Rubidiumjodid RbJ
Rubidium iodide RbI
Rubidium iodure

Eigenschaften – properties – propriétés

farblos, kubisch
colourless, cubic
incolore, cubique

MM 212,40
D 3,55
Fp 642 °C
Kp 1300 °C

Gehalte – content – teneurs
~ 40% Rb

Löslichkeiten – solubilities – solubilités
$H_2O^{6,5\,°C} = 137,5$ g/100 ml
$H_2O^{25\,°C} = 163$ g/100 ml

Diverses – misc. – divers

10 g
100 g

Rubidiumnitrat $RbNO_3$
Rubidium nitrate
Rubidium nitrate

Eigenschaften – properties – propriétés

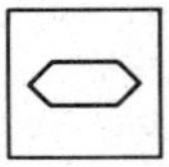

farblos, hexagonal
colourless, hexagonal
incolore, hexagonale

MM 147,49
D 3,11
Fp 130 °C
Kp

Gehalte – content – teneurs
~ 58 % Rb

Löslichkeiten – solubilities – solubilités
$H_2O^{0\,°C}$ = 19,5 g/100 ml
$H_2O^{100\,°C}$ = 452 g/100 ml
HNO_3 = wenig löslich|slightly soluble|peu soluble
Aceton = löslich
acetone = soluble
acétone = soluble

Reaktionen – reactions – réactions

161,4 °C → Umwandlung
161,4 °C → transformation
161,4 °C → transformation

kubisch
cubic
cubique

Diverses – misc. – divers

10 g

Rutheniumnitrosochlorid-5-hydrat
Ruthenium nitroso-chloride 5-hydrate
Ruthénium nitrosochlorure 5-eau

$RuCl_3 \cdot NO \cdot 5\,H_2O$

Eigenschaften – properties – propriétés

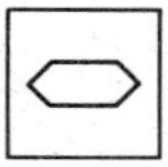

orange – schwarzrot
orange – black red
orange – noir rouge

MM 328,2
D
Fp
Kp

Gehalte – content – teneurs
31,0 % Ru

Löslichkeiten – solubilities – solubilités
H_2O = sehr löslich|very soluble|très soluble

857

Saccharin
Saccharin
Saccharine

$C_7H_5O_3S$

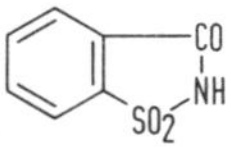

Eigenschaften – properties – propriétés

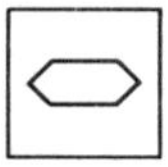

MM 183,19
D
Fp 228 . . . 229 °C
Kp
sublimierbar|sublimable|sublimable

Löslichkeiten – solubilities – solubilités
$H_2O^{25\,°C}$ = 0,43 g/100 ml
H_2SO_4 = wenig löslich|slightly soluble|peu soluble
HNO_3 = leicht löslich|easily soluble|très soluble

858

Salicylsäure-methylester
Methyl salicilate
Méthyl salicylate

$C_8H_8O_3$

$HO-C_6H_4-CO_2-CH_3$

Eigenschaften – properties – propriétés

MM 152,14
D $1{,}182^{25\,°C}_{4}$
Fp −8,3 °C
Kp 222,2 °C

Löslichkeiten – solubilities – solubilités
$H_2O^{30\,°C}$ = 0,07 g/100 ml
Äthanol = löslich
ethanol = soluble
éthanol = soluble
Diäthyläther = löslich
diethyl ether = soluble
éther diéthylique = soluble

Reaktionen – reactions – réactions

Diverses – misc. – divers
RID IIIa

500 ml
1 L
5 L

25 K
50 K

859

Salpetersäure HNO_3
Nitric acid
Acide nitrique

Eigenschaften – properties – propriétés

gelbbraun – farblos
yellow brown – colourless
jaune brun – incolore

MM 63,02; $+H_2O = 81{,}03$; $+3\ H_2O = 117{,}06$
D Tabelle|Table|Tableau 859.1
Fp $-42\,°C$; $+H_2O = -38\,°C$; $+3\ H_2O = 18{,}5\,°C$
Kp →Tabelle|Table|Tableau 859.1

Gehalte – content – teneurs
→Tabelle|Table|Tableau 859.2

Reaktionen – reactions – réactions
+Luft→
+air →
+air →

Diverses – misc. – divers
MAK 10 ppm, 25 mg/m³
RID V

> 20, max. 70% HNO_3→ **C** R: 82
S : 16-32-53-65-71-109
> 70% HNO_3→ **O+C** R: 12-82
S : 15-22-32-38-65-71-76-94-109

500 ml
1 L
2,5 L

25 K
50 K

860

Salzsäure HCl
Hydrochloric acid
Acide chlorhydrique

Eigenschaften – properties – propriétés

farblos – gelb
colourless – yellow
incolore – jaune

MM 36,46
D Tabelle|Table|Tableau 860.1
Fp $-15{,}35\,°C$
Kp Tabelle|Table|Tableau 860.2

Gehalte – content – teneurs
→Tabelle|Table|Tableau 860.1

Löslichkeiten – solubilities – solubilités
$H_2O^{0\,°C} = 82{,}3$ ml/100 ml
$H_2O^{60\,°C} = 56{,}1$ ml/100 ml
H_2SO_4→ Tabelle|Table|Tableau 860.3
Diäthyläther = löslich
diethyl ether = soluble
éther diéthylique = soluble
Äthanol = löslich
ethanol = soluble
éthanol = soluble
Benzol = löslich
benzene = soluble
benzène = soluble
Alkalilauge = löslich
caustic alkali solution = soluble
solution caustique alcaline = soluble

Diverses – misc. – divers
MAK 5 ppm, 7 mg/m³
RID V

> 25% HCl→ **C** R: 81
S : 2-13-32-53-65-67-94

1 L
2,5 L
5 L

1 L
2,5 L
5 L

25 K
50 K

861

Saponin $C_{32}H_{52}O_{17}$
Saponin
Saponine

Eigenschaften – properties – propriétés

weiß, amorph
white, amorphous
blanc, amorphe

MM 708,736
D
Fp
Kp

Löslichkeiten – solubilities – solubilités
H_2O = leicht löslich|
easily soluble|
facilement soluble

Diverses – misc. – divers

100 g
250 g

1 K
5 K

25 K
50 K

862

Selenige Säure H_2SeO_3
Selenous acid
Acide sélénieux

Eigenschaften – properties – propriétés

farblos
colourless
incolore

MM 128,98
D $3{,}004\frac{15\,°C}{4}$
Fp 66,5 °C
Kp

Löslichkeiten – solubilities – solubilités
H_2O = sehr leicht löslich|
extremely soluble|
très facilement soluble
Äthanol = löslich
ethanol = soluble
éthanol = soluble

Reaktionen – reactions – réactions
zersetzlich|decomposable|dégradable
+ Luft → zerfließlich
+ air → deliquescent
+ air → liquéfiable

Diverses – misc. – divers
MAK 0,1 mg Se/m^3

100 g
250 g
1 K

863

Selen(IV)-oxid SeO_2
Selenium(IV) oxide
Sélénium(IV) oxyde

Eigenschaften – properties – propriétés

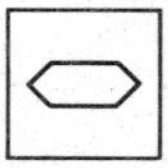

weiß, hygroskoposch
white, hygroscopic
blanc, hygroscopique

M 110,96
D $3{,}954^{15\,°C}$
Fp 340 °C
Kp

Löslichkeiten – solubilities – solubilités
H_2O = leicht löslich|easily soluble|facilement soluble
Äthanol = leicht löslich
ethanol = easily soluble
éthanol = facilement soluble
Methanol = leicht löslich
methanol = easily soluble
méthanol = facilement soluble

Reaktionen – reactions – réactions
317 °C → sublimiert|sublimed|sublimé
$+ H_2O \rightarrow H_2SeO_3$

Diverses – misc. – divers
MAK 0,1 mg Se/m^3
RID IVa

864

Silberacetat $AgC_2H_3O_2$
Silver acetate
Argent acétate

Eigenschaften – properties – propriétés

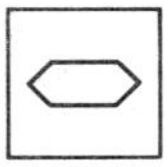

MM 166,92
D $3{,}259^{15\,°C}$
Fp
Kp

Gehalte – content – teneurs
~ 64 % Ag

Löslichkeiten – solubilities – solubilités
$H_2O^{10\,°C}$ = 0,87 g/100 ml
$H_2O^{20\,°C}$ = 1,03 /100 ml
$H_2O^{80\,°C}$ = 2,52 g/100 ml
Pyridin = sehr leicht löslich
pyridine = extremely soluble
pyridine = très facilement soluble

Reaktionen – reactions – réactions
zersetzlich|decomposable|dégradable

865

Silberarsenit Ag_3AsO_3
Silver arsenite
Argent arsénite

Eigenschaften – properties – propriétés

gelb
yellow
jaune

MM 446,55
D
Fp
Kp

Gehalte – content – teneurs
72,5% Ag

Löslichkeiten – solubilities – solubilités
$H_2O^{20\,°C}$ = 0,11 g/100 ml
NH_3 = löslich|soluble|soluble
Säure(n) = löslich
acid(s) = soluble
acide(s) = soluble

Reaktionen – reactions – réactions
150 °C → Zersetzung|decomposition|dégradation

Diverses – misc. – divers
RID IVa

866

Silberbromat $AgBrO_3$
Silber bromate
Argent bromate

Eigenschaften – properties – propriétés

weiß
white
blanc

MM 235,80
D 5,206
Fp
Kp

Gehalte – content – teneurs
45,8% Ag

Löslichkeiten – solubilities – solubilités
$H_2O^{25\,°C}$ = 0,166 g/100 ml
HNO_3 = wenig löslich|slightly soluble|peu soluble
NH_3 = löslich|soluble|soluble

Reaktionen – reactions – réactions
zersetzlich|decomposable|dégradable

Diverses – misc. – divers
RID IVa

867

Silberbromid AgBr
Silver bromide
Argent bromure

Eigenschaften – properties – propriétés

gelbweiß
yellow white
jaune blanc

MM 187,80
D $6{,}473^{25\,°C}$
Fp 434 °C
Kp 1553 °C

Gehalte – content – teneurs
57,4% Ag

Löslichkeiten – solubilities – solubilités
H_2O = (praktisch) unlöslich|(practically) insoluble|(pratiquement) insoluble
Säure(n) (praktisch) unlöslich
acid(s) = (practically) insoluble
acide(s) = (pratiquement) insoluble
KCN-Lösung = leicht löslich
KCN-solution = easily soluble
solution de KCN = facilement soluble

Reaktionen – reactions – réactions
+ Licht → violett
+ light → violet
+ lumière → violet

Diverses – misc. – divers
RID IVa

868

Silbercarbonat Ag_2CO_3
Silver carbonate
Argent carbonate

Eigenschaften – properties – propriétés

gelb
yellow
jaune

MM 275,77
D 6,077
Fp 218 °C
Kp

Gehalte – content – teneurs
78,2% Ag

Löslichkeiten – solubilities – solubilités
H_2O = sehr wenig löslich|very slightly soluble|très peu soluble
HNO_3 = löslich|soluble|soluble
H_2SO_4 = löslich|soluble|soluble
KCN-Lösung = löslich
KCN-solution = soluble
solution de KCN = soluble

Reaktionen – reactions – réactions
> 218 °C → Zersetzung|decomposition|dégradation

869

Silberchlorid AgCl
Silver chloride
Argent chlorure

Eigenschaften – properties – propriétés

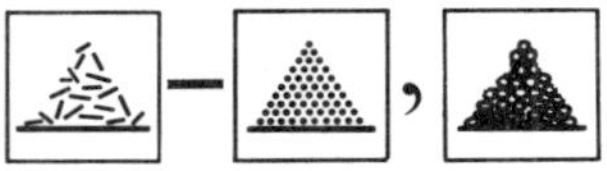

MM 143,34
D 5,56
Fp 455 °C
Kp 1547 °C

Gehalte – content – teneurs
75,3% Ag

Löslichkeiten – solubilities – solubilités
H_2O = (praktisch) unlöslich|(practically) insoluble|(pratiquement) insoluble
NH_3 $^{\text{wässrig|aqueous|aqueux}}$ = löslich|soluble|soluble
Äthanol = (praktisch) unlöslich
ethanol = (practically) insoluble
éthanol = (pratiquement) insoluble

KCN-Lösung = löslich
KCN-solution = soluble
solution de KCN = soluble

870

Silberchromat Ag_2CrO_4
Silver chromate
Argent chromate

Eigenschaften – properties – propriétés

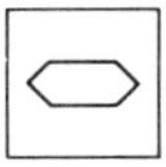

rot
red
rouge

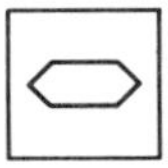

dunkelrot
dark red
rouge foncé

MM 331,77
D 5,625$^{25\,°C}$
Fp
Kp

Gehalte – content – teneurs
65% Ag

Löslichkeiten – solubilities – solubilités
H_2O = sehr wenig löslich|very slightly soluble|très peu soluble
NH_3 $^{\text{wässrig|aqueous|aqueux}}$ = löslich|soluble|soluble
KCN-Lösung = löslich
KCN-solution = soluble
solution de KCN = soluble

871

Silber*di*chromat $Ag_2Cr_2O_7$
Silver *di*chromate
Argent *di*chromate

Eigenschaften – properties – propriétés

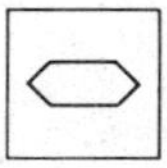

dunkelrot
dark red
rouge foncé

MM 431,78
D 4,77
Fp
Kp

Gehalte – content – teneurs
50% Ag

Reaktionen – reactions – réactions
zersetzlich|decomposable|dégradable

872

Silbercyanat AgCNO
Silver cyanate
Argent cyanate

Eigenschaften – properties – propriétés

weiß
white
blanc

MM 149,90
D 4,00
Fp
Kp

Gehalte – content – teneurs
71,9% Ag

Löslichkeiten – solubilities – solubilités
H_2O = wenig löslich|slightly soluble|peu soluble
HNO_3 = löslich|soluble|soluble
NH_3 = löslich|soluble|soluble
KCN-Lösung = löslich
KCN-solution = soluble
solution de KCN = soluble

Reaktionen – reactions – réactions
zersetzlich|decomposable|dégradable

Diverses – misc. – divers
RID IVa

873

Silber*thio*cyanat AgCNS
Silver*thio*cyanate
Argent *thio*cyanate

Eigenschaften – properties – propriétés

farblos
colourless
incolore

MM 165,97
D
Fp
Kp

Gehalte – content – teneurs
65% Ag

Löslichkeiten – solubilities – solubilités
H_2O = leicht löslich|easily soluble|facilement soluble
NH_3 = löslich|soluble|soluble
Säure(n) = (praktisch) unlöslich
acid(s) = (practically) insoluble
acide(s) = (pratiquement) insoluble

Reaktionen – reactions – réactions
zersetzlich|decomposable|dégradable

874

Silbercyanid AgCN
Silver cyanide
Argent cyanure

Eigenschaften – properties – propriétés

weiß
white
blanc

MM 133,89
D 3,95
Fp 350 °C
Kp

Gehalte – content – teneurs
80,6% Ag

Löslichkeiten – solubilities – solubilités
H_2O = leicht löslich|easily soluble|facilement soluble
NH_3 = löslich|soluble|soluble
KCN-Lösung = löslich
KCN-solution = soluble
solution de KCN = soluble

Reaktionen – reactions – réactions
320 °C → Zersetzung|decomposition|dégradation

Diverses – misc. – divers
MAK 5 mg CN/m^3
RID IVa

25 K

875

Silberfluorid AgF
Silver fluoride
Argent fluorure

Eigenschaften – properties – propriétés

weiß, hygroskopisch
white, hygroscopic
blanc, hygroscopique

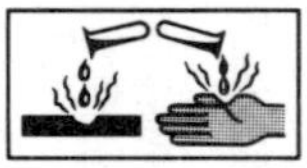

MM 126,88
D $5{,}852^{15.5\,°C}$
Fp 435 °C
Kp

Gehalte – content – teneurs
85% Ag

Löslichkeiten – solubilities – solubilités
$H_2O^{15\,°C}$ = 57,5 g/100 ml
$H_2O^{28,5\,°C}$ = 68,2 g/100 ml
$H_2O^{108\,°C}$ = 66 g/100 ml
HF = löslich|soluble|soluble
CH_3CN = löslich|soluble|soluble
Essigsäure = löslich
acetic acid = soluble
acide acétique = soluble

Diverses – misc. – divers T R: 55
MAK 2,5 mg F/m³ S: 3-11-21-31-51-63-67-72-91-108
RID V

876

Silberfluoroborat $Ag[BF_4]$
Silver fluoroborate
Argent fluoroborate

Eigenschaften – properties – propriétés

MM 194,68
D
Fp
Kp

Gehalte – content – teneurs
~ 55% Ag

Löslichkeiten – solubilities – solubilités
H_2O = leicht löslich
easily soluble
facilement soluble

Diverses – misc. – divers
RID IVa
RID V

877

Silberjodat $AgJO_3$
Silver iodate $AgIO_3$
Argent iodate

Eigenschaften – properties – propriétés

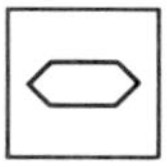

weiß, glänzend
white, bright
blanc, brillant

MM 282,80
D $5{,}525^{16.5\,°C}$
Fp >200 °C
Kp

Gehalte – content – teneurs
38,1 % Ag

Löslichkeiten – solubilities – solubilités
H_2O = sehr wenig löslich|very slightly soluble|très peu soluble
NH_3 wässrig|aqueous|aqueux = löslich|soluble|soluble
HNO_3 = wenig löslich|slightly soluble|peu soluble

Reaktionen – reactions – réactions
zersetzlich|decomposable|dégradable

878

Silberjodid AgJ
Silver iodide AgI
Argent iodure

Eigenschaften – properties – propriétés

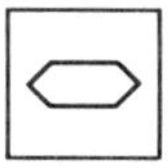

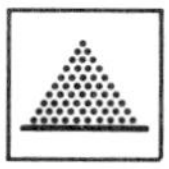

hellgelb
light yellow
jaune clair

MM 234,80
D 5,67
Fp 557 °C
Kp 1506 °C

Gehalte – content – teneurs
~ 46 % Ag

Löslichkeiten – solubilities – solubilités
H_2O = (praktisch) unlöslich|(practically) insoluble|(pratiquement) insoluble
KCN-Lösung = löslich
KCN-solution = soluble
solution de KCN = soluble
KJ-Lösung = löslich
KJ-solution = soluble
solution de KJ = soluble

879

Silbernitrat $AgNO_3$
Silver nitrate
Argent nitrate

Eigenschaften – properties – propriétés

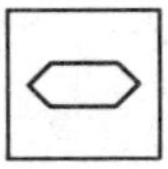

farblos
colourless
incolore

MM 169,89
D $4{,}352^{19\,°C}_{4}$
Fp 212 °C
Kp

Gehalte – content – teneurs
63,5 % Ag

Löslichkeiten – solubilities – solubilités
$H_2O^{20\,°C}$ = 68,3 g/100 ml
Äthanol$^{20\,°C}$ = 2,08 g/100 ml
ethanol$^{20\,°C}$ = 2,08 g/100 ml
éthanol$^{20\,°C}$ = 2,08 g/100 ml
Methanol$^{20\,°C}$ = 3,5 g/100 ml
methanol$^{20\,°C}$ = 3,5 g/100 ml
méthanol$^{20\,°C}$ = 3,5 g/100 ml
Benzol$^{35\,°C}$ = 0,22 g/100 ml
benzene$^{35\,°C}$ = 0,22 g/10z ml
benzène$^{35\,°C}$ = 0,22 g/100 ml

Reaktionen – reactions – réactions
444 °C → Zersetzung|decomposition|dégradation

Diverses – misc. – divers
RID V

880

Silbernitrit $AgNO_2$
Silver nitrite
Argent nitrite

Eigenschaften – properties – propriétés

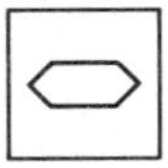

farblos – gelb
colourless – yellow
incolore – jaune

MM 153,89
D $4{,}453^{26\,°C}$
Fp
Kp

Gehalte – content – teneurs
70,1 % Ag

Löslichkeiten – solubilities – solubilités
$H_2O^{0\,°C}$ = 0,15 g/100 ml
$H_2O^{20\,°C}$ = 0,35 g/100 ml
$H_2O^{40\,°C}$ = 0,72 g/100 ml
$H_2O^{60\,°C}$ = 1,35 g/100 ml
NH_3 = löslich|soluble|soluble
Säure(n) = löslich
acid(s) = soluble
acide(s) = soluble
Essigsäure = löslich
acetic acid = soluble
acide acétique = soluble
Äthanol = (praktisch) unlöslich
ethanol = (practically) insoluble
éthanol = (pratiquement) insoluble

Reaktionen – reactions – réactions
140 °C → Zersetzung|decomposition|dégradation

Diverses – misc. – divers
RID IIIc

881

Silberoxid Ag_2O
Silver oxide
Argent oxyde

Eigenschaften – properties – propriétés

dunkelbraun
dark brown
brun foncé

MM 231,76
D $7{,}143^{16.6\,°C}$
Fp
Kp

Gehalte – content – teneurs
~ 93% Ag

Löslichkeiten – solubilities – solubilités
H_2O = sehr wenig löslich|very slightly soluble|
très peu soluble
HNO_3 = löslich|soluble|soluble
NaOH = wenig löslich|slightly soluble|peu soluble
KCN-Lösung = löslich
KCN-solution = soluble
solution de KCN = soluble
Äthanol = (praktisch) unlöslich
ethanol = (practically) insoluble
éthanol = (pratiquement) insoluble

Reaktionen – reactions – réactions
300 °C → Zersetzung|decomposition|dégradation

882

Silber*meta*phosphat $AgPO_3$
Silver *meta*phosphate
Argent *méta*phosphate

Eigenschaften – properties – propriétés

weiß
white
blanc

MM 186,84
D 6,370
Fp 209 °C
Kp

Gehalte – content – teneurs
57,7% Ag

Löslichkeiten – solubilities – solubilités
H_2O = (praktisch) unlöslich|(practically) insoluble|
(pratiquement) insoluble
HNO_3 = löslich|soluble|soluble
NH_3 wässrig|aqueous|aqueux = löslich|soluble|soluble

883

*tert.*Silber*ortho*phosphat Ag_3PO_4
*tert.*Silver *ortho*phosphate
*tert.*Argent *ortho*phosphate

Eigenschaften – properties – propriétés

gelb, amorph
yellow, amorphous
jaune, amorphe

MM 418,62
D $6{,}37\frac{25\,°C}{5}$
Fp 849 °C
Kp

Gehalte – content – teneurs
77,3% Ag

Löslichkeiten – solubilities – solubilités
H_2O = löslich|soluble|soluble
NH_3 = löslich|soluble|soluble
Säure(n) = löslich
acid(s) = soluble
acide(s) = soluble
KCN-Lösung = löslich
KCN-solution = soluble
KCN-solution = soluble

884

Silbersulfat Ag_2SO_4
Silver sulphate
Argent sulfate

Eigenschaften – properties – propriétés

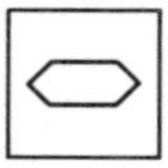

farblos
colourless
incolore

MM 311,83
D $5{,}45\frac{29.2\,°C}{4}$
Fp 652 °C
Kp

Gehalte – content – teneurs
69,2% Ag

Löslichkeiten – solubilities – solubilités
H_2O = leicht löslich|easily soluble|facilement soluble

Reaktionen – reactions – réactions
1085 °C → Zersetzung|decomposition|dégradation

885

Silber*thio*sulfat $Ag_2S_2O_3$
Silver *thio*sulphate
Argent *thio*sulfate

Eigenschaften – properties – propriétés

weiß
white
blanc

MM 327,89
D
Fp
Kp

Gehalte – content – teneurs
~ 32,6% Ag

Löslichkeiten – solubilities – solubilités
$H_2O^{kalt|cold|froid}$ =
wenig löslich|slightly soluble|peu soluble
NH_4OH = löslich|soluble|soluble
$Na_2S_2O_2$, wässerig = löslich
$Na_2S_2O_2$, aqueous = soluble
$Na_2S_2O_2$, aqueux = soluble

Reaktionen – reactions – réactions
zersetzlich|decomposable|dégradable

886

Silbersulfid Ag_2S
Silver sulphide
Argent sulfure

Eigenschaften – properties – propriétés

schwarz
black
noir

MM 247,83
D 7,317
Fp 825 °C
Kp

Gehalte – content – teneurs
87,1 % Ag

Löslichkeiten – solubilities – solubilités
H_2O = löslich|soluble|soluble
HNO_3, heiß, konzentriert = löslich
HNO_3, hot, concentrated = soluble
HNO_3, chaud, concentré = soluble
KCN-Lösung = löslich
KCN-solution = soluble
solution de KCN = soluble

Reaktionen – reactions – réactions
zersetzlich|decomposable|dégradable

887

Silbersulfit Ag_2SO_3
Silver sulphite
Argent sulfite

Eigenschaften – properties – propriétés

farblos
colourless
incolore

MM 295,83
D
Fp
Kp

Gehalte – content – teneurs
72,9% Ag

Löslichkeiten – solubilities – solubilités
H_2O = wenig löslich|slightly soluble|peu soluble
NH_3 wässrig|aqueous|aqueux = löslich|soluble|soluble
Säure(n), verdünnt = löslich (Zersetzung)
acid(s), diluted = soluble (decomposition)
acide(s), dilué = soluble (dégradation)

Reaktionen – reactions – réactions
100 °C → Zersetzung|decomposition|dégradation

888

Silicium(IV)-carbid SiC
Silicon(IV) carbide
Silicium(IV) carbure

Eigenschaften – properties – propriétés

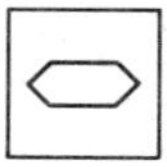

farblos (grün – blauschwarz)
colourless (green – blue black)
incolore (vert – bleu noir)

MM 40,07
D 3,17
Fp
Kp

Löslichkeiten – solubilities – solubilités
$HNO_3 + HF$ = (praktisch) unlöslich|
(practically) insoluble|(pratiquement) insoluble
Säure(n), konzentriert = (praktisch) unlöslich
acid(s), concentrated = (practically) insoluble
acide(s), concentré = (pratiquement) insoluble
Schmelze, alkalisch + Luft = löslich
melt, alkaline + air = soluble
alcaline fusion + air = soluble

889

Solventnaphta
Solvent naphta
Solventnaphta

Eigenschaften – properties – propriétés

weiß – farblos
white – colourless
blanc – incolore

MM
D 0,862...0,892
Fp
Kp 160 °C

Reaktionen – reactions – réactions

> 26 °C →

Diverses – misc. – divers
MAK 10 ppm
RID IIIa

890

Sorbinsäure $C_6H_8O_2$
Sorbic acid
Acide sorbique

$CH_3-CH-CH-CH-CH-CO_2H$

Eigenschaften – properties – propriétés

MM 112,13
D
Fp 133...134 °C
Kp

Löslichkeiten – solubilities – solubilités
$H_2O^{heiß|hot|chaud}$ = sehr wenig löslich|
very slightly soluble|très peu soluble
Äthanol = leicht löslich
ethanol = easily soluble
éthanol = facilement soluble
Diäthyläther = leicht löslich
diethyl ether = easily soluble
éther diéthylique = facilement soluble

Reaktionen – reactions – réactions
228 °C → Zersetzung|decomposition|dégradation

891

Sulfanilsäure $C_6H_7NO_3S$
Sulphanilic acid
Acide sulfanilique

Eigenschaften – properties – propriétés

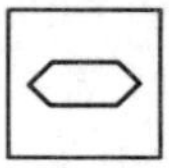

MM 173,19
D 1,485
Fp
Kp

Löslichkeiten – solubilities – solubilités
$H_2O^{20\,°C}$ = 1,0 g/100 ml
$H_2O^{40\,°C}$ = 1,94 g/100 ml
$H_2O^{siedend}$ = 6,7 g/100 ml
$H_2O^{boiling}$ = 6,7 g/100 ml
$H_2O^{bouillant}$ = 6,7 g/100 ml

Reaktionen – reactions – réactions
280 °C → Zersetzung|decomposition|dégradation

Diverses – misc. – divers

25 g
100 g
250 g
1 K

892

Schellack
Shellac
Laque en écailles

Eigenschaften – properties – propriétés

gelb – braun
yellow – brown
jaune – brun

MM
D 1,035...1,14
Fp 115...120 °C
Kp

Löslichkeiten – solubilities – solubilités
H_2O = (praktisch) unlöslich|(practically) insoluble|(pratiquement) insoluble
Äthanol = löslich
ethanol = soluble
éthanol = soluble
Benzol = löslich
benzene = soluble
benzène = soluble
Diäthyläther = leicht löslich
diethyl ether = easily soluble
éther diéthylique = facilement soluble

893

Schmirgel
Emery
Emeri

Eigenschaften – properties – propriétés

→ **Aluminiumoxide**
Aluminium oxides
Aluminium oxydes

894

Schwefel S
Sulphur
Sulfure

Eigenschaften – properties – propriétés

, amorph, gelb
amorphous, yellow
amorphe, jaune

MM 32,07
D 1,92
Fp 120 °C
Kp 444,6 °C

Löslichkeiten – solubilities – solubilités
$H_2O^{kalt|cold|froid}$ =
nicht löslich|insoluble|insoluble
$H_2O^{heiß|hot|chaud}$ =
nicht löslich|insoluble|insoluble
CS_2 = löslich|soluble|soluble

Diverses – misc. – divers
RID IIIb

2,5 K
5 K

50 K

Schwefelkohlenstoff CS_2
Carbon *bi*sulphide
Carbone sulfure

Eigenschaften – properties – propriétés

farblos
colourless
incolore

MM 76,13
D
Fp
Kp 46 °C

Löslichkeiten – solubilities – solubilités
$H_2O^{kalt|cold|froid}$ = 0,2 g/100 ml
Äthanol = löslich
ethanol = soluble
éthanol = soluble
Diäthyläther = löslich
diethyl ether = soluble
éther diéthylique = soluble

Reaktionen – reactions – réactions

Diverses – misc. – divers
MAK 20 ppm, 60 mg/m³
RID III a

F + T R: 23-33-67
S : 3-14-21-23-27-36-71-76-101-104-108

 500 ml, 1 L
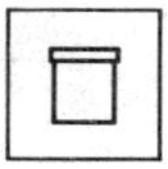 5 L, 25 K

Schwefelsäure H_2SO_4
Sulphuric acid
Acide sulfurique

Eigenschaften – properties – propriétés

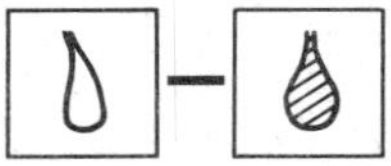

MM 98,09; + H_2O = 116,11; + 2 H_2O = 134,12
D $1{,}834\frac{18\,°C}{4}$; + H_2O = 1,788; + 2 H_2O = $1{,}650\frac{0\,°C}{4}$
Fp 10,49 °C; + H_2O = 8,62 °C; + 2 H_2O = −38,9 °C
Tabelle|Table|Tableau 896.1
Kp Tabelle|Table|Tableau 896.3

Gehalte – content – teneurs
H_2SO_4 → Tabelle|Table|Tableau 896.1
Oleum → Tabelle|Table|Tableau 896.2

Löslichkeiten – solubilities – solubilités
H_2O → Tabelle|Table|Tableau 896.1

Reaktionen – reactions – réactions
340 °C → Zersetzung|decomposition|dégradation

Diverses – misc. – divers
MAK 1 mg/m³
RID V

> 20% H_2SO_4 → **C** R: 82
S : 2-11-23-24-32-63-71-73-77-94-109

+ SO_3 → **C** R: 82-84
S : 11-23-24-32-63-71-73-77-94-109

 500 ml, 2,5 L
 20 L 35 K, 40 L 60 K

897

schweflige Säure H_2SO_3
Sulphurous acid
Acide sulfureux

Eigenschaften – **properties** – **propriétés**

MM
D 1,03
Fp
Kp

Gehalte – **content** – **teneurs**
5...6% SO_2

Löslichkeiten – **solubilities** – **solubilités**
H_2O = leicht löslich|easily soluble|facilement soluble

Reaktionen – **reactions** – **réactions**
+Luft(O) → H_2SO_4
+air(O) → H_2SO_4
+air(O) → H_2SO_4

Diverses – **misc.** – **divers**
MAK 5 ppm, SO_2, 13 mg SO_2/m^3

50 K

898

Stärke $(C_6H_{10}O_5)_x$
Starch
Amidon

Eigenschaften – **properties** – **propriétés**

weiß
white
blanc

MM 162,14
D 1,50
Fp
Kp

Löslichkeiten – **solubilities** – **solubilités**
$H_2O^{heiß|hot|chaud}$ =
leicht löslich|easily soluble|facilement soluble

Diverses – **misc.** – **divers**

500 g
1 K
5 K

25 K
50 K

899

Stearinsäure
Stearic acid
Acide stéarique

$C_{18}H_{36}O_2$

$CH_3-[CH_2]_{16}-CO_2H$

Eigenschaften – properties – propriétés

MM 284,49
D $0{,}8394^{80\,°C}$
Fp 71 °C
Kp 359...383 °C

Löslichkeiten – solubilities – solubilités
$H_2O^{25\,°C}$ = 0,03 g/100 ml
CS_2 = leicht löslich|easily soluble|facilement soluble
Äthanol$^{95\%}$ = 1,04 g/100 ml
ethanol$^{95\%}$ = 1,04 g/100 ml
éthanol$^{95\%}$ = 1,04 g/100 ml
Diäthyläther = 5,5 g/100 ml
diethyl ether = 5,5 g/100 ml
éther diéthylique = 5,5 g/100 ml
Benzol = leicht löslich
benzene = easily soluble
benzène = facilement soluble

Diverses – misc. – divers

1 K
5 K

50 K

900

Strontiumcarbonat
Strontium carbonate
Strontium carbonate

$SrCO_3$

Eigenschaften – properties – propriétés

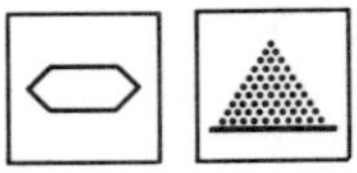

weiß
white
blanc

MM 147,64
D 3,70
Fp 1497 $°C^{60\,atm}$
Kp

Gehalte – content – teneurs
~ 58% Sr

Löslichkeiten – solubilities – solubilités
H_2O = löslich|soluble|soluble
CO_2, wässerig = leicht löslich
CO_2, aqueous = easily soluble
CO_2, aqueux = facilement soluble
Säure(n), verdünnt = löslich
acid(s), diluted = soluble
acide(s), dilué = soluble
Aceton = löslich
acetone = soluble
acétone = soluble
Methanol = löslich
methanol = soluble
méthanol = soluble

Reaktionen – reactions – réactions
1350 °C → $-CO_2$

Diverses – misc. – divers

500 g
1 K
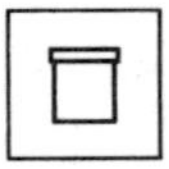
5 K

25 K
50 K

901

Strontiumchlorid-6-hydrat $SrCl_2 \cdot 6\,H_2O$
Strontium chloride 6-hydrate
Strontium chlorure 6-eau

Eigenschaften – properties – propriétés

hygroskopisch
hygroscopic
hygroscopique

MM 266,64
D $1{,}933^{17\,°C}$
Fp $-4\,H_2O$, 61 °C
Kp

Gehalte – content – teneurs
~32,4% Sr

Löslichkeiten – solubilities – solubilités
$H_2O^{20\,°C}$ = leicht löslich|easily soluble|
facilement soluble

Reaktionen – reactions – réactions
100 °C → $-5\,H_2O$
104 °C → $-6\,H_2O$

Diverses – misc. – divers

500 g
1 K

5 K

25 K
50 K

902

Strontiumchromat $SrCrO_4$
Strontium chromate
Strontium chromate

Eigenschaften – properties – propriétés

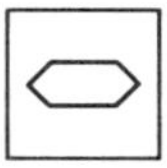

gelb
yellow
jaune

MM 203,64
D $3{,}895^{15\,°C}$
Fp
Kp

Gehalte – content – teneurs
~43% Sr

Löslichkeiten – solubilities – solubilités
$H_2O^{15\,°C}$ = 0,088 g/100 ml
$H_2O^{100\,°C}$ = 0,043 g/100 ml
Säure(n) = löslich
acid(s) = soluble
acide(s) = soluble

Diverses – misc. – divers

1 K
5 K

25 K

903

Strontiumfluorid SrF_2
Strontium fluoride
Strontium fluorure

Eigenschaften – properties – propriétés

weiß, durchsichtig
white, transparent
blanc, transparent

MM 125,63
D 2,44
Fp 1190 °C
Kp 2410 °C

Gehalte – content – teneurs
~70% Sr

Löslichkeiten – solubilities – solubilités
H_2O = löslich|soluble|soluble

Diverses – misc. – divers T R: 55
MAK 2,5 mg F/m^3 S: 3-11-21-31-51-
RID IVa 63-67-72-91-108

500 g
1 K
5 K

25 K
50 K

904

Strontiumhydroxid-8-hydrat $Sr(OH)_2 \cdot 8\,H_2O$
Strontium hydroxide 8-hydrate
Strontium hydroxyde 8-eau

Eigenschaften – properties – propriétés

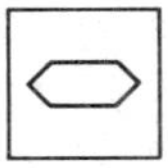

farblos, Tafeln
colourless, slabs
incolore, tableaux

MM 265,77
D 1,90
Fp $-7\,H_2O$, 100 °C
Kp

Gehalte – content – teneurs
~33% Sr

Löslichkeiten – solubilities – solubilités
$H_2O^{20\,°C}$ = 0,018 g/100 ml
Säure(n) = leicht löslich
acid(s) = easily soluble
acide(s) = facilement soluble
NH_4Cl-Lösung = leicht löslich
NH_4Cl-solution = easily soluble
solution de NH_4Cl = facilement soluble

Reaktionen – reactions – réactions
+ Luft → Zersetzung
+ air → decomposition
+ air → dégradation

Diverses – misc. – divers

500 g
1 K

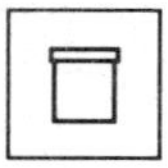

5 K

25 K
50 K

905

Strontiumnitrat $Sr(NO_3)_2$
Strontium nitrate
Strontium nitrate

Eigenschaften – properties – propriétés

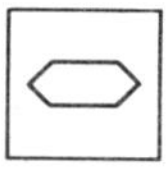

farblos
colourless
incolore

MM 211,65
D 2,986
Fp 645 °C
Kp

Gehalte – content – teneurs
~42,4% Sr

Löslichkeiten – solubilities – solubilités
$H_2O^{20\,°C}$ = 41 g/100 ml
NH_3 = leicht löslich|easily soluble|facilement soluble
Methanol = wenig löslich
methanol = slightly soluble
méthanol = peu soluble
Äthanol = sehr wenig löslich
ethanol = very slightly soluble
éthanol = très peu soluble

Diverses – misc. – divers

5 K

100 K

906

Strontiumsulfat $SrSO_4$
Strontium sulphate
Strontium sulfate

Eigenschaften – properties – propriétés

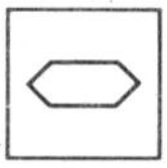

farblos
colourless
incolore

MM 183,70
D 3,96
Fp 1605 °C
Kp

Gehalte – content – teneurs
~46% Sr

Löslichkeiten – solubilities – solubilités
H_2O = löslich|soluble|soluble
1 n HCl = 1,88 g/l
1 n HNO_3 = 2,17 g/l
H_2SO_4 konzentriert = löslich
H_2SO_4 concentrated = soluble
H_2SO_4 concentré = soluble

Reaktionen – reactions – réactions
1580 °C → Zersetzung|decomposition|dégradation

907

Talk
Talc
Talc

$Mg_6(OH)_4[Si_8O_{20}]$

Eigenschaften – properties – propriétés

glänzend, durchsichtig, farblos – hellgrün
bright, transparent, colourless – light green
MM **brillant, transparent, incolore – vert clair**
D 2,7...2,8
Fp
Kp

Löslichkeiten – solubilities – solubilités
H_2O = (praktisch) unlöslich|(practically) insoluble|(pratiquement) insoluble

Diverses – misc. – divers

2,5 K
5 K

50 K

908

Tannin
Tannin
Tannin

$C_{76}H_{52}O_{46}$

Eigenschaften – properties – propriétés

gelb,
yellow,
jaune,

glänzend, amorph
bright, amorphous
brillant, amorphe

Gehalte – content – teneurs
~10% H_2O

Löslichkeiten – solubilities – solubilités
H_2O = sehr leicht löslich|extremely soluble|très facilement soluble
Äthanol = sehr leicht löslich
ethanol = extremely soluble
éthanol = très facilement soluble
Aceton = sehr leicht löslich
acetone = extremely soluble
acétone = très facilement soluble

Diverses – misc. – divers

250 g
1 K
5 K

25 K
50 K

909

Tantal(V)-oxid Ta_2O_5
Tantalum(V) oxide
Tantale(V) oxyde

Eigenschaften – properties – propriétés

weiß
white
blanc

MM 441,76
D $8{,}735^{61.2\,°C}_{4}$
Fp 1880 °C
Kp

Gehalte – content – teneurs
~81 % Ta

Löslichkeiten – solubilities – solubilités
H_2O = (praktisch) unlöslich|
(practically) insoluble|(pratiquement) insoluble
HF = sehr wenig löslich|very slightly soluble|
très peu soluble
HNO_3 + HF = sehr wenig löslich|
very slightly soluble|très peu soluble
Säure(n) = (praktisch) unlöslich
acid(s) = (practically) insoluble
acide(s) = (pratiquement) insoluble

Reaktionen – reactions – réactions
1470 °C → Zersetzung|decomposition|dégradation

910

Tellur(IV)-oxid TeO_2
Tellurium(IV) oxide
Tellure(IV) oxyde

Eigenschaften – properties – propriétés

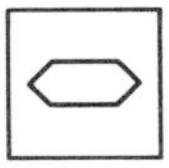

weiß
white
blanc

MM 159,61
D tetr. $5{,}66^{0\,°C}$; rh. $5{,}91^{0\,°C}$
Fp 733 °C
Kp

Gehalte – content – teneurs
80 % Te

Löslichkeiten – solubilities – solubilités
H_2O = wenig löslich|slightly soluble|peu soluble
HNO_3 = wenig löslich|slightly soluble|peu soluble
$HNO_3^{heiß|hot|chaud}$ = löslich|soluble|soluble
KOH-Lösung = leicht löslich
KOH-solution = easily soluble
solution de KOH = facilement soluble

Reaktionen – reactions – réactions
450 °C → sublimiert|sublimed|sublimé

Diverses – misc. – divers
MAK 0,1 mg Te/m^3
RID IVa

911

Terpentinöl
Turpentine oil
Essence de térébenthine

Eigenschaften – properties – propriétés

farblos – hellgelb
colourless – light yellow
incolore – jaune clair

MM
D 0,860...0,875
Fp 37 °C
Kp 160...170 °C

Reaktionen – reactions – réactions

Diverses – misc. – divers
MAK 100 ppm, 560 mg/m^3
RID IIIa

912

Tetraäthylenpentamin $C_8H_{23}N_5$
Tetra ethylene pentamine (TEPA)
Tétraéthylènepentamine

$H_2N \cdot (CH_2 \cdot CH_2 \cdot NH)_4 \cdot H$

Eigenschaften – properties – propriétés

gelb
yellow
jaune

MM 189,3
D 0,995...1,00 $\frac{20\,°C}{4}$
Fp 190...240 °C
Kp

Gehalte – content – teneurs
85...90% $C_8H_{23}N_5$
34...35,5% N

Löslichkeiten – solubilities – solubilités
H_2O = löslich|soluble|soluble
Äthanol = löslich
ethanol = soluble
éthanol = soluble
Benzol = löslich
benzene = soluble
benzène = soluble

Diverses – misc. – divers
RID V

5 L
25 K

913

Tetrachloräthylen C_2Cl_4
Tetrachloro-ethylene
Tétrachloroéthylène

$CCl_2{=}CCl_2$

Eigenschaften – properties – propriétés

MM 165,83
D $1{,}6239^{15\,°C}$
Fp −23,5 °C
Kp 121,1 °C

Löslichkeiten – solubilities – solubilités
H_2O = (praktisch) unlöslich|(practically) insoluble|(pratiquement) insoluble

Diverses – misc. – divers
MAK 100 ppm, 670 mg/m^3

Xn R: 64
S : 2-11-53-76

 500 ml
2,5 L  40 K

914

Tetrachlorkohlenstoff CCl_4
Carbon tetrachloride
Carbone tétrachlorure

Eigenschaften – properties – propriétés

MM 153,82
D $1{,}5924^{20\,°C}$
Fp −22,9 °C
Kp 76,7 °C

Löslichkeiten – solubilities – solubilités
$H_2O^{25\,°C}$ = 0,077 g/100 ml
Äthanol = ∞ löslich
ethanol = ∞ soluble
éthanol = ∞ soluble

Diverses – misc. – divers
MAK 10 ppm, 65 mg/m^3
RID IVa

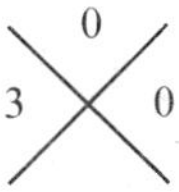

T R: 66
S : 3-15-65-71-76-108

 500 ml
1 L
2,5 L  40 K

915

1,2,3,4-Tetrahydronaphtalin $C_{10}H_{12}$
1,2,3,4-Tetrahydronaphtalene
1,2,3,4-Tétrahydronaphtalène

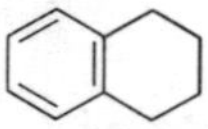

Eigenschaften – properties – propriétés

farblos
colourless
incolore

MM 132,21
D $0{,}9729^{20{,}2\,°C}$
Fp −35 °C
Kp 206,5 °C

Löslichkeiten – solubilities – solubilités
H_2O = (praktisch) unlöslich|(practically) insoluble|(pratiquement) insoluble
Äthanol = löslich
ethanol = soluble
éthanol = soluble
Petroläther = ∞ löslich
petroleum ether = ∞ soluble
benzine de pétrole = ∞ soluble
Chloroform = ∞ löslich
chloroform = ∞ soluble
chloroforme = ∞ soluble
Diäthyläther = ∞ löslich
diethyl ether = ∞ soluble
éther diéthylique = ∞ soluble

Diverses – misc. – divers
RID III a

916

Thallium(I)-bromid TlBr
Thallium(I) bromide
Thallium(I) bromure

Eigenschaften – properties – propriétés

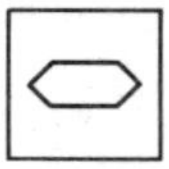

farblos
colourless
incolor

MM 284,31
D $7{,}557\frac{17.3\,°C}{4}$
Fp 460 °C
Kp 815 °C

Gehalte – content – teneurs
~71,3% Tl

Löslichkeiten – solubilities – solubilités
$H_2O^{20\,°C}$ = 0,047 g/ml
Aceton = (praktisch) unlöslich
acetone = (practically) insoluble
acétone = (pratiquement) insoluble
Äthanol = löslich
ethanol = soluble
éthanol = soluble

Diverses – misc. – divers
MAK 0,1 mg Tl/m³
RID IV a

T R: 52-56
S: 3-11-21-31-51-65-91-108

917

Thallium(I)-*per*chlorat $TlClO_4$
Thallium(I) *per*chlorate
Thallium(I) *per*chlorate

Eigenschaften – properties – propriétés

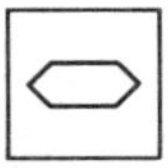

rhombisch
rhombic
rhombique

MM 303,85
D 4,89
Fp 501 °C
Kp

Gehalte – content – teneurs
~66% Tl

Löslichkeiten – solubilities – solubilités
$H_2O^{0\,°C}$ = 6 g/100 ml
$H_2O^{100\,°C}$ = 166,6 g/100 ml
Äthanol = wenig löslich
ethanol = slightly soluble
éthanol = peu soluble

Reaktionen – reactions – réactions
zersetzlich|decomposable|dégradable

Diverses – misc. – divers **T** R: 52-56
MAK 0,1 mg Tl/m³ S : 3-11-21-31-51-
RID IVa 65-91-108

918

Thallium(I)-chlorid $TlCl$
Thallium(I) chloride
Thallium(I) chlorure

Eigenschaften – properties – propriétés

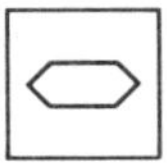

weiß, kubisch
white, cubic
blanc, cubique

MM 239,85
D 7,00
Fp 430 °C
Kp 720 °C

Gehalte – content – teneurs
~85% Tl

Löslichkeiten – solubilities – solubilités
$H_2O^{0\,°C}$ = 0,17 g/100 ml
$H_2^{100\,°C}$ = 2,38 g/100 ml
Äthanol = nicht löslich
ethanol = insoluble
éthanol = insoluble
HCl = wenig löslich|slightly soluble|peu soluble
NH_4OH = nicht löslich|insoluble|insoluble

Diverses – misc. – divers **T** R: 52-56
MAK 0,1 mg Tl/m³ S : 3-11-21-31-51-
RID IVa 65-91-108

919

Thallium(III)-chlorid-4-hydrat $TlCl_3 \cdot 4\ H_2O$
Thallium(III) chloride 4-hydrate
Thallium(III) chlorure 4-eau

Eigenschaften – properties – propriétés

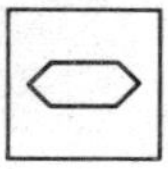

farblos
colourless
incolore

MM 382,83
D
Fp 37 °C
Kp

Gehalte – content – teneurs
~53% Tl

Löslichkeiten – solubilities – solubilités
$H_2O^{17\,°C}$ = 37,6 g/100 ml
Äthanol = leicht löslich
ethanol = easily soluble
éthanol = facilement soluble
Diäthyläther = leicht löslich
diethyl ether = easily soluble
éther diéthylique = facilement soluble
Aceton = leicht löslich
acetone = easily soluble
acétone = facilement soluble

Reaktionen – reactions – réactions
100 °C → $-4\ H_2O$

Diverses – misc. – divers **T** R: 52-56
MAK 0,1 mg Tl/m^3 S: 3-11-21-31-51-65-91-108
RID IVa

920

Thallium(I)-nitrat $TlNO_3$
Thallium(I) nitrate
Thallium(I) nitrate

Eigenschaften – properties – propriétés

farblos
colourless
incolore

MM 266,38
D $5{,}556^{21{,}4\,°C}$
Fp 206 °C
Kp 430 °C

Gehalte – content – teneurs
~76% Tl

Löslichkeiten – solubilities – solubilités
$H_2O^{20\,°C}$ = 8,72 g/100 ml
NH_3 = wenig löslich|slightly soluble|peu soluble
Aceton = löslich
acetone = soluble
acétone = soluble

Reaktionen – reactions – réactions
75 °C → Umwandlung $\alpha \rightarrow \beta$
75 °C → transformation $\alpha \rightarrow \beta$
75 °C → transformation $\alpha \rightarrow \beta$

Diverses – misc. – divers **T** R: 52-56
MAK 0,1 mg Tl/m^3 S: 3-11-21-31-51-65-91-108
RID IVa

921

Thiocarbanilid
Thiocarbanilide
Thiocarbanilide

$C_{13}H_{12}N_2S$

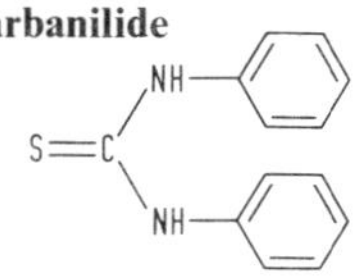

Eigenschaften – properties – propriétés

farblos – gelb
colourless – yellow
incolore – jaune

MM 228
D 0,4
Fp >150 °C
Kp

Löslichkeiten – solubilities – solubilités
H_2O = (praktisch) unlöslich|
(practically) insoluble|(pratiquement) insoluble
Benzol = sehr wenig löslich
benzene = very slightly soluble
benzène = très peu soluble
Diäthyläther = sehr wenig löslich
diethyl ether = very slightly soluble
éther diéthylique = très peu soluble

922

Thioglycolsäure
Thioglycolic acid
Acide thioglycolique

$C_2H_4O_2S$

$HSCH_2{-}CO_2H$

Eigenschaften – properties – propriétés

MM 92,12
D 1,32553$^{20\,°C}$
Fp −16,5 °C
Kp 104. . .105 °C

Löslichkeiten – solubilities – solubilités
H_2O = löslich|soluble|soluble
Äthanol = löslich
ethanol = soluble
éthanol = soluble
Diäthyläther = löslich
diethyl ether = soluble
éther diéthylique = soluble

Diverses – misc. – divers
RID V

923

Thioharnstoff
Thiourea
Thiourée

CH_4N_2S

$H_2N-CS-NH_2$

Eigenschaften – properties – propriétés

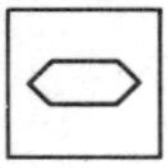

MM 76,12
D 1,405
Fp
Kp

Löslichkeiten – solubilities – solubilités
$H_2O^{13\,°C}$ = 10,1 g/100 ml
Diäthyläther = wenig löslich
diethyl ether = slightly soluble
éther diéthylique = peu soluble

Reaktionen – reactions – réactions
180 °C → Zersetzung|decomposition|dégradation

Diverses – misc. – divers

500 g
1 K
5 K

25 K
50 K

924

Thionylchlorid
Thionyl chloride
Thionyle chlorure

$SOCl_2$
Cl_2OS

$OSCl_2$

Eigenschaften – properties – propriétés

MM 118,97
D $1{,}635\frac{20\,°C}{4}$
Fp
Kp 76...79 °C

Diverses – misc. – divers
RID V

C R: 82-84
S: 15-24-32-53-65-67-71-77-94

500 ml
2,5 L

25 K
50 K

925

Thorium(IV)-nitrat-4-hydrat $Th(NO_3)_4 \cdot 4\ H_2O$
Thorium(IV) nitrate 4-hydrate
Thorium(IV) nitrate 4-eau

Eigenschaften – properties – propriétés

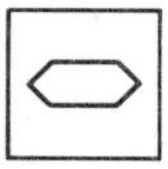

weiß
white
blanc

MM 552,22
D
Fp
Kp

Gehalte – content – teneurs
~42 % Th

Löslichkeiten – solubilities – solubilités
$H_2O^{kalt|cold|froid}$ =
sehr löslich|very soluble|très soluble
$H_2O^{heiß|hot|chaud}$ =
sehr löslich|very soluble|très soluble
Äthanol = sehr löslich
ethanol = very soluble
éthanol = très soluble

Reaktionen – reactions – réactions
zerfließlich|deliquescent|liquéfiable

Diverses – misc. – divers
RID IVb

926

Thorium(IV)-oxid ThO_2
Thorium(IV) oxide
Thorium(IV) oxyde

Eigenschaften – properties – propriétés

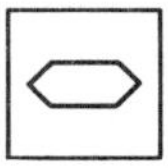

weiß
white
blanc

MM 264,12
D 9,69
Fp 2990 °C
Kp 4400 °C

Gehalte – content – teneurs
~81 % Th

Löslichkeiten – solubilities – solubilités
H_2O = (praktisch) unlöslich|(practically) insoluble|(pratiquement) insoluble
Säure verdünnt = (praktisch) unlöslich
acid diluted = (practically) insoluble
acide dilué = (pratiquement) insoluble
Alkalilauge = (praktisch) unlöslich
caustic alkali solution = (practically) insoluble
solution caustique alcaline = (pratiquement) insoluble

Diverses – misc. – divers
RID IVb

927

Titan(III)-chlorid $TiCl_3$
Titanium(III) chloride
Titane(III) chlorure

Eigenschaften – properties – propriétés

violett
violet
violet

MM 154,27
D
Fp 730 °C
Kp 960 °C

Gehalte – content – teneurs
~31,3% Ti

Löslichkeiten – solubilities – solubilités
H_2O = leicht löslich|easily soluble|
facilement soluble

Reaktionen – reactions – réactions
+ feuchte Luft → HCl + TiO_2
+ humid air → HCl + TiO_2
+ air humide → HCl + TiO_2

928

Titan(IV)-hydroxid H_2TiO_3
Titanium(IV) hydroxide
Titane(IV) hydroxyde

Eigenschaften – properties – propriétés

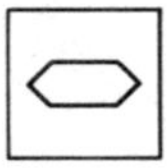

weiß
white
blanc

MM 97,92
D
Fp
Kp

Gehalte – content – teneurs
48,9% Ti

Löslichkeiten – solubilities – solubilités
H_2O = nicht löslich|insoluble|insoluble
H_2SO_4, heiß, konzentriert = löslich
H_2SO_4, hot, concentrated = soluble
H_2SO_4, chaud, concentré = soluble
Säure(n) = sehr wenig löslich
acid(s) = very slightly soluble
acide(s) = très peu soluble

929

Titan(IV)-oxid TiO_2
Titanium(IV) oxide
Titane(IV) oxyde

Eigenschaften – properties – propriétés

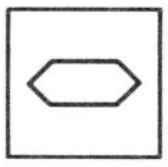

weiß
white
blanc

MM 79,90
D 3,84...4,26
Fp 1855 °C
Kp 2900 °C

Gehalte – content – teneurs
~60% Ti

Löslichkeiten – solubilities – solubilités
H_2O = (praktisch) unlöslich|
(practically) insoluble|(pratiquement) insoluble
Säure(n) = (praktisch) unlöslich (H_2SO_4 = löslich)
acid(s) = (practically) insoluble (H_2SO_4 = soluble)
acide(s) = (pratiquement) insoluble (H_2SO_4 = soluble)

Reaktionen – reactions – réactions
1640 °C → Zersetzung|decomposition|dégradation

Diverses – misc. – divers
MAK 8 mg/m³ Feinstaub|fine dust|poussière fine

 1 K  25 K

930

***o*-Toluidin** C_7H_9N
***o*-Toluidine**
***o*-Toluidine**

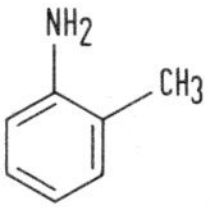

Eigenschaften – properties – propriétés

MM 107,16
D $1{,}004^{20\,°C}$
Fp < −15,0 °C
Kp 199,5...200,5 °C

Löslichkeiten – solubilities – solubilités
$H_2O^{25\,°C}$ = 1,50 g/100 ml
Äthanol = leicht löslich
ethanol = easily soluble
éthanol = facilement soluble
Diäthyläther = leicht löslich
diethyl ether = easily soluble
éther diéthylique = facilement soluble

Diverses – misc. – divers **T** R: 53-66
MAK 5 ppm, 22 mg/m³ S: 11-21-31-53-63-71-72-91-93-108

931

***p*-Toluidin** C_7H_9N
***p*-Toluidine**
***p*-Toluidine**

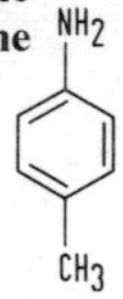

Eigenschaften – properties – propriétés

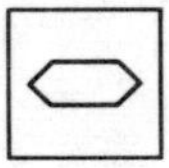 

MM 107
D 1,046
Fp 43,5 °C
Kp 199 °C

Löslichkeiten – solubilities – solubilités
$H_2O^{15\,°C} = 0,65$ g/100 ml
Diäthyläther = leicht löslich
diethyl ether = easily soluble
éther diéthylique = facilement soluble

Diverses – misc. – divers
T R: 53-66
S : 11-21-31-53-63-71-72-91-93-108

932

Toluol C_7H_8
Toluene
Toluène

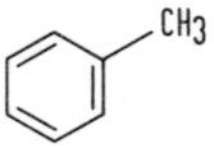

Eigenschaften – properties – propriétés

farblos
colourless
incolore

MM 92,13
D $0,866\frac{20\,°C}{4}$
Fp −95 °C
Kp 110,8 °C

Löslichkeiten – solubilities – solubilités
$H_2O^{16\,°C} = 0,047$ g/100 ml
Äthanol = ∞ löslich
ethanol = ∞ soluble
éthanol = ∞ soluble
Benzol = ∞ löslich
benzene = ∞ soluble
benzène = ∞ soluble
Diäthyläther = ∞ löslich
diethyl ether = ∞ soluble
éther diéthylique = ∞ soluble

Reaktionen – reactions – réactions

Diverses – misc. – divers
MAK 200 ppm, 750 mg/m³
RID III a

F + Xn R: 22-33-64
S : 3-16-21-23-27-36-65-71-76-104

 1 L  5 L
25 K

933

o-**Toluolsulfonsäure** $C_7H_8O_3S$
Toluene-*o*-sulphonic acid
Acide toluènesulfonique-*o*

$CH_3{-}C_6H_4{-}SO_3H$

Eigenschaften – properties – propriétés

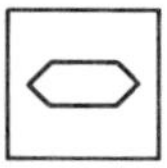

MM 172,20
D
Fp
Kp

Reaktionen – reactions – réactions
zerfließlich|deliquescent|liquéfiable

934

*diortho***Tolylthioharnstoff** $C_{15}H_{16}N_2S$
*diortho***Tolylthiourea**
Thiocarbamide de *diortho***tolyle**

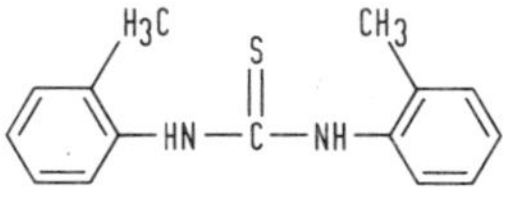

Eigenschaften – properties – propriétés

weiß – gelb
white – yellow
blanc – jaune

MM 256,1
D $\sim 1{,}2^{20\,°C}$
Fp $>150\,°C$
Kp

Löslichkeiten – solubilities – solubilités
$H_2O^{20\,°C} = 0{,}002$ g/100 ml
$H_2O^{100\,°C} = 0{,}04$ g/100 ml

935

Traganth
Tragacanth gum
Gomme adragante

Eigenschaften – properties – propriétés

farblos
colourless
incolore

Löslichkeiten – solubilities – solubilités

H_2O = löslich|soluble|soluble

936

Triäthanolamin
Triethanolamine
Triéthanolamine

$C_6H_{15}NO_3$

$N(CH_2{-}CH_2{-}OH)_3$

Eigenschaften – properties – propriétés

MM 149,19
D $1{,}1242^{20\,°C}$
Fp 177 °C
Kp 206. . .207 °C

Löslichkeiten – solubilities – solubilités

H_2O = ∞ löslich|∞ soluble|∞ soluble
Äthanol = ∞ löslich
ethanol = ∞ soluble
éthanol = ∞ soluble
Chloroform = löslich
chloroforme = soluble
chloroforme = soluble
Ligroin = wenig löslich
ligroine = slightly soluble
benzine légère = peu soluble

Diverses – misc. – divers

1 L
5 L

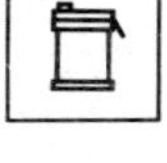

35 K

937

Triäthylentetramin
Triethylenetetramine (TETA)
Triéthylènetétramine

$C_6H_{18}N_4$

$H_2N-(CH_2-CH_2-NH)_3-H$

Eigenschaften – properties – propriétés

gelb
yellow
jaune

MM 146,2
D $0{,}980\ldots0{,}985^{20\,°C}_{4}$
Fp
Kp 270...305 °C

Löslichkeiten – solubilities – solubilités
H_2O = löslich|soluble|soluble
Äthanol = löslich
ethanol = soluble
éthanol = soluble
Benzol = löslich
benzene = soluble
benzène = soluble

Diverses – misc. – divers
RID V

938

Trichloräthylen
Trichloro-ethylene
Trichloréthylène

C_2HCl_3

$CHCl=CCl_2$

Eigenschaften – properties – propriétés

MM 131,39
D $1{,}4695^{15\,°C}$
Fp −83 °C
Kp 86,9 °C

Löslichkeiten – solubilities – solubilités
Äthanol = ∞ löslich
ethanol = ∞ soluble
éthanol = ∞ soluble
Diäthyläther = ∞ löslich
diethyl ether = ∞ soluble
éther diéthylique = ∞ soluble

Diverses – misc. – divers
MAK 50 ppm, 260 mg/m^3
RID IVa

Xn R: 64
S : 2-11-53-76

 1 L
2,5 L

 45 K

 100 K

939

Trimethylamin
Trimethylamine
Triméthylamine

C_3H_9N

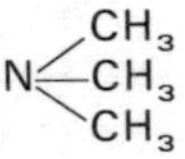

Eigenschaften – properties – propriétés

Gas
Gas
Gaz

MM 59,11
D $0{,}702^{-33{,}5\,°C}$
Fp
Kp −3 °C

Löslichkeiten – solubilities – solubilités
Diäthyläther = leicht löslich
diethyl ether = easily soluble
éther diéthylique = facilement soluble

Reaktionen – reactions – réactions

Diverses – misc. – divers
RID IIIa

940

1,2,3-Trioxy-benzol
1,2,3-Trihydroxy benzene
Trihydroxy-1,2,3-benzène

$C_6H_6O_3$

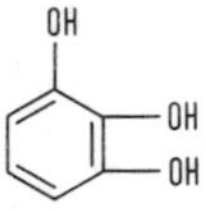

Eigenschaften – properties – propriétés

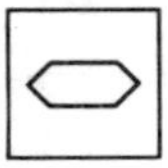

weiß
white
blanc

MM 126,11
D $1{,}453^{4\,°C}$
Fp 133...134 °C
Kp 309 °C

Löslichkeiten – solubilities – solubilités
H_2O = leicht löslich|easily soluble|facilement soluble
Diäthyläther = leicht löslich
diethyl ether = easily soluble
éther diéthylique = facilement soluble

Reaktionen – reactions – réactions
+ Luft → braun
+ air → brown
+ air → brun

941

Tripel
Tripoli
Tripel

Eigenschaften – properties – propriétés

gelb
yellow
jaune

942

Uran(IV)-fluorid UF_4
Uranium(IV) fluoride
Uranium(IV) fluorure

Eigenschaften – properties – propriétés

grün, hygroskopisch
green, hygroscopic
vert, hygroscopique

MM 314,07
D
Fp 1000 °C
Kp

Gehalte – content – teneurs
~75% U

Löslichkeiten – solubilities – solubilités
H_2O = (praktisch) unlöslich|
(practically) insoluble|(pratiquement) insoluble
HF = löslich|soluble|soluble
Säure(n), konzentriert = sehr wenig löslich
acid(s), concentrated = very slightly soluble
acide(s), concentré = très peu soluble
Säure(n), verdünnt = (praktisch) unlöslich
acid(s), diluted = (practically) insoluble
acide(s), dilué = (pratiquement) insoluble

Diverses – misc. – divers
MAK 0,25 mg U/m^3, 2,5 mg F/m^3
RID IV b

943

Uran(IV)-oxid UO_2
Uranium(IV) oxide
Uranium(IV) oxyde

Eigenschaften – properties – propriétés

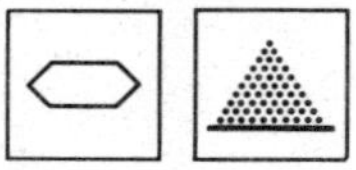

braun
brown
brun

MM 270,07
D 10,9
Fp 2176 °C
Kp

Gehalte – content – teneurs
~89 % U

Löslichkeiten – solubilities – solubilités
HNO_3 = löslich|soluble|soluble
H_2SO_4 konzentriert = löslich
H_2SO_4 concentrated = soluble
H_2SO_4 concentré = soluble

Diverses – misc. – divers
MAK 0,05 mg/m^3
RID IVb

944

***tri*Uran*oct*oxid** U_3O_8
***tri*Uranium *oct*oxide**
***tri*Uranium *oct*oxyde**

Eigenschaften – properties – propriétés

grün
green
vert

MM 842,21
D 7,3
Fp
Kp

Gehalte – content – teneurs
~ 55% U

Löslichkeiten – solubilities – solubilités
HNO_3 = löslich|soluble|soluble
H_2SO_4, siedend, konzentriert = löslich
H_2SO_4, boiling, concentrated = soluble
H_2SO_4, bouillant, concentré = soluble
H_2SO_4, verdünnt = sehr wenig löslich
H_2SO_4, diluted = very slightly soluble
H_2SO_4, dilué = très peu soluble
HCl, verdünnt = sehr wenig löslich
HCl, diluted = very slightly soluble
HCl, dilué = très peu soluble

Reaktionen – reactions – réactions
zersetzlich|decomposable|dégradable

Diverses – misc. – divers
MAK 0,05 mg/m^3
RID IVb

945

Uranylacetat-2-hydrat $UO_2(C_2H_3O_2)_2 \cdot 2\,H_2O$
Uranyl acetate 2-hydrate
Uranyle acétate 2-eau

Eigenschaften – properties – propriétés

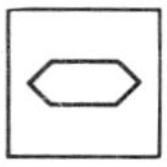

gelb
yellow
jaune

MM 424,19
D $2{,}89^{15\,°C}$
Fp $-2\,H_2O$, 110 °C
Kp

Gehalte – content – teneurs
~56% U

Löslichkeiten – solubilities – solubilités
$H_2O^{17\,°C} = 9{,}2$ g/100 ml

Reaktionen – reactions – réactions
$+\,H_2O^{heiß|hot|chaud} \rightarrow$ Zersetzung|decomposition|dégradation

Diverses – misc. – divers
MAK 0,05 mg/m^3
RID IVb

946

Uranylnitrat-6-hydrat $UO_2(NO_3)_2 \cdot 6\,H_2O$
Uranyl nitrate 6-hydrate
Uranyle nitrate 6-eau

Eigenschaften – properties – propriétés

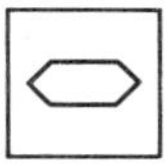

gelb
yellow
jaune

MM 502,18
D 2,807
Fp 60,2 °C
Kp

Gehalte – content – teneurs
~52,3% U

Löslichkeiten – solubilities – solubilités
$H_2O^{0\,°C} = 0{,}3$ g/100 ml
$H_2O^{60\,°C} = \infty$ löslich|∞ soluble|∞ soluble
Äthanol = sehr löslich
ethanol = very soluble
éthanol = très soluble
Diäthyläther = sehr löslich
diethyl ether = very soluble
éther diéthylique = très soluble

Reaktionen – reactions – réactions
100 °C → Zersetzung|decomposition|dégradation

Diverses – misc. – divers
MAK 0,05 mg/m^3
RID IVb

947

Vanadin(V)-oxid V_2O_5
Vanadium(V) oxide
Vanadium(V) oxyde

Eigenschaften – properties – propriétés

rotgelb – rot
red yellow – red
rouge jaune – rouge

rot
red
rouge

MM 181,90
D $3{,}357\frac{18\,°C}{4}$
Fp 690 °C
Kp 1800 °C

Gehalte – content – teneurs
~55% V

Löslichkeiten – solubilities – solubilités
H_2O = löslich|soluble|soluble
Säure(n) = löslich
acid(s) = soluble
acide(s) = soluble
Alkalilauge = löslich
caustic alkali solution = soluble
solution caustique alcaline = soluble

Diverses – misc. – divers
MAK 0,1 mg/m^3 Rauch|smoke|fumée,
0,5 mg/m^3 Staub|dust|poussière
RID IVa

948

Vanadin(IV)-oxidsulfat-2-hydrat $VOSO_4 \cdot 2\,H_2O$
Vanadium(IV) oxysulphate 2-hydrate
Vanadium(IV) oxysulfate 2-eau

Eigenschaften – properties – propriétés

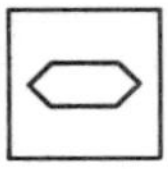

blau, Tafeln
blue, slabs
bleu, tableaux

MM 199,04
D
Fp
Kp

Gehalte – content – teneurs
~25% V

Löslichkeiten – solubilities – solubilités
$H_2O^{kalt|cold|froid}$ =
sehr wenig löslich|very slightly soluble|
très peu soluble
$H_2O^{heiß|hot|chaud}$ = löslich|soluble|soluble

Diverses – misc. – divers
MAK 0,5 mg/m^3
RID IVa

949

Wasser, destilliert H_2O
Water, distilled
Eau distillée

Eigenschaften – properties – propriétés

farblos
colourless
incolore

MM 18,016
D $1{,}00^{4\,°C}$ → Tabelle|Table|Tableau 949.1
Fp 0 °C
Kp 100 °C

Gehalte – content – teneurs
→ Tabelle|Table|Tableau 949.1

Diverses – misc. – divers

25 K
40 K
50 K

100 K

950

Wasserstoff*per*oxid H_2O_2
Hydrogen *per*oxide
Hydrogène *per*oxyde

Eigenschaften – properties – propriétés

farblos
colourless
incolore

MM 34,02
D $1{,}438\frac{20\,°C}{4}$ → Tabelle|Table|Tableau 950.1
Fp −0,89 °C
Kp $151{,}4\,°C^{760\text{ mm Hg}}$

Gehalte – content – teneurs
→ Tabelle|Table|Tableau 950.1

Diverses – misc. – divers

MAK 1 ppm, 1,4 mg/m^3
RID V

20–60% H_2O_2 →	**C**	R: 81 S: 5-63-71-73-77
> 60% H_2O_2 →	**O + C**	R: 12-81 S: 5-22-38-41-63-71-73-77

1 L
25 K
65 K

25 K
40 K
50 K

951

d-**Weinsäure** $C_4H_6O_6$
d-**Tartaric acid**
Acide *d*-**tartrique**

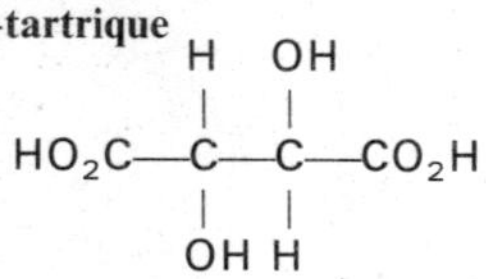

Eigenschaften – properties – propriétés

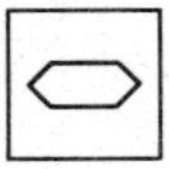

farblos
colourless
incolore

MM 150,09
D $1{,}759^{18\,°C}$
Fp
Kp

Löslichkeiten – solubilities – solubilités
H_2O = löslich|soluble|soluble

Reaktionen – reactions – réactions
170 °C → Zersetzung|decomposition|dégradation

Diverses – misc. – divers

500 g
1 K
5 K

50 K

952

Wiener Kalk
Vienna lime
Chaux de Vienne

Eigenschaften – properties – propriétés

gelb – weiß
yellow – white
jaune – blanc

Diverses – misc. – divers

$+H_2O \rightarrow$

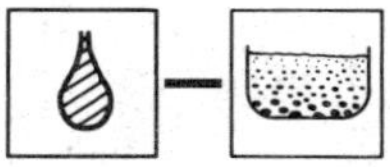

953

Wismut(III)-carbonat basisch $Bi(OH)CO_3 \cdot BiO(OH)$
Bismuth(III) carbonate basic
Bismuth(III) carbonate basique

Eigenschaften – properties – propriétés

weiß
white
blanc

MM 528,03
D 6,86
Fp
Kp

Gehalte content teneurs
~78% Bi

Löslichkeiten – solubilities – solubilités
$H_2O^{kalt|cold|froid}$ =
nicht löslich|insoluble|insoluble
$H_2O^{heiß|hot|chaud}$ =
nicht löslich|insoluble|insoluble
Säure(n) = löslich
acid(s) = soluble
acide(s) = soluble

Reaktionen – reactions – réactions
zersetzlich|decomposable|dégradable

954

Wismut(II)-chlorid $BiCl_2$
Bismuth(II) chloride
Bismuth(II) chlorure

Eigenschaften – properties – propriétés

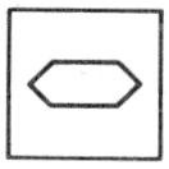

schwarz
black
noir

MM 280,89
D 4,86
Fp 163 °C
Kp

Gehalte – content – teneurs
~69% Bi

Reaktionen – react
300 °C →Zersetzu
+ H_2O →Zersetzu

955

Wismut(III)-chlorid $BiCl_3$
Bismuth(III) chloride
Bismuth(III) chlorure

Eigenschaften – properties – propriétés

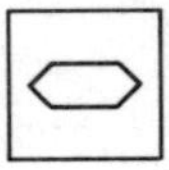

farblos, hygroskopisch
colourless, hygroscopic
incolore, hygroscopique

MM 316,34
D 4,75
Fp 244 °C
Kp 441 °C

Gehalte – content – teneurs
~ 66 % Bi

Löslichkeiten – solubilities – solubilités
HNO_3 = löslich|soluble|soluble
HCl = löslich|soluble|soluble
Aceton = löslich
acetone = soluble
acétone = soluble
Essigsäure-äthylester = löslich
acetic acid ethylester = soluble
éthyle acétate = soluble

Reaktionen – reactions – réactions
300 °C → Zersetzung|decomposition|dégradation
+ H_2O → Zersetzung|decomposition|dégradation

956

Wismut(III)-citrat $BiC_6H_5O_7$
Bismuth(III) citrate
Bismuth(III) citrate

Eigenschaften – properties – propriétés

weiß, amorph
white, amorphous
blanc, amorphe

MM 398,10
D 3,458
Fp
Kp

Gehalte – content – teneurs
~ 52 % Bi

Löslichkeiten – solubilities – solubilités
H_2O = (praktisch) unlöslich|
(practically) insoluble|(pratiquement) insoluble
NH_3 = löslich|soluble|soluble

Reaktionen – reactions – réactions
zersetzlich|decomposable|dégradable

957

Wismut(III)-hydroxid $Bi(OH)_3$
Bismuth(III) hydroxide
Bismuth(III) hydroxyde

Eigenschaften – properties – propriétés

weiß
white
blanc

MM 260,02
D 4,36
Fp 100 °C
Kp 400 °C

Gehalte – content – teneurs
~ 80 % Bi

Löslichkeiten – solubilities – solubilités
Säure(n) = löslich
acid(s) = soluble
acide(s) = soluble

Reaktionen – reactions – réactions
415 °C → Zersetzung|decomposition|dégradation
100 °C → BiO(OH)

958

Wismut(III)-nitrat-5-hydrat $Bi(NO_3)_3 \cdot 5\ H_2O$
Bismuth(III) nitrate 5-hydrate
Bismuth(III) nitrate 5-eau

Eigenschaften – properties – propriétés

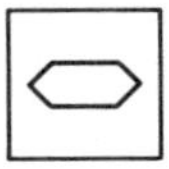

farblos
colourless
incolore

MM 485,10
D 2,82
Fp
Kp $-5\ H_2O$, 86 °C

Gehalte – content – teneurs
~ 43 % Bi

Löslichkeiten – solubilities – solubilités
HNO_3 = löslich|soluble|soluble

Reaktionen – reactions – réactions
30 °C → Zersetzung|decomposition|dégradation
zerfließlich|deliquescent|liquéfiable

$+ H_2O \rightarrow BiO(NO_3)$

959

Wismut(III)-*oxy*nitrat-1-hydrat $BiONO_3 \cdot H_2O$
Bismuth(III) *oxy*nitrate 1-hydrate
Bismuth(III) *oxy*nitrate 1-eau

Eigenschaften – properties – propriétés

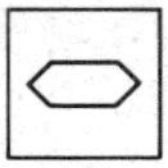

hexagonal, Tafeln
hexagonal, slabs
hexagonale, tableaux

MM 305,02
D $4{,}928^{15\,°C}$
Fp
Kp

Gehalte – content – teneurs
~68% Bi

Löslichkeiten – solubilities – solubilités
$H_2O^{kalt|cold|froid}$ =
nicht löslich|insoluble|insoluble
$H_2O^{heiß|hot|chaud}$ =
nicht löslich|insoluble|insoluble
Säure(n) = löslich
acid(s) = soluble
acide(s) = soluble

Reaktionen – reactions – réactions
260 °C → Zersetzung|decomposition|dégradation

960

Wismut(III)-oxid Bi_2O_3
Bismuth(III) oxide
Bismuth(III) oxyde

Eigenschaften – properties – propriétés

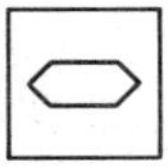

hellgelb
light yellow
jaune clair

MM 466,00
D 8,9
Fp 817 °C
Kp 1890 °C

Gehalte – content – teneurs
~89% Bi

Löslichkeiten – solubilities – solubilités
H_2O = löslich|soluble|soluble
Säure(n) = löslich
acid(s) = soluble
acide(s) = soluble

961

Wismut(III)-oxidchlorid BiOCl
Bismuth(III) *oxy***chloride**
Bismuth(III) *oxy***chlorure**

Eigenschaften – properties – propriétés

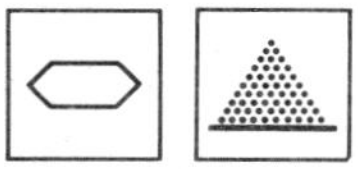

weiß
white
blanc

MM 260,46
D $7{,}72^{15\,°C}$
Fp
Kp

Gehalte – content – teneurs
~ 80% Bi

Löslichkeiten – solubilities – solubilités
Säure(n) = löslich
acid(s) = soluble
acide(s) = soluble
H_2O = (praktisch) unlöslich|
(practically) insoluble|(pratiquement) insoluble

962

Wismut(III)-sulfat $Bi_2(SO_4)_3$
Bismuth(III) sulphate
Bismuth(III) sulfate

Eigenschaften – properties – propriétés

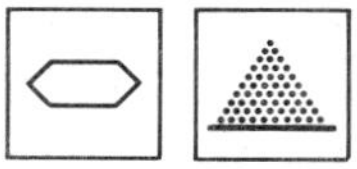

weiß, hygroskopisch
white, hygroscopic
blanc, hygroscopique

MM 706,20
D 5,08
Fp 710 °C
Kp

Gehalte – content – teneurs
~ 59% Bi

Löslichkeiten – solubilities – solubilités
H_2O = (praktisch) unlöslich|
(practically) insoluble|(pratiquement) insoluble
HCl, verdünnt = löslich
HCl, diluted = soluble
HCl, dilué = soluble
HNO_3, verdünnt = löslich
HNO_3, diluted = soluble
HNO_3, dilué = soluble

963

Wolframatokieselsäure-hydrat
Silico tungstic acid hydrate
Acide silicotungstique hydraté

$SiO_2 \cdot 12\ WO_3 \cdot 26\ H_2O$

Eigenschaften – properties – propriétés

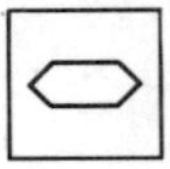

gelbweiß, hygroskopisch
yellow white, hygroscopic
jaune blanc, hygroscopique

MM 3310,83
D
Fp
Kp

Gehalte – content – teneurs
~33% W
~0,8% Si

Löslichkeiten – solubilities – solubilités
H_2O = löslich|soluble|soluble

964

Wolframatophosphorsäure-hydrat
Phospho tungstic acid hydrate
Acide phosphotungstique hydraté

$H_3[P(W_3O_{10})_4] \cdot x\ H_2O$

Eigenschaften – properties – propriétés

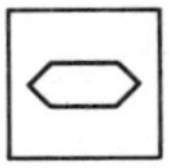

gelb
yellow
jaune

MM 2870,17 · x H_2O
D
Fp
Kp

Gehalte – content – teneurs
– x H_2O = ~70% W

Löslichkeiten – solubilities – solubilités
$H_2O^{kalt|cold|froid}$ = löslich|soluble|soluble
Äthanol = löslich
ethanol = soluble
éthanol = soluble
Diäthyläther = löslich
diethyl ether = soluble
éther diéthylique = soluble

965

Wolfram(VI)-chlorid WCl_6
Tungsten(VI) chloride
Tungstène(VI) chlorure

Eigenschaften – properties – propriétés

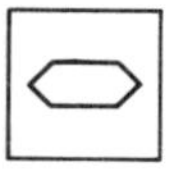 

violett
violet
violet

MM 396,66
D 3,52
Fp 275 °C
Kp 346,7 °C

Gehalte – content – teneurs
~46% W

Löslichkeiten – solubilities – solubilités
H_2O = sehr wenig löslich|
very slightly soluble|très peu soluble
CCl_4 = leicht löslich|easily soluble|facilement soluble
CS_2 = leicht löslich|easily soluble|facilement soluble
Äthanol = leicht löslich
ethanol = easily soluble
éthanol = facilement soluble
Chloroform = leicht löslich
chloroforme = easily soluble
chloroforme = facilement soluble
Aceton = leicht löslich
acetone = easily soluble
acétone = facilement soluble
Diäthyläther = leicht löslich
diethyl ether = easily soluble
éther diéthylique = facilement soluble

Reaktionen – reactions – réactions
60 °C, + H_2O → Zersetzung|decomposition|
dégradation
+ feuchte Luft → Zersetzung → WO_2Cl_2 + HCl
+ humid air → decomposition → WO_2Cl_2 + HCl
+ air humide → dégradation → WO_2Cl_2 + HCl

966

Wolfram(VI)-fluorid WF_6
Tungsten(VI) fluoride
Tungstène(VI) fluorure

Eigenschaften – properties – propriétés

Gas farblos
Gas colourless,
Gaz incolore

gelb
yellow,
jaune

weiß
white
blanc

MM 297,84
D 12,9 (mg/m³)
Fp 2,5 °C
Kp 17,06 °C

Gehalte – content – teneurs
~61% W

Reaktionen – reactions – réactions
+ feuchte Luft
+ humid air →
+ air humide

Diverses – misc. – divers
MAK 2,5 mg F/m³
RID V

967

Wolfram(VI)-oxid WO_3
Tungsten(VI) oxide
Tungstène(VI) oxyde

Eigenschaften – properties – propriétés

gelb
yellow
jaune

MM 231,92
D 7,16
Fp 1473 °C
Kp 1800 °C

Gehalte – content – teneurs
~ 79 % W

Löslichkeiten – solubilities – solubilités
H_2O_2 = löslich|soluble|soluble

968

Wolframsäure H_2WO_4
Tungstic acid
Acide tungstique

Eigenschaften – properties – propriétés

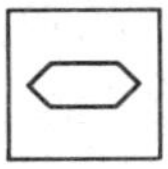

gelb, rhombisch
yellow, rhombic
jaune, rhombique

MM 249,94
D 5,5
Fp
Kp

Gehalte – content – teneurs
~ 73 % W

Löslichkeiten – solubilities – solubilités
$H_2O^{kalt|cold|froid}$ =
nicht löslich|insoluble|insoluble
$H_2O^{heiß|hot|chaud}$ =
nicht löslich|insoluble|insoluble
HF = löslich|soluble|soluble
NH_3 wässerig = löslich
NH_3 aqueous = soluble
NH_3 aqueux = soluble
Alkalilauge = löslich
caustic alkali solution = soluble
solution caustique alcaline = soluble

969

Woods **Legierung**
Woods' **Alloy**
Alliage de *Wood*

Eigenschaften – properties – propriétés

MM
D
Fp 60...70 °C
Kp

Gehalte – content – teneurs
Pb 25,00%
Cd 12,50%
Bi 50,00%
Sn 12,50%

Diverses – misc. – divers

100 g
250 g
1 K

970

m-**Xylol**
m-**Xylene**
m-**Xylène**

C_8H_{10}

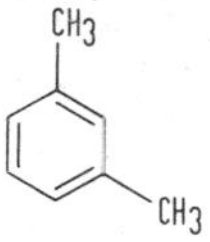

Eigenschaften – properties – propriétés

farblos
colourless
incolore

MM 106,16
D $0{,}867^{17\,°C}_{4}$
Fp −47,5 °C
Kp 139,3 °C

Löslichkeiten – solubilities – solubilités
H_2O = sehr wenig löslich|
very slightly soluble|très peu soluble
Äthanol = leicht löslich
ethanol = easily soluble
éthanol = facilement soluble
Diäthyläther = leicht löslich
diethyl ether = easily soluble
éther diéthylique = facilement soluble

Reaktionen – reactions – réactions

Diverses – misc. – divers **Xn** R: 21-33-64
MAK 200 ppm, 870 mg/m^3 S: 3-16-21-23-27-36-65-71-76-104
RID IIa

1 L
2,5 L
5 L

25 K

971

o-**Xylol**
o-**Xylene**
o-**Xylène**

C_8H_{10}

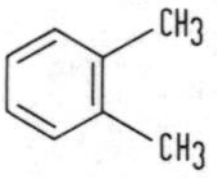

Eigenschaften – properties – propriétés

farblos
colourless
incolore

MM 106,16
D $0{,}881^{20\,°C}$
Fp −25 °C
Kp 144 °C

Löslichkeiten – solubilities – solubilités
H_2O = sehr wenig löslich|
very slightly soluble|très peu soluble
Äthanol = leicht löslich
ethanol = easily soluble
éthanol = facilement soluble
Diäthyläther = leicht löslich
diethyl ether = easily soluble
éther diéthylique = facilement soluble

Reaktionen – reactions – réactions

Diverses – misc. – divers
MAK 200 ppm, 870 mg/m^3
RID III a

Xn R: 21-33-64
S: 3-16-21-23-27-36-65-71-76-104

1 L
2,5 L
5 L

25 K

972

p-**Xylol**
p-**Xylene**
p-**Xylène**

C_8H_{10}

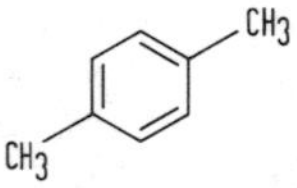

Eigenschaften – properties – propriétés

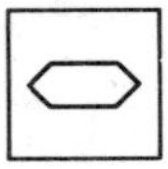

Tafeln
slabs
tableaux

MM 106,16
D $0{,}861^{20\,°C}_{4}$
Fp 13,2 °C
Kp 138,2 °C

Löslichkeiten – solubilities – solubilités
H_2O = sehr wenig löslich|
very slightly soluble|très peu soluble
Äthanol = leicht löslich
ethanol = easily soluble
éthanol = facilement soluble
Diäthyläther = leicht löslich
diethyl ether = easily soluble
éther diéthylique = facilement soluble

Reaktionen – reactions – réactions

Diverses – misc. – divers
MAK 200 ppm, 870 mg/m^3
RID III a

Xn R: 21-33-64
S: 3-16-21-23-27-36-65-71-76-104

1 L
2,5 L
5 L

25 K

973

Zimtaldehyd C_9H_8O
Cinnamaldehyde
Cinnamyle aldéhyde

C_6H_5—CH=CH—CHO

Eigenschaften – properties – propriétés

MM 132,16
D 1,0497$^{20\,°C}$
Fp
Kp 253,5 °C

Löslichkeiten – solubilities – solubilités
Petroläther = sehr wenig löslich
petroleum ether = very slightly soluble
benzine de pétrole = très peu soluble
Äthanol$^{50\%}$ = 4 g/100 ml
ethanol$^{50\%}$ = 4 g/100 ml
éthanol$^{50\%}$ = 4 g/100 ml
Äthanol$^{70\%}$ = 40 g/100 ml
ethanol$^{70\%}$ = 40 g/100 ml
éthanol$^{70\%}$ = 40 g/100 ml
Diäthyläther = löslich
diethyl ether = soluble
éther diéthylique = soluble

974

cis-**Zimtsäure**(*allo*) $C_9H_8O_2$
cis-**Cinnamic acid**(*allo*)
Acide cinnamique-*cis*

H—C—C_6H_5
‖
H—C—CO_2H

Eigenschaften – properties – propriétés

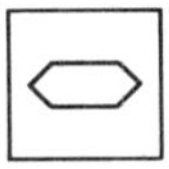

MM 148,16
D
Fp 68 °C
Kp

Löslichkeiten – solubilities – solubilités
$H_2O^{18\,°C}$ = 0,69 g/100 ml

975

*trans*Zimtsäure $C_9H_8O_2$
*trans*Cinnamic acid
Acide cinnamique-*trans*

C_6H_5—C—H
‖
H—C—CO_2H

Eigenschaften – properties – propriétés

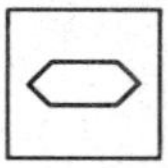

MM 148,16
D 1,2475
Fp 135...136 °C
Kp 300 °C

Löslichkeiten – solubilities – solubilités
$H_2O^{18\,°C}$ = 0,04 g/100 ml
$\text{Äthanol}^{20\,°C}$ = 23,8 g/100 ml
$\text{ethanol}^{20\,°C}$ = 23,8 g/100 ml
$\text{éthanol}^{20\,°C}$ = 23,8 g/100 ml
Diäthyläther = sehr leicht löslich
diethyl ether = extremely soluble
éther diéthylique = très facilement soluble

976

Zinkacetat wasserfrei $Zn(C_2H_3O_2)_2$
Zinc acetate anhydrous
Zinc acétate anhydre

Eigenschaften – properties – propriétés

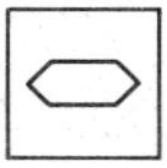

weiß
white
blanc

MM 183,47
D 1,840
Fp 242 °C
Kp

Gehalte – content – teneurs
~35% Zn

Löslichkeiten – solubilities – solubilités
H_2O = löslich|soluble|soluble
Essigsäure = löslich
acetic acid = soluble
acide acétique = soluble
Äthanol = löslich
ethanol = soluble
éthanol = soluble
Diäthyläther = löslich
diethyl ether = soluble
éther diéthylique = soluble

Diverses – misc. – divers

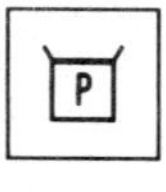

500 g
1 K
5 K

40 K

977

Zinkacetat-2-hydrat $Zn(C_2H_3O_2) \cdot 2\ H_2O$
Zink acetate 2-hydrate
Zinc acétate 2-eau

Eigenschaften – properties – propriétés

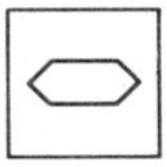

farblos
colourless
incolore

MM 219,50
D 1,735
Fp $-2\ H_2O$, 100 °C
Kp

Gehalte – content – teneurs
~ 30 % Zn

Löslichkeiten – solubilities – solubilités
Essigsäure-äthylester = löslich
acetic acid ethylester = soluble
éthyle acétate = soluble
Äthanol = löslich
ethanol = soluble
éthanol = soluble
Aceton = löslich
acetone = soluble
acétone = soluble

Diverses – misc. – divers

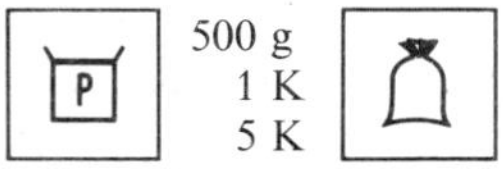

500 g
1 K
5 K

40 K

978

Zinkammoniumchlorid $ZnCl_2 \cdot 2\ NH_4Cl$
Zinc ammonium chloride
Zinc et ammonium chlorure

Eigenschaften – properties – propriétés

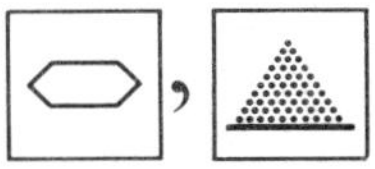

weiß
white
blanc

MM 243,3
D
Fp
Kp

Gehalte – content – teneurs
26,8 % Zn

Löslichkeiten – solubilities – solubilités
H_2O = löslich|soluble|soluble

979

Zinkammoniumphosphat $(NH_4)ZnPO_4$
Zinc ammonium phosphate
Zinc et ammonium phosphate

Eigenschaften – properties – propriétés

Niederschlag, farblos
precipitate, colourless
précipité, incolore

MM 178,38
D
Fp
Kp

Gehalte – content – teneurs
36,6% Zn

Löslichkeiten – solubilities – solubilités
H_2O = löslich|soluble|soluble

980

Zinkammoniumsulfat-6-hydrat
Zinc ammonium sulphate 6-hydrate
Zinc et ammonium sulfate 6-eau

$(NH_4)_2Zn(SO_4)_2 \cdot 6\ H_2O$

Eigenschaften – properties – propriétés

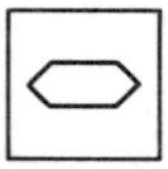

MM 401,66
D 1,931
Fp $-6\ H_2O$, 110 °C
Kp

Gehalte – content – teneurs
13,8% Zn

Löslichkeiten – solubilities – solubilités
$H_2O^{20\,°C}$ = 12,5 g/100 ml

981

Zink*ortho*arsenat-8-hydrat $Zn_3(AsO_4)_2 \cdot 8\ H_2O$
Zinc *ortho*arsenate 8-hydrate
Zinc *ortho*arséniate 8-eau

Eigenschaften – properties – propriétés

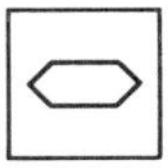

durchsichtig
transparent
transparent

MM 618,09
D $3{,}309^{15\,°C}$
Fp $-2\ H_2O$, 100 °C
Kp

Gehalte – content – teneurs
31,7% Zn

Löslichkeiten – solubilities – solubilités
H_2O = (praktisch) unlöslich|
(practically) insoluble|(pratiquement) insoluble
Säure(n), verdünnt = löslich
acid(s), diluted = soluble
acide(s), dilué = soluble

Diverses – misc. – divers
RID IVa

982

Zinkbromid $ZnBr_2$
Zinc bromide
Zinc bromure

Eigenschaften – properties – propriétés

farblos, glänzend
colourless, bright
incolore, brillant

MM 225,21
D $4{,}219^{4\,°C}$
Fp 394 °C
Kp 655 °C

Gehalte – content – teneurs
29,1% Zn

Löslichkeiten – solubilities – solubilités
$H_2O^{20\,°C}$ = 81,3 g/100 ml
$Aceton^{20\,°C}$ = 78,44 g/100 ml
$acetone^{20\,°C}$ = 78,44 g/100 ml
$acétone^{20\,°C}$ = 78,44 g/100 ml
$Pyridin^{18\,°C}$ = 4,4 g/100 ml
$pyridine^{18\,°C}$ = 4,4 g/100 ml
$pyridine^{18\,°C}$ = 4,4 g/100 ml
Äthanol = löslich
ethanol = soluble
éthanol = soluble
Diäthyläther = löslich
diethyl ether = soluble
éther diéthylique = soluble

Reaktionen – reactions – réactions
zerfließlich|deliquescent|liquéfiable

983

Zinkcarbonat $ZnCO_3$
Zinc carbonate
Zinc carbonate

Eigenschaften – properties – propriétés

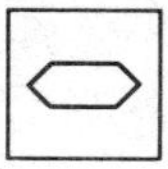 

weiß
white
blanc

MM 125,39
D 4,44
Fp $-CO_2$, 300 °C
Kp

Gehalte – content – teneurs
52,2% Zn

Löslichkeiten – solubilities – solubilités
H_2O = löslich|soluble|soluble
NH_3 = löslich|soluble|soluble
Säure(n) = löslich
acid(s) = soluble
acide(s) = soluble

984

Zinkchlorid $ZnCl_2$
Zinc chloride
Zinc chlorure

Eigenschaften – properties – propriétés

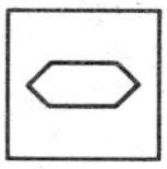

farblos
colourless
incolore

MM 136,29
D $2{,}91\frac{25\,°C}{4}$
Fp 318 °C
Kp 721 °C

Gehalte – content – teneurs
~48% Zn

Löslichkeiten – solubilities – solubilités
$H_2O^{20\,°C}$ = 78,7 g/100 ml
$Aceton^{18\,°C}$ = 30,3 g/100 ml
$acetone^{18\,°C}$ = 30,3 g/100 ml
$acétone^{18\,°C}$ = 30,3 g/100 ml
Äthanol = leicht löslich
ethanol = easily soluble
éthanol = facilement soluble
Diäthyläther = leicht löslich
diethyl ether = easily soluble
éther diéthylique = facilement soluble

Diverses – misc. – divers
RID V

C R: 81
S: 12-65-91

 1 K
5 K

 50 K

985

Zinkchromat $ZnCrO_4$
Zinc chromate
Zinc chromate

Eigenschaften – properties – propriétés

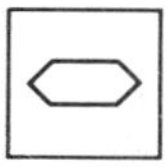

gelb
yellow
jaune

MM 181,39
D 5,3
Fp
Kp

Gehalte – content – teneurs
~ 85,7% Zn

Löslichkeiten – solubilities – solubilités
$H_2O^{kalt|cold|froid}$ = sehr wenig löslich|very slightly soluble|très peu soluble

986

Zink*bi*chromat-3-hydrat $ZnCr_2O_7 \cdot 3\ H_2O$
Zinc *di*chromate 3-hydrate
Zinc *di*chromate 3-eau

Eigenschaften – properties – propriétés

rotbraun-orange, orangegelb-gelb
red brown-orange, orange yellow-yellow
rouge brun-orange, orange jaune-jaune

MM 335,45
D
Fp
Kp

Gehalte – content – teneurs
19,5% Zn

Löslichkeiten – solubilities – solubilités
H_2O = sehr löslich|very soluble|très soluble

987

Zinkcyanid $Zn(CN)_2$
Zinc cyanide
Zinc cyanure

Eigenschaften – properties – propriétés

weiß
white
blanc

MM 117,42
D 1,852
Fp
Kp

Gehalte – content – teneurs
55,7% Zn

Löslichkeiten – solubilities – solubilités
$H_2O^{20\,°C}$ = leicht löslich|
easily soluble|facilement soluble
NH_3 = löslich|soluble|soluble
Säure(n), verdünnt = löslich
acid(s), diluted = soluble
acide(s), dilué = soluble
Alkalilauge = löslich
caustic alkali solution = soluble
solution caustique alcaline = soluble
KCN-Lösung = löslich
KCN-solution = soluble
solution de KCN = soluble

Reaktionen – reactions – réactions
800 °C → Zersetzung|decomposition|dégradation

Diverses – misc. – divers
RID IVa

25 K

988

Zinkfluorid ZnF_2
Zinc fluoride
Zinc fluorure

Eigenschaften – properties – propriétés

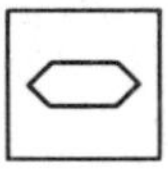
farblos, durchsichtig
colourless, transparent
incolore, transparent

MM 103,38
D $4{,}84^{15\,°C}_{4}$
Fp 872 °C
Kp 1500 °C

Gehalte – content – teneurs
77,5% Zn

Löslichkeiten – solubilities – solubilités
H_2O = löslich|soluble|soluble
Säure(n) heiß = löslich
acid(s) hot = soluble
acide(s) chaud = soluble

Diverses – misc. – divers
RID V

T R: 55
S: 3-11-21-31-51-63-67-72-91-108

989

Zinkfluoroborat $Zn[BF_4]_2 \cdot xH_2O$
Zinc fluoroborate
Zinc fluoroborate

Eigenschaften – properties – propriétés

farblos
colourless
incolore

MM 238,98
D $1{,}58^{20\,°C}$
Fp
Kp

Gehalte – content – teneurs
13,6% = 216 g Zn/l

Löslichkeiten – solubilities – solubilités
H_2O = leicht löslich|easily soluble|facilement soluble

Diverses – misc. – divers
RID V

 1 L  45 K

990

Zinkhydroxid $Zn(OH)_2$
Zinc hydroxide
Zinc hydroxyde

Eigenschaften – properties – propriétés

weiß, amorph
white, amorphous
blanc, amorphe

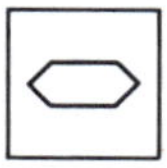

weiß
white
blanc

MM 99,40
D 3,053
Fp
Kp

Gehalte – content – teneurs
65,8% Zn

Löslichkeiten – solubilities – solubilités
H_2O = löslich|soluble|soluble
Säure(n) = löslich
acid(s) = soluble
acide(s) = soluble
Alkalilauge = löslich
caustic alkali solution = soluble
solution caustique alcaline = soluble

Reaktionen – reactions – réactions
125 °C → Zersetzung|decomposition|dégradation

Diverses – misc. – divers

 25 K

991

Zinkhydroxidcarbonat $2\,ZnCO_3 \cdot 3\,Zn(OH)_2$
Zinc carbonate basic
Zinc hydroxydcarbonate

Eigenschaften – properties – propriétés

weiß – farblos
white – colourless
blanc – incolore

MM 548,90
D
Fp
Kp

Gehalte – content – teneurs
52,14% Zn
$ZnCO_3 + Zn(OH)_2$

Löslichkeiten – solubilities – solubilités
H_2O = (praktisch) unlöslich|
(practically) insoluble|(pratiquement) insoluble
NH_3 = löslich|soluble|soluble
Säure(n), verdünnt = löslich
acid(s), diluted = soluble
acide(s), dilué = soluble

Diverses – misc. – divers

50 K

992

Zinkjodid ZnJ_2
Zinc iodide ZnI_2
Zinc iodure

Eigenschaften – properties – propriétés

farblos
colourless,
incolore

weiß, hygroskopisch
white, hygroscopic
blanc, hygroscopique

MM 319,22
D $4{,}666^{14.2\,°C}_{4}$
Fp 446 °C
Kp 624 °C

Gehalte – content – teneurs
20,5% Zn

Löslichkeiten – solubilities – solubilités
$H_2O^{20\,°C}$ = 81,5 g/100 ml
Pyridin$^{18\,°C}$ = 12,6 g/100 ml
pyridine$^{18\,°C}$ = 12,6 g/100 ml
pyridine$^{18\,°C}$ = 12,6 g/100 ml
Aceton = löslich
acetone = soluble
acétone = soluble
Äthanol = löslich
ethanol = soluble
éthanol = soluble
Diäthyläther = löslich
diethyl ether = soluble
éther diéthylique = soluble

993

Zinkjodidstärkelösung
Zinc iodide-starch solution
Amidon en solution avec zinc iodure

Eigenschaften – properties – propriétés

farblos
colourless
incolore

Gehalte – content – teneurs
2 g Stärke|starch|amidon
10 g Zinkchlorid|Zinc chloride|Zink chlorure
0,5 g Zinkstaub|Zinc dust|Zinc en forme de poussière
1 g Jod|Iodine|Iode
+ $H_2O \rightarrow 500$ ml

Diverses – misc. – divers

250 g 1 K
500 g 5 K

994

Zinknitrat-4-hydrat $Zn(NO_3)_2 \cdot 4\,H_2O$
Zinc nitrate 4-hydrate
Zinc nitrate 4-eau

Eigenschaften – properties – propriétés

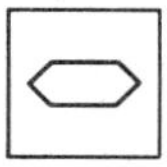

hygroskopisch
hygroscopic
hygroscopique

MM 261,44
D
Fp
Kp

Gehalte – content – teneurs
~24% Zn

Löslichkeiten – solubilities – solubilités
$H_2O^{20\,°C} = 54$ g/100 ml
Äthanol = leicht löslich
ethanol = easily soluble
éthanol = facilement soluble

Reaktionen – reactions – réactions

Diverses – misc. – divers

1 K
5 K

50 K

995

Zinknitrat-6-hydrat $Zn(NO_3)_2 \cdot 6\,H_2O$
Zinc nitrate 6-hydrate
Zinc nitrate 6-eau

Eigenschaften – properties – propriétés

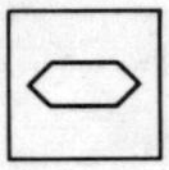

hygroskopisch farblos
hygroscopic colourless
hygroscopique incolore

MM 297,49
D $2{,}065^{14\,°C}$
Fp 36,4 °C
Kp

Gehalte – content – teneurs
~22% Zn

Löslichkeiten – solubilities – solubilités
$H_2O^{20\,°C}$ = 54 g/100 ml
Äthanol = leicht löslich
ethanol = easily soluble
éthanol = facilement soluble

Reaktionen – reactions – réactions

105 °C → $-6\,H_2O$

Diverses – misc. – divers

1 K
5 K

50 K

996

Zinkoxid ZnO
Zinc oxide
Zinc oxyde

Eigenschaften – properties – propriétés

weiß
white
blanc

MM 81,38
D 5,66
Fp −1975 °C
Kp

Gehalte – content – teneurs
80,3% Zn

Löslichkeiten – solubilities – solubilités
Säure(n) = löslich
acid(s) = soluble
acide(s) = soluble
Alkalilauge = löslich
caustic alkali solution = soluble
solution caustique alcaline = soluble

Diverses – misc. – divers
MAK 5 mg/m³ Rauch|smoke|fumée

1 K
5 K

50 K

997

Zink*per*oxid ZnO_2
Zinc *per*oxide
Zinc *per*oxyde

Eigenschaften – properties – propriétés

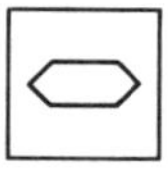

MM 97,38
D 1,571
Fp
Kp

Gehalte – content – teneurs
~65% Zn

Löslichkeiten – solubilities – solubilités
$H_2O^{kalt|cold|froid}$ = 0,0022 g/100 ml

Reaktionen – reactions – réactions

212 °C→ 

+ Säure(n)→Zersetzung
+ acid(s) →decomposition
+ acide(s) →dégradation

998

*tert.***Zink*ortho*phosphat-4-hydrat** $Zn_3(PO_4)_2 \cdot 4\,H_2O$
*tert.***Zinc*ortho*phosphate 4-hydrate**
*tert.***Zinc*ortho*phosphate 4-eau**

Eigenschaften – properties – propriétés

weiß, glänzend
white, bright
blanc, brillant

MM 458,24
D 3,04
Fp
Kp

Gehalte – content – teneurs
42,8% Zn

Löslichkeiten – solubilities – solubilités
H_2O = (praktisch) unlöslich|
(practically) insoluble|(pratiquement) insoluble
NH_3 = löslich|soluble|soluble

999

Zink*pyro*phosphat $Zn_2P_2O_7$
Zinc *pyro*phosphate
Zinc *pyro*phosphate

Eigenschaften – properties – propriétés

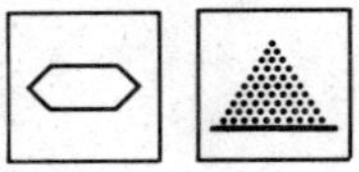

weiß
white
blanc

MM 304,72
D $3{,}756^{23\,°C}$
Fp
Kp

Gehalte – content – teneurs
21,5% Zn

Löslichkeiten – solubilities – solubilités
NH_3 = löslich|soluble|soluble
Säure(n) = löslich
acid(s) = soluble
acide(s) = soluble
Alkalilauge = löslich
caustic alkali solution = soluble
solution caustique alcaline = soluble

Reaktionen – reactions – réactions
$H_2O^{\text{heiß|hot|chaud}} \rightarrow Zn_3(PO_4)_2 + ZnHPO_4$

1000

Zinkselenid ZnSe
Zinc selenide
Zinc séléniure

Eigenschaften – properties – propriétés

gelb
yellow,
jaune

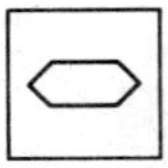

gelb
yellow
jaune

MM 144,34
D $5{,}42^{15\,°C}_{4}$
Fp > 1100 °C
Kp

Gehalte – content – teneurs
~ 45% Zn
~ 55% Se

Diverses – misc. – divers
MAK 0,1 mg Se/m^3
RID IV a

1001

Zinkselenit $ZnSeO_3$
Zinc selenite
Zinc sélénite

Eigenschaften – properties – propriétés

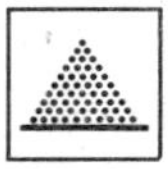

weiß
white
blanc

MM 192,34
D
Fp
Kp

Gehalte – content – teneurs
33,99% Zn
41,05% Se

Löslichkeiten – solubilities – solubilités
H_2O = (praktisch) unlöslich|
(practically) insoluble|(pratiquement) insoluble
Säure(n) = leicht löslich
acid(s) = easily soluble
acide(s) = facilement soluble

Diverses – misc. – divers
MAK 0,1 mg Se/m^3
RID IVa

1002

Zink, Staub Zn
Zinc, dust
Zinc, poussière

Eigenschaften – properties – propriétés

blau weiß, glänzend
blue white, bright
bleu blanc, brillant

Atomgewicht|atomic weight|poids atomique 65,38
D 7,133
Fp 419,4 °C
Kp 905,7 °C

Löslichkeiten – solubilities – solubilités
Säure(n) = löslich
acid(s) = soluble
acide(s) = soluble
Eisessig = löslich
glacial acetic acid = soluble
acide acétique glacial = soluble
Alkalilauge = löslich
caustic alkali solution = soluble
solution caustique alcaline = soluble

Diverses – misc. – divers **F** R: 29-31
S : 13-18-36-103

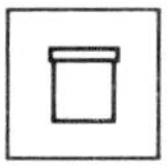

500 g
1 K
5 K

50 K
100 K

1003

Zinksulfat wasserfrei $ZnSO_4$
Zinc sulphate anhydrous
Zinc sulfate anhydre

Eigenschaften – properties – propriétés

weiß
white
blanc

MM 161,45
D $3{,}74^{15\,°C}_{4}$
Fp
Kp

Gehalte – content – teneurs
40,5% Zn

Löslichkeiten – solubilities – solubilités
$H_2O^{kalt|cold|froid}$ = löslich|soluble|soluble
$H_2O^{heiß|hot|chaud}$ = sehr leicht löslich|
extremely soluble|très facilement soluble

Reaktionen – reactions – réactions
740 °C → Zersetzung|decomposition|dégradation

Diverses – misc. – divers

1 K
5 K

50 K

1004

Zinksulfat trocken $ZnSO_4 \cdot H_2O$
Zinc sulphate dry
Zinc sulfate sec

Eigenschaften – properties – propriétés

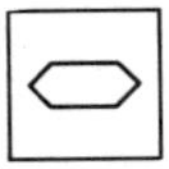

farblos
colourless
incolore

MM 179,47
D $3{,}28^{15\,°C}_{4}$
Fp
Kp

Gehalte – content – teneurs
~36% Zn

Löslichkeiten – solubilities – solubilités
$H_2O^{kalt|cold|froid}$ = löslich|soluble|soluble
$H_2O^{heiß|hot|chaud}$ = sehr leicht löslich|
extremely soluble|très facilement soluble

Reaktionen – reactions – réactions
238 °C → Zersetzung|decomposition|dégradation

Diverses – misc. – divers

1 K
5 K

50 K

1005

Zinksulfat-6-hydrat $ZnSO_4 \cdot 6\ H_2O$
Zinc sulphate 6-hydrate
Zinc sulfate 6-eau

Eigenschaften – properties – propriétés

farblos
colourless
incolore

MM 269,55
D $2{,}072^{15\,°C}_{4}$
Fp
Kp

Gehalte – content – teneurs
24,3% Zn

Löslichkeiten – solubilities – solubilités
$H_2O^{kalt|cold|froid}$ = löslich|soluble|soluble
$H_2O^{heiß|hot|chaud}$ = sehr leicht löslich|
extremely soluble|très facilement soluble

Reaktionen – reactions – réactions
70 °C → $-5\ H_2O$

Diverses – misc. – divers

1 K
5 K
50 K

1006

Zinksulfat-7-hydrat $ZnSO_4 \cdot 7\ H_2O$
Zinc sulphate 7-hydrate
Zinc sulfate 7-eau

Eigenschaften – properties – propriétés

farblos, durchsichtig, glänzend
colourless, transparent, bright
incolore, transparent, brillant

MM 287,56
D $1{,}966^{16,5\,°C}$
Fp
Kp

Gehalte – content – teneurs
22,7% Zn

Löslichkeiten – solubilities – solubilités
$H_2O^{kalt|cold|froid}$ = löslich|soluble|soluble
$H_2O^{heiß|hot|chaud}$ = sehr leicht löslich|
extremely soluble|très facilement soluble

Reaktionen – reactions – réactions
280 °C → $-7\ H_2O$

Diverses – misc. – divers

1 K
5 K
50 K

1007

Zinksulfid ZnS
Zinc sulphide
Zinc sulfure

Eigenschaften – properties – propriétés

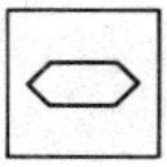

durchsichtig
transparent
transparent

MM 97,45
D 4,04...4,102
Fp
Kp 1665 °C

Gehalte – content – teneurs
~65% Zn

Löslichkeiten – solubilities – solubilités
$H_2O^{18\,°C}$ = leicht löslich|easily soluble|
facilement soluble
Säure(n) = leicht löslich
acid(s) = easily soluble
acide(s) = facilement soluble

Reaktionen – reactions – réactions
1020 °C → Umwandlung|transformation|
transformation

1008

Zinn(II)-bromid $SnBr_2$
Tin(II) bromide
Etain(II) bromure

Eigenschaften – properties – propriétés

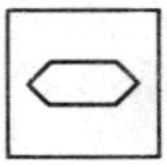

weiß, gelb, durchsichtig
white, yellow, transparent
blanc, jaune, transparent

MM 278,53
D $5{,}12^{17\,°C}$
Fp 215,5 °C
Kp 639 °C

Gehalte – content – teneurs
42,7% Sn

Löslichkeiten – solubilities – solubilités
H_2O = wenig löslich|slightly soluble|peu soluble
Äthanol = wenig löslich
ethanol = slightly soluble
éthanol = peu soluble
Pyridin = wenig löslich
pyridine = slightly soluble
pyridine = peu soluble
Diäthyläther = wenig löslich
diethyl ether = slightly soluble
éther diéthylique = peu soluble

Diverses – misc. – divers
MAK 2 mg Sn/m^3
RID IVa

1009

Zinn(IV)-bromid $SnBr_4$
Tin(IV) bromide
Etain(IV) bromure

Eigenschaften – properties – propriétés

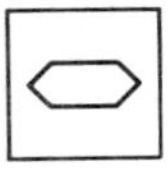

weiß – farblos
white – colourless
blanc – incolore

MM 438,36
D $3{,}34^{35\,°C}$
Fp 31,0 °C
Kp 205 °C

Gehalte – content – teneurs
27,1% Sn

Löslichkeiten – solubilities – solubilités
H_2O = leicht löslich|easily soluble|
facilement soluble

Diverses – misc. – divers
MAK 2 mg Sn/m^3
RID IVa

1010

Zinn(II)-chlorid wasserfrei $SnCl_2$
Tin(II) chloride anhydrous
Etain(II) chlorure anhydre

Eigenschaften – properties – propriétés

weiß, durchsichtig
white, transparent
blanc, transparent

MM 189,61
D 3,951
Fp 246,8 °C
Kp 623 °C

Gehalte – content – teneurs
62,6% Sn

Löslichkeiten – solubilities – solubilités
$H_2O^{0\,°C}$ = 45,6 g/100 ml
$H_2O^{25\,°C}$ = 70,1 g/100 ml
Säure(n), verdünnt + konzentriert = löslich
acid(s), diluted, concentrated = soluble
acide(s), dilué, concentré = soluble
Äthanol = löslich
ethanol = soluble
éthanol = soluble
Alkalilauge = löslich
caustic alkali solution = soluble
solution caustique alcaline = soluble
Eisessig = löslich
glacial acetic acid = soluble
acide acétique glacial = soluble
Lösungsmittel = löslich
solvent = soluble
solvant = soluble
Essigsäure-äthylester = löslich
acetic acid ethylester = soluble
éthyle acétate = soluble

Reaktionen – reactions – réactions

Diverses – misc. – divers
MAK 2 mg Sn/m^3

250 g
1 K
5 K

25 K
50 K

1011

Zinn(II)-chlorid-2-hydrat $SnCl_2 \cdot 2\,H_2O$
Tin(II) chloride 2-hydrate
Etain(II) chlorure 2-eau

Eigenschaften – **properties** – **propriétés**

farblos
colourless
incolore

MM 225,65
D $2{,}71^{15{,}5\,°C}$
Fp 37,7 °C
Kp

Gehalte – **content** – **teneurs**
52,6% Sn

Löslichkeiten – **solubilities** – **solubilités**
$H_2O^{0\,°C}$ = leicht löslich|easily soluble|facilement soluble
$H_2O^{25\,°C}$ = leicht löslich|easily soluble|facilement soluble
Äthanol = sehr leicht löslich
ethanol = extremely soluble
éthanol = très facilement soluble
Diäthyläther = sehr leicht löslich
diethyl ether = extremely soluble
éther diéthylique = très facilement soluble

Reaktionen – **reactions** – **réactions**
zersetzlich|decomposable|dégradable

Diverses – **misc.** – **divers**
MAK 2 mg Sn/m³

250 g
1 K
5 K

25 K
50 K

1012

Zinn(II)-*oxy*chlorid-4-hydrat $Sn_2OCl_2 \cdot 4\,H_2O$
Tin(II) *oxy*chloride 4-hydrate
Etain(II) *oxy*chlorure 4-eau

Eigenschaften – **properties** – **propriétés**

weiß
white
blanc

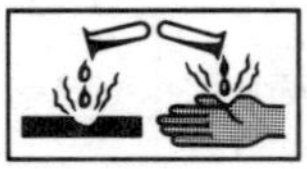

MM 396,36
D
Fp
Kp

Gehalte – **content** – **teneurs**
59,9% Sn

Löslichkeiten – **solubilities** – **solubilités**
H_2O = löslich|soluble|soluble

Reaktionen – **reactions** – **réactions**

Diverses – **misc.** – **divers**
MAK 2 mg Sn/m³

1013

Zinn(IV)-chlorid wasserfrei $SnCl_4$
Tin(IV) chloride anhydrous
Etain(IV) chlorure anhydre

Eigenschaften – properties – propriétés

farblos
colourless
incolore

MM 260,53
D 2,226
Fp –33 °C
Kp 113,9 °C

Gehalte – content – teneurs
45,6% Sn

Löslichkeiten – solubilities – solubilités
H_2O = leicht löslich|
easily soluble|facilement soluble
CS_2 = leicht löslich|
easily soluble|facilement soluble
CCl_4 = leicht löslich|
easily soluble|facilement soluble
Äthanol = leicht löslich
ethanol = easily soluble
éthanol = facilement soluble
Benzol = leicht löslich
benzene = easily soluble
benzène = facilement soluble

Reaktionen – reactions – réactions

Diverses – misc. – divers
MAK 2 mg Sn/m^3
RID V

C R: 81-84
S : 15-24-32-53-65-67-91-94

1014

Zinn(IV)-chlorid-3-hydrat $SnCl_4 \cdot 3\,H_2O$
Tin(IV) chloride 3-hydrate
Etain(IV) chlorure 3-eau

Eigenschaften – properties – propriétés

farblos, monoklin
colourless, monoclinic
incolore, monoclinique

MM 314,55
D
Fp 80 °C
Kp

Gehalte – content – teneurs
37,7% Sn

Löslichkeiten – solubilities – solubilités
H_2O = löslich|soluble|soluble

Reaktionen – reactions – réactions

Diverses – misc. – divers
MAK 2 mg Sn/m^3
RID V

1015

Zinn(IV)-chlorid-4-hydrat $SnCl_4 \cdot 4\ H_2O$
Tin(IV) chloride 4-hydrate
Etain(IV) chlorure 4-eau

Eigenschaften – properties – propriétés

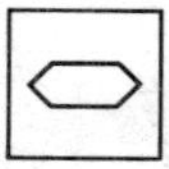 

MM 332,59
D
Fp
Kp

Gehalte – content – teneurs
35,7% Sn

Löslichkeiten – solubilities – solubilités
H_2O = löslich|soluble|soluble

Reaktionen – reactions – réactions

Diverses – misc. – divers
MAK 2 mg Sn/m^3
RID V

1016

Zinn(IV)-chlorid-5-hydrat $SnCl_4 \cdot 5\ H_2O$
Tin(IV) chloride 5-hydrate
Etain(IV) chlorure 5-eau

Eigenschaften – properties – propriétés

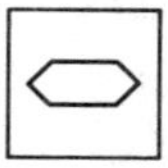

farblos, monoklin
colourless, monoclinic
incolore, monoclinique

MM 350,61
D
Fp
Kp

Gehalte – content – teneurs
33,9% Sn

Löslichkeiten – solubilities – solubilités
$H_2O^{kalt|cold|froid}$ = löslich|soluble|soluble
$H_2O^{heiß|hot|chaud}$ = löslich|soluble|soluble
Äthanol = löslich
ethanol = soluble
éthanol = soluble

Reaktionen – reactions – réactions
zerfließlich|deliquescent|liquéfiable

Diverses – misc. – divers
MAK 2 mg Sn/m^3
RID V

1017

Zinn(IV)-*oxy*chlorid $SnOCl_2$
Tin(IV) *oxy*chloride
Etain(IV) *oxy*chlorure

Eigenschaften – properties – propriétés

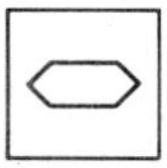

weiß
white
blanc

MM 205,61
D 1,8
Fp
Kp

Gehalte – content – teneurs
57,7% Sn

Löslichkeiten – solubilities – solubilités
$H_2O^{kalt|cold|froid}$ = löslich|soluble|soluble

Reaktionen – reactions – réactions

Diverses – misc. – divers
MAK 2 mg Sn/m^3
RID V

1018

Zinn(II)fluorid SnF_2
Tin(II) fluoride
Etain(II) fluorure

Eigenschaften – properties – propriétés

weiß, monoklin
white, monoclinic
blanc, monoclinique

MM 156,70
D
Fp
Kp

Gehalte – content – teneurs
75,7% Sn

Löslichkeiten – solubilities – solubilités
H_2O = sehr leicht löslich|
extremely soluble|très facilement soluble

Reaktionen – reactions – réactions
+ Luft → Zersetzung
+ air → decomposition
+ air → dégradation

Diverses – misc. – divers **T**
MAK 2 mg Sn/m^3, 2,5 mg F/m^3
RID V

R: 55
S: 3-11-21-31-51-63-67-72-91-108

1019

Zinn(IV)-fluorid SnF_4
Tin(IV) fluoride
Etain(IV) fluorure

Eigenschaften – properties – propriétés

weiß
white
blanc

MM 194,70
D $4{,}78^{19\,°C}_{4}$
Fp
Kp 705 °C

Gehalte – content – teneurs
~61% Sn

Löslichkeiten – solubilities – solubilités
$H_2O^{kalt|cold|froid}$ =
sehr löslich|very soluble|très soluble

Reaktionen – reactions – réactions
+ $H_2O^{heiß}$ →Zersetzung
+ H_2O^{hot} →decomposition
+ H_2O^{chaud} →dégradation

Diverses – misc. – divers **T** R: 55
MAK 2 mg Sn/m³, 2,5 mg F/m³ S: 3-11-21-31-51-63-67-72-91-108
RID V

1020

Zinn(II)-fluoroborat $Sn[BF_4]_2$
Tin(II) fluoroborate
Etain(II) fluoroborate

Eigenschaften – properties – propriétés

farblos
colourless
incolore

MM 292,30
D $1{,}65^{20\,°C}$
Fp
Kp

Gehalte – content – teneurs
~40% Sn
Lösg. 50% = 20,3% Sn = 335 g Sn/l
= 825 g $Sn[BF_4]_2$/l

Löslichkeiten – solubilities – solubilités
H_2O = leicht löslich|
easily soluble|facilement soluble

Diverses – misc. – divers
MAK 2 mg Sn/m³
RID IVa
RID V

1021

Zinn(II)-hydroxid $Sn(OH)_2$
Tin(II) hydroxide
Etain(II) hydroxyde

Eigenschaften – properties – propriétés

rotgelb – gelbbraun
red yellow – yellow brown
rouge jaune – jaune brun

MM 152,72
D
Fp
Kp

Gehalte – content – teneurs
77,7% Sn

Löslichkeiten – solubilities – solubilités
H_2O = sehr wenig löslich|
very slightly soluble|très peu soluble
Säure(n) = leicht löslich
acid(s) = easily soluble
acide(s) = facilement soluble
Alkalilauge = leicht löslich
caustic alkali solution = easily soluble
solution caustique alcaline = facilement soluble

Reaktionen – reactions – réactions
zersetzlich|decomposable|dégradable

Diverses – misc. – divers
MAK 2 mg Sn/m^3

1022

Zinn(IV)-hydroxid $Sn(OH)_4$
Tin(IV) hydroxide
Etain(IV) hydroxyde

Eigenschaften – properties – propriétés

weiß
white
blanc

MM 186,74
D
Fp
Kp

Gehalte – content – teneurs
63,6% Sn

Löslichkeiten – solubilities – solubilités
H_2O = wenig löslich|slightly soluble|peu soluble
Alkalilauge = leicht löslich
caustic alkali solution = easily soluble
solution caustique alcaline = facilement soluble

Diverses – misc. – divers
MAK 2 mg Sn/m^3

1023

Zinn(II)-jodid SnJ_2
Tin(II) iodide SnI_2
Etain(II) iodure

Eigenschaften – properties – propriétés

gelbrot
yellow red
jaune rouge

MM 372,54
D $5{,}21^{15\,°C}_{4}$
Fp 320 °C
Kp 714 °C

Gehalte – content – teneurs
31,9% Sn

Löslichkeiten – solubilities – solubilités
$H_2O^{20\,°C}$ = 0,97 g/100 ml
CS_2 = löslich|soluble|soluble
Benzol = löslich
benzene = soluble
benzène = soluble
Chloroform = löslich
chloroforme = soluble
chloroforme = soluble

Diverses – misc. – divers
MAK 2 mg Sn/m^3

1024

Zinn(IV)-jodid SnJ_4
Tin(IV) iodide SnI_4
Etain(IV) iodure

Eigenschaften – properties – propriétés

rot
red
rouge

MM 626,38
D $4{,}7^{11\,°C}$
Fp 143,5 °C
Kp 340 °C

Gehalte – content – teneurs
18,9% Sn

Löslichkeiten – solubilities – solubilités
CS_2 = löslich|soluble|soluble
Äthanol = löslich
ethanol = soluble
éthanol = soluble
Benzol = löslich
benzene = soluble
benzène = soluble
Diäthyläther = löslich
diethyl ether = soluble
éther diéthylique = soluble
Benzol = löslich
benzene = soluble
benzène = soluble
Chloroform = löslich
chloroforme = soluble
chloroforme = soluble

Diverses – misc. – divers
MAK 2 mg Sn/m^3

1025

Zinn(II)-*oxy*nitrat $SnO \cdot Sn(NO_3)_2$
Tin(II) *oxy*nitrate
Etain(II) *oxy*nitrate

Eigenschaften – properties – propriétés

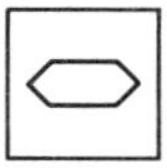

weiß
white
blanc

MM 377,42
D
Fp
Kp

Gehalte – content – teneurs
62,9% Sn

Reaktionen – reactions – réactions

> 100 °C→ 

Diverses – misc. – divers
MAK 2 mg Sn/m^3
RID I a

1026

Zinn(II)-oxalat SnC_2O_4
Tin(II) oxalate
Etain(II) oxalate

Eigenschaften – properties – propriétés

weiß
white
blanc

MM 206,72
D $3{,}56\frac{18\,°C}{4}$
Fp
Kp

Gehalte – content – teneurs
57,4% Sn

Diverses – misc. – divers
MAK 0,1 mg Sn/m^3

1027

Zinn(II)-oxid SnO
Tin(II) oxide
Etain(II) oxyde

Eigenschaften – properties – propriétés

schwarz
black
noir

MM 134,69
D $6{,}45^{0\,°C}$
Fp
Kp

Gehalte – content – teneurs
88,1% Sn

Löslichkeiten – solubilities – solubilités
H_2O = (praktisch) unlöslich|
(practically) insoluble|(pratiquement) insoluble
Säure(n) = löslich
acid(s) = soluble
acide(s) = soluble

Reaktionen – reactions – réactions
zersetzlich|decomposable|dégradable

Diverses – misc. – divers
MAK 2 mg Sn/m^3

1028

Zinn(IV)-oxid SnO_2
Tin(IV) oxide
Etain(IV) oxyde

Eigenschaften – properties – propriétés

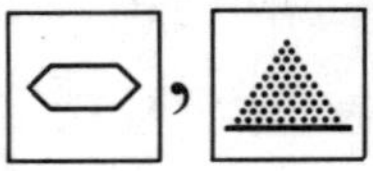

farblos – weiß
colourless – white
incolore – blanc

MM 150,70
D 7,0
Fp > 1930 °C
Kp

Gehalte – content – teneurs
78,8% Sn

Löslichkeiten – solubilities – solubilités
H_2O = (praktisch) unlöslich|
(practically) insoluble|(pratiquement) insoluble
$KHSO_4$-Schmelze = leicht löslich
$KHSO_4$-melt = easily soluble
fusion de $KHSO_4$ = facilement soluble

Reaktionen – reactions – réactions
410 °C → Umwandlung|transformation|
transformation

Diverses – misc. – divers
MAK 2 mg Sn/m^3

1029

Zinn(II)-sulfat $SnSO_4$
Tin(II) sulphate
Etain(II) sulfate

Eigenschaften – properties – propriétés

farblos
colourless
incolore

MM 214,77
D
Fp $-SO_2$, 360 °C
Kp

Gehalte – content – teneurs
55,3% Sn

Löslichkeiten – solubilities – solubilités
$H_2O^{25\,°C}$ = 25 g/100 ml
H_2SO_4 verdünnt = 25 g/100 ml
H_2SO_4 diluted = 25 g/100 ml
H_2SO_4 dilué = 25 g/100 ml

Diverses – misc. – divers
MAK 2 mg Sn/m^3

1030

Zinn(II)-sulfid SnS
Tin(II) sulphide
Etain(II) sulfure

Eigenschaften – properties – propriétés

dunkel – schwarz
dark – black
foncé – noir

MM 150,77
D $5{,}080^{0\,°C}$
Fp 880 °C
Kp 1210 °C

Gehalte – content – teneurs
78,7% Sn

Löslichkeiten – solubilities – solubilités
$H_2O^{18\,°C}$ = leicht löslich|
easily soluble|facilement soluble
HCl konzentriert = löslich
HCl concentrated = soluble
HCl concentré = soluble

Diverses – misc. – divers
MAK 2 mg Sn/m^3

1031

Zinn(IV)-sulfid SnS_2
Tin(IV) sulphide
Etain(IV) sulfure

Eigenschaften – properties – propriétés

gelb, durchsichtig
yellow, transparent
jaune, transparent

MM 182,83
D 4,5
Fp
Kp

Gehalte – content – teneurs
64,9% Sn

Löslichkeiten – solubilities – solubilités
$H_2O^{18\,°C}$ = leicht löslich|
easily soluble|facilement soluble
Königswasser = löslich
Aqua regia = soluble
eau regale = soluble
Alkalilauge = löslich
caustic alkali solution = soluble
solution caustique alcaline = soluble

Reaktionen – reactions – réactions
zersetzlich|decomposable|dégradable

Diverses – misc. – divers
MAK 2 mg Sn/m³

1032

Zirkoniumhydroxid(α) $Zr(OH)_4$
Zirconium hydroxide (α)
Zirconium hydroxyde (α)

Eigenschaften – properties – propriétés

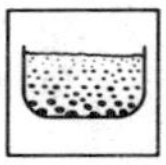

Niederschlag
precipitate
precipité

MM 159,25
D 3,25
Fp $-2\ H_2O$, 550 °C
Kp

Gehalte – content – teneurs
~56% Zr

Löslichkeiten – solubilities – solubilités
$H_2O^{20\,°C}$ = leicht löslich|
easily soluble|facilement soluble
Säure(n) = löslich
acid(s) = soluble
acide(s) = soluble

Diverses – misc. – divers
MAK 5 mg Zr/m³
RID V

1033

Zirkonium(IV)-oxid ZrO_2
Zirconium(IV) oxide
Zirconium(IV) oxyde

Eigenschaften – properties – propriétés

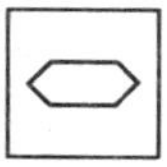 

weiß
white
blanc

MM 123,22
D 5,49
Fp 2687 °C
Kp 4300 °C

Gehalte – content – teneurs
~ 74 % Zr

Löslichkeiten – solubilities – solubilités
H_2O = (praktisch) unlöslich|
(practically) insoluble|(pratiquement) insoluble
HF = löslich|soluble|soluble
H_2SO_4 = löslich|soluble|soluble
Säure(n) = sehr wenig löslich
acid(s) = very slightly soluble
acide(s) = très peu soluble

Diverses – misc. – divers
MAK 5 mg Zr/m^3

1034

Zirkonium(IV)-oxidchlorid-8-hydrat $ZrOCl_2 \cdot 8\ H_2O$
Zirconium(IV) *oxy*chloride 8-hydrate
Zirconium(IV) *oxy*chlorure 8-eau

Eigenschaften – properties – propriétés

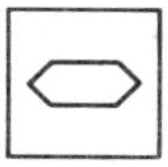

Prismen, weiß, glänzend
prisms, white, bright
prismes, blanc, brillant

weiß
white
blanc

MM 322,26
D
Fp
Kp

Gehalte – content – teneurs
~ 29 % Zr

Löslichkeiten – solubilities – solubilités
H_2O = leicht löslich|
easily soluble|facilement soluble
HCl = wenig löslich|slightly soluble|peu soluble
Äthanol = leicht löslich
ethanol = easily soluble
éthanol = facilement soluble

Reaktionen – reactions – réactions
+ Luft → Zersetzung
+ air → decomposition
+ air → dégradation

Diverses – misc. – divers
MAK 5 mg Zr/m^3

Deutsches Register

English Index

Index Français

Formel-Register/Formula Index/Index des Formules

Formel-Register – Formula Index – Index des Formules

Tabellen/Tables/Tableaux

Tabelle|Table|Tableau 5.1
Aceton
Acetone
Acétone

$D^{20\,°C}$	Gew.-% Weight-% % en poids
0,9988	0
0,9917	5
0,9851	10
0,9783	15
0,9721	20
0,9649	25
0,9575	30
0,9493	35
0,9408	40
0,9309	45
0,9205	50
0,9105	55
0,8995	60
0,8879	65
0,8755	70
0,8613	75
0,8498	80
0,8359	85
0,8220	90
0,8075	95
0,7920	100

Tabelle|Table|Tableau 35.1
Ameisensäure
Formic acid
Acide formique

H—CO_2H		
$D^{20\,°C}$	g/100 g	g/l
1,002	1	10,02
1,012	5	50,58
1,025	10	102,5
1,037	15	155,6
1,049	20	209,8
1,061	25	265,2
1,073	30	321,9
1,085	35	379,6
1,096	40	438,5
1,109	45	498,8
1,121	50	560,4
1,132	55	622,6
1,142	69	685,4
1,154	65	750,3
1,177	75	882,7
1,182	78	921,8
1,186	80	948,8
1,190	82	975,5
1,193	84	1002
1,195	85	1016
1,198	86	1030
1,201	88	1057
1,204	90	1084
1,208	92	1111
1,214	95	1153
1,221	100	1221

Tabelle|Table|Tableau 40.1
Ammoniak(lösung)
Ammonia(solution)
Ammoniaque (en solution)

$D^{20\,°C}$	Gew.-% Weight-% % en poids	mol/l	g/l
0,998	0,0465	0,0273	0,4649
0,996	0,512	0,299	5,092
0,994	0,977	0,570	9,708
0,992	1,43	0,834	14,205
0,990	1,89	1,10	18,73
0,988	2,35	1,36	23,25
0,986	2,82	1,63	27,85
0,984	3,30	1,91	32,53
0,982	3,78	2,18	37,13
0,980	4,27	2,46	41,90
0,978	4,76	2,73	46,50
0,976	5,25	3,01	51,27
0,974	5,75	3,29	56,03
0,972	6,25	3,57	60,80
0,970	6,75	3,84	65,40
0,968	7,26	4,12	70,17
0,966	7,77	4,41	75,11
0,964	8,29	4,69	79,88
0,962	8,82	4,98	84,82
0,960	9,34	5,27	89,76
0,958	9,87	5,55	94,53
0,956	10,40	5,84	99,47
0,954	10,95	6,13	104,41
0,952	11,49	6,42	109,34
0,950	12,03	6,71	114,28
0,948	12,58	7,00	119,22
0,946	13,14	7,29	124,16
0,944	13,71	7,60	129,44
0,942	14,29	7,91	134,72
0,940	14,88	8,21	139,83
0,938	15,47	8,52	145,11
0,936	16,06	8,83	150,39
0,934	16,65	9,13	155,50
0,932	17,24	9,44	160,78
0,930	17,85	9,75	166,06
0,928	18,45	10,06	171,34
0,926	19,06	10,37	176,62
0,924	19,67	10,67	181,73
0,922	20,27	10,97	186,84
0,920	20,88	11,28	192,12
0,918	21,50	11,59	197,40
0,916	22,12	11,90	202,68
0,914	22,75	12,21	207,96
0,912	23,39	12,52	213,24
0,910	24,03	12,84	218,69
0,908	24,68	13,16	224,14
0,906	25,33	13,48	229,59
0,904	26,00	13,80	235,04
0,902	26,67	14,12	240,49
0,900	27,33	14,44	245,94
0,898	28,00	14,76	251,39
0,896	28,67	15,08	256,84
0,894	29,33	15,40	262,29
0,892	30,00	15,71	267,57
0,890	30,68	16,04	273,19
0,888	31,37	16,36	278,64
0,886	32,09	16,69	284,26
0,884	32,84	17,05	290,39
0,882	33,59	17,40	296,36
0,880	34,35	17,75	302,32

Tabelle|Table|Tableau 119.1
Äthanol absolut
Ethanol absolute
Ethanol absolu

Gew.-% Weight-% % en poids	$CH_3-CH_2OH + H_2O$	
Kp °C	Flüssigkeit Liquid Liquide	Dampf Vapour Vapor
78,2	91	92
78,4	85	89
78,6	82	88
78,8	80	87
79,0	78	86
79,2	76	85
79,4	74	84
79,6	72	82
79,8	69	84
80,0	67	83
80,2	64	83
80,4	62	82
80,8	56	81
81,2	50	80
81,6	45	80
82,0	41	79
83,5	30	77
86,0	20	72
88,0	15	68
90,0	10	61
94,0	5	44
100,0	0	0

Tabelle|Table|Tableau 119.2
Äthanol absolut
Ethanol absolute
Ethanol absolu

ϱ [g · cm^{-3}]	
t [°C]	ϱ
0	0,80625
1	0,80541
2	0,80457
3	0,80374
4	0,80290
5	0,80207
6	0,80123
7	0,80039
8	0,79956
9	0,79872
10	0,79788
11	0,79704
12	0,79620
13	0,79535
14	0,79451
15	0,79367
16	0,79283
17	0,79198
18	0,79114
19	0,79029
20	0,78945
21	0,78860
22	0,78775
23	0,78691
24	0,78606
25	0,78522
26	0,78437
27	0,78352
28	0,78267
29	0,78182
30	0,78097
31	0,78012
32	0,77927
33	0,77841
34	0,77756
35	0,77671
36	0,77585
37	0,77500
38	0,77414
39	0,77329

Tabelle|Table|Tableau 119.3
Äthanol absolut
Ethanol absolute
Ethanol absolu

$D^{20\,°C}$	CH_3-CH_2OH Gew.-% / Weight-% / % en poids	CH_3-CH_2OH Vol.-% / Vol.-% / % en volume
0,998	0,15	0,2
0,996	1,2	1,5
0,994	2,3	3,0
0,992	3,5	4,4
0,990	4,7	5,9
0,988	5,9	7,4
0,985	7,9	9,9
0,982	10,0	12,5
0,980	11,5	14,2
0,978	13,0	16,0
0,975	15,3	18,9
0,972	17,6	21,7
0,970	19,1	23,5
0,968	20,6	25,3
0,965	22,8	27,8
0,962	24,8	30,3
0,960	26,2	31,8
0,957	28,1	34,0
0,954	29,9	36,1
0,950	32,2	38,8
0,945	35,0	41,3
0,940	37,6	44,8
0,935	40,1	47,5
0,930	42,6	50,2
0,925	44,9	52,7
0,920	47,3	55,1
0,915	49,5	57,4
0,910	51,8	59,7
0,905	53,9	61,9
0,900	56,2	64,0
0,895	58,3	66,2
0,890	60,5	68,2
0,885	62,7	70,2
0,880	64,8	72,2
0,875	66,9	74,2
0,870	69,0	76,1
0,865	71,1	77,9
0,860	73,2	79,7
0,855	75,3	81,5
0,850	77,3	83,3
0,845	79,4	85,0
0,840	81,4	86,6
0,835	83,4	88,2
0,830	85,4	89,8
0,825	87,3	91,2
0,820	89,2	92,7
0,815	91,1	94,1
0,810	93,0	95,4
0,805	94,7	96,6
0,800	96,5	97,7
0,795	98,2	98,9
0,791	99,5	99,7

Tabelle|Table|Tableau 213.1
Bromwasserstoffsäure-1-hydrat
Hydrobromic acid 1-hydrate
Acide bromhydrique 1-eau

$D^{20\,°C}$ = ~ 1,072 = ~ 10° Bé = ~ 10% HBr
$D^{20\,°C}$ = ~ 1,158 = ~ 20° Bé = ~ 20% HBr
$D^{20\,°C}$ = ~ 1,208 = ~ 25° Bé = ~ 25% HBr
$D^{20\,°C}$ = ~ 1,38 = ~ 40° Bé = ~ 40% HBr
$D^{20\,°C}$ = ~ 1,78 = ~ 65° Bé = ~ 66% HBr

Tabelle 257.1
Calciumhydroxid
Calcium hydroxide
Calcium hydroxyde

$Ca(OH)_2 + H_2O$ (20 °C)			
l-Gew. l-Weight l en poids	Gew.-% Weight-% % en poids CaO	Gew.-% Weight-% % en poids $Ca(OH)_2$	CaO g/l
1008,5	0,99	1,31	10
1017,0	1,96	2,59	20
1024,5	2,93	3,87	30
1031,5	3,88	5,13	40
1039,0	4,81	6,36	50
1046,0	5,74	7,58	60
1053,5	6,65	8,79	70
1060,5	7,54	9,96	80
1067,5	8,43	11,14	90
1075,0	9,30	12,29	100
1082,5	10,16	13,43	110
1089,5	11,01	14,55	120
1096,5	11,86	15,67	130
1104,0	12,68	16,76	140
1111,0	13,50	17,84	150
1118,5	14,30	18,90	160
1125,5	15,10	19,95	170
1132,5	15,89	21,00	180
1140,0	16,67	22,03	190
1147,5	17,43	23,03	200
1154,5	18,19	24,04	210
1161,5	18,94	25,03	220
1168,5	19,68	26,01	230
1176,0	20,41	26,96	240
1183,5	21,12	27,91	250
1190,5	21,84	28,86	260
1197,5	22,55	29,80	270
1205,0	23,24	30,71	280
1212,5	23,92	31,61	290
1219,5	24,60	32,51	300

Tabelle|Table|Tableau 295.1
Chlorsäure
Chloric acid
Acide chlorique

$HClO_3 + H_2O$

$D = 1{,}004\frac{18\,°C}{4} = \sim\ 1°$ Be $= \sim\ 1\%$ $HClO_3$

$D = 1{,}034\frac{18\,°C}{4} = \sim\ 5°$ Bé $= \sim\ 6\%$ $HClO_3$

$D = 1{,}059\frac{18\,°C}{4} = \sim\ 8°$ Bé $= \sim 10\%$ $HClO_3$

$D = 1{,}127\frac{18\,°C}{4} = \sim 16°$ Bé $= \sim 20\%$ $HClO_3$

$D = 1{,}157\frac{18\,°C}{4} = \sim 20°$ Bé $= \sim 24\%$ $HClO_3$

Tabelle|Table|Tableau 314.1
Chrom(VI)-oxid
Chromium(VI) oxide
Chrome(VI) oxyde

$CrO_3 + H_2O$

$D^{20\,°C}$	°Bé	g/l
1,01	1,5	15
1,02	3,0	29
1,03	4,0	43
1,04	5,5	57
1,05	7,0	71
1,06	8,0	85
1,07	9,5	100
1,08	10,5	114
1,09	12,0	129
1,10	13,0	143
1,11	14,5	157
1,12	15,5	171
1,13	16,5	185
1,14	18,0	200
1,15	19,0	215
1,16	20,0	229
1,17	21	243
1,18	22	257
1,19	23	272
1,20	24	288
1,21	25	301
1,22	26	316
1,23	27	330
1,24	28	345
1,25	29	360
1,26	30	375
1,27	31	390
1,28	31,5	406
1,29	32,5	422
1,30	33,5	438
1,31	34,5	453
1,32	35,0	468
1,33	36	484
1,34	39	500

Tabelle|Table|Tableau 406.1
Essigsäure
Acetic acid
Acide acétique

% CH_3-CO_2H	Kp °C
100	118,1
95	112,0
90	108,5
85	106,3
80	105,0
75	104,0
70	103,4
65	102,8
62,5	102,5
60	102,3
55	101,9
50	101,5
45	101,3
40	101,0
35	100,9
30	100,8
25	100,6
20	100,5
15	100,4
5	100,1

Tabelle|Table|Tableau 406.2
Essigsäure
Acetic acid
Acide acétique

	CH_3-CO_2H	
$D^{20\,°C}$	g/100 g	g/l
0,9996	1	9,996
1,0012	2	20,02
1,0025	3	30,08
1,0040	4	40,16
1,0055	5	50,28
1,0069	6	60,41
1,0083	7	70,58
1,0097	8	80,78
1,0111	9	91,00
1,0125	10	101,3
1,0139	11	111,5
1,0154	12	121,8
1,0168	13	132,2
1,0182	14	142,5
1,0195	15	152,9
1,0209	16	163,3
1,0223	17	173,8
1,0236	18	184,2
1,0250	19	194,8
1,0263	20	205,3
1,0276	21	215,8
1,0288	22	226,3
1,0301	23	236,9
1,0313	24	247,5
1,0326	25	258,2
1,0338	26	268,8
1,0349	27	279,4
1,0361	28	290,1
1,0372	29	300,8
1,0384	30	311,5
1,0395	31	322,2
1,0406	32	333,0
1,0417	33	343,8
1,0428	34	354,6
1,0438	35	365,3
1,0449	36	376,2
1,0459	37	387,0
1,0469	38	397,8
1,0479	39	408,7
1,0488	40	419,5
1,0498	41	430,4
1,0507	42	441,3
1,0516	43	452,7
1,0525	44	463,1

(Fortsetzung/cont.→)

(Fortsetzung/cont.)

Tabelle|Table|Tableau 406.2
Essigsäure
Acetic acid
Acide acétique

	CH_3-CO_2H	
$D^{20\,°C}$	g/100 g	g/l
1,0534	45	474,0
1,0542	46	484,9
1,0551	47	495,9
1,0559	48	506,8
1,0567	49	517,8
1,0575	50	528,8
1,0582	51	539,7
1,0590	52	550,7
1,0597	53	561,1
1,0604	54	572,6
1,0611	55	583,6
1,0618	56	594,6
1,0624	57	605,6
1,0631	58	616,6
1,0637	59	627,6
1,0642	60	638,5
1,0648	61	649,5
1,0653	62	660,5
1,0658	63	671,5
1,0662	64	682,4
1,0666	65	693,3
1,0671	66	704,3
1,0675	67	715,2
1,0678	68	726,1
1,0682	69	737,1
1,0685	70	748,0
1,0687	71	758,8
1,0690	72	769,7
1,0693	73	780,6
1,0694	74	791,4
1,0696	75	802,2
1,0698	76	813,0
1,0699	77	823,8
1,0700	78	834,5
1,0700	79	845,3
1,0700	80	856,0
1,0699	81	866,6
1,0698	82	877,2
1,0696	83	887,8
1,0693	84	898,2
1,0689	85	908,6
1,0685	86	918,9
1,0680	87	929,2
1,0675	88	939,4
1,0668	89	949,5
1,0661	90	959,5
1,0652	91	969,3
1,0643	92	979,2
1,0632	93	988,8
1,0619	94	998,2
1,0605	95	1007
1,0588	96	1016
1,0570	97	1025
1,0549	98	1034
1,0524	99	1042
1,0498	100	1050

Tabelle|Table|Tableau 414.1
Fluorwasserstoffsäure
Hydrofluoric acid
Acide fluorhydrique

$D^{20\,°C} = 1{,}119 = \sim 16°$ Bé $= \sim 30$ Gew.% HF
$D^{20\,°C} = 1{,}188 = \sim 23°$ Bé $= \sim 48$ Gew.% HF
$D^{20\,°C} = 1{,}205 = \sim 25°$ Bé $= \sim 52$ Gew.% HF
$D^{20\,°C} = 1{,}235 = \sim 27°$ Bé $= \sim 60$ Gew.% HF
$D^{20\,°C} = 1{,}239 = \sim 28°$ Bé $= \sim 80$ Gew.% HF

Tabelle|Table|Tableau 415.1
Formaldehyd
Formaldehyde
Formaldéhyde

$CH_2O + H_2O$	
$D^{15\,°C}$	Gew.-% Weight-% % en poids
1,002	1
1,014	5
1,028	10
1,043	15
1,056	20
1,071	25
1,085	30
1,090	32
1,096	34
1,102	36
1,106	38
1,111	40
1,116	42
1,124	45
1,139	50

Tabelle|Table|Tableau 425.1

Glycerin

Glycerol

Glycérine

$HOCH_2 - CH(OH) - CH_2OH + H_2O$

$D^{20\,°C}$	Gew.-% Weight-% % en poids
1,001	1
1,010	5
1,022	10
1,035	15
1,047	20
1,060	25
1,073	30
1,086	35
1,100	40
1,113	45
1,126	50
1,140	55
1,153	60
1,167	65
1,181	70
1,194	75
1,208	80
1,221	85
1,235	90
1,248	95
1,261	100

Tabelle|Table|Tableau 467.1

Jodwasserstoff

Hydrogen iodide

Hydrogène iodure

$D^{20\,°C}$ = 1,075 = 10,2° Bé = ~ 10% HJ, HI
$D^{20\,°C}$ = 1,275 = 16,4° Bé = ~ 30% HJ, HI
$D^{20\,°C}$ = 1,503 = 48,5° Bé = ~ 45% HJ, HI
$D^{20\,°C}$ = 1,700 = 59,8° Bé = ~ 57% HJ, HI
$D^{20\,°C}$ = 1,960 = 71,0° Bé = ~ 67% HJ, HI
$D^{20\,°C}$ = 2,000 = 72,5° Bé = ~ 70% HJ, HI

Tabelle|Table|Tableau 503.1
Kaliumhydroxidlösung
Potassium hydroxide solution
Potassium hydroxyde en solution

$D^{20\,°C}$	Gew.-% Weight-% % en poids	mol/l	g/l
1,000	0,197	0,0351	1,9692
1,005	0,743	0,133	7,462
1,010	1,295	0,233	13,072
1,015	1,84	0,333	18,683
1,020	2,38	0,433	24,321
1,025	2,93	0,536	30,072
1,030	3,48	0,639	35,850
1,035	4,03	0,744	41,741
1,040	4,58	0,848	47,576
1,045	5,12	0,954	53,523
1,050	5,66	1,06	59,47
1,055	6,20	1,17	65,64
1,060	6,74	1,27	71,25
1,065	7,28	1,38	77,42
1,070	7,82	1,49	83,59
1,075	8,36	1,60	89,77
1,080	8,89	1,71	95,94
1,085	9,43	1,82	102,11
1,090	9,96	1,94	108,84
1,095	10,49	2,05	115,01
1,100	11,03	2,16	121,18
1,105	11,56	2,28	127,92
1,110	12,08	2,39	134,08
1,115	12,61	2,51	140,82
1,120	13,14	2,62	146,99
1,125	13,66	2,74	153,72
1,130	14,19	2,86	160,46
1,135	14,70	2,97	166,91
1,140	15,22	3,09	173,36
1,145	15,74	3,21	180,09
1,150	16,26	3,33	186,83
1,155	16,78	3,45	193,56
1,160	17,29	3,58	200,85
1,165	17,81	3,70	207,58
1,170	18,32	3,82	214,32
1,175	18,84	3,94	221,33
1,180	19,35	4,07	228,34
1,185	19,86	4,19	235,07
1,190	20,37	4,32	242,37
1,195	20,88	4,45	249,66
1,200	21,38	4,57	256,39
1,205	21,88	4,70	263,69
1,210	22,38	4,83	270,98
1,215	22,88	4,95	277,71
1,220	23,38	5,08	285,01
1,225	23,87	5,21	292,30
1,230	24,37	5,34	299,59
1,235	24,86	5,47	306,89
1,240	25,36	5,60	314,18
1,245	25,85	5,74	322,04
1,250	26,34	5,87	329,33
1,255	26,83	6,00	336,62
1,260	27,32	6,13	343,92
1,265	27,80	6,27	351,77
1,270	28,29	6,40	359,06
1,275	28,77	6,54	366,92
1,280	29,25	6,67	374,21
1,285	29,73	6,81	382,07
1,290	30,21	6,95	389,92
1,295	30,68	7,08	397,22
1,300	31,15	7,22	405,07
1,305	31,62	7,36	412,92
1,310	32,09	7,49	420,22
1,315	32,56	7,63	428,07
1,320	33,03	7,77	435,93
1,325	33,50	7,91	443,78
1,330	33,97	8,05	451,64
1,335	34,43	8,19	459,49
1,340	34,90	8,33	467,35
1,345	35,36	8,48	475,76
1,350	35,82	8,62	483,62
1,355	36,28	8,76	491,47
1,360	36,73	8,90	499,61
1,365	37,19	9,05	507,74
1,370	37,65	9,19	515,59
1,375	38,10	9,34	524,01
1,380	38,56	9,48	531,86
1,385	39,01	9,63	540,28
1,390	39,46	9,78	548,70
1,395	39,92	9,93	557,11
1,400	40,37	10,07	564,97
1,405	40,82	10,22	573,38
1,410	41,26	10,37	581,80
1,415	41,71	10,52	590,21
1,420	42,15	10,67	598,63
1,425	42,60	10,82	607,04
1,430	43,04	10,97	615,46
1,435	43,48	11,12	623,88

(Fortsetzung/cont.→)

(Fortsetzung/cont.)

Tabelle|Table|Tableau 503.1
Kaliumhydroxidlösung
Potassium hydroxide solution
Potassium hydroxyde en solution

$D^{20\,°C}$	Gew.-% Weight-% % en poids	mol/l	g/l
1,440	43,92	11,28	632,85
1,445	44,36	11,42	640,71
1,450	44,79	11,58	649,68
1,455	45,23	11,73	658,10
1,460	45,66	11,88	666,51
1,465	46,09	12,04	675,49
1,470	46,53	12,19	683,91
1,475	46,96	12,35	692,88
1,480	47,39	12,50	701,30
1,485	47,82	12,66	710,28
1,490	48,25	12,82	719,25
1,495	48,67	12,97	727,67
1,500	49,10	13,13	736,64
1,505	49,53	13,29	745,62
1,510	49,95	13,45	754,60
1,515	50,38	13,60	763,01
1,520	50,80	13,76	771,99
1,525	51,22	13,92	780,97
1,530	51,64	14,08	789,94
1,535	52,05	14,24	798,92

Tabelle|Table|Tableau 583.1
Kupfer(II)-sulfat-5-hydrat
Copper(II) sulphate 5-hydrate
Cuivre(II) sulfate 5-eau

$CuSO_4 \cdot 5H_2O + H_2SO_4$		
$D^{20\,°C}$	°Bé	g/l
1,01	1,4	20
1,02	2,7	36
1,03	4,1	52
1,04	5,4	68
1,05	6,7	84
1,06	8,0	100
1,07	9,4	117
1,08	10,6	133
1,09	11,9	150
1,10	13,0	166
1,11	14,2	183
1,12	15,4	200
1,13	16,5	217
1,14	17,7	234
1,15	18,8	151
1,16	19,8	268
1,17	20,9	286
1,18	22,0	303
1,19	23,0	321
1,20	24,0	339
1,21	25,0	357
1,22	26,0	375
1,23	26,9	393

Tabelle|Table|Tableau 630.1
Methanol
Methanol
Méthanol

$CH_3OH + H_2O$		
$D^{20\,°C}$	Gew.-% / Weight-% / % en poids	Vol.-% / Vol.-% / % en volume
0,997	1	1,25
0,995	2	2,50
0,992	4	4,99
0,989	6	7,45
0,985	8	9,91
0,982	10	12,35
0,979	12	14,77
0,977	14	17,18
0,974	16	19,58
0,971	18	21,96
0,968	20	24,33
0,965	22	26,69
0,963	24	29,03
0,960	26	31,35
0,957	28	33,66
0,954	30	35,95
0,951	32	38,22
0,947	34	40,48
0,944	36	42,71
0,941	38	44,92
0,937	40	47,11
0,934	42	49,28
0,930	44	51,42
0,926	46	53,54
0,922	48	55,64
0,919	50	57,71
0,915	52	59,76
0,910	54	61,78
0,906	56	63,78
0,902	58	65,75
0,898	60	67,69
0,893	62	69,61
0,889	64	71,49
0,884	66	73,34
0,880	68	75,17
0,875	70	76,98
0,870	72	78,75
0,865	74	80,48
0,860	76	82,18
0,855	78	83,86
0,850	80	85,50
0,845	82	87,11

$CH_3OH + H_2O$		
$D^{20\,°C}$	Gew.-% / Weight-% / % en poids	Vol.-% / Vol.-% / % en volume
0,840	84	88,68
0,835	86	90,21
0,829	88	91,72
0,824	90	93,19
0,818	92	94,63
0,813	94	96,02
0,807	96	97,37
0,801	98	98,70
0,796	100	100

Tabelle|Table|Tableau 664.1
Natriumcarbonat wasserfrei
Sodium carbonate anhydrous
Sodium carbonate anhydre

$Na_2CO_3 + H_2O$			
$D^{20\,°C}$	Gew.-% Weight-% % en poids	mol/l	g/l
1,000	0,19	0,018	1,908
1,005	0,67	0,063	6,731
1,010	1,14	0,109	11,554
1,015	1,62	0,155	16,431
1,020	2,10	0,202	21,413
1,025	2,57	0,248	26,289
1,030	3,05	0,296	31,377
1,035	3,54	0,346	36,677
1,040	4,03	0,395	41,871
1,045	4,50	0,444	47,066
1,050	4,98	0,493	52,260
1,055	5,47	0,544	57,666
1,060	5,95	0,595	63,072
1,065	6,43	0,646	68,478
1,070	6,90	0,696	73,779
1,075	7,38	0,748	79,291
1,080	7,85	0,800	84,803
1,085	8,33	0,853	90,421
1,090	8,80	0,905	95,934
1,095	9,27	0,958	101,552
1,100	9,75	1,012	107,276
1,105	10,22	1,065	112,894
1,110	10,68	1,118	118,512
1,115	11,14	1,172	124,237
1,120	11,60	1,226	129,961
1,125	12,05	1,279	135,579
1,130	12,52	1,335	141,515
1,135	13,00	1,392	147,557
1,140	13,45	1,446	153,282
1,145	13,90	1,501	159,112
1,150	14,35	1,557	165,048
1,155	14,75	1,607	170,348
1,160	15,20	1,663	176,285
1,165	15,60	1,714	181,691
1,170	16,03	1,769	187,521
1,175	16,45	1,823	193,245
1,180	16,87	1,878	199,075
1,185	17,30	1,934	205,012
1,190	17,70	1,987	210,630

Tabelle|Table|Tableau 670.1
Natriumchlorid
Sodium chloride
Sodium chlorure

$NaCl + H_2O$		
$D^{20\,°C}$	g/100 g	g/l
1,005	1	10,1
1,013	2	20,3
1,020	3	30,6
1,027	4	41,1
1,034	5	51,7
1,041	6	62,5
1,049	7	73,4
1,056	8	84,5
1,063	9	95,6
1,071	10	107,1
1,078	11	118
1,086	12	130
1,093	13	142
1,101	14	154
1,109	15	166
1,116	16	179
1,124	17	191
1,132	18	204
1,140	19	217
1,148	20	230
1,156	21	243
1,164	22	256
1,172	23	270
1,180	24	283
1,189	25	297
1,197	26	311
1,200	26,4	318

Tabelle|Table|Tableau 689.1
Natriumhydroxidlösung
Caustic soda solution
Sodium hydroxyde en solution

$D^{20\,°C}$	Gew.-% Weight-% % en poids	mol/l	g/l
1,000	0,159	0,0398	1,592
1,005	0,602	0,151	6,041
1,010	1,04	0,264	10,561
1,015	1,49	0,378	15,122
1,020	1,94	0,494	19,762
1,025	2,39	0,611	24,443
1,030	2,84	0,731	29,244
1,035	3,29	0,851	34,044
1,040	3,74	0,971	38,845
1,045	4,20	1,097	43,885
1,050	4,65	1,222	48,886
1,055	5,11	1,347	53,887
1,060	5,56	1,474	58,967
1,065	6,02	1,602	64,088
1,070	6,47	1,731	69,249
1,075	6,93	1,862	74,489
1,080	7,38	1,992	79,690
1,085	7,83	2,123	84,931
1,090	8,28	2,257	90,291
1,095	8,74	2,391	95,652
1,100	9,19	2,527	101,093
1,105	9,64	2,664	106,573
1,110	10,10	2,802	112,094
1,115	10,55	2,942	117,695
1,120	11,01	3,082	123,295
1,125	11,46	3,224	128,976
1,130	11,92	3,367	134,697
1,135	12,37	3,510	140,417
1,140	12,83	3,655	146,218
1,145	13,28	3,801	152,059
1,150	13,73	3,947	157,900
1,155	14,18	4,095	163,820
1,160	14,64	4,244	169,781
1,165	15,09	4,395	175,822
1,170	15,54	4,545	181,823
1,175	15,99	4,697	187,903
1,180	16,44	4,850	194,024
1,185	16,89	5,004	200,185
1,190	17,34	5,160	206,426
1,195	17,80	5,317	212,706
1,200	18,25	5,476	219,067
1,205	18,71	5,636	225,468
1,210	19,16	5,796	231,869
1,215	19,62	5,958	238,350
1,220	20,07	6,122	244,911
1,225	20,53	6,286	251,471
1,230	20,98	6,451	258,072
1,235	21,44	6,619	264,793
1,240	21,90	6,788	271,554
1,245	22,36	6,958	278,355
1,250	22,82	7,129	285,196
1,255	23,27	7,302	292,116
1,260	23,73	7,475	299,037
1,265	24,19	7,650	306,038
1,270	24,64	7,824	312,999
1,275	25,10	8,000	320,040
1,280	25,56	8,178	327,161
1,285	26,02	8,357	334,322
1,290	26,48	8,539	341,603
1,295	26,94	8,722	348,924
1,300	27,41	8,906	356,284
1,305	27,87	9,092	363,725
1,310	28,33	9,278	371,166
1,315	28,80	9,466	378,687
1,320	29,26	9,656	386,288
1,325	29,73	9,847	393,930
1,330	30,20	10,04	401,65
1,335	30,67	10,23	409,25
1,340	31,14	10,43	417,25
1,345	31,62	10,63	425,25
1,350	32,10	10,83	433,25
1,355	32,58	11,03	441,25
1,360	33,06	11,24	449,66
1,365	33,54	11,45	458,06
1,370	34,03	11,65	466,06
1,375	34,52	11,86	474,46
1,380	35,01	12,08	483,26
1,385	35,50	12,29	491,66
1,390	36,00	12,51	500,46
1,395	36,49	12,73	509,26
1,400	36,99	12,95	518,06
1,405	37,49	13,17	526,86
1,410	37,99	13,39	535,67
1,415	38,49	13,61	544,47
1,420	38,99	13,84	553,67
1,425	39,49	14,07	562,87
1,430	40,00	14,30	572,07
1,435	40,51	14,53	581,27

(Fortsetzung/cont.→)

(Fortsetzung/cont.)

Tabelle|Table|Tableau 689.1
Natriumhydroxidlösung
Caustic soda solution
Sodium hydroxyde en solution

$D^{20\,°C}$	Gew.-% Weight-% % en poids	mol/l	g/l
1,440	41,03	14,77	590,87
1,445	41,55	15,01	600,47
1,450	42,07	15,25	610,08
1,455	42,59	15,49	619,68
1,460	43,12	15,74	629,68
1,465	43,64	15,98	639,28
1,470	44,17	16,23	649,28
1,475	44,69	16,48	659,28
1,480	45,22	16,73	669,28
1,485	45,75	16,98	679,28
1,490	46,27	17,23	689,29
1,495	46,80	17,49	699,69
1,500	47,33	17,75	710,09
1,505	47,85	18,00	720,09
1,510	48,38	18,26	730,49
1,515	48,90	18,52	740,89
1,520	49,44	18,78	751,29
1,525	49,97	19,05	762,09
1,530	50,50	19,31	772,50

Tabelle|Table|Tableau 755.1
Nickel(II)-sulfat wasserfrei
Nickel(II) sulphate anhydrous
Nickel(II) sulfate anhydre

H_2O	°C	0	15	30	31,5	32,3	44,7
$NiSO_4$	g/ml	21,4	25,5	29,8	30,2	30,4	32,4

H_2O	°C	50	53,3	60	70	80	89
$NiSO_4$	g/ml	33,4	34,5	35,4	37,3	38,7	43,4

Tabelle|Table|Tableau 757.1
Nickel(II)-sulfat-7-hydrat
Nickel(II) sulphate 7-hydrate
Nickel(II) sulfate 7-eau

H_2O	$NiSO_4 \cdot 7\,H_2O$
°C	g/100 ml
40	32,3
50	34,2
60	35,4
80	39,2
100	43,4

Tabelle|Table|Tableau 796.1
*ortho***Phosphorsäure**
*ortho***Phosphoric acid**
Acide *ortho***phosphorique**

$D^{20\,°C}$	Gew.-% Weight-% % en poids	mol/l	g/l
1,004	1,000	0,102	9,996
1,009	2,000	0,206	20,188
1,020	4,000	0,416	40,768
1,031	6,000	0,631	61,838
1,042	8,000	0,853	83,594
1,053	10,000	1,074	105,252
1,065	12,000	1,303	127,694
1,076	14,000	1,537	150,626
1,088	16,000	1,776	174,048
1,101	18,000	2,019	197,862
1,113	20,000	2,271	222,558
1,139	24,000	2,789	273,322
1,166	28,000	3,331	326,438
1,180	30,000	3,612	353,976
1,216	35,000	4,341	425,418
1,245	40,000	5,116	501,368
1,293	45,000	5,934	581,532
1,335	50,000	6,809	667,282
1,379	55,000	7,737	758,226
1,426	60,000	8,727	855,246
1,475	65,00	9,78	958,440
1,526	70,00	10,89	1068
1,579	75,00	12,08	1184
1,633	80,00	13,32	1306
1,689	85,00	14,65	1436
1,746	90,00	16,03	1571
1,770	92,00	16,61	1628
1,794	94,00	17,20	1686
1,819	96,00	17,81	1746
1,844	98,00	18,43	1807
1,870	100,00	19,08	1870

Tabelle|Table|Tableau 859.1
Salpetersäure
Nitric acid
Acide nitrique

% HNO_3	0	10	30	40	50	60	70	80	90
Kp °C	100	103,6	108	112,6	117	120	121,6	115,5	102

Tabelle|Table|Tableau 859.2
Salpetersäure
Nitric acid
Acide nitrique

$D^{20\,°C}$	Gew.-% Weight-% % en poids	mol/l	g/l
1,000	0,3333	0,05231	3,296
1,005	1,255	0,2001	12,609
1,010	2,164	0,3468	21,854
1,015	3,073	0,4950	31,193
1,020	3,982	0,6445	40,614
1,025	4,883	0,7943	50,054
1,030	5,784	0,9454	59,575
1,035	6,661	1,094	68,939
1,040	7,530	1,243	78,328
1,045	8,398	1,393	87,781
1,050	9,259	1,543	97,233
1,055	10,12	1,694	106,749
1,060	10,97	1,845	116,264
1,065	11,81	1,997	125,842
1,070	12,65	2,148	135,358
1,075	13,48	2,301	144,999
1,080	14,31	2,453	154,578
1,085	15,13	2,605	164,156
1,090	15,95	2,759	173,861
1,095	16,76	2,913	183,565
1,100	17,58	3,068	193,333
1,105	18,39	3,224	203,163
1,110	19,19	3,381	213,057
1,115	20,00	3,539	223,013
1,120	20,79	3,696	232,907
1,125	21,59	3,854	242,863
1,130	22,38	4,012	252,820
1,135	23,16	4,171	262,839
1,140	23,94	4,330	272,859
1,145	24,71	4,489	282,878
1,150	25,48	4,649	292,961
1,155	26,24	4,810	303,106
1,160	27,00	4,970	313,189
1,165	27,76	5,132	323,398
1,170	28,51	5,293	333,543
1,175	29,25	5,455	343,752
1,180	30,00	5,618	354,023
1,185	30,74	5,780	364,232
1,190	31,47	5,943	374,504
1,195	32,21	6,107	384,838
1,200	32,94	6,273	395,299
1,205	33,68	6,440	405,823
1,210	34,41	6,607	416,346
1,215	35,16	6,778	427,122

(Fortsetzung/cont.→)

(Fortsetzung/cont.)

Tabelle|Table|Tableau 859.2

Salpetersäure
Nitric acid
Acide nitrique

$D^{20\,°C}$	Gew.-% Weight-% % en poids	mol/l	g/l
1,220	35,93	6,956	438,339
1,225	36,70	7,135	449,619
1,230	37,48	7,315	460,962
1,235	38,25	7,497	472,430
1,240	39,02	7,679	483,899
1,245	39,80	7,863	495,494
1,250	40,58	8,049	507,215
1,255	41,36	8,237	519,062
1,260	42,14	8,426	530,972
1,265	42,92	8,616	542,945
1,270	43,70	8,808	555,044
1,275	44,48	9,001	567,207
1,280	45,27	9,195	579,432
1,285	46,06	9,394	591,972
1,290	46,85	9,590	604,323
1,295	47,63	9,789	616,863
1,300	48,42	9,990	629,529
1,305	49,21	10,19	642,13
1,310	50,00	10,39	654,73
1,315	50,85	10,61	668,59
1,320	51,71	10,83	682,46
1,325	52,56	11,05	696,33
1,330	53,41	11,27	710,19
1,335	54,27	11,49	724,05
1,340	55,13	11,72	738,55
1,345	56,04	11,96	753,67
1,350	56,95	12,20	768,79
1,355	57,87	12,44	783,92
1,360	58,78	12,68	799,04
1,365	59,69	12,93	814,80
1,370	60,67	13,19	831,18
1,375	61,69	12,46	848,19
1,380	62,70	13,73	865,21
1,385	63,72	14,01	882,85
1,390	64,74	14,29	900,50
1,395	65,84	14,57	918,14
1,400	66,97	14,88	937,68
1,405	68,10	15,18	956,58
1,410	69,23	15,49	976,12
1,415	70,39	15,81	996,28
1,420	71,63	16,14	1017,08
1,425	72,86	16,47	1037,87
1,430	74,09	16,81	1059,30
1,435	75,35	17,16	1081,35
1,440	76,71	17,53	1104,67
1,445	78,07	17,90	1127,99
1,450	79,43	18,28	1151,93
1,455	80,88	18,68	1177,14
1,460	82,39	19,09	1202,97
1,465	83,91	19,51	1229,44
1,470	85,50	19,95	1257,17
1,475	87,29	20,43	1287,42
1,480	89,07	20,92	1318,29
1,485	91,13	21,48	1353,58
1,490	93,49	22,11	1393,28
1,495	95,46	22,65	1427,31
1,500	96,73	23,02	1450,06
1,501	96,98	23,10	1455,67
1,502	97,23	23,18	1460,71
1,503	97,49	23,25	1465,12
1,504	97,74	23,33	1470,16
1,505	97,99	23,40	1474,57
1,506	98,25	23,48	1479,62
1,507	98,50	23,56	1484,66
1,508	98,76	23,63	1489,07
1,509	99,01	23,71	1494,11
1,510	99,26	23,79	1499,15
1,511	99,52	23,86	1503,56
1,512	99,77	23,94	1508,60
1,513	100,0	24,01	1513,01

Tabelle|Table|Tableau 860.1
Salzsäure
Hydrochloric acid
Acide chlorhydrique

$D^{20\,°C}$	Gew.-% Weight-% % en poids	mol/l	g/l
1,000	0,3600	0,09872	3,5990
1,005	1,360	0,3748	13,6670
1,010	2,364	0,6547	23,8736
1,015	3,374	0,9391	34,2442
1,020	4,388	1,227	44,742
1,025	5,408	1,520	55,427
1,030	6,433	1,817	66,257
1,035	7,464	2,118	77,233
1,040	8,490	2,421	88,282
1,045	9,510	2,725	99,367
1,050	10,52	3,029	110,452
1,055	11,52	3,333	121,538
1,060	12,51	3,638	132,660
1,065	13,50	3,944	143,818
1,070	14,49	4,253	155,086
1,075	15,48	4,565	166,463
1,080	16,47	4,878	177,876
1,085	17,45	5,192	187,029
1,090	18,43	5,509	200,886
1,095	19,41	5,829	212,554
1,100	20,39	6,150	224,260
1,105	21,36	6,472	236,001
1,110	22,33	6,796	247,816
1,115	23,29	7,122	259,704
1,120	24,25	7,449	271,623
1,125	25,22	7,782	283,771
1,130	26,20	8,118	296,023
1,135	27,18	8,459	308,457
1,140	28,18	8,809	321,220
1,145	29,17	9,159	333,983
1,150	30,14	9,505	346,560
1,155	31,14	9,863	359,654
1,160	32,14	10,22	372,85
1,165	33,16	10,59	386,16
1,170	34,18	10,97	400,02
1,175	35,20	11,34	413,51
1,180	36,23	11,73	427,73
1,185	37,27	12,11	441,59
1,190	38,32	12,50	455,81
1,195	39,37	12,90	470,40
1,198	40,00	13,14	479,15

Tabelle|Table|Tableau 860.2
Salzsäure
Hydrochloric acid
Acide chlorhydrique

Mol.-%	$°C^{760\ mm\ Hg}$
0,0	100
2,0	101,8
4,0	103,3
6,0	105,3
10,5	109,7
12,0	109,0
14,0	105,2
17,0	92,0
18,5	82,7

Tabelle|Table|Tableau 860.3
Salzsäure
Hydrochloric acid
Acide chlorhydrique

HCl/100 g mg	H_2SO_4 %
358,8	76,43
142,0	81,87
97,4	86,76
92,0	89,31
92,2	90,69
99,6	92,20
108,2	94,14
143,2	97,36
197,1	98,65
401,5	100,00

Tabelle|Table|Tableau 896.1
Schwefelsäure
Sulphuric acid
Acide sulfurique

$D^{20\,°C}$	Gew.-% Weight-% % en poids	mol/l	g/l
1,000	0,2609	0,02660	2,609
1,005	0,9855	0,1010	9,906
1,010	1,731	0,1783	17,488
1,015	2,485	0,2595	25,452
1,020	3,242	0,3372	33,072
1,025	4,000	0,4180	40,997
1,030	4,746	0,4983	44,386
1,035	5,493	0,5796	56,582
1,040	6,237	0,6613	64,860
1,045	6,956	0,7411	72,687
1,050	7,704	0,8250	80,916
1,055	8,415	0,9054	88,802
1,060	9,129	0,9865	96,756
1,065	9,843	1,066	104,553
1,070	10,56	1,152	112,988
1,075	11,26	1,235	121,128
1,080	11,96	1,317	128,190
1,085	12,66	1,401	137,410
1,090	13,36	1,484	145,550
1,095	14,04	1,567	153,691
1,100	14,73	1,652	162,028
1,105	15,41	1,735	170,168
1,110	16,08	1,820	178,505
1,115	16,76	1,905	186,842
1,120	17,43	1,990	195,179
1,125	18,09	2,075	203,516
1,130	18,76	2,161	211,950
1,135	19,42	2,247	220,385
1,140	20,08	2,334	228,918
1,145	20,73	2,420	237,353
1,150	21,38	2,507	245,886
1,155	22,03	2,594	254,419
1,160	22,67	2,681	262,952
1,165	23,31	2,768	271,485
1,170	23,95	2,857	280,214
1,175	24,58	2,945	288,845
1,180	25,21	3,033	297,476
1,185	25,84	3,122	306,205
1,190	26,47	3,211	314,934
1,195	27,10	3,302	323,860
1,200	27,72	3,391	332,589
1,205	28,33	3,481	341,416
1,210	28,95	3,572	350,341
1,215	29,57	3,663	359,267

(Fortsetzung/cont.→)

(Fortsetzung/cont.)

Tabelle|Table|Tableau 896.1
Schwefelsäure
Sulphuric acid
Acide sulfurique

$D^{20\,°C}$	Gew.-% Weight-% % en poids	mol/l	g/l
1,220	30,18	3,754	368,192
1,225	30,79	3,846	377,215
1,230	31,40	3,938	386,239
1,235	32,01	4,031	395,360
1,240	32,61	4,123	404,383
1,245	33,22	4,216	413,505
1,250	33,82	4,310	422,724
1,255	34,42	4,404	431,944
1,260	35,01	4,498	441,163
1,265	35,60	4,592	450,383
1,270	36,19	4,686	459,602
1,275	36,78	4,781	468,920
1,280	37,36	4,876	478,238
1,285	37,95	4,972	487,653
1,290	38,53	5,068	497,069
1,295	39,10	5,163	506,387
1,300	39,68	5,259	515,802
1,305	40,25	5,356	525,316
1,310	40,82	5,452	534,732
1,315	41,39	5,549	544,245
1,320	41,95	5,646	553,759
1,325	42,51	5,743	563,273
1,330	43,07	5,840	572,787
1,335	43,62	5,938	582,399
1,340	44,17	6,035	591,912
1,345	44,72	6,132	601,426
1,350	45,26	6,229	610,940
1,355	45,80	6,327	620,552
1,360	46,33	6,424	630,065
1,365	46,86	6,522	639,677
1,370	47,39	6,620	649,289
1,375	47,92	6,718	658,901
1,380	48,45	6,817	668,611
1,385	48,97	6,915	678,223
1,390	49,48	7,012	687,736
1,395	49,99	7,110	697,348
1,400	50,50	7,208	706,960
1,405	51,01	7,307	716,670
1,410	51,52	7,406	726,380
1,415	52,02	7,505	736,090
1,420	52,51	7,603	745,702
1,425	53,01	7,702	755,412
1,430	53,50	7,801	765,122
1,435	54,00	7,901	774,930
1,440	54,49	8,000	784,640
1,445	54,97	8,099	794,349
1,450	55,45	8,198	804,059
1,455	55,93	8,297	813,769
1,460	56,41	8,397	823,577
1,465	56,89	8,497	833,385
1,470	57,36	8,598	843,291
1,475	57,84	8,699	853,197
1,480	58,31	8,799	863,005
1,485	58,78	8,899	872,813
1,490	59,24	9,000	882,720
1,495	59,70	9,100	892,528
1,500	60,17	9,202	902,532
1,505	60,62	9,303	912,438
1,510	61,08	9,404	922,344
1,515	61,54	9,506	932,348
1,520	62,00	9,608	942,352
1,525	62,45	9,711	952,454
1,530	62,91	9,813	962,459
1,535	63,36	9,916	972,561
1,540	63,81	10,02	982,76
1,545	64,26	10,12	992,57
1,550	64,71	10,23	1003,36
1,555	65,15	10,33	1013,17
1,560	65,59	10,43	1022,97
1,565	66,03	10,54	1033,76
1,570	66,47	10,64	1043,57
1,575	66,91	10,74	1053,38
1,580	67,35	10,85	1064,17
1,585	67,79	10,96	1074,96
1,590	68,23	11,06	1084,76
1,595	68,66	11,16	1094,57
1,600	69,09	11,27	1105,36
1,605	69,53	11,38	1116,15
1,610	69,96	11,48	1125,96
1,615	70,39	11,59	1136,75
1,620	70,82	11,70	1147,54
1,625	71,25	11,80	1157,34
1,630	71,67	11,91	1168,13
1,635	72,09	12,02	1178,92
1,640	72,52	12,13	1189,71
1,645	72,95	12,24	1200,45
1,650	73,37	12,34	1210,31
1,655	73,80	12,45	1221,10

(Fortsetzung/cont.→)

(Fortsetzung/cont.)

Tabelle|Table|Tableau 896.1
Schwefelsäure
Sulphuric acid
Acide sulfurique

$D^{20\,°C}$	Gew.-% Weight-% % en poids	mol/l	g/l
1,660	74,22	12,56	1231,88
1,665	74,64	12,67	1242,67
1,670	75,07	12,78	1253,46
1,675	75,49	12,89	1264,25
1,680	75,92	13,00	1275,04
1,685	76,34	13,12	1286,81
1,690	76,77	13,23	1297,60
1,695	77,20	13,34	1308,39
1,700	77,63	13,46	1320,16
1,705	78,06	13,57	1330,95
1,710	78,49	13,69	1342,71
1,715	78,93	13,80	1353,50
1,720	79,37	13,92	1365,27
1,725	79,81	14,04	1377,04
1,730	80,25	14,16	1388,81
1,735	80,70	14,28	1400,58
1,740	81,16	14,40	1412,35
1,745	81,62	14,52	1424,12
1,750	82,09	14,65	1436,87
1,755	82,57	14,78	1449,62
1,760	83,06	14,90	1461,39
1,765	83,57	15,04	1475,12
1,770	84,08	15,17	1487,87
1,775	84,61	15,31	1501,60
1,780	85,16	15,46	1516,32
1,785	85,74	15,61	1531,03
1,790	86,35	15,76	1545,74
1,795	86,99	15,92	1561,43
1,800	87,69	16,09	1578,11
1,805	88,43	16,27	1595,76
1,810	89,23	16,47	1615,38
1,815	90,12	16,68	1635,97
1,820	91,11	16,91	1658,53
1,821	91,33	16,96	1663,45
1,822	91,56	17,01	1668,34
1,823	91,78	17,06	1673,24
1,824	92,00	17,11	1678,15
1,825	92,25	17,17	1684,03
1,826	92,51	17,22	1688,94
1,827	92,77	17,28	1694,82
1,828	93,03	17,34	1700,70
1,829	93,33	17,40	1706,59
1,830	93,64	17,47	1713,46
1,831	93,94	17,54	1720,32
1,832	94,32	17,62	1728,17
1,833	94,72	17,70	1736,02

Tabelle|Table|Tableau 896.2
Schwefelsäure (Oleum)
Sulphuric acid (Oleum)
Acide sulfurique (Oleum)

$D^{20\,°C}$	% SO_3 frei / free / libre	% SO_3 total / total / total
1,837	2	81,99
1,843	4	82,36
1,849	6	82,73
1,856	8	83,09
1,862	10	83,47
1,869	12	83,83
1,876	14	84,20
1,883	16	84,57
1,890	18	84,94
1,897	20	85,30
1,904	22	85,67
1,911	24	86,04
1,917	26	86,40
1,924	28	86,77
1,931	30	87,14
1,937	32	87,51
1,943	34	87,87
1,949	36	88,24
1,955	38	88,61
1,961	40	89,0

Tabelle|Table|Tableau 896.3
Schwefelsäure
Sulphuric acid
Acide sulfurique

% H_2SO_4	Kp °C
15	103,1
20	104,4
25	106,0
30	108
35	110,5
40	114
45	118,4
50	124,4
53	128,7
56	133,8
60	141,8
62	146,4
65	154,1
67	159,7
70	169,2
72	176,2
74	183,8
76	191,2
78	200,7
80	210,2
82	220,4
84	231,3
86	243,0
88	255,0
89	262,1
90	268,9
91	275,9
92	283,2
93	290,6
94	298,4
95	306,3
96	314,5

Tabelle|Table|Tableau 949.1
Wasser destilliert
Water distilled
Eau distillée

t [°C]	D [g/ml]	V [ml/g]
−10	0,99815	1,00186
9	0,99843	1,00157
8	0,99869	1,00131
7	0,99892	1,00108
6	0,99912	1,00088
5	0,99930	1,00070
4	0,99945	1,00055
3	0,99958	1,00042
2	0,99970	1,00031
−1	0,99979	1,00021
0	0,99987	1,00013
+1	0,99993	1,00007
2	0,99997	1,00003
3	0,99999	1,00001
4	1,00000	1,00000
5	0,99999	1,00001
6	0,99997	1,00003
7	0,99993	1,00007
8	0,99988	1,00012
9	0,99981	1,00019
10	0,99973	1,00027
11	0,99963	1,00037
12	0,99952	1,00048
13	0,99940	1,00060
14	0,99927	1,00073
15	0,99913	1,00087
16	0,99897	1,00103
17	0,99880	1,00120
18	0,99862	1,00138
19	0,99843	1,00157
20	0,99823	1,00177
21	0,99802	1,00198
22	0,99780	1,00221
23	0,99756	1,00244
24	0,99732	1,00268
25	0,99707	1,00294
26	0,99681	1,00320
27	0,99654	1,00347
28	0,99626	1,00375
29	0,99597	1,00405
30	0,99567	1,00435
35	0,99406	1,00598
40	0,99224	1,00782
45	0,99025	1,00985
50	0,98807	1,01207
55	0,98573	1,01448
60	0,98324	1,01705
65	0,98059	1,01979
70	0,97781	1,02270
75	0,97489	1,02576
80	0,97183	1,02890
85	0,96865	1,03237
90	0,96534	1,03599
95	0,96192	1,03959
100	0,95838	1,04343
110	0,9510	1,0515
120	0,9434	1,0601
130	0,9352	1,0693
140	0,9264	1,0794
150	0,9173	1,0902
160	0,9075	1,1019
170	0,8973	1,1145
180	0,8866	1,1279
190	0,8750	1,1429
200	0,8690	1,1528
210	0,850	1,177
220	0,837	1,195
230	0,823	1,215
240	0,809	1,236
250	0,794	1,259

Tabelle|Table|Tableau 950.1
Wasserstoff*per*oxid
Hydrogen *per*oxide
Hydrogène *per*oxyde

$H_2O_2 + H_2O$			
Gew.-% Weight-% % en poids	*D*		
	0 °C	10 °C	20 °C
2	1,0079	1,0071	1,0056
5	1,0195	1,0184	1,0164
10	1,0395	1,0374	1,0345
15	1,0594	1,0564	1,0529
20	1,0797	1,0758	1,0717
25	1,1002	1,0959	1,0910
30	1,1213	1,1164	1,1111
35	1,1431	1,1371	1,1314
40	1,1649	1,1588	1,1525
45	1,1867	1,1801	1,1735
50	1,2092	1,2021	1,1952
55	1,2321	1,2248	1,2173

Anhang

Mitteilung IX
Maximale Arbeitskonzentrationen 1973

Mitteilung IX
der Kommission zur Prüfung
gesundheitsschädlicher Arbeitsstoffe
vom 28. Juni 1973

Sie tritt an die Stelle der Mitteilung VIII vom 27. Juni 1972

DEUTSCHE FORSCHUNGSGEMEINSCHAFT
Der Vorsitzende der Kommission
zur Prüfung gesundheitsschädlicher Arbeitsstoffe
(gez. H e n s c h l e r)

Deutsche Forschungsgemeinschaft
53 Bonn-Bad Godesberg 1, Kennedyallee 40
Telefon (0 22 21) 88 11
Telegrammanschrift: Forschungsgemeinschaft
Herstellung: boldt druck boppard gmbh

INHALTSVERZEICHNIS

I. BEDEUTUNG UND BENUTZUNG VON MAK-WERTEN

DEFINITION

Der MAK-Wert (**m**aximale **A**rbeitsplatz-**K**onzentration) ist diejenige Konzentration eines Arbeitsstoffes als Gas, Dampf oder Schwebstoff in der Luft am Arbeitsplatz, die nach dem gegenwärtigen Stand der Kenntnis auch bei wiederholter und langfristiger, in der Regel täglich 8stündiger Einwirkung, jedoch bei Einhaltung einer durchschnittlichen Wochenarbeitszeit bis zu 45 Std im allgemeinen die Gesundheit der Beschäftigten nicht beeinträchtigt. Bei der Aufstellung von MAK-Werten sind in erster Linie die Wirkungscharakteristika der Stoffe berücksichtigt, daneben aber auch – soweit möglich – praktische Gegebenheiten der Arbeitsprozesse bzw. der durch diese bestimmten Einwirkungsmuster. Maßgebend sind dabei wissenschaftlich fundierte Kriterien des Gesundheitsschutzes, nicht die technischen und wirtschaftlichen Möglichkeiten der Realisation in der Praxis.

VORAUSSETZUNGEN

Voraussetzungen für die Aufstellung eines MAK-Wertes sind ausreichende toxikologische und/oder arbeitsmedizinische bzw. industriehygienische Erfahrungen beim Umgang mit dem Stoff. Erfahrungen am Menschen haben bei der Beurteilung grundsätzlich Vorrang vor Tierversuchen. Nicht bei allen Stoffen sind ausreichende Unterlagen verfügbar. Bei manchen Arbeitsstoffen konnte die Kommission auf eigene Untersuchungen ihrer Mitglieder zurückgreifen. Für die jährliche Neubearbeitung sind Anregungen zur Aufnahme neuer und Erfahrungen mit bekannten Arbeitsstoffen erwünscht[1]).

Eine Ankündigung vorgesehener Änderungen und Neuaufnahmen erfolgt jeweils zum Jahresende im Bundesarbeitsblatt sowie in den Zeitschriften „Zentralblatt für Arbeitsmedizin" und „Arbeitsmedizin, Sozialmedizin und Präventivmedizin".

---

[1]) Zu richten an die Geschäftsstelle der Deutschen Forschungsgemeinschaft, D-53 Bonn-Bad Godesberg 1, Kennedyallee 40, oder an das Sekretariat der Kommission: Institut für Toxikologie der Universität, D-87 Würzburg, Koellikerstraße 2.

BEGRÜNDUNG

Zur Erläuterung, welche Gründe für den Ansatz von MAK-Werten maßgeblich waren, gibt die Kommission zur Prüfung gesundheitsschädlicher Arbeitsstoffe eine Sammlung „Toxikologisch-arbeitsmedizinische Begründungen von MAK-Werten" heraus[2]). Sie sind vor allem kritische Wertungen des Wissensstandes. Darin werden die Stoffe nach der Dringlichkeit praktisch-arbeitsmedizinischer Bedürfnisse und dem Erfahrungsstand der Kommissionsmitglieder bearbeitet. Ergänzungen der „Begründungen" sind in Jahresabständen vorgesehen.

ZWECK

MAK-Werte dienen dem Schutz der Gesundheit am Arbeitsplatz. Sie geben für die Beurteilung der Bedenklichkeit oder Unbedenklichkeit der am Arbeitsplatz vorhandenen Konzentrationen eine Urteilsgrundlage ab. Sie sind jedoch keine Konstanten, aus denen das Eintreten oder Ausbleiben von Wirkungen bei längeren oder kürzeren Einwirkungszeiten errechnet werden kann. Ebensowenig läßt sich aus MAK-Werten eine festgestellte oder angenommene Schädigung im Einzelfalle herleiten; für die Beurteilung einer Schadstoffwirkung entscheidet der ärztliche Befund unter Berücksichtigung der äußeren Umstände des Fall-Herganges. Auch zur vergleichenden Wertung der Gefährlichkeit verschiedener Arbeitsstoffe sind MAK-Werte ungeeignet. Neben der Einwirkung über die Atemwege bestimmen noch eine Reihe anderer Faktoren Art und Ausmaß schädlicher Wirkungen: sensibilisierende Eigenschaften, Hautresorption, Ätzwirkung, Brennbarkeit, Dampfdruck u. a. Die tatsächliche oder vermeintliche Einhaltung des MAK-Wertes entbindet nicht von der ärztlichen Überwachung des Gesundheitszustandes exponierter Personen.

Der MAK-Wert ist nicht geeignet, mögliche Gesundheitsgefährdung durch langdauernde Einwirkung von Verunreinigungen der freien Atmosphäre, z. B. in der Nachbarschaft von Industrieunternehmen, anhand konstanter Umrechnungsfaktoren abzuleiten.

ANALYTISCHE ÜBERWACHUNG

Der mit der Aufstellung von MAK-Werten erstrebte Gesundheitsschutz kann nur durch regelmäßige Konzentrationsmessungen am Arbeitsplatz erreicht werden. Die Arbeitsgruppe „Analytische Chemie" der Kommission bereitet die Herausgabe einer Sammlung von erprobten Analysenmethoden vor. Die Koordination von chemisch-analytischen und medizinischen Daten soll die Richtigkeit von MAK-Werten bestätigen oder deren Korrektur ermöglichen. Am Arbeitsplatz schwankt die Konzentration der Stoffe während der Arbeitszeit mehr oder minder um einen Mittelwert. Die Meßtechnik hat dies zu berücksichtigen. Sie soll den tatsächlichen Gang von Konzentrationsänderungen möglichst repräsentativ erfassen. Die Probenahme soll daher während der gesamten Arbeitszeit kontinuierlich oder in geeigneten (d. h. dem Gang angepaßten) Zeitabständen erfolgen, und zwar in Atemhöhe in unmittelbarer Nähe des Beschäftigten.

SPITZENKONZENTRATIONEN

Ob gelegentliche oder häufige Überschreitungen des MAK-Wertes, der z. Z. als Durchschnittswert konzipiert ist, als noch unbedenklich oder potentiell schädigend gelten können, hängt nicht nur von Höhe, Dauer und Häufigkeit der Überschreitungen ab, sondern auch von den Besonderheiten der Wirkung des betreffenden Stoffes, z. B. Aufnahmequote, Schicksal und Verweildauer im Organismus, Kumulation, lokale Reizwirkung u. a. m. Der MAK-Wert gestattet keinen Schluß auf die Bedenklichkeit oder Unbedenklichkeit einer kürzeren Einwirkung höherer Konzentrationen. Werden Überschreitungen des MAK-Wertes erwartet, sollten aus Sicherheitsgründen geeignete zusätzliche Schutzmaßnahmen ergriffen werden.

Pauschale Regelungen über die Zulässigkeit oder Unzulässigkeit kurzfristiger Überschreitungen des Durchschnittswertes und deren Ausmaß tragen den unterschiedlichen Wirkungseigenschaften der Stoffe nicht Rechnung und sind wissenschaftlich nicht vertretbar. Die Kommission bemüht sich um die Erarbeitung praktikabler Verfahren zur Bewertung von Konzentrationsschwankungen unter Einbeziehung toxikologischer und meßtechnischer Kriterien.

STOFFGEMISCHE

Der MAK-Wert gilt in der Regel für die Einwirkung des reinen Stoffes, er ist nicht ohne weiteres für einen Bestandteil eines Gemisches in der Luft des Arbeitsplatzes oder für ein technisches Produkt, das Begleitstoffe von u. U. höherer Toxizität enthält, anwendbar. Das gleichzeitig

---

[2]) Zu beziehen vom Verlag Chemie, D-694 Weinheim/Bergstr.

oder nacheinander erfolgende Einwirken verschiedener Stoffe kann die gesundheitsschädliche Wirkung erheblich verstärken, ggf. auch vermindern. MAK-Werte für Gemische mehrerer Arbeitsstoffe können wegen der in der Regel sehr unterschiedlichen Wirkungskriterien der einzelnen Komponenten mit einfachen Rechenansätzen nicht befriedigend ermittelt werden; sie können z. Z. nur durch spezielle, d. h. auf die betreffenden Stoffe abgestellte toxikologische Erwägungen oder Untersuchungen abgeschätzt bzw. angesetzt werden. Dem gegenwärtigen mangelhaften Stand der Kenntnis Rechnung tragend, lehnt die Kommission nachdrücklich Verfahren zur Errechnung von MAK-Werten, insbesondere für Lösungsmittelgemische als Flüssigkeiten, ab. Sie ist jedoch bestrebt, anhand eigener Untersuchungen Werte für definierte, praktisch wichtige Dampfgemische bekanntzugeben.

BESONDERE WIRKUNGSFAKTOREN

Die unterschiedliche Empfindlichkeit des arbeitsfähigen Menschen, soweit sie durch Alter, Geschlecht, Konstitution, Ernährungszustand, Klima und andere Faktoren bedingt ist, wird bei der Aufstellung von MAK-Werten nach Möglichkeit berücksichtigt.

LÄSTIGKEIT

Die Lästigkeit einer Einwirkung (z. B. ekelerregender Geruch, kurzfristiger, bald wieder abklingender Augenreiz) wird subjektiv unterschiedlich empfunden, zumal häufig eine rasche Gewöhnung eintritt. Dem Stand gesundheitspolitischer Wertung entsprechend, soll die Einhaltung der MAK-Werte, soweit erreichbar, auch vor lästigen Einwirkungen schützen.

ALLERGISCHE ERSCHEINUNGEN

Allergische Erscheinungen können nach Sensibilisierung z. B. der Haut oder der Atemwege je nach persönlicher Disposition unterschiedlich schnell und stark durch Stoffe verschiedener Art ausgelöst werden. Auch die Einhaltung des MAK-Wertes gibt hier keine Sicherheit gegen das Auftreten derartiger Reaktionen. Fallen jedoch Arbeitsstoffe durch häufigere Sensibilisation als gewöhnlich auf, d. h. lösen sie in weit überdurchschnittlichem Maße Überempfindlichkeitsreaktionen allergischer Art aus, werden sie in der MAK-Werte-Liste in der vorletzten Spalte durch ein „S" gekennzeichnet. Obwohl die Auswahl nicht frei von Unsicherheit ist, soll dieser Hinweis zu besonderer Aufmerksamkeit beim gewerblichen Umgang anregen.

HAUTRESORPTION

Hautresorption bei Stoffen, welche die äußere Haut leicht zu durchdringen vermögen, kann bei vielen Arbeitsstoffen in der Praxis eine ungleich größere Vergiftungsgefahr bedeuten als die Einatmung. So können z. B. durch Anilin, Nitrobenzol, Nitroglykol, Phenole, bestimmte Pflanzenschutzmittel u. a. m. lebensgefährliche Vergiftungen, häufig ohne Warnsymptome, entstehen. Solche Stoffe sind in der MAK-Werte-Liste in der vorletzten Spalte durch ein „H" gekennzeichnet. Beim Umgang mit solchen Stoffen ist größte Sauberkeit von Haut, Haaren und Kleidung für den Gesundheitsschutz von besonderer, oft entscheidender Bedeutung. Das „H" weist jedoch nicht auf eine eventuelle Hautreizungsgefahr hin!

KREBSERZEUGENDE ARBEITSSTOFFE

vgl. Abschnitt III.

Die maximale Arbeitsplatzkonzentration von G a s e n , D ä m p f e n u n d f l ü c h t i g e n S c h w e b s t o f f e n wird im folgenden für eine Temperatur von 20 ° C und einen Barometerstand von 760 Torr in ppm (Kubikzentimeter (cm ^{3}) Gas je Kubikmeter (m^3) Luft, sowie in mg/m^3 (Milligramm (mg) des Stoffes je Kubikmeter (m^3) Luft) angegeben, die von n i c h t f l ü c h t i g e n S c h w e b s t o f f e n (Staub, Rauch, Nebel) in mg/m^3 (Milligramm (mg) des Stoffes je Kubikmeter (m^3) Luft). Nichtflüchtige Schwebstoffe sind solche, deren Dampfdruck so klein ist, daß bei gewöhnlicher Temperatur keine gefährlichen Konzentrationen in der Gasphase auftreten können.

Da die F l ü c h t i g k e i t eines Arbeitsstoffes für die Gesundheitsgefährdung eine bedeutsame Rolle spielen kann, ist für eine Reihe leicht-flüchtiger Stoffe der D a m p f d r u c k in einer besonderen Spalte aufgenommen. Die Kenntnis des Dampfdruckes ermöglicht unter gleichzeitiger Bewertung der am Ort gegebenen Freisetzungsbedingungen die Abschätzung des Risikos eines Auftretens gesundheitsschädlicher Dampfkonzentrationen. Die angegebenen Dampfdruckwerte sind der Literatur entnommen und dem Erfordernis der Praxis entsprechend abgerundet.

* Die Änderungen gegenüber der Liste 1972 sind durch einen Stern (*) gekennzeichnet.

(H) Gefahr der Hautresorption (vgl. Abschnitt I.)

(S) Gefahr der Sensibilisierung (vgl. Abschnitt I.)

Stoff	Formel	MAK		H; S	Dampfdruck in Torr bei 20° C
		ppm	mg/m³		
Acetaldehyd	$CH_3 \cdot CHO$	200	360		750
Acetanhydrid	s. Essigsäureanhydrid				
Aceton	$CH_3 \cdot CO \cdot CH_3$	1000	2400		175
Acetonitril	$CH_3 \cdot CN$	40	70		
Acetylentetrabromid	s. 1,1,2,2-Tetrabromäthan				
Acetylentetrachlorid	s. 1,1,2,2-Tetrachloräthan				
Acrolein	$CH_2 : CH \cdot CHO$	0,1	0,25		
Acrylaldehyd	s. Acrolein				
Acrylnitril	$CH_2 : CH \cdot CN$	20	45	H	
Acrylsäureäthylester	$CH_2 : CH \cdot COO \cdot C_2H_5$	25	100	H	29
Acrylsäuremethylester	$CH_2 : CH \cdot COO \cdot CH_3$	10	35	H	70
Äthanol	$C_2H_5 \cdot OH$	1000	1900		44
Äthanolamin	s. 2-Aminoäthanol				
Äthanthiol	$C_2H_5 \cdot SH$	0,5	1		
Äthylacetat	s. Essigsäureäthylester				
Äthylacrylat	s. Acrylsäureäthylester				
Äthyläther	$C_2H_5 \cdot O \cdot C_2H_5$	400	1200		440
Äthylalkohol	s. Äthanol				
Äthylamin	$C_2H_5 \cdot NH_2$	10	18		
Äthylbenzol	$C_6H_5 \cdot C_2H_5$	100	435		7
Äthylbromid	s. Bromäthan				
Äthylchlorid	s. Chloräthan				
Äthylenbromid	s. 1,2-Dibromäthan				
Äthylenchlorhydrin	s. 2-Chloräthanol				
Äthylenchlorid	s. 1,2-Dichloräthan				
Äthylendiamin	$NH_2 \cdot C_2H_4 \cdot NH_2$	10	25		
Äthylenglykoldinitrat	s. Nitroglykol				
Äthylenglykolmonoäthyläther	$C_2H_5 \cdot O \cdot C_2H_4 \cdot OH$	200	740	H	5

Stoff	Formel	MAK ppm	MAK mg/m³	H; S	Dampfdruck in Torr bei 20° C
Äthylenglykolmonoäthylätheracetat	$C_2H_5 \cdot O \cdot C_2H_4 \cdot O \cdot CO \cdot CH_3$	100	540	H	2
Äthylenglykolmonobutyläther	$C_4H_9 \cdot O \cdot C_2H_4 \cdot OH$	50	240	H	1
Äthylenglykolmonomethyläther	$CH_3 \cdot O \cdot C_2H_4 \cdot OH$	25	80	H	8
Äthylenglykolmonomethylätheracetat	$CH_3 \cdot O \cdot C_2H_4 \cdot O \cdot CO \cdot CH_3$	25	120	H	7
Äthylenimin	$CH_2 \cdot CH_2 \cdot NH$ (ring)	0,5	1	H	
	vgl. Abschn. III b)				
Äthylenoxid	$CH_2 \cdot CH_2 \cdot O$ (ring)	50	90		
Äthylformiat	s. Ameisensäureäthylester				
Äthylglykol	s. Äthylenglykolmonoäthyläther				
Äthylglykolacetat	s. Äthylenglykolmonoäthylätheracetat				
Äthylidenchlorid	s. 1,1-Dichloräthan				
Äthylmerkaptan	s. Äthanthiol				
Äthylsilicat	s. Tetraäthylorthosilicat				
Aldrin	polycycl. Chlorkohlenwasserstoff		0,25	H	
Allylalkohol	$CH_2 : CH \cdot CH_2 \cdot OH$	2	5	H	18
Allylchlorid	$CH_2 : CH \cdot CH_2 \cdot Cl$	1	3		295
Allylglycidäther	$CH_2{:}CH{\cdot}CH_2{\cdot}OCH_2{\cdot}CH{\cdot}CH_2$ (└O┘)	10	45	S	
Allylpropyldisulfid	$CH_2 : CH \cdot CH_2 \cdot S_2 \cdot C_3H_7$	2	12		
Ameisensäure	HCOOH	5	9		
Ameisensäureäthylester	$HCOO \cdot C_2H_5$	100	300		192
Ameisensäuremethylester	$HCOO \cdot CH_3$	100	250		480
2-Aminoäthanol	$NH_2 \cdot CH_2 \cdot CH_2 \cdot OH$	3	6		
4-Aminodiphenyl	$C_6H_5 \cdot C_6H_4 \cdot NH_2$	vgl. Abschn. III a)			
2-Aminopyridin	$NC_5H_4 \cdot NH_2$	0,5	2		

Stoff	Formel	MAK ppm	MAK mg/m³	H; S	Dampfdruck in Torr bei 20° C
Ammoniak	NH_3	50	35		
Ammoniumsulfamat (Ammate)	$NH_2 \cdot SO_3 \cdot NH_4$		15		
Amylacetat	s. Essigsäureamylester (alle Isomeren)				
iso-Amylalkohol	$(CH_3)_2CH \cdot CH_2 \cdot CH_2 \cdot OH$	100	360		2
Anilin	$C_6H_5 \cdot NH_2$	5	19	H	
Anisidin (o,p-Isomeren)	$NH_2 \cdot C_6H_4 \cdot OCH_3$	0,1	0,5	H	
Anon	s. Cyclohexanon				
Antimon	Sb		0,5		
Antimonwasserstoff	SbH_3	0,1	0,5		
Antu	s. 1-Naphthylthioharnstoff				
Arsenik	s. Arsen u. s. Verbindungen				
Arsenwasserstoff	AsH_3	0,05	0,2		
Arsen und seine Verbindungen		vgl. Abschn. III a)			
Asbest		vgl. Abschn. IIII a) und IV			
Azinphos-methyl	$(CH_3O)_2PS \cdot S \cdot CH_2 \cdot (C_7H_4N_3O)$		0,2	H	
Aziridin	s. Äthylenimin				
Bariumverbindungen (löslich) (als Ba berechnet)			0,5		
* Baumwollstaub			1,5		
Benzidin	$(C_6H_4NH_2)_2$	vgl. Abschn. III a)		H	
Benzol	C_6H_6	vgl. Abschn. III a)		H	76
Benzochinon	s. Chinon				
Benzoylperoxid	s. Dibenzoylperoxid				

Stoff	Formel	MAK ppm	MAK mg/m³	H; S	Dampfdruck in Torr bei 20° C
Benzylchlorid	$C_6H_5 \cdot CH_2 \cdot Cl$	1	5		1
Beryllium und seine Verbindungen		vgl. Abschn. III a)			
Bis-2-methoxy-propyläther	s. Dipropylenglykolmethyläther				
Biphenyläther	s. Diphenyläther				
Bis-2-chloräthyläther	s. 2,2'-Dichloräthyläther				
Blausäure	s. Cyanwasserstoff				
Blei	Pb		0,2		
Bleiarsenat	$Pb_3(AsO_4)_2$	vgl. Abschn. III a)			
Bleitetraäthyl (als Pb berechnet)	$Pb(C_2H_5)_3$	0,01	0,075	H	
Bleitetramethyl (als Pb berechnet)	$Pb(CH_3)_4$	0,01	0,075	H	
Boroxid	B_2O_3		15		
Bortrifluorid	BF_3	1	3		
Brom	Br_2	0,1	0,7		
Bromäthan	$C_2H_5 \cdot Br$	200	890		380
Bromwasserstoff	HBr	5	17		
1,3-Butadien	$CH_2 : CH \cdot CH : CH_2$	1000	2200		
Butan	C_4H_{10}	1000	2350		
Butanol (alle Isomeren)	$C_4H_9 \cdot OH$	100	300		3–30
2-Butanon	$CH_3 \cdot CO \cdot C_2H_5$	200	590		79
Butanthiol	$C_4H_9 \cdot SH$	0,5	1,5		
2-Butenal	s. Crotonaldehyd				
Butylacetat (alle Isomeren)	s. Essigsäurebutylester				
Butylalkohol (alle Isomeren)	s. Butanol				
Butylamin (alle Isomeren)	$C_4H_9 \cdot NH_2$	5	15	H	
Butylglycidäther	$C_4H_9 \cdot O \cdot CH_2 \cdot CH \cdot CH_2$ (└O┘)	50	270		
Butylglykol	s. Äthylenglykolmonobutyläther				
tert. Butyl-hydroperoxid	vgl. Abschn. V a)				
Butylmerkaptan	s. Butanthiol				
tert.-Butylperacetat	vgl. Abschn. V a)				
p-tert. Butyltoluol	$C_4H_9 \cdot C_6H_4 \cdot CH_3$	10	60		
Cadmiumoxid (Rauch)	CdO		0,1		
Calciumarsenat	$Ca_3(AsO_4)_2$	vgl. Abschn. III a)			
Calciumoxid	CaO		5		
Campher	$C_{10}H_{16}O$	0,3	2		
Carbaryl	$C_{10}H_7 \cdot O \cdot CO \cdot NH \cdot CH_3$		5	H	
Carbonylchlorid	s. Phosgen				
Chinon	$C_6H_4O_2$	0,1	0,4		
Chlor	Cl_2	0,5	1,5		
Chloracetaldehyd	$Cl \cdot CH_2 \cdot CHO$	1	3		
Chloräthan	$C_2H_5 \cdot Cl$	1000	2600		
2-Chloräthanol	$Cl \cdot CH_2 \cdot CH_2OH$	5	16	H	
Chlorbenzol	$C_6H_5 \cdot Cl$	50	230		9
Chlorbrommethan	$CH_2 \cdot Cl \cdot Br$	200	1050		110
2-Chlor-1,3-butadien	s. 2-Chloropren				
Chlordan	polycycl. Chlorkohlenwasserstoff		0,5	H	
Chlordioxid	ClO_2	0,1	0,3		
Chloriertes Biphenyl	(Chlorgehalt 42 %)	0,1	1	H	

Stoff	Formel	MAK ppm	MAK mg/m³	H; S	Dampfdruck in Torr bei 20° C
Chloriertes Biphenyl	(Chlorgehalt 54 %)	0,05	0,5	H	
Chloriertes Camphen	(Chlorgehalt 60 %)		0,5	H	
Chloriertes Diphenyloxid			0,5	H	
Chlormethyl	s. Methylchlorid				
1-Chlor-1-nitro-propan	$C_2H_5 \cdot CH(NO_2)Cl$	20	100		
1-Chlor-2,3-epoxy-propan	s. Epichlorhydrin				
Chloroform	$CHCl_3$	50	240		158
2-Chloropren	$CH_2 : CCl \cdot CH : CH_2$	25	90		200
Chlorpikrin	$CCl_3 \cdot NO_2$	0,1	0,7		
3-Chlor-1-propen	s. Allylchlorid				
Chlortrifluorid	ClF_3	0,1	0,4		
Chlorwasserstoff	HCl	5	7		
Chromsäure	CrO_3		0,1		
Chromate		vgl. Abschn. III a)		S	
* Chrysotil-Feinstaub	vgl. Asbest, Abschn. IV				
* Chrysotilhaltiger Feinstaub	vgl. Asbest, Abschn. IV				
Cristobalit	s. Quarz				
Crotonaldehyd	$CH_3 \cdot CH : CH \cdot CHO$	2	6	H	
Cumol	$C_6H_5 \cdot CH(CH_3)_2$	50	245	H	4
Cumolhydroperoxid	vgl. Abschn. V a)				
Cyanide (als CN berechnet)			5	H	
Cyanogen	s. Dicyan				
Cyanwasserstoff	HCN	10	11	H	
Cyclohexan	C_6H_{12}	300	1050		78
Cyclohexanol	$C_6H_{11} \cdot OH$	50	200		1
Cyclohexanon	$C_6H_{10}O$	50	200		4

Stoff	Formel	MAK ppm	MAK mg/m³	H; S	Dampfdruck in Torr bei 20° C
Cyclohexanonperoxid	vgl. Abschn. V a)				
Cyclohexen	C_6H_{10}	300	1015		
Cyclopentadien	C_5H_6	75	200		
2,4-D	s. Dichlorphenoxyessigsäure				
DDT	$(C_6H_4Cl)_2CH \cdot CCL_3$		1	H	
DDVP	s. Dichlorvos				
Dekaboran	$B_{10}H_{14}$	0,05	0,3	H	
Demeton	$(C_2H_5O)_2PS{\cdot}O{\cdot}C_2H_4{\cdot}S{\cdot}C_2H_5$	0,01	0,1	H	
Demeton-methyl	$(CH_3O)_2PS{\cdot}O{\cdot}C_2H_4{\cdot}S{\cdot}C_2H_5$	0,5	5	H	
Diacetonalkohol	$(CH_3)_2{\cdot}C{\cdot}(OH){\cdot}CH_2{\cdot}CO{\cdot}CH_3$	50	240		1
Diacetylperoxid	vgl. Abschn. V a)				
Diäthylamin	$(C_2H_5)_2NH$	25	75		
Diäthyläther	s. Äthyläther				
2-Diäthylamino-äthanol	$(C_2H_5)_2N \cdot C_2H_4 \cdot OH$	10	50	H	
Diäthylendioxid	s. Dioxan				
1,2-Diaminoäthan	s. Äthylendiamin				
4,4'-Diaminodiphenyl	s. Benzidin				
Diazomethan	$CH_2 : N_2$ vgl. Abschn. III b)	0,2	0,4		
Dibenzoylperoxid	$(C_6H_5 \cdot CO)_2O_2$ vgl. Abschn. V a)		5		
Diboran	B_2H_6	0,1	0,1		
Dibrom	$(CH_3O)_2PO \cdot O \cdot CHBr \cdot CCl_2Br$		3		
1,2-Dibromäthan	$CH_2Br \cdot CH_2Br$	25	190	H	11
Di-tert.-Butylperoxid	vgl. Abschn. V a)				
1,1-Dichloräthan	$CHCl_2 \cdot CH_3$	100	400		180

Stoff	Formel	MAK ppm	MAK mg/m³	H; S	Dampfdruck in Torr bei 20° C
1,2-Dichloräthan	$CH_2Cl \cdot CH_2Cl$	20	80		65
1,2-Dichloräthen	s. 1,2-Dichloräthylen				
2,2'-Dichloräthyläther	$C_2H_4Cl \cdot O \cdot C_2H_4Cl$	15	90	H	1
1,2-Dichloräthylen	CHCl : CHCl	200	790		165
* 3,3'-Dichlorbenzidin	$(C_6H_3 \cdot NH_2 \cdot Cl)_2$	vgl. Abschn. III b)			
o-Dichlorbenzol	$C_6H_4Cl_2$	50	300		~ 1
p-Dichlorbenzol	$C_6H_4Cl_2$	75	450		~ 1
Dichlordifluormethan (R-12)	CF_2Cl_2	1000	4950		
* Dichlordimethyläther	$Cl \cdot CH_2 \cdot O \cdot CH_2 \cdot Cl$	vgl. Abschn. III a)			
Dichlorfluormethan (R-21)	$CHFCl_2$	1000	4200		
Dichlormethan	CH_2Cl_2	500	1750		340
1,1-Dichlor-1-nitroäthan	$CH_3 \cdot C(NO_2)Cl_2$	10	60		
2,4-Dichlorphenoxyessigsäure (einschl. Salze und Ester)	$C_6H_3Cl_2 \cdot O \cdot CH_2 \cdot COOH$		10		
1,2-Dichlorpropan	$CH_2Cl \cdot CHCl \cdot CH_3$	75	350		42
1,2-Dichlor-1,1,2,2-tetrafluoräthan (R-114)	$CF_2Cl \cdot CF_2Cl$	1000	7000		
Dichlorvos	$(CH_3O)_2PO \cdot O \cdot CH : CCl_2$	0,1	1	H	
Dicyan	$(CN)_2$	10	22	H	
Dicyclohexylperoxid	vgl. Abschn. V a)				
Dieldrin	polycycl. Epoxychlorkohlenwasserstoff		0,25	H	
Difluordibrommethan	CF_2Br_2	100	860		
Diglycidäther	$(O \cdot CH_2 \cdot CH \cdot CH_2)_2O$	0,5	2,8		
Diisobutylketon	$[(CH_3)_2CH \cdot CH_2]_2CO$	50	290		2
Dilauroylperoxid	vg. Abschn. V a)				
Dimethoxymethan	$CH_2(O \cdot CH_3)_2$	1000	3100		330
Dimethylacetamid	$CH_3 \cdot CO \cdot N(CH_3)_2$	10	35	H	
Dimethylamin	$(CH_3)_2NH$	10	18		
N,N-Dimethylanilin	$C_6H_5 \cdot N(CH_3)_2$	5	25	H	
Dimethylformamid	$HCO \cdot N(CH_3)_2$	20	60	H	3
2,6-Dimethylheptanon-4	s. Diisobutylketon				
* 1,1-Dimethylhydrazin	$NH_2 \cdot N(CH_3)_2$	0,1	0,25	H S	
N-Dimethylnitrosamin	$(CH_3)_2N \cdot NO$ vgl. Abschn. III b)				
Dimethylsulfat	$(CH_3)_2SO_4$ vgl. Abschn. III b)	0,01	0,05	H	
Dinitrobenzol (alle Isomeren)	$C_6H_4(NO_2)_2$	0,15	1	H	
Dinitroorthokresol	$CH_3 \cdot C_6H_2(OH)(NO_2)_2$		0,2	H	
Dinitrotoluol (alle Isomeren)	$CH_3 \cdot C_6H_3(NO_2)_2$		1,5	H	
Dioxan	$O \cdot CH_2CH_2 \cdot O \cdot CH_2 \cdot CH_2$	100	360	H	31
Diphenyläther (Dampf)	$C_6H_5 \cdot O \cdot C_6H_5$	1	7		
Diphenyläther/Biphenylmischung (Dampf)		1	7		
Diphenylmethan-4,4'-diisocyanat	$O : C : N \cdot C_6H_4 \cdot CH_2 \cdot C_6H_4 \cdot N : C : O$	0,02	0,2	S	
Dipropylenglykolmethyläther	$[CH_3 \cdot CH(OCH_3) \cdot CH_2]_2O$	100	600	H	
Dischwefeldichlorid	s. Schwefelchlorür				
* Eisenoxid (Feinstaub)	Fe_2O_3 vgl. Abschn. IV		8		
Eisenpentacarbonyl	$Fe(CO)_5$	0,1	0,8		
Endrin	polycycl. Epoxychlorkohlenwasserstoff		0,1	H	

Stoff	Formel	MAK ppm	MAK mg/m³	H; S	Dampfdruck in Torr bei 20° C
Epichlorhydrin	$O \cdot CH_2 \cdot CH \cdot CH_2Cl$	5	18	H	
2,3-Epoxy-1-propanol	s. Glycidol				
EPN	$(C_6H_5) \cdot (C_2H_5O)PS \cdot (OC_6H_4 \cdot NO_2)$		0,5	H	
Essigsäure	$CH_3 \cdot COOH$	25	65		
Essigsäureäthylester	$CH_3 \cdot COO \cdot C_2H_5$	400	1400		73
Essigsäureamylester (alle Isomeren)	$CH_3 \cdot COO \cdot C_5H_{11}$	100	525		
Essigsäureanhydrid	$(CH_3 \cdot CO)_2O$	5	20		
Essigsäure-butylester (alle Isomeren)	$CH_3 \cdot COO \cdot C_4H_9$	200	950		9–16
Essigsäure-sec-hexylester	$CH_3 \cdot COO \cdot C_6H_{13}$	50	300		
Essigsäuremethylester	$CH_3 \cdot COO \cdot CH_3$	200	610		165
Essigsäurepropylester (beide Isomeren)	$CH_3 \cdot COO \cdot C_3H_7$	200	840		25
Ferbam	$[(CH_3)_2N \cdot CS \cdot S]_3Fe$		15		
Ferrovanadium (Staub)			1		
Fluor	F_2	0,1	0,2		
Fluoride (als Fluor berechnet)			2,5		
Fluortrichlormethan (R-11)	s. Trichlorfluormethan				
Fluorwasserstoff	HF	3	2		
Formaldehyd	HCHO	1	1,2	S	
Furfurol	$CH : CH \cdot CH : C \cdot CHO$ (—O—)	5	20	H	
Furfurylalkohol	$CH : CH \cdot CH : C \cdot CH_2OH$ (—O—)	50	200		

Stoff	Formel	MAK ppm	MAK mg/m³	H; S	Dampfdruck in Torr bei 20° C
Glycerintrinitrat	s. Nitroglycerin				
Glycidol (Glycid)	$O \cdot CH_2 \cdot CH \cdot CH_2 \cdot OH$	50	150		
Glykoldinitrat	s. Nitroglykol				
Hafnium	Hf		0,5		
Heptachlor	polycycl. Chlorkohlenwasserstoff		0,5	H	
Heptan	C_7H_{16}	500	2000		36
Hexachloräthan	C_2Cl_6	1	10	H	
γ-Hexachlorcyclohexan (Lindan)	$C_6H_6Cl_6$		0,5	H	
Hexamethylendiisocyanat	$O : C : N \cdot (CH_2)_6 \cdot N : C : O$	0,02	0,14	S	
Hexan	C_6H_{14}	500	1800		120
2-Hexanon	$CH_3(CH_2)_3 \cdot CO \cdot CH_3$	100	410		27
Hexon	$(CH_3)_2CH \cdot CH_2 \cdot CO \cdot CH_3$	100	400		6
sec-Hexylacetat	s. Essigsäure-sec-hexylester				
Hydrazin	$NH_2 \cdot NH_2$ vgl. Abschn. III b)	0,1	0,13	H S	
Hydrochinon	$C_6H_4(OH)_2$		2		
Isoamylalkohol	s. iso-Amylalkohol				
Isophoron	$C_9H_{14}O$	25	140		
* Isophorondiisocyanat	$C_6H_7 \cdot (CH_3)_3 \cdot NCO \cdot CH_2NCO$	0,02	0,18	S	
Isopropenylbenzol	s. α-Methylstyrol				
Isopropyläther	s. iso-Propyläther				

Stoff	Formel	MAK ppm	MAK mg/m³	H; S	Dampfdruck in Torr bei 20° C
Isopropylalkohol	s. iso-Propylalkohol				
Isopropylamin	s. iso-Propylamin				
Isopropylglycidäther	s. iso-Propylglycidäther				
Isopropylbenzol	s. Cumol				
Jod	J_2	0,1	1		
Keten	$CH_2 : CO$	0,5	0,9		
Kobalt	Co vgl. Abschn. III b)		0,5		
Kohlendioxid	CO_2	5000	9000		
Kohlenoxid	CO	50	55		
Kresol (alle Isomeren)	$CH_3 \cdot C_6H_4 \cdot OH$	5	22	H	
Kupfer (Rauch)	Cu		0,1		
Kupfer (Staub)	Cu		1		
Lindan	s. γ-Hexachlorcyclohexan				
Lithiumhydrid	LiH		0,025		
* Magnesiumoxid (Feinstaub)	MgO vgl. Abschn. IV		8		
Malathion	$(CH_3O)_2PS \cdot S \cdot CH(COO \cdot C_2H_5) \cdot CH_2 \cdot COO \cdot C_2H_5$		15		

Stoff	Formel	MAK ppm	MAK mg/m³	H; S	Dampfdruck in Torr bei 20° C
Maleinsäureanhydrid	$CO \cdot CH : CH \cdot CO$ (ring closed via O)	0,2	0,8	S	
Mangan	Mn		5		
Mesityloxid	$(CH_3)_2 C : CH \cdot CO \cdot CH_3$	25	100		
Metasystox	s. Demeton-methyl				
Methacrylsäure-methylester	$CH_2 : C(CH_3) \cdot COO \cdot CH_3$	100	410		28
Methanol	$CH_3 \cdot OH$	200	260	H	96
Methanthiol	s. Methylmerkaptan				
Methoxychlor (DMDT)	$CCl_3 \cdot CH(C_6H_4 \cdot OCH_3)_2$		15		
Methylacetat	s. Essigsäuremethylester				
Methylacetylen	$CH_3 \cdot C \vdots CH$	1000	1650		
Methylacrylat	s. Acrylsäuremethylester				
Methyläthylketon	s. 2-Butanon				
Methyläthylketon-peroxid	vgl. Abschn. V a)				
Methylal	s. Dimethoxymethan				
Methylalkohol	s. Methanol				
Methylamin	$CH_3 \cdot NH_2$	10	12		
N-Methylanilin	$C_6H_5 \cdot NHCH_3$	2	9	H	
Methylbromid	$CH_3 \cdot Br$	20	80	H	
Methylbutylketon	s. 2-Hexanon				
Methylchlorid	$CH_3 \cdot Cl$	50	105		
Methylchloroform	s. 1,1,1-Trichloräthan				
Methylcyclohexan	$CH_3 \cdot C_6H_{11}$	500	2000		144
Methylcyclohexanol (alle Isomeren)	$CH_3 \cdot C_6H_{10} \cdot OH$	100	470		
1-Methylcyclohexan-2-on	$CH_3 \cdot CH \cdot CO(CH_2)_3 CH_2$ (ring)	100	460	H	
Methylenchlorid	s. Dichlormethan				

Stoff	Formel	MAK ppm	MAK mg/m³	H; S	Dampfdruck in Torr bei 20° C
Methylformiat	s. Ameisensäuremethylester				
Methylglykol	s. Äthylenglykolmonomethyläther				
Methylglykolacetat	s. Äthylenglykolmonomethylätheracetat				
Methylisobutylcarbinol	s. 4-Methyl-2-pentanol				
Methylisobutylketon	s. Hexon				
Methylisocyanat	$CH_3 \cdot NCO$	0,02	0,05	S	
Methylmerkaptan	$CH_3 \cdot SH$	0,5	1		
Methylmethacrylat	s. Methacrylsäuremethylester				
4-Methyl-2-pentanol	$CH_3CHOH \cdot CH_2 \cdot CH(CH_3)_2$	25	100	H	5
4-Methyl-2-pentanon	s. Hexon				
2-Methyl-2-penten-4-on	s. Mesityloxid				
Methylpropylketon	s. 2-Pentanon				
α-Methylstyrol	$C_6H_5 \cdot C(CH_3) : CH_2$	100	480		2
Molybdänverbindungen löslich (als Mo berechnet)			5		
Molybdänverbindungen unlöslich (als Mo berechnet)			15		
* Monochlordimethyläther	$CH_3 \cdot O \cdot CH_2Cl$	vgl. Abschn. III b)			160
Naphthalin	$C_{10}H_8$	10	50		
2-Naphthylamin	$C_{10}H_7 \cdot NH_2$	vgl. Abschn. III a)		H	
1-Naphthylthioharnstoff	$C_{10}H_7 \cdot NH \cdot CS \cdot NH_2$		0,3		
Natriumfluoracetat	$CH_2F \cdot COONa$		0,05	H	
Natriumhydroxid	NaOH		2		

Stoff	Formel	MAK ppm	MAK mg/m³	H; S	Dampfdruck in Torr bei 20° C
Nickel (in Form von atembaren Stäuben von Nickelmetall, Nickelsulfid und sulfidischer Erze, Nickeloxid und Nickelcarbonat, wie sie bei der Herstellung und Weiterverarbeitung auftreten können)		vgl. Abschn. III a)		S	
Nickelcarbonyl	$Ni(CO)_4$ vgl. Abschn. III b)	0,1	0,7	H	
Nicotin		0,07	0,5	H	
Nitroäthan	$C_2H_5 \cdot NO_2$	100	310		
4-Nitroanilin	$C_6H_4(NO_2) \cdot NH_2$	1	6	H	
Nitrobenzol	$C_6H_5(NO_2)$	1	5	H	
p-Nitrochlorbenzol	$C_6H_4ClNO_2$		1	H	
Nitroglycerin	$C_3H_5(ONO_2)_3$	0,5	5		
Nitroglykol	$C_2H_4(ONO_2)_2$	0,25	1,6	H	
Nitromethan	CH_3NO_2	100	250		
1-Nitropropan	$CH_2NO_2 \cdot CH_2 \cdot CH_3$	25	90		
2-Nitropropan	$CH_3 \cdot CHNO_2 \cdot CH_3$	25	90		
N-Nitrosodimethylamin	s. N-Dimethylnitrosamin				
Nitrotoluol (alle Isomeren)	$CH_3 \cdot C_6H_4 \cdot NO_2$	5	30	H	
Octan	C_8H_{18}	500	2350		11
Osmiumtetroxid	OsO_4	0,0002	0,002		
Oxiran	s. Äthylenoxid				
Ozon	O_3	0,1	0,2		
* Paraquat	$[CH_3 \cdot (C_5H_4N^+)_2 \cdot CH_3] \cdot 2\,Cl^-$		0,1	H	
Parathion	$(C_2H_5O)_2PS \cdot O \cdot C_6H_4NO_2$		0,1	H	

Stoff	Formel	MAK ppm	MAK mg/m³	H; S	Dampfdruck in Torr bei 20° C
Pentaboran	B_5H_9	0,005	0,01		
Pentachloräthan	$CHCl_2 \cdot CCl_3$	5	40		
Pentachlornaphthalin	$C_{10}H_3Cl_5$		0,5	H	
Pentachlorphenol	$C_6Cl_5 \cdot OH$	0,05	0,5	H	
Pentan	C_5H_{12}	1000	2950		430
2-Pentanon	$CH_3(CH_2)_2 \cdot CO \cdot CH_3$	200	700		12
Perchloräthylen	s. Tetrachloräthylen				
Perchlormethyl-merkaptan	$CCl_3 \cdot S \cdot Cl$	0,1	0,8		
Peressigsäure	vgl. Abschn. V a)				
Phenol	$C_6H_5 \cdot OH$	5	19	H	
p-Phenylendiamin	$C_6H_4(NH_2)_2$		0,1	H S	
Phenylglycidäther	$C_6H_5 \cdot O \cdot CH_2 \cdot CH \cdot CH_2$ └O┘	50	310	S	
Phenylhydrazin	$C_6H_5 \cdot NH \cdot NH_2$	5	22	H S	
Phosdrin	$(CH_3O)_2PO \cdot O \cdot C(CH_3) : CH \cdot COO \cdot CH_3$	0,01	0,1	H	
Phosgen	$COCl_2$	0,1	0,4		
Phosphin	s. Phosphorwasserstoff				
Phosphor (gelb)			0,1		
Phosphoroxidchlorid	$POCl_3$	0,5	3		
Phosphorpentachlorid	PCl_5		1		
Phosphorpentasulfid	P_2S_5		1		
Phosphorpentoxid	P_2O_5		1		
Phosphortrichlorid	PCl_3	0,5	3		
Phosphorwasserstoff	PH_3	0,1	0,15		
Phthalsäureanhydrid	$C_6H_4\ (CO)_2\ O$		5		
Pikrinsäure	$C_6H_2(OH)(NO_2)_3$		0,1	H	
Platinverbindungen (als Pt berechnet)			0,002		
Propan	C_3H_8	1000	1800		

Stoff	Formel	MAK ppm	MAK mg/m³	H; S	Dampfdruck in Torr bei 20° C
iso-Propanol	s. iso-Propylalkohol				
1,3-Propansulton	$CH_2 \cdot CH_2 \cdot CH_2 \cdot SO_2$ └──O──┘ vgl. Abschn. III b)				
Propargylalkohol	$CH \vdots C \cdot CH_2 \cdot OH$	2	5	H	
Propin	s. Methylacetylen				
β-Propiolacton	$CH_2 \cdot CH_2 \cdot CO$ └─O─┘ vgl. Abschn. III b)				
iso-Propylacetat	s. Essigsäurepropylester				
iso-Propyläther	$[(CH_3)_2CH)]_2O$	500	2100		135
iso-Propylalkohol	$(CH_3)_2CH \cdot OH$	400	980		32
Propylallyldisulfid	$C_3H_7 \cdot S_2 \cdot CH_2 \cdot CH : CH_2$	2	12		
iso-Propylamin	$(CH_3)_2CH \cdot NH_2$	5	12		
iso-Propylbenzol	s. Cumol				
Propylendichlorid	s. 1,2-Dichlorpropan				
Propylenimin	$CH_3 \cdot CH \cdot CH_2 \cdot NH$ └────┘ vgl. Abschn. III b	2	5	H	
Propylenoxid	$CH_3 \cdot CH \cdot CH_2 \cdot O$ └────┘	100	240		
iso-Propylglycidäther	$C_3H_7 \cdot O \cdot CH_2 \cdot CH \cdot CH_2$ └O┘	50	240		
n-Propylnitrat	$C_3H_7 \cdot ONO_2$	25	110		
Pyrethrum			5	S	
Pyridin	C_5H_5N	5	15		15
Quarz einschl. Cristobalit und Tridymit (Feinstaub)	vgl. Abschn. IV		0,15		
Quarz-haltiger Feinstaub	vgl. Abschn. IV		4		

Stoff	Formel	MAK ppm	MAK mg/m³	H; S	Dampfdruck in Torr bei 20° C
Quecksilber	Hg	0,01	0,1		
Quecksilberverbindungen, organische (als Hg berechnet)			0,01	H S[1]	
Rotenon			5		
Salpetersäure	HNO_3	10	25		
Salzsäure	s. Chlorwasserstoff				
Schwefelchlorür	S_2Cl_2	1	6		
Schwefeldioxid	SO_2	5	13		
Schwefelhexafluorid	SF_6	1000	6000		
Schwefelkohlenstoff	CS_2	20	60		280
Schwefelpentafluorid	SF_5	0,025	0,25		
Schwefelsäure	H_2SO_4		1		
Schwefelwasserstoff	H_2S	10	15		
Selenverbindungen (als Selen berechn.)			0,1		
Selenwasserstoff	H_2Se	0,05	0,2		
* Silber	Ag		0,01		
Stickstoffdioxid	NO_2	5	9		
Strychnin			0,15		
Styrol	$C_6H_5 : CH : CH_2$	100	420		4,5
Systox	s. Demeton				

[1]) Gewisse organische Quecksilberverbindungen, z. B. einige Saatbeizmittel, können erfahrungsgemäß zu starker Sensibilisierung führen.

Stoff	Formel	MAK ppm	MAK mg/m³	H; S	Dampfdruck in Torr bei 20° C
Tantal	Ta		5		
* TEDP (Sulfo-Tepp)	$[(C_2H_5O)_2PS]_2O$		0,2	H	
Tellur und seine Verbindungen (als Te berechnet)			0,1		
TEPP	$[(C_2H_5O)_2PO]_2O$	0,005	0,05	H	
Terpentinöl	vgl. Abschn. V c)	100	560	S	
Tetraäthylorthosilikat	$Si(OC_2H_5)_4$	100	850		
1,1,2,2-Tetrabromäthan	$CHBr_2 \cdot CHBr_2$	1	14		0,1
Tetraäthylblei	s. Bleitetraäthyl				
1,1,2,2-Tetrachloräthan	$CHCl_2 \cdot CHCl_2$	1	7	H	5
Tetrachloräthylen	$CCl_2 : CCL_2$	100	670		14
1,1,1,2-Tetrachlor-2,2-difluoräthan	$CF_2Cl \cdot CCl_3$	1000	8340		
1,1,2,2-Tetrachlor-1,2-difluoräthan	$CFCl_2 \cdot CFCl_2$	500	4170		
Tetrachlorkohlenstoff	CCl_4	10	65	H	90
Tetrachlormethan	s. Tetrachlorkohlenstoff				
Tetrahydrofuran	$CH_2(CH_2)_3 \cdot O$ (ring)	200	590		150
Tetramethylblei	s. Bleitetramethyl				
Tetramethylsuccinnitril	$NC \cdot C(CH_3)_2 \cdot C(CH_3)_2 \cdot CN$	0,5	3	H	
Tetramethylthiuramdisulfid	s. Thiram				
Tetranitromethan	$C(NO_2)_4$	1	8		8
Tetryl	$C_6H_2(NO_2)_3 \cdot N(CH_3)NO_2$		1,5	H S	
Thalliumverbindungen, löslich (als Tl berechnet)			0,1		
Thiram	$[(CH_3)_2N \cdot CS]_2S_2$		5		
* Titandioxid (Feinstaub)	TiO_2 vgl. Abschn. IV		8		

Stoff	Formel	MAK ppm	MAK mg/m³	H; S	Dampfdruck in Torr bei 20° C
Toluol	$C_6H_5 \cdot CH_3$	200	750		22
o-Toluidin	$CH_3 \cdot C_6H_4 \cdot NH_2$	5	22	H	
2,4-Toluylendiisocyanat	$CH_3 \cdot C_6H_3(NCO)_2$	0,02	0,14	S	
2,6-Toluylendiisocyanat	$CH_3 \cdot C_6H_3(NCO)_2$	0,02	0,14	S	
Triäthylamin	$(C_2H_5)_3N$	25	100		
1,1,1-Trichloräthan	$CCl_3 \cdot CH_3$	200	1080		100
1,1,2-Trichloräthan	$CHCl \cdot CHCl_2$	10	45	H	19
Trichloräthylen	$CCl_2 : CHCl$	50	260		58
Trichlorfluormethan (R-11)	$CFCl_3$	1000	5600		667
Trichlormethan	s. Chloroform				
Trichlornaphthalin	$C_{10}H_5Cl_3$		5	H	
Trichlornitromethan	s. Chlorpikrin				
2,4,5-Trichlorphenoxyessigsäure	$Cl_3C_6H_2 \cdot OCH_2 \cdot COOH$		10	H	
1,2,3-Trichlorpropan	$CH_2Cl \cdot CHCl \cdot CH_2Cl$	50	300		2
1,1,2-Trichlor-1,2,2-trifluoräthan (R-113)	$CFCl_2 \cdot CF_2Cl$	1000	7600		270
Tridymit	s. Quarz				
Trifluorbrommethan	CF_3Br	1000	6100		
2,4,6-Trinitrophenol	s. Pikrinsäure				
2,4,6-Trinitrophenylmethylnitramin	s. Tetryl				
Trinitrotoluol	$CH_3 \cdot C_6H_2(NO_2)_3$	0,15	1,5	H	
Uranverbindungen (löslich) (als U berechnet)			0,05		
Uranverbindungen (unlöslich) (als U berechnet)			0,25		

Stoff	Formel	MAK ppm	MAK mg/m³	H; S	Dampfdruck in Torr bei 20° C
Vanadium (V_2O_5-Rauch)			0,1		
Vanadium (V_2O_5-Staub)			0,5		
Vinylchlorid	$CH_2 : CHCl$	100	260		
Vinyltoluol (alle Isomeren)	$CH_3 \cdot C_6H_4 \cdot CH : CH_2$	100	480		
Warfarin	Hydroxycumarinderivat		0,5		
Wasserstoffperoxid	H_2O_2	1	1,4		
Xylidin (alle Isomeren)	$(CH_3)_2C_6H_3 \cdot NH_2$	5	25	H	
Xylol (alle Isomeren)	$(CH_3)_2C_6H_4$	200	870		5–7
Yttrium			5		
Zinkoxid (Rauch)	ZnO		5		
Zinnverbindungen, anorganische (als Sn berechnet)			2		
Zinnverbindungen, organische (als Sn berechnet)			0,1	H	
Zirkonverbindungen (als Zr berechnet)			5		

III. KREBSERZEUGENDE ARBEITSSTOFFE

Der Umgang mit erwiesenen oder potentiellen krebserzeugenden Arbeitsstoffen erfordert besondere Vorsicht und Maßnahmen der Gesundheitsvorsorge. Sie werden daher besonders aufgeführt und unterteilt in solche, die

a) beim Menschen erfahrungsgemäß bösartige Geschwülste zu verursachen vermögen:

4-Aminodiphenyl	Chromate(Alkali-)
Arsen	Dichlordimethyläther
Asbest	2-Naphthylamin
Benzidin Benzol Beryllium	Nickel (in Form von atembaren Stäuben, von Nickelmetall, Nickelsulfid und sulfidischer Erze, Nickeloxid und Nickelcarbonat, wie sie bei der Herstellung und Weiterverarbeitung auftreten können)

b) nur bislang im Tierversuch unter Bedingungen, die der möglichen Exponierung des Menschen im Arbeitsprozeß vergleichbar sind und nach Meinung der Kommission sich eindeutig als cancerogen erwiesen haben:

Äthylenimin	Kobalt
Diazomethan	Monochlordimethyläther
3,3'-Dichlorbenzidin	Nickelcarbonyl
N-Dimethylnitrosamin	1,3-Propansulton
Dimethylsulfat	β-Propiolacton
Hydrazin	Propylenimin.

Für Stoffe nach a), deren Einwirkung nach dem gegenwärtigen Stand der Kenntnis eine eindeutige Krebsgefährdung für den Menschen bedeutet, enthält die Liste nach Abschn. II keine Konzentrationswerte, da keine noch als unbedenklich anzusehende Konzentration angegeben werden kann. Bei einigen dieser Stoffe bildet auch die Aufnahme durch die unverletzte Haut eine große Gefahr.

Wenn die Verwendung solcher Stoffe technisch notwendig ist, sind besondere Schutz- und Überwachungsmaßnahmen erforderlich. Hierzu gehören 1.) die regelmäßige Kontrolle der Luft am Arbeitsplatz unter Einsatz der für den jeweiligen Zweck geeigneten, d. h. genügend empfindlichen Analysenmethode; 2.) die besondere ärztliche Überwachung exponierter Personen, bei denen routinemäßig z. B. zu prüfen ist, ob die Stoffe oder ihre Metabolite (Umwandlungsprodukte) im Organismus nachweisbar sind. Durch fortgesetzte technische Verbesserung sollte erreicht werden, daß diese Stoffe nicht in die Luft am Arbeitsplatz gelangen bzw. direkt auf die hier tätigen Personen einwirken. Ist dieses Ziel z. Z. nicht zu erreichen, sind zusätzliche Schutzmaßnahmen (z. B. individueller Atem- und Körperschutz, befristeter Einsatz im Gefährdungsbereich etc.) erforderlich, damit die Exposition so gering wie möglich gehalten wird. Der Umfang der notwendigen Maßnahmen richtet sich auch nach den speziellen physikalischen Eigenschaften des Stoffes und der Art und Stärke seiner krebsverursachenden Wirkung.

IV. STÄUBE

A) ALLGEMEINE DEFINITIONEN

Stäube sind disperse Verteilungen fester Stoffe in Gasen, entstanden durch mechanische Prozesse oder durch Aufwirbelung. Stäube gehören zusammen mit Rauchen und Nebeln zu den Aerosolen.

Zur Beurteilung der Gesundheitsgefahren von Stäuben ist neben der spezifischen Schadstoffwirkung, der Konzentration und der Expositionszeit die Partikelgröße zu berücksichtigen. Dies unterscheidet Stäube wesentlich von Gasen und Dämpfen. Die Aufnahme in den Körper erfolgt vorwiegend über die Atmung. Transport und Abscheidung des Staubes in den Atemwegen werden weitgehend durch das Verhalten von Partikeln in strömenden Gasen bestimmt. Funktionsbestimmende Größe ist der aerodynamische Durchmesser eines Teilchens (a. D.). Als aerodynamischer Durchmesser eines Teilchens beliebiger Form und Dichte wird der Durchmesser einer Kugel mit der Dichte 1 (1,0 g/cm³) bezeichnet, welche die gleiche Sinkgeschwindigkeit in ruhender oder laminar strömender Luft besitzt. Die größten atembaren Teilchen werden im Nasen-Rachenraum abgeschieden; kleinere Teilchen (unterhalb 25 μm a. D.) gelangen in den Tracheo-Bronchialbaum und werden dort abgeschieden. Die feinsten Teilchen ($<$ 10 μm a. D.) können bis in den Alveolarbereich gelangen und dort abgeschieden bzw. wieder ausgeatmet werden.

Damit bei der Messung und Beurteilung von Staubkonzentrationen von einheitlichen Maßstäben ausgegangen werden kann, wurden folgende Vereinbarungen getroffen:

Gesamtstaub

Unter Gesamtstaub wird hier der Anteil des Staubes verstanden, der eingeatmet werden kann. Er wird durch Probenahmegeräte bei einer Ansauggeschwindigkeit von 1,25 m/s ± 10 % erfaßt. Die in der Liste der Arbeitsstoffe (siehe Abschnitt II) bei Stäuben genannten MAK-Werte sind stets als Gesamtstaubkonzentration aufzufassen, wenn keine besonderen Anmerkungen gemacht sind.

Feinstaub

Unter Feinstaub wird der alveolengängige Staub verstanden. Dieser umfaßt ein Staubkollektiv, das ein Abscheidesystem passiert, das in seiner Wirkung der theoretischen Trennfunktion eines Sedimentationsabscheiders entspricht, der Teilchen mit einem aerodynamischen Durchmesser von 5 μm zu 50 % abscheidet (Johannesburger Konvention 1959). Der Durchlaßgrad eines solchen Vorabscheiders beträgt für Staubteilchen der Dichte 1 (1,0 g/cm³) mit einem aerodynamischen Durchmesser von

1,5 μm	95 %	5,0 μm	50 %
3,5 μm	75 %	7,1 μm	0 %

Bei Benutzung eines Meßverfahrens mit einer anderen Trennlinie (Feinstaub) oder einer anderen Ansauggeschwindigkeit (Gesamtstaub) ist die gemessene Konzentration entsprechend umzurechnen.

B) FIBROGENE STÄUBE

Als fibrogene Stäube werden in dieser Liste Stäube bezeichnet, die mit Bindegewebsbildung einhergehende Staublungenerkrankungen (z. B. Silikose und Asbestose) verursachen können. Voraussetzung für die Entstehung dieser Erkrankungen ist die Deposition des Staubes im Alveolarbereich und seine spezifische Schädlichkeit. Zur Beurteilung fibrogener Stäube ist deshalb die Feinstaubkonzentration heranzuziehen.

Quarz (einschließlich Cristobalit und Tridymit)

Quarz, Cristobalit und Tridymit sind beim Menschen als silikoseerzeugende Stoffe bekannt. Ein Feinstaub gilt dann als quarzhaltig, wenn er mehr als 1 Gew.-% Quarz enthält. Im Steinkohlenbergbau gilt der Wert 4,0 mg/m³, wenn der Quarzgehalt im Feinstaub weniger als 5 Gew.-% beträgt.

Asbest

Die verschiedenen Asbestarten können beim Menschen bösartige Tumoren (Karzinome und Mesotheliome) erzeugen. Dies scheint beim Krokydolith am stärksten ausgeprägt zu sein. Ein MAK-Wert kann daher (vgl. Abschnitt III) nicht genannt werden. Um dem Arbeitsschutz für die zu treffenden technischen Maßnahmen und die Überwachung am Arbeitsplatz einen Anhalt zu geben, werden für den gewerblich überwiegend verwendeten Chrysotil-Asbest vorläufig folgende technische Richtwerte genannt:

Chrysotil-Feinstaub	0,15 mg/m³
Chrysotilhaltiger Feinstaub	4,0 mg/m³

Diese technischen Richtwerte stellen auf die fibrogene Wirkung (Asbestose) von Chrysotil-Asbest ab. Die Einhaltung dieser Richtwerte schließt das Krebsrisiko nicht aus.

C) INERTE STÄUBE

Als inert werden in dieser Liste Stäube und Rauche bezeichnet, die nach heutigen Kenntnissen weder toxisch noch fibrogen wirken und keine spezifischen Krankheitserscheinungen hervorrufen. Für sie wird im Hinblick auf die Beeinträchtigung von Funktionen der Atmungsorgane ein MAK-Wert von 8,0 mg/m³ Feinstaub genannt.

V. BESONDERE ARBEITSSTOFFE

a) ORGANISCHE PEROXIDE

Bei den organischen Peroxiden ist die entzündliche und ätzende Wirkung auf die Haut und die Schleimhäute sehr verschieden stark ausgeprägt: Manche führen noch in starker Verdünnung und kleinsten Mengen zu tiefgreifenden Hautnekrosen oder Cornealnekrosen mit Verlust des Auges. Die Einatmung der Dämpfe ruft unterschiedlich starke Reizerscheinungen an den Atemwegen hervor. Die Gefahr einer resorptiven Wirkung ist in der Praxis gering. Sensibilisierungen sind beobachtet worden.

Rangordnung der Hautwirkung

Prakt. ohne Hautwirkung oder sehr schwache Hautwirkung:	Di-tert. Butylperoxid	
	Dibenzoylperoxid	(50 %)
	Dilauroylperoxid	(50 %)
Mäßige Hautwirkung:	Tert. Butyl-hydroperoxid	
	Tert. Butylperacetat	(50 %)
Sehr starke Hautwirkung:	Cumolhydroperoxid	
	Methyäthylketonperoxid	(40 %)
	Cyclohexanonperoxidgemische	(50 %)
	Dicyclohexylperoxid	(50 %)
	Diacetylperoxid	(30 %)
	Peressigsäure	(40 %)

b) BENZIN

Die Kommission konnte sich nicht entschließen, einen MAK-Wert für „Benzin" anzugeben. Es befinden sich Benzine stark differierender Zusammensetzung im Handel und im Gebrauch (Vergaserkraftstoffe, Spezialbenzine, Testbenzine, Pyrolysebenzin). Die Toxizität dieser Benzine hängt hauptsächlich von dem, je nach Herstellungsverfahren sehr unterschiedlichen Gehalt an Aromaten ab (Benzol, Toluol, Xylole, Äthylbenzol, Cumol). Bei diesen Benzinen liegen keine reinen Stoffe, sondern verschiedenartige Gemische vor. Da zur Festlegung von MAK-Werten vorgeschlagene Verfahren, die lediglich auf einer rechnerischen Bewertung der Zusammensetzung von Lösemittelgemischen als Flüssigkeiten beruhen, aus grundsätzlichen ärztlich-wissenschaftlichen Erwägungen abgelehnt werden müssen, fühlt sich die Kommission erst dann zu konkreten Äußerungen berechtigt, wenn ihr die Ergebnisse der Untersuchungen definierter Benzin-Dampfgemische vorliegen (vgl. Abschn. I).

c) TERPENTINÖL

Als Terpentinöl sind verschiedenartige Produkte im Gebrauch (vgl. z. B. DIN 53 248). Ihre Toxizität und ekzemauslösende Eigenschaft kann sehr unterschiedlich stark ausgeprägt sein, sie ist wahrscheinlich auf den Gehalt an d-α-Pinen und 3-Karen zurückzuführen. Es fehlt aber noch an systematischen vergleichenden Untersuchungen. Der angegebene MAK-Wert von 100 ppm (= 560 mg/m³) kann daher bis auf weiteres nur als ein Richtwert angesehen werden.

VI. MITGLIEDER DER KOMMISSION

Professor Dr. D. Henschler (Vorsitzender), Vorstand des Instituts für Toxikologie und Pharmakologie der Universität Würzburg, 87 Würzburg, Koellikerstr. 2

Privatdozent Dr. H. W. Antweiler, Med. Institut für Lufthygiene und Silikoseforschung an der Universität Düsseldorf, 4 Düsseldorf, Gurlittstr. 53

Dr.-Ing. H. Breuer, Steinkohlenbergbauverein, Hauptstelle für Staub- und Silikosebekämpfung, 43 Essen-Kray, Frillendorfer Str. 351

Dr. W. Breuer, Bayer AG, Ingenieurabteilung AP IV, 509 Leverkusen

Frau Dipl.-Chem. A. Eben, Bayer AG, Institut für Toxikologie, 56 Wuppertal-Elberfeld, Katernberger Str. 266

Dr. H. Ehrlicher, Ärztliche Abteilung, Betriebshygienische Untersuchungsstelle der Bayer AG, 509 Leverkusen

Professor Dr. H. J. Einbrodt, Vorstand der Abteilung Hygiene der Medizinischen Fakultät der Technischen Hochschule Aachen, 51 Aachen, Templergraben 55

Dr. W. Forwerg, Farbwerke Hoechst AG, Abtlg. Reinhaltung Wasser und Luft, 623 Frankfurt-Hoechst, Postfach 70

Professor Dr. K. D. Friedberg, Pharmakologisches Institut der Universität, 45 Göttingen, Geiststr. 9

Dr. H. Frohberg, Institut für Toxikologie, E. Merck AG, 61 Darmstadt, Postfach 4119

Dr.-Ing. D. Hasenclever, 53 Bonn, Lipschitzstraße 39

Dr. A. Hofmann, Institut für Toxikologie, E. Merck AG, 61 Darmstadt, Postfach 4119

Dr. H. Th. Hofmann, Medizinisch-Biologische Forschungslaboratorien – Gewerbehygiene und Toxikologie – der Badischen Anilin- & Soda-Fabrik AG, 67 Ludwigshafen

Professor Dr. H. Hoyer, 5 Köln-Stammheim, Wolfskaul 12

Dr. G. Kimmerle, Bayer AG, Institut für Toxikologie, 56 Wuppertal-Elberfeld, Friedrich-Ebert-Str. 217

Professor Dr. O. R. Klimmer, Leiter der Toxikologischen Abteilung am Pharmakologischen Institut der Universität Bonn, 53 Bonn, Reuterstr. 2 b

Professor Dr. W. Klosterkötter, Direktor des Instituts für Hygiene und Arbeitsmedizin, Klinikum Essen der Ruhruniversität Bochum, 43 Essen, Hufelandstr. 55, Robert-Koch-Haus

Professor Dr. S. Koller, Direktor des Instituts für Medizinische Statistik und Dokumentation der Universität Mainz, 65 Mainz, Langenbeckstr. 1

Professor Dr. G. W. Korting, Direktor der Universitäts-Hautklinik Mainz, 65 Mainz, Langenbeckstr. 1

Dr. H. Loskant, Leitender Arzt der Werksärztlichen Abteilung der Farbwerke Hoechst AG., 623 Frankfurt/M.-Hoechst, Postfach

Privatdozent Dr. W. Pilz, Leiter des Physiologisch-Chemischen und Analytischen Labors der Ärztlichen Abteilung der Bayer AG, 509 Leverkusen

Professor Dr. H. Remmer, Direktor des Instituts für Toxikologie der Universität Tübingen, 74 Tübingen, Wilhelmstr. 56

Dr. A. Schütz, Staubforschungsinstitut des Hauptverbandes der Gewerblichen Berufsgenossenschaften e. V., 53 Bonn, Langwartweg 103

Professor Dr. H. J. Symanski, 66 Saarbrücken, Malstatter Str. 17

Professor Dr. H. Weichardt, Direktor des Instituts für Arbeitsmedizin der Universität Tübingen, 74 Tübingen, Frondsbergstr. 31

Dr. W. Weigand, Gewerbetoxikologisches Laboratorium, Farbwerke Hoechst AG, 623 Frankfurt/M.-Hoechst, Postfach

Dr. K. Wrabetz, Bayer AG, 509 Leverkusen-Wiesdorf, Friedrich-Bayer-Straße 15

Dr. H. Zeller, Medizinisch-Biologische Forschungslaboratorien – Gewerbehygiene und Toxikologie – der Badischen Anilin- & Soda-Fabrik AG, 67 Ludwigshafen

STÄNDIGE GÄSTE

Chemieoberrat Dr. F. Bister, Niedersächsisches Landesverwaltungsamt, Dezernat Arbeitsmedizin, 3 Hannover, Bertastr. 4–6

Professor Dr. H. Drasche, Leiter des Instituts für Arbeitsmedizin der Universität des Saarlandes, 66 Saarbrücken, Malstatter Straße 17

Reg.-Gew.-Rat L. Grupinski, Landesanstalt für Arbeitsschutz und Arbeitsmedizin, 75 Karlsruhe 21, Griesbachstraße 3

Dr.-Ing. F. Heske, Bezirksverwaltung Hamburg der Berufsgenossenschaft der chemischen Industrie, 2 Hamburg 1, Stiftstr. 46

Dr. Th. zur Mühlen, Bayerisches Landesinstitut für Arbeitsschutz, 8 München 22, Pfarrstr. 3

Professor Dr.-Ing. W. Pietrulla, Wiss. Direktor beim Bundesgesundheitsamt, Max-von-Pettenkofer-Institut, 1 Berlin 33, Postfach

Reg.Dir. a. D. Dr. J. Pritzkow, 53 Bonn-Bad Godesberg, Cheruskerstraße 4 c

Dr. K. Robock, Steinkohlenbergbauverein, 43 Essen-Kray, Frillendorfer Straße 351

Privatdozent Dr. H. J. Woitowitz, Institut für Arbeits- und Sozialmedizin der Universität Erlangen, 852 Erlangen, Schillerstr. 25/29

Mit dieser Karte können Anfragen und Verbesserungsvorschläge an den Autor gerichtet werden.

Anfragekarte

Herrn

Hanns Benninghoff

Beratender Ingenieur

D2350 Neumünster 1

Waldwiesenweg 22

Anfragekarte

Herrn

Hanns Benninghoff

Beratender Ingenieur

D2350 Neumünster 1

Waldwiesenweg 22